Yo contengo multitudes

Yo contengo multitudes

Los microbios que nos habitan
y una visión más amplia de la vida

ED YONG

Traducción de
Joaquín Chamorro Mielke

DEBATE

Papel certificado por el Forest Stewardship Council®

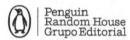

Título original: *I Contain Multitudes*

Primera edición: septiembre de 2017
Quinta reimpresión: octubre de 2023

Printed in Spain — Impreso en España

ISBN: 978-84-9992-766-4
Depósito legal: B-14.355-2017

Compuesto en Anglofort, S. A.
Impreso en QP Print

C92766D

A mi madre

Índice

Una visita al zoo

Baba no se inmuta. Permanece imperturbable ante la multitud de niños que, emocionados, se apiñan a su alrededor. Tampoco le altera el calor del verano californiano., y le dejan indiferente los bastoncillos de algodón que le pasan por la cara, el cuerpo y las patas. Su despreocupación tiene sentido, pues su vida es segura y cómoda. Vive en el zoológico de San Diego, viste una armadura impenetrable y en este momento abraza la cintura de un cuidador del zoo. Baba es un pangolín de vientre blanco, un animal de lo más entrañable que parece un cruce entre un oso hormiguero y una piña. Es del tamaño de un pequeño gato. Los ojos, negros, tienen un aire triste, y el pelo que enmarca su cara forma lo que parecen dos chuletas irregulares de cordero. La cara rosada termina en un puntiagudo hocico desdentado y perfectamente adaptado para alimentarse de hormigas y termitas. Las robustas patas delanteras terminan en largas y curvas garras que le permiten aferrarse a los troncos y desgarrar nidos de insectos. Y tiene una larga cola para colgarse de las ramas de los árboles (o de los cuidadores amistosos de los zoológicos).

Pero su rasgo más distintivo lo constituyen, ante todo, las escamas. La cabeza, tronco, miembros y cola están recubiertos de ellas. Son escamas de color naranja pálido que, imbricadas, forman una capa defensiva muy resistente. Están hechas de la misma materia que nuestras uñas: queratina. De hecho, son muy parecidas, a la vista y al tacto, aunque son grandes y brillantes, y parecen mordisqueadas. Cada una es flexible, pero está unida con fuerza al cuerpo, por lo que

11

se hunden y vuelven a su posición habitual cuando paso mi mano por su espalda. Si se la acariciase a contrapelo, probablemente me cortaría, ya que muchas de esas escamas están afiladas. Solo la cara, el vientre y las patas de Baba están desprotegidos, pero, si quiere, puede defenderlos con facilidad haciéndose una bola. Esta habilidad da nombre a su especie: la palabra pangolín proviene de la palabra malaya *pengguling*, que significa «cosa que rueda».

Baba es uno de los «embajadores» del zoológico, animales excepcionalmente dóciles y bien entrenados que participan en actividades públicas. Los cuidadores lo llevan con frecuencia a residencias de ancianos y hospitales infantiles para alegrar los días de personas enfermas y enseñarles acerca de animales raros. Pero hoy tiene el día libre. Solo se agarra a la barriga del cuidador, que parece llevar la faja más rara del mundo, mientras este, Rob Knight, le frota suavemente con un bastoncillo de algodón los lados de la cara. «Esta es una de las especies que más me han cautivado desde que era niño, y eso que es una especie que existe realmente», dice.

Knight, un neozelandés alto y delgado con la cabeza rapada, es un especialista en vida microscópica, un conocedor de lo invisible. Estudia bacterias y otros organismos microscópicos —los microbios—, y le fascinan especialmente los que viven en el interior y en el exterior de los cuerpos de los animales. Para estudiarlos, primero debe recolectarlos. Los coleccionistas de mariposas usan redes y frascos; la herramienta que ha elegido Knight es el bastoncillo de algodón. Acerca uno de esos palitos y lo frota sobre el hocico de Baba durante unos segundos, tiempo suficiente para llenar su extremo de bacterias de pangolín. Miles, si no millones, de células microscópicas se encuentran ahora en la pelusa blanca. Knight actúa con delicadeza para no molestar al animal. Baba no puede parecer menos molesto. Tengo la sensación de que, si una bomba estallase a su lado, su única reacción sería agitarse un poco.

Baba no es solo un pangolín. También es una masa rebosante de microbios. Algunos viven dentro de él, sobre todo en su intestino. Otros habitan en la superficie, en la cara, vientre, patas, garras y escamas. Knight pasa el algodón por cada uno de estos sitios. En más de una ocasión ha hecho lo mismo con partes de su propio cuerpo, porque él también alberga su propia comunidad de microbios. Igual que yo. Y que todos los animales del zoo. Y que todas las criaturas del planeta, a excepción de algunos animales de laboratorio que los científicos han criado libres de microbios.

Todos tenemos una nutrida *ménagerie* microscópica conocida como *microbiota* o *microbioma*.[1] Estos organismos viven en nuestra superficie, dentro de nuestros cuerpos y, a veces, dentro de nuestras mismas células. En su gran mayoría son bacterias, pero también hay otros pequeños organismos, como los hongos (entre ellos, las levaduras) y las arqueas, un misterioso grupo con el que nos encontraremos más adelante. También hay virus en cantidades incalculables; un *viroma* que infecta a los demás microbios y, en ocasiones, a las células del organismo que lo aloja. No podemos ver ninguna de estas minúsculas criaturas. Pero si nuestras propias células desaparecieran misteriosamente, tal vez serían detectables como un fantasmal reflejo microbiano, perfilando los contornos del cuerpo ahora desaparecido.[2]

En algunos casos, apenas se notarían las células desaparecidas. Las esponjas se cuentan entre los animales más simples, con sus cuerpos estáticos de no más de unas pocas células de espesor, que también acoge un boyante microbioma.[3] A veces, si observamos una esponja al microscopio, apenas podemos ver el animal debido a los microbios que lo cubren. Los aún más simples placozoos son poco más que lodosas marañas de células; parecen amebas, pero son animales, como nosotros, y también tienen compañía microbiana. Las hormigas viven en colonias que pueden contarse por millones, aunque cada hormiga es una colonia en sí misma. Un oso polar deambulando solitario por el Ártico, con solo hielo en todas direcciones, está completamente rodeado de microbios. El ánsar indio transporta microbios al Himalaya, mientras que los elefantes marinos los llevan a los océanos más profundos. En el momento en que Neil Armstrong y Buzz Aldrin pusieron los pies en la Luna, también hicieron dar pasos de gigante al género microbiano.

Cuando Orson Welles dijo: «Nacemos solos, vivimos solos y morimos solos», estaba equivocado. Incluso aunque estemos solos, nunca estamos solos. Existimos en simbiosis, un término maravilloso que usamos para referirnos a organismos diferentes que viven juntos.

Algunos animales son colonizados por microbios cuando todavía son óvulos sin fertilizar; otros reciben a sus primeros socios en el momento del nacimiento. A partir de entonces, nuestra vida continúa con ellos siempre presentes. Cuando comemos, también ellos lo hacen. Al viajar, se vienen con nosotros. Al morir, nos consumen. Cada uno de nosotros es un zoológico de nuestra propiedad, una colonia encerrada dentro de un solo cuerpo. Un colectivo multiespecies. Todo un mundo.

Estos conceptos pueden ser difíciles de entender, sobre todo porque los seres humanos somos una especie global. Nuestro alcance es ilimitado. Nos hemos expandido hasta el último rincón de nuestra esfera azul, y algunos de nosotros incluso hemos salido de ella. Puede resultar extraño considerar existencias que transcurren dentro de un intestino o en una sola célula, o imaginar partes de nuestro cuerpo como paisajes ondulantes. Y, sin embargo, sin duda lo son. La Tierra contiene una notable variedad de ecosistemas: selvas tropicales, praderas, arrecifes de coral, desiertos, marismas, cada uno con su propia y particular comunidad de especies. Pero un solo animal también está lleno de ecosistemas. Piel, boca, intestinos, genitales, cualquier órgano que se conecte con el mundo exterior tiene su propia y característica comunidad de microbios.[4] Todos los conceptos que usan los ecólogos para describir los ecosistemas de escala continental que vemos a través de los satélites también se aplican a los ecosistemas de nuestros cuerpos, que vemos a través de los microscopios. Podemos hablar de la diversidad de especies microbianas. Podemos describir redes alimentarias, en las que organismos comen y se dan de comer unos a otros. Podemos destacar microbios que ejercen una influencia desproporcionada sobre su medio ambiente, los equivalentes de las nutrias marinas o los lobos marinos. Podemos considerar a los microbios causantes de enfermedades (patógenos) criaturas invasoras, como podrían serlo los sapos de caña o a las hormigas coloradas. Podemos comparar el intestino de una persona que padece una enfermedad inflamatoria intestinal a un arrecife de coral que se está muriendo o a un campo en barbecho: un ecosistema maltratado donde el equilibrio entre organismos se ha roto.

Estas similitudes significan que cuando nos fijamos en una termita, o en una esponja, o en un ratón, también nos estamos fijando en nosotros mismos. Quizá sus microbios sean distintos de los nuestros, pero los mismos principios rigen en nuestras alianzas. Un calamar con bacterias luminosas que brillan solo por la noche puede recordarnos los flujos y reflujos diarios de bacterias en nuestros intestinos. Un arrecife de coral cuyos microbios andan revueltos debido a la contaminación o a la sobrepesca ilustra la agitación que se produce en nuestros intestinos cuando ingerimos alimentos poco saludables o antibióticos. Un ratón cuyo comportamiento cambia por influencia de sus microbios intestinales puede enseñarnos algo acerca de las complejas influencias que nuestros propios compañeros ejercen sobre nuestras mentes. A través de los microbios descubrimos nuestra similitud con otras criaturas, a pesar de que nuestras vidas son increíblemente diferentes. Ninguna de estas vidas se vive aislada; siempre existen en un contexto microbiano, e implican constantes negociaciones entre especies grandes y pequeñas. Los microbios también se mueven entre organismos, animales y humanos, y entre sus cuerpos y el suelo, el agua, el aire, los edificios y otros entornos. Nos conectan unos con otros y con el mundo.

Toda la zoología es en realidad ecología. No podemos entender por completo las vidas de los animales y los humanos sin conocer sus microbios y sus simbiosis con ellos. Y no podemos apreciar plenamente nuestro microbioma sin entender cómo enriquecen y determinan las vidas de las demás especies. Necesitamos tener a la vista todo el reino animal para luego acercarnos a los ecosistemas que existen ocultos en cada criatura. Cuando observamos escarabajos o elefantes, erizos de mar o lombrices de tierra, padres o amigos, vemos individuos haciendo el camino de la vida como un montón de células que forman un solo cuerpo, conducido por un solo cerebro y operando con un único genoma. Es una ficción agradable. De hecho, todos y cada uno de nosotros somos legión. Siempre un «nosotros» y nunca un «yo». Olvidémonos de Orson Welles y prestemos atención a Walt Whitman: «Soy tan grande que albergo multitudes».[5]

1

Islas vivientes

La Tierra tiene 4.540 millones de años. Como un periodo de tiempo tan extenso es casi inimaginable, voy a comprimir la historia del planeta para que encaje en un año.[1] En este preciso momento en que el lector lee esta página, es el 31 de diciembre, poco antes de medianoche. (Afortunadamente, hace nueve segundos se inventaron los fuegos artificiales.) Los seres humanos solo han existido durante treinta minutos o menos. Los dinosaurios dominaron el mundo hasta la noche del 26 de diciembre, cuando un asteroide colisionó con el planeta y los extinguió (excepto la línea de las aves). Las flores y los mamíferos evolucionaron a principios de diciembre. En noviembre, las plantas invadieron la tierra, y en los mares aparecía la mayoría de los grandes grupos zoológicos. Las plantas y los animales se componen todos de muchas células, y organismos multicelulares similares habían evolucionado a primeros de octubre. Pudieron haber surgido antes, pues los fósiles resultan ambiguos y abiertos a la interpretación, pero habrían sido raros. Antes de octubre, casi todos los seres vivos que habitaban el planeta consistían en células individuales. Habrían sido invisibles a simple vista de haber existido ya ojos. Habían sido así desde que la vida apareció en algún momento de marzo.

Debo subrayarlo: todos los organismos visibles con los que estamos tan familiarizados, todo lo que acude a nuestra mente cuando pensamos en la «naturaleza», son los rezagados de esta historia de la vida. Son parte de la coda. Durante la mayor parte del tiempo, los microbios eran los únicos seres vivos que habitaban la Tierra. De marzo a octubre de nuestro calendario imaginario, eran los únicos personajes en la obra de la vida en el planeta.

En ese lapso lo cambiaron de forma irrevocable. Las bacterias enriquecen los suelos y descomponen los contaminantes. Mantienen los ciclos planetarios del carbono, el nitrógeno, el azufre y el fósforo, integrando estos elementos en compuestos que pueden ser utilizados por animales y plantas, y luego devolviéndolos a la tierra mediante la descomposición de cuerpos orgánicos. Las bacterias fueron los primeros organismos capaces de elaborar su propio alimento aprovechando la energía solar mediante un proceso llamado fotosíntesis. Liberaron oxígeno como desecho, y emitieron tal cantidad de este gas que cambiaron para siempre la atmósfera de nuestro planeta. Gracias a las bacterias vivimos en un mundo oxigenado. Incluso ahora, las bacterias fotosintéticas de los océanos producen la mitad del oxígeno que entra en nuestros pulmones, y retienen una cantidad igual de dióxido de carbono.[2] Se dice que ahora estamos en el Antropoceno: un nuevo periodo geológico caracterizado por el enorme impacto que los seres humanos han tenido en el planeta. También podría argüirse que seguimos en el microbioceno: un periodo que comenzó en los albores de la vida y continuará hasta su fin.

Los microbios están en todas partes. Viven en las aguas de las más profundas fosas oceánicas y en las rocas que allí se encuentran. Perviven en los surtidores hidrotermales, en los manantiales de aguas termales en ebullición y en el hielo antártico. Podemos encontrarlos hasta en las nubes, donde actúan como semillas de lluvia y nieve. Existen en cantidades astronómicas. En realidad, superan con creces las cifras astronómicas: hay más bacterias en nuestro intestino que estrellas en nuestra galaxia.[3]

Este es el mundo en el que se originaron los animales, un mundo saturado de microbios y transformado por ellos. Como dijo una vez el paleontólogo Andrew Knoll: «Los animales son como la guinda de la evolución, pero las bacterias son el pastel».[4] Siempre han formado parte de nuestra ecología. Evolucionamos entre ellos. Además, evolucionamos *a partir* de ellos. Los animales pertenecemos a un grupo de organismos llamados «eucariotas», que también incluye a las plantas, los hongos y las algas. A pesar de nuestra manifiesta variedad, todos los organismos eucariotas estamos hechos de células que comparten la misma arquitectura básica, la cual nos distingue de otras formas de vida. Estas células empaquetan casi todo su ADN en un núcleo central, una estructura que da su nombre al grupo; «eucariota» viene de la palabra griega para «nuez». Tienen un «esqueleto interno» que les da soporte estructural y transporta moléculas de un lugar a otro. Y poseen mitocondrias, orgánulos con forma de haba que les proporcionan energía.

Todos los organismos eucariotas compartimos estos rasgos porque todos evolucionamos a partir de un único antepasado que vivió hace unos 2.000 millones de años. Antes, la vida en la Tierra podía dividirse en dos campos o *dominios*: las bacterias, que ya conocemos, y las arqueas, que son menos conocidas y tienen una notable inclinación a colonizar entornos inhóspitos y extremos. Estos dos grupos estaban integrados por células individuales que carecían de la sofisticación de las eucariotas. No tenían esqueleto interno y carecían de núcleo. No tenían mitocondrias que les proporcionasen energía, por razones que pronto quedarán suficientemente claras. También eran semejantes en su superficie, por lo que los científicos creyeron en un principio que las arqueas *eran* bacterias. Pero las apariencias engañan; las arqueas son tan diferentes de las bacterias en su bioquímica como los sistemas operativos de los PC y los Macs.

Durante aproximadamente los primeros 2.500 millones de años de vida en la Tierra, bacterias y arqueas siguieron cursos evolutivos en gran medida independientes. Sin embargo, en una ocasión cargada de consecuencias, una bacteria se fusionó de algún modo con una arquea, perdió su existencia libre y quedó atrapada para siempre dentro de este nuevo anfitrión.* Así es como muchos científicos creen que surgieron las eucariotas. Esta es ya la historia de nuestra creación: dos grandes dominios de la vida se fusionaron para crear un tercero en la que fue la mayor simbiosis de todos los tiempos. La arquea proporcionó el chasis a la célula eucariota, mientras que la bacteria acabó transformándose en mitocondria.[5]

---

* En referencia al organismo que aloja a otro organismo, se usará aquí la palabra «huésped», conforme al significado que esta tiene en biología («hospedador») en los casos de parasitismo, pero usaremos la palabra «anfitrión» en los de simbiosis. (*N. del T.*)

Todos los organismos eucariotas descienden de esa trascendental unión. Esta es la razón de que nuestros genomas contengan muchos genes que todavía tienen carácter arqueal y otros que se parecen más a los de las bacterias. Y también es la razón de que todos tengamos mitocondrias en nuestras células. Estas bacterias domesticadas lo cambiaron todo. Al proporcionar una fuente extra de energía, permitieron a las células eucariotas aumentar de tamaño y acumular más genes, lo que las hizo más complejas. Esto explica lo que el bioquímico Nick Lane llama el «agujero negro en el corazón de la biología». Hay un enorme vacío entre las células más simples, es decir, las bacterias y las arqueas, y las más complejas, es decir, las eucariotas, y la vida logró salvar ese vacío tan solo en una ocasión en 4.000 millones de años. Desde entonces, las innumerables bacterias y arqueas del mundo evolucionaron a una velocidad vertiginosa, pero nunca volvieron a producir una célula eucariota. ¿Cómo fue eso posible? Otras estructuras complejas, como ojos, corazas y cuerpos multicelulares, han evolucionado en muchas ocasiones independientes, pero la célula eucariota constituye una innovación única. Esto es así porque, como Lane y otros argumentan, la fusión que la creó —una fusión única entre una arquea y una bacteria— era tan sumamente improbable que nunca ha vuelto a producirse, o al menos nunca con éxito. Al producirse la unión, los dos microbios desafiaron las probabilidades e hicieron posible la existencia de todas las plantas, todos los animales y cualquier ser visible a simple vista, o cualquier ser con ojos, si vamos al caso. Ellos son la razón de que yo exista y escriba este libro y de que el lector exista y lo lea. En nuestro calendario imaginario, la fusión se produjo en algún momento de mediados de julio. Este libro trata de lo que sucedió después.

Después de que las células eucariotas evolucionaran, algunas empezaron a cooperar y agruparse, dando origen a criaturas pluricelulares, como los animales y las plantas. Por primera vez, los seres vivos se hicieron grandes; tanto que podían albergar en sus cuerpos enormes comunidades de bacterias y otros microbios.[6] Contar estos microbios es difícil. Se suele decir que una persona normal contiene diez células microbianas por cada célula humana, pero se trata de un redondeo muy aproximado debido a ciertos errores de cálculo. Esta proporción de 10 a 1, que encontramos en libros, revistas, TED talks y prácticamente todas las publicaciones científicas sobre este tema, es una estimación exagerada, basada en un cálculo que, desafortunadamente, se acepta como un hecho probado.[7] Las últimas estimaciones dicen que tenemos alrededor de 30 billones de células humanas y 39 billones de células microbianas; por tanto, se encuentran en una proporción casi igualada. Y estos números son inexactos, pero eso no importa mucho: cualquiera que sea el cálculo, albergamos multitudes.

Una vista microscópica de nuestra piel nos las mostraría: formas esféricas, bastones parecidos a salchichas y formas de judía similares a comas, microbios todos estos de solo unas pocas millonésimas de metro. Son tan pequeños que, a pesar de su abundancia, pesarían en conjunto unas pocas libras. Una docena o más de ellos, colocados en fila, ocuparían holgadamente la anchura de un cabello humano. Un millón podría pulular sobre la cabeza de un alfiler.

Sin disponer de un microscopio, la mayoría de nosotros nunca distinguiría directamente estos minúsculos organismos. Solo notamos las consecuencias de su presencia, en especial las negativas. Podemos experimentar los dolorosos retortijones de nuestro intestino inflamado, u oír el sonido de unos estornudos incontrolables. No podemos ver la bacteria *Mycobacterium tuberculosis* a simple vista, pero podemos ver la saliva con sangre de un enfermo de tuberculosis. La *Yersinia pestis*, otra bacteria, es asimismo invisible, pero las epidemias de peste que causa son sin duda patentes. Estos microbios causantes de enfermedades (patógenos) han traumatizado a los seres humanos a lo largo de la historia, y han dejado una persistente influencia cultural. La mayoría de los humanos todavía ve a los microbios como gérmenes patógenos, causantes de plagas que debemos evitar a toda costa. Los periódicos atemorizan con frecuencia a la gente hablando de objetos de uso cotidiano, desde teclados de ordenador hasta teléfonos móviles o pomos de las puertas, que están cubiertos de bacterias. De más bacterias incluso que la tapa de un inodoro. Dan por supuesto que estos microbios son contaminantes, y su presencia un signo de suciedad, miseria y enfermedad inminente. Se trata de un estereotipo totalmente injusto. La mayoría de los microbios no son patógenos. No causan enfermedades. Las especies de bacterias que producen enfermedades infecciosas en los seres humanos son menos de cien;[8] y los miles de especies que viven en nuestros intestinos son en su mayoría inofensivas. En el peor de los casos son viajeras o autoestopistas fugaces. En el mejor de los casos son partes inestimables de nuestro cuerpo: no atentan contra nuestras vidas, sino que las protegen. Se comportan como un órgano oculto tan importante como el estómago o los ojos, pero compuesto de billones de células individuales pululantes en lugar de constituir una sola masa unificada.

El microbioma es infinitamente más versátil que cualquiera de nuestras partes corporales más familiares. Nuestras células poseen entre 20.000 y 25.000 genes, pero se calcula que los microbios que se encuentran en nuestro interior presentan unas 500 veces más.[9] Esta riqueza genética, combinada con su rápida evolución, los convierte en unos virtuosos de la bioquímica, capaces de responder a cualquier reto. Nos ayudan a digerir nuestros alimentos, liberando nutrientes que sin ellos nos serían inaccesibles. Producen vitaminas y minerales que faltan en nuestra dieta. Descomponen toxinas y compuestos químicos peligrosos. Nos protegen de enfermedades desplazando a microbios más peligrosos o matándolos con sustancias químicas antimicrobianas. Producen sustancias que determinan nuestro olor corporal. Su presencia es tan inevitable que hemos externalizado en ellos aspectos sorprendentes de nuestras vidas. Guían la construcción de nuestro cuerpo, liberando moléculas y señales que dirigen el crecimiento de nuestros órganos. Educan nuestro sistema inmunitario, enseñándole a distinguir al amigo del enemigo. Influyen en el desarrollo del sistema nervioso, y tal vez incluso en nuestro comportamiento. Realizan importantes y variadas aportaciones a nuestras vidas; ningún resquicio de nuestra biología les resulta ajeno. Si los ignoramos, estaríamos mirando nuestra vida a través del ojo de una cerradura.

Este libro abrirá completamente la puerta. Exploraremos el increíble universo que existe en el interior de nuestros cuerpos. Aprenderemos mucho sobre los orígenes de nuestras alianzas con los microbios, sobre las formas, en apariencia contrarias al sentido común, en que ellos esculpen nuestros cuerpos y modelan nuestra vida cotidiana, y sobre los trucos que utilizamos para conservarlos y asegurarnos una asociación cordial. Veremos que sin darnos cuenta interrumpimos esta asociación y ponemos en peligro nuestra salud. Descubriremos cómo podemos evitar estos problemas manipulando el microbioma en nuestro beneficio. Y escucharemos historias de científicos desenvueltos, imaginativos y motivados que han dedicado su vida a entender el mundo microbiano, a menudo haciendo frente al desprecio, el rechazo y el fracaso.

Pero no nos centraremos solo en los seres humanos.[10] Exploraremos cómo los microbios han dotado a los animales de poderes extraordinarios, les han brindado oportunidades evolutivas y hasta les han dado sus propios genes. La abubilla, un ave con un perfil en forma de piqueta y colores de tigre, pinta sus huevos con un fluido rico en bacterias que segrega de una glándula situada debajo de la cola; estas bacterias liberan antibióticos que impiden que los microbios más peligrosos se infiltren en los huevos y dañen a los pollos. Las hormigas cortadoras de hojas también albergan en sus cuerpos microbios productores de antibióticos que usan para desinfectar los hongos que cultivan en sus jardines subterráneos. El pez globo, un animal dotado de púas que se infla, utiliza bacterias para producir tetrodotoxina, una sustancia excepcionalmente letal que envenena a cualquier depredador que intente comérselo. El escarabajo de la patata de Colorado, causa de plagas importantes, emplea bacterias en su saliva para suprimir las defensas de las plantas que devora. El pez cardenal, decorado con rayas de cebra, alberga bacterias luminosas que utiliza para atraer a sus presas. La hormiga león, un insecto depredador dotado de temibles mandíbulas, paraliza a sus víctimas con toxinas producidas por las bacterias de su saliva. Algunos gusanos nematodos matan insectos vomitando sobre ellos unas brillantes bacterias tóxicas;[11] otros hurgan en las células de plantas utilizando genes robados a microbios y causan importantes pérdidas agrícolas.

Las alianzas con los microbios han cambiado de forma reiterada el curso de la evolución animal y transformado el mundo que nos rodea. Resulta fácil apreciar la importancia de estas alianzas imaginando lo que sucedería si se rompieran. Supongamos que todos los microbios del planeta desaparecieran de forma repentina. Por el lado positivo, las enfermedades infecciosas serían cosa del pasado, y muchos insectos causantes de plagas serían incapaces de subsistir. Aquí termina la buena noticia. Los mamíferos herbívoros, como las vacas, las ovejas, los antílopes y los venados, morirían de inanición, pues su vida depende completamente de los microbios presentes en su aparato digestivo, que rompen las fibras duras de las plantas que comen. Las grandes manadas de las praderas africanas desaparecerían. Asimismo, las termitas dependen de los servicios digestivos de los microbios, por lo que también ellas dejarían de existir, al igual que los animales más grandes que dependen de ellas para alimentarse, o de sus montículos de tierra. Pulgones, cigarras y otros insectos que succionan savias perecerían sin las bacterias que necesitan para complementar los nutrientes ausentes de sus dietas. En los océanos profundos, muchos gusanos, crustáceos y otros animales dependen de bacterias para obtener su energía. Sin microbios, también ellos, y todas las redes alimenticias de estos oscuros mundos abisales, desaparecerían. A los pobladores de los océanos poco profundos no les iría mucho mejor. Los corales, que dependen de las algas microscópicas, y una sorprendente diversidad de bacterias, se tornarían débiles y vulnerables. Sus poderosos arrecifes se decolorarían y erosionarían, y toda la vida que sustentan se resentiría.

Curiosamente, a los seres humanos nos iría bien. A diferencia de otros animales, para los cuales la esterilidad microbiana significaría una muerte rápida, resistiríamos semanas, meses e incluso años. Nuestra salud podría sufrir, pero tendríamos que ocuparnos de menesteres más apremiantes. Los residuos se acumularían con rapidez, pues los microbios son los señores de la decadencia. Nuestro ganado perecería junto con otros mamíferos herbívoros. Lo mismo sucedería con nuestros cultivos; sin microbios que proporcionaran nitrógeno a las plantas, la Tierra experimentaría una desertización catastrófica. (Como este libro se centra exclusivamente en los animales, ofrezco mis más sinceras disculpas a los entusiastas de la botánica.) «Predecimos el completo colapso de la sociedad al cabo de un año más o menos, como resultado de un fallo catastrófico en la cadena alimentaria —escribieron los microbiólogos Jack Gilbert y Josh Neufeld, tras considerar este experimento mental— La mayoría de las especies de la Tierra se extinguirían, y el tamaño de las poblaciones se reduciría de un modo considerable en las especies que sobrevivieran.»[12]

Los microbios son importantes. Los hemos ignorado. Los hemos temido y odiado. Y es hora de valorarlos, pues de lo contrario nuestra comprensión de la biología humana sería muy pobre. En este libro me propongo mostrar en qué consiste en realidad el reino animal, y lo maravilloso que se vuelve cuando lo vemos como el mundo de asociación y cooperación que verdaderamente es. Esta es una versión de la historia natural que profundiza en su parte más conocida, en lo que de ella revelaron los grandes naturalistas del pasado.

En marzo de 1854, un británico de treinta y un años llamado Alfred Russel Wallace inició un épico periplo de ocho años por las islas de Malasia e Indonesia.[13] Observó orangutanes de piel rojiza, canguros que saltaban por los árboles, resplandecientes aves del paraíso, mariposas gigantes de alas de pájaro, el babirusa a (un animal cuyos colmillos crecen a través de su hocico), y una rana cuyas ancas en forma de paracaídas le permiten saltar de árbol en árbol. Wallace registró, atrapó y también disparó a todas aquellas maravillas, y así acumuló una asombrosa colección de más de 125.000 especímenes: conchas, plantas, miles de insectos clavados en bandejas, y aves y mamíferos desollados y embalsamados, o conservados en formol. Pero, a diferencia de muchos de sus contemporáneos, Wallace también lo etiquetó todo meticulosamente, anotando el *lugar* donde había recogido cada espécimen.

Esto fue fundamental. A partir de estos datos, Wallace dedujo ciertos patrones. Observó una gran variación en los animales que vivían en una zona determinada, incluso entre los de la misma especie. Se percató de que en algunas islas habitaban especies únicas. Se dio cuenta de que, mientras navegaba hacia el este, de Bali a Lombok, una distancia de solo 22 millas, los animales de Asia eran repentinamente sustituidos por una fauna muy diferente, la de Australasia, como si estas dos islas estuviesen separadas por una barrera invisible (que luego recibiría el nombre de Línea de Wallace). Por algo se le considera hoy el padre de la biogeografía, la ciencia que estudia los lugares donde viven y donde no viven las especies. Pero, como escribe David Quammen en *The Song of the Dodo*, «Tal como la practican los científicos más sesudos, la biogeografía no hace más que preguntar *¿qué especies?* y *¿dónde?* También pregunta *¿por qué?* Y lo que a veces es aún más esencial: *¿por qué no?*».[14]

El estudio de los microbiomas comienza precisamente con la catalogación de los microbios encontrados en los diferentes animales o en las diferentes partes del cuerpo de un mismo animal. ¿Qué especies se encuentran en un animal? ¿Por qué? ¿Y por qué no otras? Necesitamos conocer primero su biogeografía para luego poder profundizar en sus aportaciones. Las observaciones y los especímenes recolectados inspiraron a Wallace *la idea clave* de la biología: las especies cambian. «*Cada especie empezó a existir coincidiendo en el espacio y en el tiempo con una especie preexistente estrechamente aliada con ella*», escribió de forma reiterada, y a veces empleando cursivas.[15] Cuando los animales compiten, los individuos más aptos sobreviven y se reproducen, transmitiendo rasgos ventajosos a su descendencia. Es decir, evolucionan por medio de la selección natural. Esta fue la revelación más importante que la ciencia conoció jamás, y todo comenzó con una inquieta curiosidad por el mundo, con un deseo de explorarlo y una aptitud para registrar las formas de vida existentes en cualquier parte del mundo.

Wallace no fue más que uno de los muchos exploradores naturalistas que recorrieron el mundo y catalogaron sus riquezas. Charles Darwin resistió un viaje de cinco años por el mundo a bordo del HMS *Beagle*, durante el cual descubriría los huesos fosilizados de perezosos y armadillos gigantes en Argentina, y se encontraría con tortugas gigantes, iguanas y una gran diversidad de pinzones en las islas Galápagos. Sus experiencias y sus colecciones plantaron las semillas intelectuales de la misma idea que había germinado de forma independiente en la mente de Wallace, la teoría de la evolución, que quedaría inseparablemente asociada a su nombre. Thomas Henry Huxley, al que se conoció como «el bulldog de Darwin» por su defensa a ultranza de la selección natural, viajó a Australia y Nueva Guinea para estudiar invertebrados marinos. El botánico Joseph Dalton Hooker deambuló por la Antártida, recolectando plantas. Más recientemente, Edward Osborne Wilson, después de estudiar las hormigas de Melanesia, escribió un manual de biogeografía.

A menudo se supone que estos científicos legendarios se centraron exclusivamente en los mundos visibles de los animales y las plantas, ignorando los mundos ocultos de los microbios. Esto no es del todo cierto. Darwin recolectó microbios —los llamó «infusorios»—

que pululaban sobre la cubierta del *Beagle*, y mantuvo correspondencia con los principales microbiólogos de la época.[16] Pero esto era lo máximo que podía hacer con los instrumentos de que disponía.

En cambio, los científicos de hoy pueden recoger muestras de microbios, descomponerlos, extraer su ADN e identificarlos mediante la secuenciación de sus genes. De esta manera pueden hacer exactamente lo que Darwin y Wallace hicieron. Pueden recoger especímenes de diferentes lugares y hacerse la pregunta fundamental: ¿cuáles viven aquí? Pueden hacer biogeografía, solo que en una escala diferente. La suave caricia de un bastoncito de algodón reemplaza a la agitación de un cazamariposas. Una lectura de genes es como hojear una guía de campo. Y una tarde en el zoológico examinando jaula tras jaula puede ser como el viaje del *Beagle* navegando de isla en isla.

Darwin, Wallace y sus colegas se sentían particularmente fascinados por las islas, y no sin motivo. Las islas son los lugares más adecuados para encontrar la vida en sus modalidades más extrañas, llamativas y superlativas. Su aislamiento, sus reducidos límites y su menor tamaño permiten que la evolución se manifieste con plenitud. Los patrones de la biología se nos muestran de un modo más nítido que en los extensos y contiguos continentes. Pero una isla no tiene por qué ser una masa de tierra rodeada de agua. Para los microbios, cada anfitrión es de hecho una isla, un mundo rodeado de vacío. Mi mano extendida acariciando a Baba en el zoológico de San Diego es como una balsa que transporta especies de una isla con forma humana a otra con forma de pangolín. Un adulto afectado por el cólera es como la isla de Guam invadida por serpientes foráneas. ¿Que ningún hombre es una isla? Esto no es verdad: todos somos islas desde el punto de vista de una bacteria.[17]

Cada uno de nosotros tiene su propio microbioma distintivo, conformado por los genes que hereda, los lugares en los que ha vivido, las medicinas que ha tomado, la comida que ha ingerido, los años que ha vivido y las manos que ha estrechado. Nuestros microbiomas son similares, sí, pero diferentes. Cuando los microbiólogos empezaron a catalogar el microbioma humano en su totalidad, esperaban descubrir un microbioma «nuclear»: un grupo de especies que todo el mundo comparte. En la actualidad, la existencia de tal núcleo es objeto de debate.[18] Algunas especies son comunes, pero ninguna está en todas partes. Si existe un núcleo, solo puede existir en el nivel de las *funciones*, no de los organismos. Hay ciertas tareas, como la de digerir un determinado nutriente, o emplear un truco metabólico específico, que siempre cumple un *determinado* microbio, pero no siempre el mismo. Esta tendencia puede observarse a una escala mayor. En Nueva Zelanda, los kiwis echan raíces a través de la hojarasca buscando gusanos, lo mismo que haría un tejón en Inglaterra. Los tigres y las panteras nebulosas acechan en los bosques de Sumatra, pero en Madagascar, donde no hay felinos, el mismo nicho lo ocupa una mangosta gigante llamada fosa; y en Komodo, el mayor depredador es un enorme lagarto. A diferentes islas, diferentes especies, las mismas funciones. Las islas de las que hablo aquí pueden ser grandes masas de tierra o individuos humanos.

En realidad, cada individuo es más bien como un archipiélago, una *cadena* de islas. Cada parte de nuestro cuerpo tiene su propia fauna microbiana, igual que las islas Galápagos tienen sus propias tortugas y pinzones. El microbioma de la piel humana es el dominio de microbios como el *Propionibacterium*, el *Corynebacterium* y el *Staphylococcus*, mientras que el *Bacteroides* reina en el intestino, el *Lactobacillus* domina en la vagina y el *Streptococcus* prevalece en la boca. Cada órgano también es distinto en este aspecto. Los microbios que viven al comienzo del intestino delgado son muy diferentes de los del recto. Los de la placa dental son distintos por encima y por debajo de la línea de las encías. En la piel, los microbios de las zonas grasientas de la cara y el pecho difieren de los que habitan en las selvas cálidas y húmedas de las ingles y las axilas, y de los colonizadores de los secos desiertos de los antebrazos y las palmas de las manos. Hablando de las palmas: la mano derecha comparte solo una sexta parte de sus especies microbianas con la mano izquierda.[19] Las variaciones existentes entre las partes del cuerpo empequeñecen las existentes entre las personas. Dicho de otro modo: las bacterias del antebrazo del lector son más similares a las de mi antebrazo que a las de su boca.

El microbioma varía en el tiempo y en el espacio. Cuando nace un bebé, abandona el mundo estéril del vientre de la madre y es colonizado de inmediato por sus microbios vaginales; casi las tres cuartas partes de las cepas de un recién nacido pueden proceder directamente de la madre. Luego se inicia una etapa de expansión. A medida que el bebé incorpora nuevas especies de los padres y del entorno, su microbiota intestinal se vuelve gradualmente más diversa.[20] Las especies dominantes crecen y decrecen: cuando la dieta del bebé cambia, los especialistas en la digestión de la leche, como el *Bifidobacterium* dejan paso a los comedores de carbohidratos, los *Bacteroides*. Y a medida que los microbios cambian, también lo hacen sus habilidades. Empiezan a producir diferentes vitaminas y desbloquean la capacidad de digerir una dieta más adulta.

Este periodo es turbulento, pero sus etapas son predecibles. Imaginemos un bosque hace poco arrasado por el fuego, o una nueva isla recién surgida del mar. Ambos son rápidamente colonizados por plantas simples, como líquenes y musgos. Les siguen la hierba y los arbustos. Los árboles llegarán más tarde. Los ecólogos llaman a esto «sucesión», proceso que también se da en los microbios. El microbioma de un bebé tarda de uno a tres años en alcanzar un estado adulto. Y entonces se consigue una estabilidad que perdura. El microbioma puede variar de un día para otro, de la salida a la puesta del sol, o incluso de una comida a la siguiente, pero estas variaciones son pequeñas en comparación con los primeros cambios. Este dinamismo del microbioma adulto oculta una continuidad.[21]

El patrón exacto de sucesión difiere de unos animales a otros, porque los animales somos unos anfitriones quisquillosos. No somos colonizados por cualquier microbio que aterrice en nuestro organismo. Tenemos maneras de seleccionar a nuestros socios microbianos. Ya aprenderemos estos trucos; por ahora solo diré que el microbioma humano es distinto del microbioma del chimpancé, que es a su vez diferente del microbioma del gorila, del mismo modo que los bosques de Borneo (orangutanes, elefantes pigmeos, gibones) son distintos de los de Madagascar (lémures, fosas, camaleones) o los de Nueva Guinea (aves del paraíso, canguros arbóreos, casuarios). Sabemos esto porque los científicos se han abierto camino por la totalidad del reino animal secuenciando microbiomas. Así, han descrito los microbiomas de pandas, ualabíes, dragones de Komodo, delfines, lémures, lombrices de tierra, sanguijuelas, abejorros, cigarras, gusanos tubulares, pulgones, osos polares, dugones, pitones, caimanes, moscas tse-tse, pingüinos, kakapúes, ostras, carpinchos, vampiros, iguanas marinas, cucos, pavos, urubúes de cabeza roja, babuinos, insectos palo y muchos más. Han secuenciado los microbiomas de lactantes, prematuros, niños crecidos, adultos, ancianos, mujeres embarazadas, gemelos, habitantes de ciudades de Estados Unidos y de China, aldeanos de Burkina Faso y de Malaui, cazadores-recolectores de Camerún y de Tanzania, indios amazónicos nunca antes contactados, personas delgadas y obesas y personas perfectamente sanas en comparación con otras enfermas.

Todos estos estudios ya han dado sus frutos. Aunque, en realidad, la ciencia del microbioma tiene siglos de antigüedad, ha dado pasos de gigante en las últimas décadas gracias a los avances tecnológicos y a que los científicos han empezado a comprender que los microbios son muy importantes para nosotros, especialmente en un contexto médico. Afectan a nuestros organismos de formas tan diversas que son capaces de determinar nuestra respuesta a las vacunas, cuánta nutrición pueden obtener los niños de sus alimentos y cómo responden los pacientes con cáncer a sus tratamientos. Muchas patologías, entre ellas la obesidad, el asma, el cáncer de colon, la diabetes y el autismo, vienen acompañados de cambios en el microbioma, lo que indica que algunos microbios son, como mínimo, un signo de enfermedad, y en ocasiones, hasta su propia causa. En este último caso, podemos mejorar de forma sustancial nuestra salud modificando nuestras comunidades microbianas: añadiendo y restando especies, trasplantando comunidades enteras de una persona a otra y diseñando organismos sintéticos. Incluso podemos manipular los microbiomas de otros animales rompiendo asociaciones que permiten a los gusanos parásitos afligirnos con terribles enfermedades tropicales o creando nuevas simbiosis que permitan a los mosquitos repeler al virus causante de la fiebre del dengue.

Este es un campo de la ciencia que cambia con rapidez, y que todavía se halla rodeado de incertidumbre, misterio y controversia. Ni siquiera podemos identificar muchos de los microbios de nuestro cuerpo, y mucho menos determinar cómo afectan a nuestras vidas o a nuestra salud. ¡Pero es un campo fascinante! Sin duda es mejor estar en la cresta de la ola mirando al frente que ser arrastrado a la orilla. Cientos de científicos están ahora haciendo surf sobre la ola. Los fondos afluyen. El número de artículos científicos relevantes ha aumentado de forma exponencial. Los microbios siempre han gobernado el planeta, pero hoy, por primera vez en la historia, *están de moda*. «Esta era una ciencia completamente estancada; ahora es una ciencia puntera —dice la bióloga Margaret McFall-Ngai—. Ha sido divertido ver cómo la gente empieza a darse cuenta de que los microbios son el centro del universo, y cómo este campo empieza a florecer. Ahora sabemos que constituyen la gran diversidad de la biosfera, que viven en íntima asociación con los animales, y que la biología animal fue conformada por la interacción con los microbios. En mi opinión, esta es la revolución más importante que ha conocido la biología desde Darwin.»

Los críticos dicen que la popularidad del microbioma es inmerecida, y que la mayoría de los estudios realizados en este ámbito apenas son algo más que una simple colección de sellos muy cara. ¿Y si supiéramos qué microbios viven en la cara del pangolín, o en el intestino de una persona? Eso nos diría *qué* y *dónde*, pero no *por qué* ni *cómo*. ¿Por qué ciertos microbios viven en determinados animales y no en otros, o en algunos individuos, pero no en todos, o en ciertas partes del cuerpo, pero no en todas? ¿Por qué vemos los patrones que vemos? ¿Cómo se crearon esos patrones? ¿Cómo encontraron los microbios su camino hacia sus anfitriones? ¿Cómo sellan sus asociaciones? ¿Cómo los microbios y los anfitriones se modifican uno a otro una vez juntos? ¿Cómo se las arreglan si sus alianzas se rompen?

Estas son las grandes preguntas a las que tratamos de responder en este campo. En el presente libro mostraré cuánto hemos avanzado a este respecto, cuántas esperanzas encierran la comprensión y la manipulación de microbiomas y hasta dónde hemos de llegar para que esas expectativas se cumplan. Por ahora, estas preguntas solo se pueden responder recopilando pequeños conjuntos de datos, como hicieron Darwin y Wallace en sus viajes pioneros. En definitiva, coleccionar sellos puede ser importante. «Incluso el diario de Darwin era solo un diario de viaje de un científico, un pintoresco desfile de criaturas y lugares, en el que no se proponía ninguna teoría evolutiva —escribió David Quammen—. La teoría vendría más tarde.»[22] Antes era necesario un duro trabajo: clasificar, catalogar, recolectar. «Si existen nuevos continentes inexplorados, antes de averiguar por qué las cosas están donde están, es necesario saber dónde están», dice Rob Knight.

Lo que llevó a Knight al zoológico de San Diego era el espíritu de exploración. Quería frotar las caras y las pieles de diferentes mamíferos para caracterizar sus microbiomas, y también para conocer los compuestos químicos (metabolitos) que producen sus microbios. Estas sustancias conforman el entorno en que viven y evolucionan los microbios y, además de mostrarnos qué microbios hay, también nos dicen qué hacen. Estudiar los metabolitos es como hacer un inventario del arte, la gastronomía, los inventos y las exportaciones de una ciudad, en vez de un simple censo de sus habitantes. Knight intentó recientemente conocer los metabolitos de las caras humanas, pero observó que los productos cosméticos, como los protectores solares y las cremas faciales, ocultaban los metabolitos microbianos naturales.[23] ¿La solución? Frotar las caras de los animales. El pangolín Baba no usa crema hidratante. «Esperamos obtener también muestras orales —dice Knight—. Y quizá vaginales.» Levanté una ceja. «Los programas de cría de guepardos y pandas tienen montones de congeladores llenos de palitos con muestras vaginales», me asegura.

El cuidador del zoo nos muestra una colonia de ratas topo lampiñas que saltan alrededor de un conjunto de tubos de plástico interconectados. Son animales poco atractivos, como salchichas arrugadas con dientes. Son también muy extraños: insensibles al dolor, resistentes al cáncer, excepcionalmente longevos, pésimos controladores de su temperatura corporal y con un esperma defectuoso e incompetente. Viven en colonias parecidas a las de las hormigas, con reinas y obreras. También excavan madrigueras, lo que les hace interesantes para Knight. Rob Knight ha obtenido recientemente una beca para estudiar microbiomas de animales que comparten características o estilos de vida específicos: madriguera, vuelo, vida acuática, adaptación al calor y al frío y hasta inteligencia. «Es una idea bastante especulativa, pero podríamos encontrar preadaptaciones microbianas con el fin de obtener la energía que se necesita para hacer las cosas más exóticas», dice. Especulativa, ciertamente, pero no inverosímil. Los microbios han abierto muchas puertas a los animales, permitiéndoles todo tipo de estilos de vida peculiares que normalmente les estarían vedados. Y cuando los animales comparten hábitos, sus microbiomas a menudo convergen. Por ejemplo, Knight y sus colegas mostraron una vez que los mamíferos que se alimentan de hormigas, como los pangolines, los armadillos, los osos hormigueros y los proteles (un tipo de hiena), poseen todos microbios intestinales similares, a pesar de haber evolucionado de manera independiente durante 100 millones de años.[24]

Pasamos junto a una pandilla de suricatos, algunos erguidos y alertas, otros retozando. La hembra solitaria —matriarca del grupo— es la única que se dejaría frotar con el bastoncillo de Knight, pero es vieja y tiene una enfermedad del corazón. Esto no es raro. Los suricatos a veces atacan a las crías de otros o abandonan a las suyas, y cuando esto sucede, el zoológico se encarga de criar a las más pequeñas. Aunque sobreviven, el cuidador nos dice que, por razones desconocidas, a menudo padecen del corazón cuando se hacen mayores. «Eso es muy interesante —me dice Knight—. ¿Sabes algo sobre la leche de suricata?» Me lo pregunta porque la leche de los mamíferos contiene azúcares especiales que las crías no pueden digerir, pero sí ciertos microbios. Cuando una madre humana amamanta a su hijo, no solo le está alimentando; también alimenta a los primeros microbios de su hijo, lo que asegura que los primeros colonizadores se instalen en su intestino. Knight se pregunta si ocurre lo mismo con los suricatos. ¿Inician su vida las crías abandonadas con unos microbios inadecuados por no recibir la leche materna? ¿Afectan esos cambios tempranos a su salud en la última etapa de su vida?

Knight está trabajando en otros proyectos para mejorar la salud de los animales del zoológico. Cuando pasamos por delante de una jaula llena de langures plateados —hermosos monos de piel de color peltre con vello facial erizado—, me explica que está tratando de averiguar por qué algunas especies de monos sufren con frecuencia inflamación del colon (colitis) cuando se encuentran en cautividad, mientras que otras no. Hay razones para pensar que sus microbios están involucrados. En las personas, los casos de enfermedad inflamatoria intestinal suelen ir acompañados de una sobreabundancia de bacterias que estimulan el sistema inmunitario y provocan una carencia de aquellas que lo controlan. Hay otras patologías que muestran patrones similares, entre ellas la obesidad, la diabetes, el asma, las alergias y el cáncer de colon. Estos son problemas de salud considerados ahora como ecológicos, y de los que ningún microbio en particular es culpable, pues lo que sucede es que una comunidad entera se halla alterada. Son casos de simbiosis dañada. Y si estos microbios alterados son los verdaderos causantes de esta clase de patologías, sería posible restablecer la salud manipulándolos. Y cuando las comunidades microbianas cambian como *resultado* de una enfermedad, también podrían ser útiles para diagnosticar una enfermedad antes de que se declaren los síntomas. Esto es lo que Knight espera ver en los monos. Compara los animales con y sin colitis de diferentes especies para ver si hay signos de enfermedad que pudieran servir a los cuidadores para identificar a un animal asintomático con riesgo de padecerla. Estos estudios también pueden ayudarnos a entender cómo cambia el microbioma en personas con enfermedad inflamatoria intestinal.

Finalmente, entramos en un recinto trasero donde varios animales permanecen temporalmente fuera de la vista del público. Una de las jaulas alberga una sombra gigante: una criatura de casi un metro de largo y piel negra que tiene la forma de una comadreja, pero las facciones de un oso. Es un manturón: una civeta grande y desgreñada que Gerald Durrell describió como un «felpudo mal hecho». El cuidador cree que podríamos frotarle sin problema la cara y las patas, pero la parte que realmente nos importa se encuentra más abajo. Los manturones tiene unas glándulas a ambos lados del ano que producen un olor que recuerda al de las palomitas de maíz. Vemos de nuevo que parece probable que las bacterias produzcan olores. Los científicos ya han caracterizado los olores microbianos procedentes de las glándulas que los producen en tejones, elefantes, suricatos y hienas ¡El manturón espera!

—¿Podríamos frotar el ano? —pregunto.

El cuidador mira al intimidante animal en su jaula, se echa despacio hacia atrás, donde nos hallamos nosotros, y dice:

—Pues... me parece que no.

Cuando observamos el reino animal a través de la lente microbiana, incluso los aspectos más familiares de nuestras vidas adquieren una nueva y asombrosa perspectiva. Cuando una hiena frota sus glándulas productoras de olor contra la hierba, sus microbios escriben su autobiografía para que otras hienas la lean. Cuando una madre suricato amamanta a sus crías, crea mundos dentro de sus intestinos. Cuando un armadillo toma un bocado de hormigas, alimenta a una comunidad de billones que, por su parte, le proporciona energía. Cuando un langur, o un ser humano, enferma, sus problemas son similares a los de un lago atestado de algas o a los de un prado repleto de maleza; a estos ecosistemas les ha ido mal. Nuestras vidas reciben poderosas influencias de fuerzas externas que están realmente dentro de nosotros, de billones de cosas que están separadas de nosotros y, sin embargo, son en buena medida parte de nosotros. El olor, la salud, la digestión, el desarrollo y decenas de otros aspectos que se supone son predio de los *individuos*, en realidad son resultado de una compleja negociación entre el anfitrión y los microbios.

Con todo lo que sabemos, ¿cómo definiríamos a un individuo?[25] Si se define a un individuo anatómicamente, como poseedor de un determinado cuerpo, entonces se debe reconocer que los microbios comparten el mismo espacio. Se podría dar una definición centrada en el desarrollo, según la cual un individuo sería todo lo que se desarrolla a partir de un solo óvulo fecundado. Pero esta definición no funciona, porque hay animales, como los calamares, los ratones o el pez cebra, que construyen sus organismos siguiendo instrucciones codificadas por sus genes y sus microbios. En una burbuja estéril no crecerían con normalidad. Podría plantearse una definición fisiológica, según la cual el individuo es un organismo compuesto de partes —tejidos y órganos— que cooperan para el bien del todo. Esto es indudable, pero ¿qué pasa con los insectos en los que las bacterias y las enzimas del anfitrión trabajan juntas para crear nutrientes esenciales? Esos microbios son evidentemente parte del todo, y una parte indispensable. La definición genética, según la cual el individuo es un organismo compuesto de células que comparten el mismo genoma, se encuentra con el mismo problema.

Todo animal tiene su propio genoma, pero también muchos genomas microbianos que influyen en su vida y desarrollo. En algunos casos, genes microbianos pueden incorporarse de manera permanente en los genomas de sus anfitriones. ¿Tiene entonces sentido considerarlos entidades separadas? Con nuestras opciones agotadas, podríamos pasar el muerto al sistema inmunitario, ya que supuestamente existe para distinguir nuestras células de las de los intrusos, para distinguir el yo del no-yo. Esto tampoco es del todo cierto;

como veremos, nuestros microbios residentes nos ayudan a construir nuestro sistema inmunitario, que a su vez aprende a tolerarlos. No importa cómo planteemos el problema: está claro que los microbios subvierten nuestras nociones de la individualidad. También ellos la conforman. El genoma del lector es en gran parte el mismo que el mío, pero nuestros microbiomas pueden ser muy diferentes (y nuestros viromas aún más). Tal vez sea menos cierto decir que yo *albergo* multitudes que decir que yo *soy* esas multitudes.

Estos conceptos pueden ser sumamente desconcertantes. Los conceptos de independencia, libre albedrío e identidad son centrales en nuestras vidas. El pionero en el estudio del microbioma David Relman señaló una vez que «la pérdida del sentido de la autoidentidad, las ilusiones de autoidentidad y las experiencias de "control ajeno"» son signos potenciales de enfermedad mental. «No resulta extraño que los estudios recientes acerca de las simbiosis hayan suscitado especial interés y atención.» Pero también añadió que «[estos estudios] destacan la belleza de la biología. Somos criaturas sociales y tratamos de comprender nuestras conexiones con otras entidades vivientes. Las simbiosis son ejemplos fundamentales de lo que se logra con la colaboración y de los grandes beneficios de las relaciones íntimas».[26]

Estoy de acuerdo. La simbiosis nos muestra los hilos que conectan toda la vida en la Tierra. ¿Por qué pueden convivir y cooperar organismos tan dispares como humanos y bacterias? Porque comparten un antepasado común. Nosotros almacenamos información en el ADN empleando el mismo sistema de codificación. Y usamos una molécula llamada ATP como moneda de energía. Lo mismo sucede en todas las formas de vida. Imaginemos un sándwich de beicon, lechuga y tomate: todos los ingredientes, desde la lechuga y el tomate hasta el cerdo que produjo el beicon, sin olvidar la levadura que se empleó en el pan ni los microbios que seguramente habrá en su superficie, hablan el mismo lenguaje molecular. Como dijo en una ocasión el biólogo holandés Albert Jan Kluyver, «del elefante a la bacteria del ácido butírico, ¡todo es lo mismo!».

Una vez que comprendamos lo similares que somos y lo profundos que son los lazos entre los animales y los microbios, nuestra visión del mundo se enriquecerá inmensamente. La mía, desde luego. Toda mi vida me ha atraído el mundo natural. En mis estanterías abundan documentales sobre la vida salvaje y libros llenos de suricatos, arañas, camaleones, medusas y dinosaurios. Pero ninguno de ellos dice cómo los microbios afectan, mejoran y dirigen la vida de sus anfitriones; por lo tanto, están incompletos —cuadros sin marco, pasteles sin glaseado, Lennon sin McCartney. Ahora veo hasta qué punto las vidas de todas esas criaturas dependen de organismos invisibles que conviven con ellas, aunque no sepan que esos organismos contribuyen al desarrollo de sus capacidades, y a veces las explican por completo, ni que han existido en el planeta mucho más tiempo que ellas. Es un cambio de perspectiva que causa mareo, pero un cambio glorioso.

He visitado parques zoológicos desde que era demasiado pequeño para poder hoy recordar esas visitas (o para saber que no se debe subir al recinto de la tortuga gigante). Pero mi visita al zoológico de San Diego con Knight (y Baba) es diferente. Aunque en ese lugar domina un derroche de colores y ruidos, me doy cuenta de que la mayor parte de la vida alojada allí es invisible e inaudible. En la entrada principal, recipientes llenos de microbios dejan dinero para poder franquear las puertas y contemplar otros recipientes de microbios con diferentes formas que permanecen en jaulas y recintos. Billones de microbios ocultos dentro de cuerpos cubiertos de plumas, vuelan en los aviarios. Otras hordas se balancean en las ramas o se escabullen por túneles. Una muchedumbre de bacterias alojada en el trasero de un felpudo negro llena el aire con el penetrante olor de las palomitas. Así es realmente este mundo viviente, y aunque todavía es invisible para mis ojos, al final podré percibirlo.

2

Los que aprendieron a mirar

Las bacterias están en todas partes, pero para nuestros ojos no estan en ninguna parte. Hay algunas excepciones extraordinarias: el *Epulopiscium fishelsoni*, una bacteria que vive tan solo en las vísceras del pez cirujano regal, es aproximadamente del tamaño de este punto tipográfico. Sin embargo, el resto no puede apreciarse sin ayuda, lo que significa que durante mucho tiempo no se las ha visto en absoluto. En nuestro calendario imaginario, que condensa la historia de la Tierra en un año, las bacterias aparecieron por primera vez a mediados de marzo. Prácticamente ningún ser era consciente de su existencia en todo su reinado. Su existencia incógnita solo se reveló unos segundos antes de fin de año, cuando un holandés curioso tuvo la caprichosa idea de examinar una gota de agua a través de unas lentes de una calidad excepcional que él mismo había fabricado.

Antony van Leeuwenhoek nació en 1632 en la ciudad de Delft, un bullicioso centro de comercio exterior atravesado por canales, árboles y rúas empedradas.[1] Durante el día trabajaba como funcionario municipal y regentaba una pequeña mercería. Durante la noche fabricaba lentes. Era un buen momento y lugar para hacerlo: los holandeses acababan de inventar el microscopio compuesto y el telescopio. Los científicos observaban a través de pequeños círculos de cristal los objetos que estaban demasiado lejanos o que eran demasiado pequeños para ser vistos por los ojos directamente. El polímata británico Robert Hooke era uno de ellos. Observaba toda clase de cosas diminutas: las pulgas, los piojos aferrados a los pelos, las puntas de las agujas, las plumas del pavo real, las semillas de amapola. En 1665 publicó sus observaciones en un libro titulado *Micrografía*, lleno de magníficas y muy detalladas ilustraciones. Fue un best seller en Gran Bretaña.

Leeuwenhoek se distinguía de Hooke en que nunca fue a la universidad, no recibió ninguna formación científica y hablaba solo holandés, es decir, nada del erudito latín. Aun así, aprendió por su cuenta a fabricar lentes, y lo hizo con una destreza inigualable. Se desconocen los detalles exactos de su técnica, pero, hablando en términos generales, desbastaría y luego puliría una pequeña masa de vidrio hasta obtener una lente lisa y perfectamente simétrica de menos de dos milímetros de diámetro. Después la colocaría entre dos rectángulos de latón. Luego fijaría una muestra delante de la lente en un minúsculo alfiler y ajustaría su posición con un par de tornillos. El microscopio resultante parecía una bisagra embellecida, y era poco más que una lupa ajustable. Para usarlo, Leeuwenhoek tenía que mantenerlo tan cerca que casi tocaba su rostro mientras miraba a través de su minúscula lente, preferiblemente bajo la luz del sol. Estos modelos de lente única obligaban a forzar mucho más la vista que los microscopios compuestos multilente que defendía Hooke. Con todo, producían imágenes más claras y con más aumentos. Los instrumentos de Hooke aumentaban los objetos entre 20 y 50 veces; Leeuwenhoek los aumentaba hasta *270 veces*. En aquella época eran los mejores microscopios del mundo.

Pero Leeuwenhoek era «más que un buen fabricante de microscopios —observa Alma Smith Payne en *The Cleere Observer*—. También era un excelente microscopista, un usuario de microscopios». Todo lo documentaba. Repetía las observaciones. Realizaba metódicos experimentos. Aunque era un aficionado, utilizaba de forma instintiva el método científico, que había arraigado en él junto con la curiosidad ilimitada del científico por el mundo que le rodea. A través de sus lentes examinó pelos de animales, cabezas de moscas, madera, semillas, músculos de ballena, escamas de la piel y ojos de buey. Vio maravillas, que mostraba a amigos, familiares y hombres doctos de Delft.

Uno de estos sabios, el médico Regnier de Graaf, miembro de la Royal Society, un estimado gremio científico recién fundado con sede en Londres, recomendó a Leeuwenhoek —cuyos microscopios, decía, «superan con mucho los que hemos visto hasta ahora»— a sus colegas, suplicándoles que contactasen con él. Henry Oldenburg, secretario de la institución y editor de su revista, así lo hizo, y finalmente tradujo y publicó varias de las conmovedoras, informales y laberínticas cartas del extranjero Leeuwenhoek que describían los glóbulos rojos, los tejidos de las plantas y las tripas de piojo con un detalle y una exactitud incomparables.

Más tarde, el holandés examinó el agua, concretamente el agua del lago Berkelse cercano a Delft. Succionó las turbias aguas con una pipeta de vidrio, dispuso las muestras en su microscopio y vio que estaban repletas de vida: «pequeñas nubes verdes» de algas junto a miles de diminutas criaturas danzantes.[2] Los movimientos de la mayoría de estos «animáculos» en el agua eran tan rápidos y tan variados (hacia arriba, hacia abajo y en círculos) que era «maravilla observarlos —escribió—, y yo juzgaba que algunas de estas pequeñas criaturas eran más de mil veces más minúsculas que las más pequeñas que haya visto en la corteza del queso».[3] Eran protozoos, el variado grupo de organismos que incluye las amebas y otros eucariotas unicelulares. Leeuwenhoek fue la primera persona que los vio.[4]

En 1675, utilizó sus lentes para examinar agua de lluvia, que había recogido en un frasco azul situado fuera de su casa. Una vez más, un delicioso zoo se desplegó ante sus ojos. Vio formas serpenteantes que se enroscaban y desenroscaban, y óvalos «provistos de varios pies diminutos» (más protozoos). También observó ejemplos de una clase de criaturas aún más diminutas, mil veces más pequeñas que el ojo de un piojo, que «giran con la rapidez de un trompo» (¡bacterias!). Examinó más muestras de agua: de su gabinete, de su tejado, de los canales de Delft, del cercano mar y del pozo de su jardín. Los pequeños «animáculos» estaban en todas partes. Al parecer, la vida existía en indecible abundancia allende el umbral de nuestra percepción, y solo aquel hombre era capaz de verla con sus excepcionales lentes. Como más tarde escribiría el historiador Douglas Anderson: «Casi todas las cosas que logró ver, él era el primer ser humano en verlas». Y algo notable: ¿por qué examinó ante todo el agua? ¿Qué era lo que movió a ese hombre a escudriñar el agua de lluvia que había recogido en un frasco? Una pregunta similar podríamos hacernos acerca de muchos investigadores a lo largo de la historia de la investigación del microbioma: ellos fueron los que aprendieron a mirar.

En octubre de 1676, Leeuwenhoek comunicó a la Royal Society lo que había visto.[5] Todas sus misivas eran completamente ajenas al pesado discurso científico de las revistas académicas. Estaban llenas de chismes locales e informes acerca de su propia salud. («Aquel hombre necesitaba un blog», observa Anderson.) La carta de octubre, por ejemplo, nos habla del tiempo que hizo en Delft aquel verano. Pero también contiene descripciones detalladas y fascinantes de sus animáculos. Estos eran «increíblemente pequeños; no, eran tan pequeños a mi vista que juzgué que si cien de estos minúsculos animales se colocasen uno junto a otro, no alcanzarían el diámetro de un grano de arena; y si esto es así, cien mil de estas criaturas vivas juntas no llegarían a formar un bulto igual al de un grano de arena». (Después precisa que un grano de arena tiene alrededor de un octavo de pulgada de diámetro, de lo cual deduce que estos «minúsculos animales» miden tres micras de largo. Es decir, más o menos la longitud media de una bacteria. Su estimación fue de una precisión *asombrosa*.)

Si de pronto alguien nos dijera que ha visto una serie de maravillosas criaturas invisibles que nadie ha visto jamás, ¿le creeríamos? Oldenburg tenía sus dudas, como las tenía sobre las primeras descripciones que Leeuwenhoek hizo de aquellos «animáculos». Sin embargo, publicó su carta en 1677, una decisión que Nick Lane ha calificado de «un monumento extraordinario al escepticismo libre de prejuicios en la ciencia». Pero Oldenburg añadió una nota de advertencia en la que decía que la Royal Society quería detalles de los métodos de Leeuwenhoek para que otros pudieran confirmar sus inesperadas observaciones. No se puede decir que este cooperase. La técnica que empleaba en la fabricación de sus lentes era un secreto que guardaba celosamente. En vez de divulgarla, mostró los animáculos a un notario, un abogado, un médico y otros hombres de buena reputación, que aseguraron a la Royal Society que, en efecto, vieron lo que él afirmaba. Mientras tanto, otros microscopistas intentaron emular su trabajo, pero fracasaron. Incluso el poderoso Hooke se esforzó al principio, y solo tuvo éxito cuando volvió a usar los microscopios de una sola lente que tanto odiaba. Su éxito corroboró las afirmaciones de Leeuwenhoek, y cimentó la reputación del holandés. En 1680, aquel mercero sin formación fue elegido miembro de la Royal Society. Y como todavía no sabía leer latín ni inglés, la institución acordó redactar su título de miembro en holandés.

Reconocido ya como el primer ser humano que vio microbios, Leeuwenhoek fue también el primero en ver los suyos. En 1683 halló una placa blanca y gruesa alojada entre sus dientes, y, cómo no, la examinó con sus lentes. ¡Más seres vivos!, y «de movimientos muy elegantes». Había bastones largos con forma de torpedo que nadaban en el agua «como un lucio», y otros más pequeños que giraban como un trompo. «Todas las personas que viven en nuestros Países Bajos Unidos no son tantas como los animales vivos que este mismo día tengo en mi boca», declaró. Dibujó estos microbios, creando una sencilla imagen que se ha convertido en la *Mona Lisa* de la microbiología. Los estudió en las bocas de conciudadanos suyos de Delft: dos mujeres, un niño de ocho años y un anciano que nunca se había limpiado los dientes. Incluso agregó vinagre de vino a sus propias raspaduras y observó que los animáculos morían (primer caso de antisepsia documentado).

Cuando murió en 1723, a la edad de noventa años, Leeuwenhoek se había convertido en uno de los miembros más famosos de la Royal Society. Legó a sus colegas una vitrina negra lacada que contenía 26 de sus asombrosos microscopios con especímenes montados. La vitrina desapareció misteriosamente, y nunca se recuperó; una pérdida sin duda muy lamentable, pues Leeuwenhoek jamás contó a nadie cómo fabricaba sus instrumentos. En una carta se quejaba de que los estudiosos estuvieran más interesados en el dinero o en la reputación que en «descubrir cosas ocultas a nuestra vista». «No hay un hombre entre mil capaz de tal estudio, porque se necesita mucho tiempo y gastar mucho dinero —se lamentó—. Y lo más importante de todo es que la mayoría de estos hombres no sienten curiosidad, no, y hasta algunos no tienen empacho en decir: ¿qué más da que conozcamos esto o no?»[6]

Su actitud casi acabó con su legado. Cuando otros miraban a través de microscopios peor diseñados no veían nada, o imaginaban figuras. El interés disminuyó. En la década de 1730, cuando Carl Linneo empezó a clasificar los seres vivos, agrupó a todos los microbios en el género *Caos* (con el significado de «informe») y el filo

Vermis (que significa «gusanos»). Hubo de transcurrir siglo y medio entre el descubrimiento del mundo microbiano y su estudio sistemático.

Hoy en día es tan frecuente relacionar los microbios con la suciedad y la enfermedad que si se le muestra a alguien las multitudes que viven en su boca, seguramente se apartará con desagrado. Leeuwenhoek no sintió tal repugnancia. ¿Miles de minúsculos seres? ¿En su agua potable? ¿En *su boca*? ¿En *la boca de todo el mundo*? ¡Qué interesante! Si sospechaba que podrían causar alguna enfermedad, no lo manifestó en sus escritos, que eran notables por su ausencia de especulación. Otros estudiosos se sintieron menos cohibidos. En 1762, el médico vienés Marcus Plenciz sostuvo que los organismos microscópicos podrían causar enfermedades al multiplicarse en el cuerpo y propagarse a través del aire. «Toda enfermedad tiene su organismo», afirmó profético. Desgraciadamente, no tenía pruebas, ni, por lo tanto, manera alguna de convencer a otros de que aquellos organismos insignificantes tenían su importancia. «No voy a perder el tiempo tratando de refutar estas hipótesis absurdas», escribió un crítico.[7]

Las cosas empezaron a cambiar a mediados del siglo XIX gracias a un arrogante y polémico químico francés llamado Louis Pasteur.[8] Demostró que las bacterias podían avinagrar el vino y descomponer la carne. Y si eran los agentes de la fermentación y la putrefacción, sostuvo Pasteur, también podrían causar enfermedades. Esta «teoría de los gérmenes» la habían defendido Plenciz y otros, pero seguía siendo controvertida. Por aquel entonces, se pensaba que las enfermedades eran causadas por los malos aires o *miasmas* que desprendía la materia descompuesta. Pasteur demostró lo contrario en 1865, cuando descubrió que dos enfermedades que afectaban a los gusanos de seda en Francia eran causadas por microbios. Aislando los huevos infectados, evitó que las enfermedades se propagaran y salvó la industria de la seda.

Mientras tanto, en Alemania, el médico Robert Koch trataba de controlar una epidemia de ántrax que hacía estragos en el ganado local. Otros científicos habían visto una bacteria, el *Bacillus anthracis*, en los tejidos de los animales enfermos. En 1876, Koch inyectó este microbio a un ratón y murió. Lo extrajo del roedor muerto y lo inyectó a otro, que también murió. Perseverante, repitió este fatal proceso en más de veinte generaciones, y lo mismo ocurría cada vez. Koch había demostrado de forma inequívoca que la bacteria causaba el ántrax. La teoría de los gérmenes era cierta.

Los microbios habían sido redescubiertos, y no se tardó en considerarlos mensajeros de la muerte. Eran gérmenes patógenos, portadores de pestes. Durante las dos décadas que Koch dedicó al estudio del ántrax, él y muchos otros descubrieron las bacterias causantes de la lepra, la gonorrea, la fiebre tifoidea, la tuberculosis, el cólera, la difteria, el tétanos y la peste. Como en el caso de Leeuwenhoek, las nuevas herramientas marcaron el camino: mejores lentes, cultivos más puros de microbios en placas con agar-agar gelatinosa y nuevas cepas, que ayudaron a los microscopistas a detectar e identificar bacterias. Desde su identificación, se pasaba directamente a su eliminación. Inspirado por Pasteur, el cirujano británico Joseph Lister empezó a usar técnicas antisépticas en su trabajo; obligaba a su personal a esterilizar con productos químicos las manos, los instrumentos y los quirófanos, lo que evitó infecciones agudas a innumerables pacientes. Otros buscaron maneras de bloquear bacterias para prevenir enfermedades, mejorar la salubridad y conservar los alimentos. La bacteriología se convirtió en una ciencia aplicada que estudiaba cómo repeler o destruir los microbios.

Este planteamiento se vio lamentablemente reforzado por la publicación en 1859, justo antes de esta oleada de descubrimientos, del *Origen de las especies* de Darwin. «Este accidente histórico hizo que la teoría de los gérmenes de las enfermedades se desarrollara durante la sangrienta época del darwinismo, cuando la interacción entre los seres vivos se consideraba como una lucha por la supervivencia, cuando cada uno tenía que ser o amigo, o enemigo mortal —escribió el microbiólogo René Dubos—. Esta actitud modeló desde el principio todos los intentos posteriores de controlar enfermedades microbianas, y condujo a una guerra brutal contra los microbios, que había que eliminar de la persona enferma y de la comunidad.»[9]

Esta mentalidad persiste. Si fuese a una biblioteca y arrojase por la ventana un manual de microbiología, podría fácilmente causarle a un transeúnte una conmoción cerebral. Si arrojase solo las páginas que tratan de los microbios *beneficiosos*, como mucho alguien sufriría un desagradable corte con el papel. La narrativa de la enfermedad y la muerte todavía prevalece en nuestra visión de la microbiología.

Mientras los teóricos de los gérmenes monopolizaban la atención pública identificando un germen patógeno tras otro, otros biólogos se ocupaban de forma paralela de estudiar los microbios de un modo que por fin permitió verlos bajo una luz muy diferente.

El holandés Martinus Beijerinck fue uno de los primeros en demostrar su importancia planetaria. Huraño, brusco y poco simpático, no era muy amigo de la gente, excepto de unos cuantos colegas cercanos, ni tampoco de la microbiología médica.[10] La enfermedad no le interesaba. Quería estudiar los microbios en sus hábitats naturales: la tierra, el agua y las raíces de las plantas. En 1888 descubrió bacterias que, a partir del nitrógeno del aire, producían amoníaco para las plantas; luego aisló especies que contribuían al intercambio del azufre entre el suelo y la atmósfera. Este trabajo conllevó un renacimiento de la microbiología en Delft, donde Beijerinck trabajaba, y la ciudad donde dos siglos antes Leeuwenhoek fue el primero en ver las bacterias. Los miembros de esta nueva escuela de Delft, junto con otras figuras intelectualmente afines, como el ruso Serguéi Winogradski, se denominaron a sí mismos *ecólogos microbianos*. Ellos revelaron que los microbios no eran solo amenazas para la humanidad, sino componentes esenciales del mundo.

Los periódicos de la época empezaron a hablar de «gérmenes buenos» que abonaban la tierra y ayudaban a elaborar bebidas alcohólicas y productos lácteos. Según un libro de texto de 1910, los «gérmenes malos», en los que todo el mundo se fijaba, constituían una «pequeña rama especializada del reino de las bacterias, y, en términos generales, de menor importancia». La mayoría de las bacterias, decía, descomponen sustancias y devuelven al mundo natural los nutrientes producto de la descomposición orgánica de la materia orgánica. «No es nada extravagante decir que sin [ellas] [...] toda la vida en la Tierra necesariamente dejaría de existir».[11]

Otros microbiólogos de fin de siglo observaron que muchos microbios vivían en animales, plantas y otros organismos visibles. Se comprobó que los líquenes —esas manchas de color verdoso que crecen en muros, piedras y cortezas de los árboles— eran organismos compuestos que consistían en algas microscópicas que convivían con un hongo anfitrión, al que proporcionaban nutrientes a cambio de agua y minerales.[12] Resultó que las células de animales como anémonas marinas y platelmintos también contenían algas, mientras que las de las hormigas carpinteras alojaban bacterias vivas. Los hongos que crecen en las raíces de los árboles, durante mucho tiempo considerados parásitos, resultaron ser socios que proporcionaban nitrógeno a cambio de carbohidratos.

Para este tipo de asociación se usó un nuevo término: «simbiosis», del griego *syn* y *biosis*, «vida en común».[13] La palabra era en sí misma neutral, y aplicable a cualquier forma de coexistencia. Si un organismo vivía a expensas de otro, era un parásito (o un patógeno, si causaba una enfermedad). Si se beneficiaba sin afectar a su anfitrión, era un comensal. Si beneficiaba a su anfitrión, era un mutualista. Todos estos tipos de coexistencia caían bajo el epígrafe de simbiosis.

Estos conceptos surgieron en un período desafortunado. Bajo el dominio del darwinismo, los biólogos hablaban de supervivencia del más apto. La naturaleza era cruel y despiadada. Thomas Huxley, el bulldog de Darwin, había comparado el mundo animal con un «espectáculo de gladiadores». La simbiosis, que supone cooperación y reciprocidad, no encajaba bien en un marco de conflicto y competencia. Tampoco era congruente con la idea de los microbios como malhechores. Después de Pasteur, su presencia se había convertido en signo de enfermedad, y su ausencia en un aspecto definitorio de tejido sano. En 1884, cuando Friedrich Blochmann vio por primera vez las bacterias de las hormigas carpinteras, la idea de los microbios residentes inocuos era tan contradictoria que hubo de hacer toda clase de piruetas lingüísticas para evitar describirlas como lo que eran.[14] Las llamaba «rodillos de plasma», o las describía como «diferenciaciones fibrosas del plasma del huevo» Le llevó años de rigurosa investigación llegar a la última conclusión: «No queda ya otra opción que la de sostener que estos rodillos son bacterias», escribió finalmente en 1887.

Mientras tanto, otros científicos habían observado que los intestinos humanos y de otros animales también contenían legiones de bacterias simbióticas. Y era obvio que no causaban ninguna enfermedad o deterioro. Las bacterias estaban ahí, eran «flora normal». «Con la aparición de los animales [...] era inevitable que de vez en cuando quedasen bacterias atrapadas en sus cuerpos», escribió Arthur Isaac Kendall, pionero en el estudio de las bacterias intestinales.[15] El cuerpo humano era simplemente otro hábitat, y Kendall pensó que sus microbios merecían ser estudiados, en lugar de combatidos y eliminados. Pero era más fácil decirlo que hacerlo. Aun entonces estaba claro que nuestros microbios existían en comunidades enojosamente grandes. Theodor Escherich, descubridor de la *Escherichia coli*, la bacteria que ha llegado a ser un pilar en la investigación de laboratorio, dijo una vez: «Parecería un ejercicio inútil y dudoso examinar y explicar la presencia en apariencia fortuita de bacterias en heces normales y en el tracto intestinal, una situación que parece deberse a mil coincidencias».[16]

Con todo, los contemporáneos de Escherich no se detuvieron. Caracterizaron bacterias de gatos, perros, lobos, tigres, leones, caballos, reses, ovejas, cabras, elefantes, camellos y humanos un siglo antes de que *microbioma* se convirtiera en una palabra de moda.[17] Esbozaron los conceptos básicos del ecosistema microbiano humano varias décadas antes de que, en 1935, se acuñara la palabra «ecosistema». Demostraron que los microbios se acumulan en nuestros cuerpos desde que nacemos, y que las especies predominantes difieren de unos órganos a otros. Observaron que el intestino era rico en microorganismos, y que estos cambiaban si los animales comían diferentes alimentos. En 1909, Kendall describió el intestino como una «incubadora singularmente perfecta» para las bacterias cuyas actividades «no se oponen de forma activa a las del anfitrión».[18] Las bacterias podían causar de un modo oportunista alguna enfermedad cuando la resistencia del anfitrión menguaba, pero en condiciones normales eran inofensivas.

¿Podrían ser beneficiosos estos microbios? Irónicamente, Pasteur, el hombre que cargó las armas para un largo combate contra los microbios, así lo pensaba. Argumentó que las bacterias podrían ser útiles —quizá incluso esenciales— para la vida, pues se sabía que, gracias a ellas, los estómagos de las vacas digerían la celulosa de las plantas y producían ácidos digestivos para que los anfitriones de estas bacterias los absorbieran. Kendall pensaba que los microbios del intestino humano podrían ayudar a su anfitrión combatiendo a bacterias extrañas y evitando que se instalaran (aunque dudaba de su papel digestivo).[19] El premio Nobel ruso Iliá Méchnikov llevó al extremo estos puntos de vista. Caracterizado en una ocasión como un personaje «histérico» que parecía salido de una novela de Dostoievski,[20] era la contradicción personificada: un pesimista profundo que intentó suicidarse en al menos dos ocasiones, pero escribió un libro titulado *La prolongación de la vida. Estudios optimistas*. Y en este libro, publicado en 1908, proyectó sus contradicciones al mundo de los microbios.

Por un lado, Méchnikov decía que las bacterias intestinales producen toxinas que causan enfermedades, senilidad y envejecimiento, siendo «la causa principal de la breve duración de la vida humana». Por otro, creía que algunos microbios podían *prolongar* la vida. Esta idea se la inspiraron los campesinos búlgaros, que bebían con frecuencia leche agria y se encontraban bien con más de cien años. Los dos aspectos estaban relacionados, decía Méchnikov. La leche fermentada contenía bacterias, a una de las cuales llamó «bacilo búlgaro». Estas bacterias producían ácido láctico, que mataba a los microbios nocivos —los que acortaban la vida— presentes en el intestino de los campesinos. Méchnikov estaba tan convencido de esta idea que empezó a beber de forma regular leche agria. Otros, convencidos por Méchnikov —un científico respetado— hicieron lo mismo. (Sus tesis dieron origen a la moda de la colostomía, e inspiraron a Aldous Huxley su novela *Viejo muere el cisne*, en la que un magnate de Hollywood come tripas de carpa para alterar sus microbios intestinales y alcanzar la inmortalidad.) Los seres humanos tomaban productos lácteos fermentados desde hacía miles de años, pero ahora lo hacían pensando en los microbios. Esta moda sobrevivió a Méchnikov, que murió de un fallo cardiaco a los setenta y un años.

Pese a los esfuerzos de Kendall, Méchnikov y otros, el estudio de las bacterias simbióticas, tanto en seres humanos como en animales, fue eclipsado por la creciente concentración en las patógenas. Los mensajes sanitarios empezaron a convencer a la gente de la conveniencia de limpiar de gérmenes sus cuerpos y su entorno con productos antibacterianos y un régimen hiperhigiénico. Mientras tanto, los científicos descubrían, y los laboratorios producían en masa, los primeros antimicrobianos —sustancias que acababan con los gérmenes y con las historias patológicas—. Al fin era posible derrotar a aquellos diminutos enemigos. Y ante esta oportunidad, el estudio de las bacterias simbióticas sufrió una prolongada sequía que continuó hasta bien entrada la segunda mitad del siglo XX. Una detallada historia de la bacteriología publicada en 1938 ni siquiera mencionaba a los microbios residentes en nuestro organismo.[21] El libro de texto más destacado en este campo les dedicaba un único capítulo, pero se detenía sobre todo en la manera de distinguirlos de los patógenos. Eran importantes solo porque había que separarlos de sus congéneres más interesantes. Si los científicos estudiaban las bacterias, lo hacían principalmente para conocer mejor otros organismos. Resultó que muchos aspectos de la bioquímica, como la manera en que se activan los genes o se almacena la energía, eran idénticos en todo el árbol de la vida. Estudiando la *E. coli*, los científicos esperaban conocer mejor a los elefantes. Las bacterias quedaban reducidas a simples «confirmaciones de una universal visión reduccionista de la vida —escribió la historiadora Funke Sangodeyi—. La microbiología se convirtió en una especie de sirvienta de la ciencia».[22]

El camino hasta alcanzar cierta relevancia fue largo. Las nuevas tecnologías la ayudaron, entre ellas las formas de cultivar los microbios que aborrecen el oxígeno —los cuales reinan en los intestinos de los animales—, formas que permitieron a los científicos estudiar grandes grupos de importantes microbios que antes estaban fuera de su alcance.[23] También hubo cambios de actitud. Gracias a los ecólogos microbianos de la escuela de Delft, los científicos se dieron cuenta de que era necesario estudiar las bacterias como *comunidades* que viven en *hábitats* —en su caso, los animales anfitriones—, y no como organismos solitarios que había que introducir en un tubo de ensayo. Especialistas de ramas periféricas de la medicina, como la odontología y la dermatología, estudiaron la ecología microbiana de los órganos correspondientes a su especialidad.[24] Ellos «contraponen su trabajo a la microbiología hoy dominante», escribió Sangodeyi. Pero lo hacían de manera aislada. Asimismo, los botánicos estudiaron los microbios de las plantas, y los zoólogos se centraron en los de los animales. La microbiología se había fragmentado en varios pequeños feudos, cuyos particulares esfuerzos eran fáciles de ignorar. No había una comunidad coherente de científicos dedicados al estudio de los microbios simbióticos, y mucho menos un campo de trabajo. Era preciso que alguien uniese las partes —precisamente en línea con el espíritu de la simbiosis— en un todo mayor.

Esto es lo que, en 1928, Theodor Rosebury, microbiólogo oral, empezó a hacer con la microbiota humana. Durante más de treinta años, reunió todas las investigaciones que pudo encontrar, y en 1962 juntó todos esos finos hilos en un sólido tapiz: un innovador libro titulado *Microorganisms Indigenous to Man*.[25] «Que yo sepa, nadie ha intentado nunca escribir un libro como este —declaró—. De hecho, esta parece ser la primera vez [...] que se ha tratado este tema como una unidad orgánica.» Tenía razón. Su amplio y detallado libro fue precursor de este mío. Describió con gran detalle las bacterias comunes en cada organismo. Explicó cómo estos microbios colonizan a los recién nacidos. Sugirió que podrían producir vitaminas y antibióticos y prevenir infecciones causadas por patógenos. Dijo que el microbioma vuelve a la normalidad después de los tratamientos con antibióticos, pero podría quedar alterado de forma permanente con su uso crónico. Y llevaba razón en casi todo. «La escasa atención que, durante mucho tiempo, ha recibido la flora normal, no ha hecho ningún bien —escribió—. Uno de los propósitos de este libro es mostrar la conveniencia de tenerla en cuenta».[26]

Y logró su propósito. La síntesis de Rosebury galvanizó un campo vacilante y estimuló gran cantidad de nuevas investigaciones.[27] Uno de los científicos que contribuyó a este legado fue un encantador norteamericano de origen francés llamado René Dubos. Ya había adquirido renombre cuando, siguiendo las enseñanzas ecológicas de la escuela de Delft, estudió los microbios del suelo; había obtenido de ellos medicamentos que contribuyeron al advenimiento de la era de los antibióticos. Pero Dubos veía sus medicamentos como herramientas para «domesticar» a los microbios más que como armas para matarlos. Incluso en su trabajo posterior sobre la tuberculosis y la neumonía se abstuvo de presentar a los microbios como enemigos y evitó metáforas militaristas. Era un ferviente amante de la naturaleza, y los microbios formaban parte de esta. «Durante toda su vida profesó el credo de que un organismo vivo solo puede entenderse en sus relaciones con todos lo demás», escribió su biógrafa Susan Moberg.[28]

Dubos, que supo apreciar el valor de nuestros simbiontes microbianos, veía con estupor cómo sus beneficios eran ignorados. «El conocimiento de que los microorganismos pueden ser útiles al hombre nunca ha tenido mucho atractivo entre la gente, pues los hombres están por lo general más preocupados por los peligros que amenazan su vida que por las fuerzas biológicas de las que esta depende —escribió—. La historia de la guerra [contra ellos] resulta siempre más atrayente que los casos de cooperación. La peste, el cólera y la fiebre amarilla se han hecho un hueco en la novela, el teatro y la pantalla, pero nadie ha narrado una historia de éxito que incida en el beneficioso papel de los microbios que viven en el intestino o en el estómago.»[29] Junto con sus colegas Dwayne Savage y Russell Schaedler, puso de relieve el papel de los microbios. Demostraron que la eliminación de las especies autóctonas con antibióticos permitía que colonizadores más escasos se hicieran dominantes. Llevaron a cabo estudios con ratones libres de gérmenes por haber sido criados en incubadoras estériles y demostraron que estos roedores tenían una vida más corta, crecían más lentamente, desarrollaban intestinos y sistemas inmunitarios anormales y eran más propensos al estrés y a las infecciones. «Varios tipos de microbios desempeñan un papel esencial en el desarrollo y en los procesos fisiológicos de los animales y del hombre normales», escribió.[30]

Pero Dubos sabía que solo estaba rascando la superficie. «Es cierto que [las bacterias identificadas hasta la fecha] constituyen una parte muy pequeña de la microbiota autóctona total, y no la más importante», escribió. El resto —tal vez hasta el 99 por ciento de ellas— simplemente se negaba a crecer en un laboratorio. Esta «mayoría no cultivada» constituía un obstáculo desalentador. A pesar de todo lo que se había avanzado desde los tiempos de Leeuwenhoek, los microbiólogos no sabían nada sobre la mayoría de los organismos que, se suponía, debían estudiar. Los microscopios más potentes no resolvían el problema. Las técnicas para cultivar microbios tampoco lo resolvían. Era necesario un enfoque diferente.

A finales de la década de 1960, un joven estadounidense llamado Carl Woese concibió un extraño proyecto: recogió diversas especies de bacterias y analizó una molécula llamada ARN ribosomal 16S, que encontró en todas ellas. Ningún otro científico se percató de la importancia de este trabajo, así que Woese no tenía competidores: «Fue una carrera de un solo caballo», diría más tarde.[31] La carrera fue costosa, lenta y peligrosa, pues Woese hubo de manejar líquidos radiactivos en grandes cantidades. Pero el resultado fue revolucionario.

En aquel momento, los biólogos se basaban tan solo en rasgos físicos para deducir los parentescos entre especies, comparando minucias relativas al tamaño, la forma y la anatomía para averiguar qué especies estaban emparentadas entre sí. Woese pensaba que podía hacerlo mejor valiéndose de las moléculas de la vida: ADN, ARN y proteínas, que son universales en los seres vivos. Estas moléculas acumulan cambios con el tiempo, con lo que especies estrechamente emparentadas tienen versiones moleculares más similares que aquellas cuyo parentesco es más lejano. Si comparaba la molécula adecuada en diversas especies, creía Woese, las ramas y los troncos del árbol de la vida se revelarían por sí mismos.[32]

Se decidió por el ARN ribosomal 16S, sintetizado a partir de un gen del mismo nombre. Forma parte de la maquinaria esencial para la producción de proteínas que se encuentra en todos los organismos y, por ende, constituye la unidad de comparación universal que Woese buscaba. En 1976 había obtenido ARN ribosomal 16S de unos 30 microbios diferentes. Y en junio de aquel año comenzó a trabajar en la especie que cambiaría su vida —y la biología tal como la conocemos.

La especie en cuestión se la había proporcionado Ralph Wolfe, que era una autoridad en un misterioso grupo de microbios llamados metanógenos. Estos microorganismos podían sobrevivir con poco más que el dióxido de carbono y el hidrógeno, que ellos convertían en metano. Habitaban en pantanos, océanos e intestinos humanos; el que Wolfe envió a Woese, *Methanobacterium thermoautotrophicum*, lo encontró en lodos de aguas residuales calientes. Woese supuso, como todos los que lo vieron, que solo era otra bacteria, aunque con unas extrañas aficiones. Pero cuando examinó su ARN ribosomal 16S, se dio cuenta de que no era, en absoluto, una bacteria. Los relatos difieren respecto a lo que observó en el microorganismo, a lo precipitado o cauteloso que fue o a la repetición de los experimentos. Pero lo que está claro es que en diciembre su equipo había secuenciado varios metanógenos más y observó en todos ellos el mismo patrón. Wolfe recuerda que Woese le dijo taxativamente: «Estos seres no son bacterias».

Woese publicó sus resultados en 1977, en un artículo que renombraba a los metanógenos como archaebacteria, más tarde llamadas simplemente archaea.[33] No eran bacterias extrañas, insistió Woese, sino una forma de vida completamente diferente. Esta afirmación era asombrosa. Woese había extraído estos oscuros microbios del fango, y les daba la misma importancia que a las omnipresentes bacterias y a las poderosas eucariotas. Era como si mostrara un tercio de un mapamundi que había permanecido oculto y lo desplegara con toda tranquilidad ante atónitas miradas.

Como era de esperar, sus afirmaciones recibieron vehementes críticas, incluso de colegas más bien iconoclastas. La revista *Science* lo calificaría más tarde de «revolucionario maltratado de la microbiología», y él sobrellevó esas críticas hasta su fallecimiento en 2012.[34] Hoy en día, su legado es incuestionable. Su afirmación de que las arqueas son distintas de las bacterias era correcta. Y lo que tal vez sea más importante: el enfoque que defendió —comparar genes para averiguar cómo las especies se emparentan entre sí— es uno de los más importantes de la biología moderna.[35] Sus métodos también allanaron el camino a otros científicos, como su viejo amigo Norman Pace, que se habían propuesto explorar *de verdad* el mundo microbiano.

En los años ochenta, Pace comenzó a estudiar el ARN ribosomal de las arqueas que vivían en medios extremadamente calientes. Le entusiasmó en especial el Octopus, un manantial del Parque Nacional de Yellowstone, cuyas oscuras aguas azuladas alcanzan los 91 grados centígrados. Este manantial estaba lleno de microbios no identificados, amantes del calor, que se multiplicaban a tal velocidad que formaban unos filamentos rosados visibles. Pace recuerda que se encontraba leyendo algo sobre el manantial, cuando corrió a su laboratorio gritando: «¡Mirad, mirad esto! ¡Son kilos y kilos! ¡Vayamos allá con un cubo!». Un miembro de su equipo dijo: «Pero si ni siquiera sabe qué organismo es ese».

Pace le respondió: «Bueno, podemos secuenciarlo».

Pero podría haber gritado: «¡Eureka!». Pace se había dado cuenta de que con los métodos de Woese no necesitaba *cultivar* microbios para estudiarlos. Ni siquiera necesitaba *verlos*. Solo tenía que extraer

ADN o ARN del medio y secuenciar la muestra. Eso revelaría qué estaba viviendo allí y cuál era su puesto en el árbol microbiano de la vida; biogeografía y biología evolutiva juntas. «Fuimos con el cubo a Yellowstone y lo hicimos», cuenta. En las aguas de aquel «todavía hermoso y letal lugar», el equipo de Pace identificó dos bacterias y una arquea. Ninguno de estos microorganismos había sido cultivado. Todos eran nuevos para la ciencia. Los resultados se publicaron en 1984,[36] y era la primera vez que alguien descubría un organismo partiendo solo de sus genes. No sería la última.

En 1991, Pace y su colaborador Ed DeLong analizaron muestras de plancton extraído del océano Pacífico. Encontraron una comunidad microbiana aún más compleja que la de Yellowstone: 15 nuevas especies de bacterias, dos de las cuales eran distintas de cualquier grupo conocido. Poco a poco iban brotando del exiguo árbol de la vida bacteriano nuevas hojas, ramitas, y a veces ramales enteros. En los años ochenta, todas las bacterias conocidas se hallaban limpiamente clasificadas en una docena de grupos mayores o *phyla*. En 1998, ese número había aumentado a 40. Cuando hablé con Pace, me dijo que ya eran unos 100, y que alrededor de 80 nunca han sido cultivados. Un mes después, Jill Banfield anunció el descubrimiento de 35 nuevos *phyla* en un solo acuífero de Colorado.[37]

Libres ya del yugo de los cultivos y la microscopía, los microbiólogos podían hacer un censo más completo de los microbios del planeta. «Esta fue siempre la meta —dice Pace—. La ecología microbiana era una ciencia moribunda. La gente salía, levantaba una roca, encontraba una bacteria y pensaba que era un ejemplo de lo que había por ahí. Era algo estúpido. Desde el principio simplemente abrimos las puertas del mundo microbiano natural. Esto lo quiero para mi epitafio. Fue una sensación maravillosa, y lo sigue siendo.»

No se hallaban restringidos al ARN ribosomal 16S. Pace, DeLong y otros pronto desarrollaron maneras de secuenciar *cada* gen microbiano a partir de un puñado de tierra o de una cucharada de agua.[38] Extrajeron el ADN de todos los microbios locales, los dividieron en pequeños fragmentos y los secuenciaron juntos. «Podíamos obtener todos los genes que quisiéramos», dice Pace. Ellos podían ver cuáles usaban ARN ribosomal 16S, pero también podían averiguar lo que las especies locales eran capaces de hacer buscando genes para la síntesis de vitaminas, o la digestión de fibra, o la resistencia a los antibióticos.

Esta técnica prometía revolucionar la microbiología; todo lo que se necesitaba era un nombre fácil de retener. Jo Handelsman propuso tal nombre en 1998: *metagenómica*, la genómica de las *comunidades*.[39] «Puede que la metagenómica acabe siendo el avance más importante en microbiología desde la invención del microscopio», dijo en una ocasión. Al fin había una manera de concebir toda la extensión de la vida en la Tierra. Handelsman y otros comenzaron a estudiar los microbios que vivían en los suelos de Alaska, las praderas de Wisconsin, las escorrentías ácidas de una mina californiana, las aguas del mar de los Sargazos, los gusanos de las profundidades marinas y las vísceras de los insectos. Y, por supuesto, algunos microbiólogos miraron, al estilo de Leeuwenhoek, dentro de sí mismos.

Como Dubos y muchos otros que al final se enamoraron de los microbios, David Relman en un principio planeaba matarlos. Había iniciado su carrera como microbiólogo clínico dedicado al estudio de enfermedades infecciosas. A finales de la década de 1980 utilizó la nueva técnica de Pace para identificar microbios desconocidos asociados a misteriosas enfermedades humanas. Al principio se sintió sumamente frustrado porque cada muestra de tejido que podía albergar un nuevo patógeno se hallaba siempre invadida por nuestra microbiota normal. Estos microbios residentes eran sobremanera molestos, hasta que Relman se dio cuenta de que eran interesantes en sí mismos. ¿Por qué no caracterizar *esos* microbios, en vez de la minoría patógena?

Y en este contexto Relman inició lo que sería una notable tradición entre los microbiólogos: la de secuenciar sus propios microbios. Pidió a su dentista un raspado de placa de los entresijos de sus encías y lo introdujo en un tubo esterilizado. Llevó esa porquería a su laboratorio, y decodificó su ADN. Podría no haber encontrado nada. Puede decirse que la boca había sido el hábitat microbiano más estudiado del cuerpo humano. Leeuwenhoek había mirado en ella. Rosebury la había examinado. Los microbiólogos habían cultivado casi 500 cepas de bacterias de sus diversos nichos. Si alguna parte del cuerpo no admitía ya nuevos descubrimientos, era la boca. Sin embargo, Relman descubrió en sus encías una gama de bacterias que superaban ampliamente lo que él podía cultivar a partir de esta clase de muestras.[40] Incluso allí, en los más conocidos hábitats humanos, un número asombroso de especies desconocidas esperaba ser descubierto. En 2005, Relman observó el mismo patrón en el intestino. Utilizando a tres voluntarios, recogió muestras de varios puntos a lo largo de sus intestinos e identificó casi 400 especies de bacterias y una arquea; el 80 por ciento de las cuales eran nuevas para la ciencia.[41] En otras palabras, la corazonada de Dubos estaba en lo cierto: los microbiólogos de su época apenas habían rascado la superficie de la flora humana normal.

Esto comenzó a cambiar en los primeros años de este siglo, cuando los investigadores llevaron a cabo trabajos de secuenciación en todo el cuerpo humano. Jeff Gordon, un pionero con el que volveremos a encontrarnos en otro capítulo, demostró que nuestros microbios controlan el almacenamiento de grasa y la formación de nuevos vasos sanguíneos, y que los microbios intestinales de los individuos obesos son diferentes de los que albergan los delgados.[42] Relman empezó a considerar la microbiota como un «órgano esencial». Estos nuevos exploradores atrajeron colaboradores de cada ámbito de la biología, así como la atención de la prensa popular y millones de dólares para financiar grandes proyectos internacionales.[43] Durante siglos, el microbioma humano había ocupado un lugar apartado en el campo de la biología, solo defendido por rebeldes e iconoclastas. Ahora ha quedado integrado en él. Su historia muestra cómo algunas ideas sobre el cuerpo humano y sobre la ciencia pueden moverse desde la periferia al centro.

Junto a la entrada del zoológico Artis Royal de Amsterdam hay un edificio que muestra en la pared lateral la imagen de una figura gigantesca que camina. Está hecha de pequeñas bolas esponjosas de color naranja, beige, amarillo y azul. Es una representación del microbioma humano, y con un gesto de la mano invita a los transeúntes a entrar en Micropia, el primer museo del mundo dedicado por entero a los microbios.[44]

El museo se inauguró en septiembre de 2014, tras doce años de trabajos, y costó 10 millones de euros. Es lógico que este lugar se encuentre en Holanda. En Delft, a solo 35 kilómetros de distancia, Leeuwenhoek enseñó por primera vez al mundo el reino oculto de las bacterias. Hoy, una réplica de uno de sus excepcionales microscopios es lo primero que veo cuando paso por la taquilla de Micropia. Se encuentra dentro de un frasco de vidrio, humilde, de una sencillez sorprendente y colocado al revés. A su alrededor hay muestras de objetos que Leeuwenhoek había examinado, como infusiones de pimienta, lentejas de agua de un estanque local y placa dental.

Desde allí accedo a un ascensor con un amigo y una pequeña familia. Levantamos la vista y nos vemos reflejados en un vídeo que se nos muestra en el techo. Cuando el ascensor se eleva, el vídeo se aproxima de forma dramática a nuestras caras, mostrándonos ácaros de las pestañas, células de la piel, bacterias y, finalmente, virus. Al abrirse las puertas en el segundo piso vemos un letrero formado con pequeños puntos de luz titilantes que semejan una colonia viva. «Cuando mira de muy cerca, se le revela un mundo nuevo, más hermoso y espectacular de lo que jamás hubiera imaginado —dice el texto—. Bienvenido a Micropia.»

Para comenzar, se nos ofrece una primera vista de ese nuevo mundo a lo largo de una hilera de microscopios a través de los cuales podemos contemplar larvas de mosquitos, pulgas de agua, gusanos nematodos, hongos, algas y bacterias verdes de los estanques. Estas últimas aparecen aumentadas doscientas veces, y me asombra pensar que el microscopio de Leeuwenhoek, expuesto en la planta baja, era capaz de lograr ese mismo aumento. Él también vio estas maravillas, pero con mucha menos comodidad. Tenía que mirar de una forma incómoda a través de una diminuta lente, pero yo puedo acercar el ojo a un cómodo ocular acolchado o mirar una nítida pantalla digital.

Después de los microscopios, hay una gran pantalla que nos muestra con gráficos la biogeografía del microbioma humano. Los visitantes se colocan de pie ante una cámara que escanea sus cuerpos y muestra una figura con su identidad microbiana en una gran pantalla. La figura, con la piel formada por puntos blancos y los órganos representados con colores brillantes, imita sus movimientos. Si los visitantes mueven los pies, la figura también los mueve. Si saludan con la mano, la figura también lo hace. Al mover sus manos, pueden seleccionar diferentes órganos y recibir información sobre los microbios de su piel, estómago, intestinos, cuero cabelludo, boca, nariz, etc. Pueden saber cuáles viven y qué hacen en cada sitio. En esta muestra están representadas décadas de descubrimientos, desde los de Kendall hasta los de Rosebury y Relman. De hecho, todo el museo constituye un homenaje a la historia de esos descubrimientos. Hay una hilera de líquenes, los organismos compuestos que advirtieron a los científicos del siglo XIX de la importancia de la simbiosis. Aquí, un microscopio muestra las bacterias del ácido láctico, que tanto entusiasmaron a Méchnikov —diminutas esferas ampliadas 630 veces que despliegan gráciles movimientos.

Me impresiona lo directa que se presenta la información y la rapidez con que los visitantes aceptan la idea de un mundo microbiano. Nadie retrocede, ni frunce el ceño, ni arruga la nariz. Una pareja que está de pie sobre una plataforma roja con forma de corazón se besa en los labios frente al «besómetro», que le dice cuántas bacterias acaban de intercambiar. Una joven mira con atención en una pared unas muestras de heces de gorilas, capibaras, pandas rojos, ualabíes, leones, osos hormigueros, elefantes, perezosos, macacos con cresta de la isla de Célebes y otros animales, todos presentes en el zoológico cercano, contenidas en frascos y cajas de metacrilato herméticamente cerrados. Un grupo de adolescentes mira en una pared placas de agar-agar retroiluminadas con mohos y bacterias en su interior, algunas procedentes de objetos cotidianos. Pueden imaginarlas presentes en las huellas que dejan en llaves, teléfonos, ratones de ordenador, mandos a distancia, cepillos de dientes, pomos de las puertas y los contornos rectangulares de billetes de euros. Miran boquiabiertos los puntos anaranjados de *Klebsiella*, las marañas azules de *Enterococcus* y las manchas grises de *Staphylococcus*, que parecen hechas con lápiz.

La familia que subió conmigo en el ascensor observa una hermosa representación del árbol de vida de Carl Woese, que ocupa toda una pared. Animales y plantas se encuentran relegados en un pequeño círculo en una esquina, mientras que las bacterias y las arqueas dominan los troncos y las ramas. El padre probablemente había nacido antes de que nadie supiera que existían las arqueas; ahora, sus hijos aprenden sobre ellas en una gran atracción turística.

Micropia representa unos trescientos cincuenta años de creciente conocimiento y cambio de actitud hacia los microbios. Aquí, los microbios no son personajes de una oscura lista ni siniestros malhechores. Aquí son seres fascinantes, hermosos y dignos de atención. Aquí son las estrellas. George Eliot escribió en *Middlemarch*: «La mayoría de nosotros no sabemos casi nada de los grandes creadores hasta que han sido elevados a las constelaciones y dominan nuestros destinos». Podría haberse referido tanto a los científicos que nos revelaron el mundo de los microbios como a los microbios mismos.

3

Conformadores de cuerpos

«Lo que buscas es algo del tamaño de una pelota de golf», dice Nell Bekiares.[1]

Estoy en un laboratorio de la Universidad de Wisconsin-Madison mirando un pequeño acuario. Parece vacío. No veo nada del tamaño de una pelota de golf. No veo nada excepto una capa de arena. Entonces Bekiares pasa su mano por el agua y algo emerge de ella liberando una nube de tinta negra y viscosa. Es un calamar hawaiano hembra, y su tamaño es el de mi pulgar. Bekiares recoge el calamar en un cuenco, y este se agita, lanza un chorro blanco fantasmal, extiende los tentáculos y bate furioso las aletas. A medida que se calma, recoge los tentáculos debajo de su cuerpo, da vueltas con ellos y cambia de forma —pasa de parecerse a un dardo a una gran gominola—. Su piel también cambia. Pequeñas manchas de color se expanden rápidamente en discos planos de color marrón oscuro, rojo y amarillo salpicados de puntos iridiscentes. El calamar ya no es blanco. Ahora parece una escena otoñal pintada por Seurat.

«Cuando tienen este aspecto, están contentos —dice Bekiares—. El color marrón es bastante bueno. A menudo, los machos están más enojados. Entonces arrojan tinta sin cesar a su alrededor. Cuando nos disparan agua a la cara o al pecho, parece que lo hagan de manera intencionada.»

Me quedo atónito. El calamar rezuma personalidad. Y es de una belleza espectacular.

No hay otros animales en el cuenco, pero el calamar no está solo. Dos cámaras situadas en sus partes inferiores —sus órganos luminosos— están llenas de bacterias luminiscentes llamadas *Vibrio fischeri*, que emiten un resplandor que luego se va apagando. Este brillo es demasiado débil para apreciarlo bajo las luces fluorescentes del laboratorio, pero es más claro en los llanos de los arrecifes poco profundos alrededor de Hawái, donde el calamar habita. Por la noche, la luz de las bacterias parece juntarse con la que arroja la Luna, anulando la silueta del calamar y ocultándolo a los depredadores. Este animal no crea sombras.

El calamar puede ser invisible desde abajo, pero es fácil de detectar desde arriba. Todo lo que hay que hacer es volar a Hawái, esperar a que caiga la noche y caminar por el agua, de forma que solo te llegue hasta las rodillas, con una linterna de cabeza y una red. Con buenos reflejos se pueden capturar media docena de estos calamares antes del amanecer. Y una vez atrapados, son fáciles de mantener, alimentar y reproducir. «Si pueden vivir en medio de Wisconsin, pueden vivir en cualquier lugar», afirma Margaret McFall-Ngai, la zóologa que dirige este particular laboratorio. Sosegada, refinada y cordial, McFall-Ngai ha estudiado los calamares hawaianos y sus bacterias luminiscentes durante casi tres décadas. Ha hecho de ellos un icono de la simbiosis y, de paso, ella misma se ha convertido en un personaje icónico. Sus colegas coinciden en presentarla como una iconoclasta declarada, una insospechada entusiasta del monopatín y una defensora infatigable de los microbios desde bastante tiempo antes de que «microbioma» se convirtiera en una palabra de moda. «Cuando escribe "Nueva Biología", lo hace con letras mayúsculas», me contó un biólogo. No siempre pensó así. Fue el calamar lo que cambió su forma de pensar.[2]

Cuando McFall-Ngai era estudiante de posgrado, se dedicó a estudiar un pez también portador de una bacteria luminiscente. El pez la cautivaba, pero asimismo la dejaba frustrada. Su reproducción en el laboratorio era imposible, por lo que cada ejemplar que estudiaba ya había sido colonizado por las bacterias. Así no podía responder a ninguna de las cuestiones que en realidad la intrigaban. ¿Qué sucede cuando los socios se encuentran por primera vez? ¿Cómo establecen una conexión? ¿Qué impide que otros microbios colonicen al anfitrión? Entonces un colega le preguntó: «¿Has oído hablar de ese calamar?».

El calamar hawaiano era bien conocido por los embriólogos, y sus bacterias, por los microbiólogos, pero la *asociación* entre ellos había sido ignorada por completo, y esta asociación era lo que interesaba a McFall-Ngai. Para estudiarla, necesitaba un colaborador, alguien cuyo conocimiento de las bacterias sirviera de complemento a su experiencia zoológica. Esa persona fue Ned Ruby. «Creo que fui el tercer microbiólogo que llegó y el primero que dijo sí», relata. Entre los dos se estableció un vínculo profesional, y poco después sentimental. El yin del tranquilo surfista Ruby y el yang de la enérgica líder McFall-Ngai se complementaban. Entre ellos existe, como me contaba uno de sus amigos, «una auténtica simbiosis». Hoy trabajan en laboratorios adyacentes y comparten el mismo calamar.

Los animales viven en tanques alineados junto a un estrecho corredor. Hay espacio para 24 si llegan a ser necesarios. Cada vez que llega un nuevo lote, Bekiares, el encargado del laboratorio, elige una letra y todos los estudiantes bautizan a los animales en consonancia. La hembra que conocí es Yoshi. Yahoo, Ysolde, Yardley, Yara, Yves, Yusuf, Yokel y Yuk (Sr.) viven en tanques próximos. Las hembras tienen «cita nocturna» cada dos semanas. Tras aparearse, se las deja en un vivero con tanques llenos de tuberías de PVC en las que se concentran cientos de huevos. Tardan unas semanas en eclosionar. Cuando visitamos el vivero, en un estante había un recipiente de plástico con unas pocas docenas de crías agitándose dentro, cada una de apenas unos milímetros de largo. Diez hembras pueden producir 60.000 crías en un año; esta es la razón de que sean tan estupendos animales de laboratorio. Pero hay otro aspecto importante: las crías nacen sin microbios. En la naturaleza, serían colonizadas por *V. fischeri* al cabo de unas pocas horas. En el laboratorio, McFall-Ngai y Ruby pueden controlar la introducción en las crías de cualquier simbionte. Pueden marcar las células de *V. fischeri* con proteínas luminiscentes y seguirlas mientras se abren camino en los órganos luminosos del calamar. Pueden asistir a los comienzos de la asociación.

El comienzo es pura física. La superficie del órgano ligero está cubierta de mucosidad y de filamentos en permanente agitación llamados cilios, los cuales crean unas turbulencias que atraen partículas de tamaño bacteriano, pero no mayores. Estos microbios se acumulan en la mucosidad, entre ellos el *V. fischeri*. La física da paso ahora a la química. Cuando una célula de *V. fischeri* toca el calamar, no pasa nada. Si dos células entran en contacto, sigue sin ocurrir nada. Pero sin son *cinco* las que entran en contacto, activan multitud de genes del calamar. Algunos de estos genes producen un cóctel de sustancias químicas antimicrobianas que no afectan al *V. fischeri*, pero crean un entorno inhóspito para otros microbios. Otros genes liberan enzimas que descomponen la mucosidad del calamar, produciendo una sustancia que atrae a más *V. fischeri*. Estos cambios explican por qué el *V. fischeri* pronto domina la capa mucosa, incluso si otras bacterias los superan inicialmente en número en una proporción de mil a uno. Esto, y solo esto, tiene la capacidad de transformar la superficie del calamar en un paisaje que atrae a más microbios de su especie y disuade a los competidores. Estos microbios hacen como los protagonistas de las historias de ciencia-ficción, que «terraforman» inhóspitos planetas en cómodos hogares, solo que «terraforman» a un animal.

Una vez han cambiado al calamar por fuera, los *V. fischeri* empiezan a moverse hacia su interior. Se deslizan a través de uno de sus pocos poros, viajan por un largo conducto, se apelotonan en una especie de cuello de botella y, finalmente, alcanzan varias criptas blindadas. Su llegada cambia aún más al calamar. Las criptas están alineadas con células semejantes a pilares que entonces se hacen más grandes y más densas, envolviendo a los microbios que llegan en un estrecho abrazo. Cuando las bacterias se acomodan en los interiores remodelados, la puerta se cierra tras ellas. La entrada a las criptas se estrecha. Los conductos se contraen. Los campos de cilios se atrofian. El órgano luminoso alcanza su forma madura. Una vez colonizado por las bacterias correctas —y el *V. fischeri* es el único microbio que hace este viaje— no será nuevamente colonizado.

Bien, ¿y qué? Parecen demasiados detalles para saber algo sobre la vida de un oscuro animal. Pero las particularidades del calamar tienen una profunda implicación; una implicación que McFall-Ngai supo comprender. En 1994, después de completar su primera tanda de estudios sobre el calamar, escribió: «Los resultados de estos estudios son los primeros datos experimentales que demuestran que un simbionte bacteriano específico puede desempeñar un papel inductivo en el desarrollo animal».

En otras palabras, los microbios conforman cuerpos de animales.

¿Cómo? En 2004, el equipo de McFall-Ngai demostró que dos moléculas que se hallan en la superficie del *V. fischeri* constituyen la base de sus poderes transformadores: el *peptidoglicano* (PGN) y el *lipopolisacárido* (LPS). Esto fue una sorpresa. En aquel entonces, estas sustancias químicas solo se conocían en un contexto patológico. Fueron descritas como *patrones moleculares asociados a patógenos*, o PAMP, sustancias que alertan a los sistemas inmunitarios de los animales de infecciones en curso. Sin embargo, el *V. fischeri* no es un patógeno. Está emparentado con la bacteria que causa el cólera en humanos, pero no daña en absoluto al calamar. Así que McFall-Ngai tomó el acrónimo, cambió la P de patógeno por una más acogedora M de microbio y rebautizó a estas moléculas como MAMP: *patrones moleculares asociados a microbios*. El nuevo término constituye un símbolo de la ciencia del microbioma en general. Le dice al mundo que estas moléculas no solo son signos de enfermedad. Pueden provocar inflamación debilitante, pero también pueden iniciar una hermosa amistad entre un animal y una bacteria. Sin ellas, el órgano luminoso nunca alcanza su forma definitiva. Sin ellas, el calamar sobrevive, pero nunca culmina su viaje a la plena madurez.

Ahora está claro que muchos animales, desde los peces hasta los ratones, crecen bajo la influencia de compañeros bacterianos, a menudo bajo los auspicios de los mismos MAMP que forman el órgano luminoso del calamar.[3] Gracias a estos descubrimientos, podemos empezar a ver el desarrollo animal —el proceso en el que un animal se transforma de una sola célula en un adulto plenamente funcional— bajo una nueva luz.

Si aislamos con cuidado un óvulo fertilizado —humano, de calamar o de cualquier otro animal— y lo examinamos al microscopio, veremos cómo se divide en dos, luego en cuatro y luego en ocho. La esfera de células se va haciendo más grande. Se pliega, aumenta y se contorsiona. Las células intercambian señales moleculares que dicen qué tejidos y órganos crear. Comienzan a formarse las partes del cuerpo. Se configura un embrión que crece, y que seguirá haciéndolo mientras obtenga suficientes nutrientes. Toda la secuencia parece autosuficiente, y tan resuelta como la ejecución independiente de un programa de ordenador inmensamente complicado. Pero el calamar y otros animales nos dicen que el desarrollo es más que eso. Se produce siguiendo instrucciones de los genes del animal, pero también de los genes de sus microbios. Es el resultado de una negociación en curso, una conversación entre varias especies, en una de las cuales se opera su desarrollo efectivo. Es el despliegue de todo un ecosistema.

La forma más fácil de comprobar si un animal necesita de los microbios para su adecuado desarrollo es privarle de ellos. Algunos mueren: el mosquito del dengue, *Aedes aegypti*, llega al estado larvario, pero no progresa más.[4] Otros toleran mejor la esterilidad microbiana. El calamar hawaiano simplemente pierde su luminiscencia; esto no importa en el laboratorio de McFall-Ngai, pero en su estado natural el animal, privado de su camuflaje, sería un blanco fácil. Los científicos han criado asimismo ejemplares libres de gérmenes de casi todos los animales de laboratorio comunes, como el pez cebra, las moscas y los ratones. Estos animales también sobreviven, aunque han cambiado. «El animal libre de gérmenes es, en líneas generales, una criatura miserable, que parece requerir en casi todos los aspectos un sustituto artificial de los gérmenes de que carece —escribió Theodor Rosebury—. Es como sería un niño confinado en un espacio con aislamiento de vidrio, totalmente protegido contra los embates del mundo exterior.»[5]

La extraña biología de los animales libres de gérmenes se hace más patente en el intestino. Un intestino que funcione bien necesita de una gran superficie para absorber nutrientes, por lo que sus paredes están densamente revestidas de largas vellosidades parecidas a dedos. Necesita regenerar de manera continua las células de su superficie, que se desprenden con el paso de los alimentos. Necesita una rica red de vasos sanguíneos subyacentes para repartir los nutrientes. Y necesita estar sellado; sus células deben adherirse con firmeza unas a otras para evitar que moléculas (y microbios) extrañas se filtren a los vasos sanguíneos. Todas estas propiedades esenciales se verían comprometidas sin los microbios. Si el pez cebra o los ratones crecen en ausencia de bacterias, los intestinos no se desarrollan por completo, sus vellosidades son más cortas, sus paredes más permeables, sus vasos sanguíneos más parecidos a senderos rurales dispersos que a una densa red urbana, y su ciclo de regeneración a un pedaleo con una marcha más lenta. Muchos de estos fallos pueden corregirse administrando a los animales un suplemento normal de microbios o incluso de moléculas microbianas aisladas.[6]

Las bacterias no modifican físicamente el intestino. Actúan *conjuntamente con sus anfitriones*. Hay en ellas más gestión que trabajo. Lora Hooper lo demostró introduciendo en ratones libres de gérmenes una bacteria intestinal llamada *Bacteroides thetaiotaomicron*, o *B-theta* para sus amigos.[7] Observó que la bacteria activaba una amplia gama de genes implicados en la absorción de nutrientes, la construcción de una barrera impermeable, la descomposición de toxinas, la formación de vasos sanguíneos y la creación de células maduras. En otras palabras: el microbio decía a los ratones cómo usar *sus propios genes* para tener un intestino sano.[8] El biólogo del desarrollo Scott Gilbert llama a esto *codesarrollo*. Algo muy alejado de la idea, que aún persiste, de que los microbios solo son seres que nos amenazan. La verdad es que ellos nos ayudan a ser lo que somos.[9]

Los escépticos podrían argumentar que los ratones, el pez cebra y el calamar hawaiano no necesitan microbios para desarrollarse: un ratón libre de gérmenes todavía se parece a un ratón, y corre y chilla como un ratón. Si se le quitan las bacterias, no se volverá de repente un animal del todo diferente. Pero, libres de gérmenes, los animales viven en ambientes poco exigentes: burbujas climáticamente controladas con abundantes alimentos y agua, cero depredadores y sin infecciones de ninguna clase. Expuestos a los rigores de un ambiente natural no durarían mucho. Podrían existir, pero quizá no subsistirían. Podrían desarrollarse solos, pero lo harán mejor con sus socios microbianos.

¿Por qué? ¿Por qué los animales dejan en manos de otras especies ciertos aspectos de su desarrollo? ¿Por qué no todo es tarea exclusivamente suya? «Creo que es inevitable —dice John Rawls, que ha trabajado con ratones y calamares libres de gérmenes—. Los microbios son una parte necesaria de la vida animal. No hay que deshacerse de ellos.» Recordemos que los animales surgieron en un mundo en el que ya pululaban numerosísimos microbios desde hacía miles de millones de años. Eran los amos del planeta mucho antes de llegar nosotros, los animales. Y cuando *llegamos*, es *lógico y natural* que desarrolláramos maneras de interactuar con los microbios que nos rodeaban. Es absurdo que no sucediera esto; sería como mudarse a una nueva ciudad con una venda en los ojos, tapones en los oídos y una mordaza en la boca. Además, los microbios no solo eran inevitables: eran útiles. Ellos alimentaron a los primeros animales. Su presencia les proporcionó además pistas valiosas sobre zonas ricas en nutrientes, temperaturas propicias para la vida o superficies llanas donde establecerse. Detectando estas señales, los primeros animales obtuvieron valiosa información sobre el mundo que les rodeaba. Y, como veremos, aún hoy abundan ejemplos de esas antiguas interacciones.

Nicole King se encuentra lejos de casa. Normalmente, dirige un laboratorio en la Universidad de California en Berkeley, pero en este momento se encuentra de vacaciones en Londres. Está a punto de llevar a Nate, su hijo de ocho años, a un musical sobre *Billy Elliot* con la condición de que se siente pacientemente en un banco del parque junto a nosotros durante media hora mientras hablamos de un grupo poco conocido de criaturas llamadas coanoflagelados. King es uno de los pocos científicos que los estudia en detalle, y como los llama cariñosamente «coanos», yo también lo haré.

Se encuentran en aguas de todo el mundo, desde los ríos tropicales hasta los mares bajo el hielo antártico. Mientras hablamos, Nate, que ha estado haciendo garabatos en silencio en una libreta, se anima a dibujar uno. Traza un óvalo con una cola sinuosa y un cuello del que salen unos filamentos rígidos; parece un espermatozoide con faldas. Al agitar la cola, impulsa a bacterias y detritos hacia el cuello, donde son atrapados, engullidos y digeridos; los coanos son depredadores activos. El dibujo de Nate capta su esencia a la perfección. En particular, acierta al reflejar el hecho de que los coanos son criaturas unicelulares. Son eucariotas, como nosotros, dotados de características de lujo, como mitocondrias y núcleo, que las bacterias no tienen. Pero, al igual que las bacterias, se reducen a una sola célula que nada libremente.[10]

A veces, estas células muestran una cara social. La especie favorecida por King, *Salpingoeca rosetta*, forma a menudo colonias o rosetas. Su hijo también las dibuja: decenas de coanos con sus cabezas mirando hacia un centro y sus colas vueltas hacia fuera, como una especie de frambuesa peluda. Da la impresión de que un grupo de coanos se hubieran dirigido nadando a un punto de colisión, pero, en realidad, es el resultado de una división. Los coanos se reproducen dividiéndose en dos, si bien a veces las dos células hijas no se separan del todo y terminan conectadas por un pequeño puente. Esto ocurre una y otra vez, hasta que se forma una esfera de células unidas y envueltas por una misma cubierta. Esa es la roseta. No sería más que una extraña curiosidad biológica si no fuera por el hecho de que los coanos son los más cercanos parientes vivos de todos los animales.[11] Son primos lejanos de la rana, el escorpión, la lombriz de tierra, el chochín y la estrella de mar. Para King, que trata de comprender cómo el reino animal empezó a evolucionar, los coanos son fascinantes. Y el proceso que crea la roseta, en la que una sola célula se transforma en un grupo multicelular, lo es especialmente.

Sabemos muy poco del aspecto que tenían los primeros animales porque sus cuerpos blandos no se fosilizaron. Pasaban como una exhalación sin dejar huella en el mundo. Pero podemos hacer algunas conjeturas bien fundamentadas sobre ellos. Todos los animales modernos son criaturas pluricelulares que comienzan su vida como una bola hueca de células y se nutren de ciertas sustancias para subsistir, por lo que es razonable pensar que nuestro antepasado común compartía estas mismas características.[12] Estas rosetas son, pues, representaciones modernas del aspecto que los primeros animales pudieron haber tenido. Y el proceso que las crea, en el que una sola célula se divide hasta formar una colonia cohesionada, recapitula el tipo de transición evolutiva que dio origen a aquellos protoanimales, y, finalmente, a las ardillas, las palomas, los patos, los niños y cualquier otro animal del parque donde King y yo estuvimos conversando. King se ha acercado tanto a estas inocuas y oscuras criaturas que ha llegado a filmar los escondidos orígenes de todo nuestro reino.

Su relación con la *S. rosetta* ha sido muy difícil. Sabía que, en estado natural, formaba colonias, pero no conseguía que las formara en el laboratorio. Misteriosamente, en sus manos, y en las de otros científicos, estas criaturas sociales se volvían solitarias. Ella cambiaba la temperatura, los niveles nutricionales, la acidez..., pero nada de esto funcionaba. La única solución era abandonar. Frustrada, se volvió hacia un objetivo diferente: la secuenciación del genoma de la *S. rosetta*. Esto también presentaba sus problemas. King había alimentado la *S. rosetta* con bacterias, pero ahora tenía que deshacerse de ellas para que sus genes no contaminaran los resultados de la secuenciación. Así que alimentó a los coanos con una batería de antibióticos, y, para su sorpresa, ello afectó a su capacidad para formar colonias hasta el punto de perderla por completo. Si antes eran reacios a formarlas, ahora se negaban en redondo. Algo de *las bacterias* les había hecho sociables.

La estudiante de posgrado Rosie Alegado tomó muestras originales del agua, aisló los microbios que tenían y alimentó con ellos a los coanos uno por uno. De 64 especies de bacterias, solo una restauró las rosetas. Esto explicaba por qué los experimentos originales de King nunca funcionaban: la *S. rosetta* formaba colonias solo si se encontraba con el microbio adecuado. Alegado lo identificó y lo llamó *Algoriphagus machipongonensis*, una nueva especie, pero perteneciente al linaje de los bacteroidetes, dominante en nuestro intestino.[13] También identificó el modo de inducir las bacterias la formación de rosetas: liberando una molécula aceitosa llamada RIF-1. «La llamé RIF por *rosette inducing factor*, y añadí el número 1 porque estoy segura de que hay otras», dice. Tenía razón. Desde entonces, el equipo ha identificado otras moléculas de muchos otros microbios que pueden conseguir que los coanos formen colonias.

Alegado sospecha que todas estas sustancias funcionan como señales indicadoras de que el alimento está cerca. Los coanos capturan mejor las bacterias si están agrupados que si no lo están, y por eso, cuando detectan bacterias cercanas, se unen. «Creo que los coanos están siempre al acecho —explica Alegado—. Son nadadores lentos, y los bacteroidetes son buenos indicadores de que han entrado en una zona con grandes fuentes de alimentación. Entonces pueden acordar la formación de una roseta.»

¿Qué pensar de todo esto? ¿Dieron las bacterias origen a los animales proporcionando señales que incitaron a nuestros antepasados unicelulares a formar colonias multicelulares? King recomienda cautela. Los coanos de hoy son nuestros *primos*, no nuestros antepasados. Deducir de su comportamiento lo que los antiguos coanos hacían sería dar un gran salto, por no hablar de cómo reaccionaban a los antiguos microbios. King aún no está preparada para darlo. Ahora quiere saber si los animales modernos responden a las bacterias de la misma manera. Si así fuese —si las mismas bacterias dirigen el desarrollo de los coanos y de los animales por medio de las mismas moléculas— reforzaría la idea de que se trata de un fenómeno antiguo que se produjo en nuestros orígenes. «En los océanos en que evolucionaron los primeros animales, creo que no puede discutirse que había abundancia de bacterias —afirma King—. Eran diversas. Dominaban el mundo, y los animales tuvieron que adaptarse a ellas. No es una exageración pensar que algunas moléculas producidas por bacterias pudieron influir en el desarrollo de los primeros animales.» No, no es una exageración, sobre todo teniendo en cuenta que esto sucede todavía en Pearl Harbor.

La mañana del 7 de diciembre de 1941, un gran escuadrón de aviones de combate japoneses lanzó un ataque sorpresa contra la base naval estadounidense de Pearl Harbor en Hawái. El buque *Arizona* fue una de las primeras pérdidas; cuando se hundió, arrastró con él a más de 1.000 oficiales y marineros. Los otros 7 acorazados del puerto fueron destruidos o quedaron muy dañados, junto con otros 18 barcos y 300 aviones. En la actualidad, el puerto es un lugar más tranquilo. Aunque sigue siendo una importante base naval y el hogar de varios buques de gran envergadura, su mayor amenaza no está en el cielo, sino en el mar.

Podemos ver lo que les sucede a los barcos si lanzamos al azar chatarra metálica al agua. En cuestión de horas, las bacterias empiezan a proliferar sobre ella. Las algas las siguen. Pueden aparecer almejas o percebes. Pero, finalmente, en cuestión de días, aparecen unos túbulos blancos. Son pequeños, de pocos centímetros de largo y pocos milímetros de ancho. Pero pronto hay cientos de ellos. Y luego miles. Y millones. Al final, toda la superficie se parece a una manta de felpa congelada. Estos túbulos llegan a todas partes: rocas, pilotes, jaulas de pesca y barcos se llenan de ellos. Si un portaaviones permanece en el puerto durante unos meses, los túbulos se acumulan en su casco en capas de varios centímetros de espesor. El término técnico es *bioobstrucción*. La versión vulgar es «un grano en el trasero». La Marina envía a veces buceadores para que cubran las hélices y otras estructuras sensibles de los barcos con bolsas de plástico con el fin de que los túbulos no puedan obstruirlas.[14]

Cada uno de estos cilindros blancos contiene, y lo fabrica, un animal. La gente de la Marina lo llama «el gusano garrapatoso». Michael Hadfield, biólogo marino de la Universidad de Hawái, lo conoce como *Hydroides elegans*. Se describió por primera vez en el puerto de Sidney, y desde entonces se le ha visto en el Mediterráneo, el Caribe, la costa de Japón, Hawái, es decir, en cualquier bahía con aguas cálidas y barcos. Adherido a los cascos de los barcos, este consumado polizón ha colonizado el mundo entero.

Hadfield comenzó a estudiar estos gusanos garrapatosos en 1990 a instancias de la Marina. Era ya un experto en larvas marinas, y la Marina quería que probara una serie de pinturas antiincrustaciones para ver cuál podría repeler a los gusanos. Pero el mejor truco sería, pensó, averiguar por qué los gusanos deciden establecerse en esas superficies. ¿Qué hace que, inesperadamente, aparezcan en los cascos?

Esta es una vieja interrogante. En su magnífica biografía de Aristóteles, Armand Marie Leroi escribe: «Una escuadra, dice [Aristóteles], anclada en Rodas echó por la borda una gran cantidad de vasijas. Estas se llenaron de lodo, y luego de ostras vivas. Como las ostras no pueden entrar en las vasijas, ni en ningún otro lugar, tuvieron que surgir del lodo».[15] Esta idea de la generación espontánea estuvo vigente durante siglos, pero es radicalmente errónea. La verdad que hay detrás de la abrupta aparición de ostras y gusanos tubulares es más banal. Estos animales, al igual que los corales, los erizos de mar, los mejillones y las langostas, pasan por etapas larvarias en las que navegan por el océano hasta que encuentran un lugar donde establecerse. Las larvas son microscópicas, extraordinariamente abundantes (puede haber cien en una gota de agua marina) y diferentes por completo de los ejemplares adultos. Una cría de erizo de mar se parece más a un volante de bádminton que al animal con aspecto de acerico en que se convertirá. Una larva de *H. elegans* parece un taco de pared con ojos, no un largo gusano cubierto por un tubo. Cuesta creer que sea el mismo animal.

En algún momento, las larvas se asientan. Abandonan su juvenil espíritu viajero y remodelan su cuerpo para adquirir formas adultas sedentarias. Este proceso, esta metamorfosis, es el momento más importante de sus vidas. Antes, los científicos pensaban que esto sucedía al azar, que las larvas se asentaban en lugares arbitrarios y sobrevivían si tenían la suerte de dar con una buena ubicación. La verdad es que buscan y seleccionan esos lugares. Siguen pistas, como senderos químicos, gradientes de temperatura e incluso sonidos hasta encontrar los mejores sitios para la metamorfosis.

Hadfield advirtió pronto que el *H. elegans* era atraído por bacterias, y en concreto por biopelículas, las viscosas capas densamente pobladas de bacterias que proliferan con rapidez en superficies sumergidas. Cuando una larva encuentra una biopelícula, nada entre las bacterias presionando su cara contra ellas. A los pocos minutos, se fija a esa superficie mediante la extrusión de un hilo mucoso de su cola y segrega una envoltura transparente que cubre su cuerpo. Sujeta con firmeza, comienza a cambiar. Pierde los pequeños cilios que la propulsaban en el agua. Se hace más larga. Crece un anillo de tentáculos alrededor de su cabeza para enganchar trozos de alimento. Empieza a formar su fuerte tubo. Ya es un adulto, y nunca más volverá a moverse. Esta transformación depende por completo de las bacterias. Para el *H. elegans*, un recipiente limpio y estéril es como El País de Nunca Jamás, un lugar de eterna inmadurez.

Los gusanos no responden a ningún viejo microbio. De las muchas cepas que hay en aguas hawaianas, Hadfield descubrió que solo unas pocas son capaces de inducir metamorfosis, y solo una lo hace con tanto poder. Tiene un nombre enrevesado: *Pseudoalteromonas luteoviolacea*. Afortunadamente, Hadfield la llama *P-luteo*. Más que cualquier otro microbio, este destaca por su manera de transformar larvas en gusanos adultos. Sin las bacterias, los gusanos jamás alcanzarían la edad adulta.[16]

No son los únicos. Algunas larvas de esponja también se posan en superficies y se transforman cuando se encuentran con bacterias. Y lo mismo hacen las de mejillones, percebes, ascidias y corales. Las ostras entran en la lista, y lo siento por Aristóteles. La *hidractinia*, pariente tentaculado de medusas y anémonas, alcanza la edad adulta cuando toca bacterias que viven en caracolas de cangrejos ermitaños. Los océanos están llenos de crías de animales que solo completan su ciclo vital tras su contacto con bacterias —a menudo con el *P-luteo* en particular.[17]

Si estos microbios desapareciesen de repente, ¿qué ocurriría? ¿Se extinguirían todos estos animales, incapaces de madurar y reproducirse? ¿Dejarían de formarse los arrecifes de coral —el ecosistema más rico de los océanos— sin topógrafos bacterianos que exploren primero las superficies adecuadas? «Creo que nunca he dicho nada tan tremendo», dice Hadfield con la precaución característica de un científico. Luego, sorprendiéndome, añade: «Pero es justo decirlo. Ciertamente, no todas las larvas del mar necesitan un estímulo bacteriano, y hay muchas larvas por ahí que no han sido estudiadas. Pero, entre los gusanos tubulares, los corales, las anémonas, los percebes y las esponjas...Y podría seguir y seguir. Hay ejemplos en todos estos grupos en los que las bacterias son la clave».

Una vez más, uno podría preguntarse: ¿Por qué depender de señales bacterianas? Es posible que los microbios mejoren el agarre de una larva en una superficie o proporcionen moléculas que mantengan a los patógenos a raya. Pero Hadfield piensa que su servicio es más simple. La presencia de una biopelícula aporta a un animal larvario información importante. Significa que: (a) hay una superficie sólida, (b) que ha estado ahí por un tiempo, (c) que no es demasiado tóxica y (d) que hay suficientes nutrientes para que los microbios vivan. Esas razones son tan buenas como cualquier otra para establecerse. Más adecuada sería esta otra pregunta: ¿por qué *no* confiar en las señales bacterianas? O mejor aún: ¿qué opción hay? «Cuando las larvas de los primeros animales marinos estaban listas para establecerse, no había una superficie limpia —dice Hadfield, haciéndose eco de Rawls y King—. Todas estaban cubiertas de bacterias. No es de extrañar que las diferencias en esas comunidades bacterianas fuesen la señal original para establecerse.»

Los coanos de King y los gusanos de Hadfield son exquisitamente sensibles a la presencia de microbios, y transformados de manera sustancial por ellos. Sin bacterias, los sociables coanos vivirían para siempre solitarios, y los gusanos larvarios permanecerían para siempre inmaduros. Constituyen hermosos ejemplos de la capacidad de los microbios para conformar cuerpos de animales (o primos animales). Y, sin embargo, no hay aquí simbiosis en el sentido clásico. Los gusanos no albergan realmente el *P-luteo* en sus cuerpos, y no parecen interactuar con su bacteria una vez alcanzan el estado adulto. Su relación con ella es transitoria. Son como los turistas que preguntan a los transeúntes por una dirección y luego siguen su camino. Pero otros animales establecen relaciones más duraderas y codependientes con los microbios.

El platelminto *Paracatenula* es una de esas criaturas. Este diminuto animal, que vive en sedimentos oceánicos cálidos de todo el mundo, lleva la simbiosis al extremo. Hasta la mitad de su cuerpo de un centímetro está compuesto de simbiontes bacterianos empaquetados en un compartimento llamado trofosoma, que constituye hasta el 90 por ciento del gusano. Prácticamente todo lo que hay detrás del cerebro son los microbios o los aposentos de los microbios. Harald Gruber-Vodicka, que estudia el platelminto, caracteriza a las bacterias como su motor y su batería, ya que le proporcionan energía y almacenan esa energía en forma de grasas y compuestos de azufre. Estos almacenes dan al platelminto su color blanco brillante. También alimentan su capacidad más extraordinaria.[18] El platelminto *Paracatenula* es un maestro de la regeneración. Si lo cortamos en dos, ambas partes se convierten en animales perfectamente funcionales. Incluso en la mitad trasera volverá a formarse una cabeza y un cerebro. «Si lo troceamos, podemos obtener diez —dice Gruber-Vodicka—. Esto es probablemente lo que hacen en la naturaleza. Se hacen cada vez más largos, y luego un extremo se rompe y hay dos.» Esta capacidad depende por entero del trofosoma, de las bacterias que este contiene y de la energía que guarda. Mientras un fragmento del gusano contenga suficientes simbiontes, podrá engendrar otro animal entero. Si los simbiontes son demasiado escasos, el fragmento muere. Esto significa que la única parte del gusano que no puede regenerarse es la cabeza, donde no hay bacterias. De la cola volverá a formarse un cerebro, pero el cerebro solo no producirá una cola.

Una asociación como la de la *Paracatenula* con los microbios es típica de todo el reino animal, nosotros incluidos. Podremos carecer de las maravillosas capacidades regeneradoras de este platelminto, pero albergamos microbios *dentro de nuestros cuerpos* e interactuamos con ellos a lo largo de nuestras vidas. A diferencia de los gusanos tubulares de Hadfield, cuyos cuerpos son transformados por bacterias ambientales en un único momento preciso, *nuestros* cuerpos son continuamente conformados y remodelados por las bacterias que tenemos dentro. Nuestra relación con ellas no se limita a un intercambio único, sino que es una negociación continua.

Ya hemos visto que los microbios influyen en el desarrollo del intestino y de otros órganos, pero no pueden descansar después de realizar este trabajo. Hace falta más trabajo para mantener el cuerpo de un animal. En palabras de Oliver Sacks, «nada es más importante para la supervivencia e independencia de los organismos, sean elefantes o protozoos, que mantener un medio interno constante».[19] Y para mantener esa constancia, los microbios son esenciales. Cooperan en el almacenamiento de grasa. Ayudan a reponer los revestimientos del intestino y de la piel, reemplazando las células dañadas y moribundas por otras nuevas. Aseguran la inviolabilidad de la barrera hematoencefálica, una apretada red de células que deja pasar nutrientes y moléculas pequeñas de la sangre al cerebro, pero impide el paso a sustancias y células vivas más grandes. Incluso influyen en la remodelación incesante del esqueleto, haciendo que se deposite material óseo nuevo y se reabsorba el material viejo.[20]

En ninguna otra parte resulta esta influencia tan clara como en el sistema inmunitario: las células y moléculas que de manera colectiva protegen nuestros cuerpos de infecciones y otras amenazas. Esto es extraordinariamente complicado. Imagínese una inmensa máquina de Rube Goldberg, con una cantidad ilimitada de componentes que se preparan, se activan y se llaman unos a otros. Y ahora imagínese la misma máquina como un revoltijo chirriante y medio destartalado donde cada parte, o bien está hecha a medias, o bien es insuficiente, o bien se halla cableada de manera incorrecta. Así sería el sistema inmunitario de un roedor libre de gérmenes. Por eso estos animales son, como dijo Theodor Rosebury, «propensos a contraer toda clase de infecciones y viven en un estado de inmadurez infantil frente a los peligros del mundo».[21]

Esto nos indica que el genoma de un animal no le proporciona todo lo necesario para crear un sistema inmunitario maduro. Por eso necesita también un microbioma.[22] Centenares de artículos científicos sobre especies tan dispares como los ratones, las moscas tse-tse y el pez cebra han demostrado que los microbios colaboran de alguna manera en la formación del sistema inmunitario. Influyen en la creación de clases enteras de células inmunitarias y en el desarrollo de órganos que producen y almacenan estas células. Estas son especialmente importantes en la primera etapa de la vida, cuando se construye la maquinaria inmunitaria y se prepara para hacer frente a los muchos males del mundo. Y una vez que la máquina se pone en marcha, los microbios continúan calibrando sus respuestas a las amenazas.[23]

Consideremos una inflamación: no es sino una respuesta defensiva en la cual las células inmunitarias acuden presurosas al lugar de una lesión o una infección, causando hinchazón, enrojecimiento y calor. Es importante proteger el cuerpo contra las amenazas; sin esta protección estaríamos plagados de infecciones. Pero esta protección se convierte en un problema si se extiende a todo el cuerpo, dura demasiado tiempo o se dispara a la menor provocación: tal es la causa del asma, la artritis y otras enfermedades inflamatorias y autoinmunes. Por lo tanto, la inflamación debe ser activada en el momento adecuado y controlada de forma correcta. Suprimirla es tan importante como activarla. Los microbios hacen ambas cosas. Algunas especies estimulan la producción de células inmunitarias proinflamatorias, que serían los halcones del sistema inmunitario, mientras que otras inducen la producción de células antiinflamatorias, que serían las palomas.[24] Entre las unas y las otras podemos responder a las amenazas sin exageraciones. Sin ellas, este equilibrio desaparece, y a ello se debe el que los ratones libres de gérmenes sean propensos a padecer infecciones *y* enfermedades autoinmunes: no pueden dar una respuesta inmunitaria apropiada cuando es necesaria, ni impedir una respuesta inadecuada cuando está fuera de lugar.

Hagamos una pausa para observar cuán peculiar es todo esto. La idea tradicional del sistema inmunitario está llena de metáforas militares y términos que expresan antagonismos. Lo percibimos como una fuerza defensiva que discrimina entre el propio organismo (nuestras propias células) y organismos ajenos (microbios y otras cosas), y erradica a estos últimos. Pero ahora vemos que los microbios ante todo configuran y afinan nuestro sistema inmunitario.

Pongamos un solo ejemplo: una bacteria intestinal común llamada *Bacteroides fragilis* o *B-frag*. En 2002, Sarkis Mazmanian demostró que este microbio puede solucionar algunos de los problemas de inmunidad en ratones libres de gérmenes. Concretamente, su presencia restaura los niveles normales de «linfocitos T colaboradores», una clase muy importante de células inmunitarias que activa y coordina el resto de componentes.[25] Mazmanian ni siquiera necesitaba el microbio entero. Demostró que una sola molécula de un azúcar de su membrana, el polisacárido A (PSA), era por sí sola capaz de aumentar el número de linfocitos T colaboradores. Era la primera vez que alguien demostraba que un solo microbio —no, una sola *molécula* microbiana— podía corregir una limitación inmunitaria específica. El equipo de Mazmanian demostró más tarde que el PSA puede prevenir y curar enfermedades inflamatorias como la colitis (que afecta el intestino) y la esclerosis múltiple (que afecta a las células nerviosas), al menos en los ratones.[26] Estas son enfermedades fruto de una reacción desmesurada; el PSA ofrece salud por medio de la calma.

Pero recordemos que el PSA es una *molécula bacteriana*: justo el tipo de sustancia que, por sentido común, el sistema inmunitario debería ver como una amenaza. El PSA debería provocar una inflamación. Sin embargo, en realidad, hace lo contrario: *reprime* la inflamación y *calma* al sistema inmunitario. Mazmanian lo llama «factor de simbiosis», un mensaje químico del microbio al anfitrión que dice: «vengo en son de paz».[27] Esto demuestra claramente que el sistema inmunitario no está preparado de forma innata para reconocer la diferencia entre un simbionte inofensivo y un patógeno amenazante. En este caso, es el microbio el que hace clara esta diferencia.

¿Cómo podemos entonces seguir viendo el sistema inmunitario como un ejército de tropas beligerantes, siempre dispuestas a destruir microbios? Este sistema es a todas luces algo más sutil que eso. Puede ocasionar una perturbación desastrosa en el organismo, y esto es lo que ocurre en las enfermedades autoinmunes, como la diabetes del tipo 1 o la esclerosis múltiple. También entra en acción, pero de una forma más tenue, en presencia de innumerables microbios nativos, como el *B-frag*. Creo que es más exacto ver el sistema inmunitario como un equipo de guardabosques que tienen a su cargo un parque nacional, como administradores de ecosistemas. Deben controlar con sumo cuidado el número de especies residentes y expulsar a los invasores problemáticos.

Pero lo más curioso es que las criaturas del parque contrataron desde el principio a los guardabosques. Ellas enseñaron a sus guardianes qué especies debían cuidar y qué otras desalojar. Y ellas producen de manera continua compuestos químicos como el PSA, que determinan el grado de alerta y respuesta de los guardabosques. El sistema inmunitario no es solo un medio para controlar los microbios. Está, al menos en parte, controlado por microbios. Es otra manera que nuestras multitudes tienen de preservar nuestros cuerpos.

Si enumeramos todas las especies de un microbioma particular, podremos decir *cuáles* hay en él. Si listamos todos los genes presentes en esos microbios, podremos decir *qué* son capaces de hacer.[28] Pero si enumeramos todos los compuestos químicos que producen los microbios —sus metabolitos— podremos decir lo que esas especies *realmente hacen*. Ya hemos encontrado muchos de estos compuestos químicos, como el factor de simbiosis PSA y las dos MAMP manipuladoras del calamar que McFall-Ngai identificó. Hay cientos de miles más, y solo estamos empezando a comprender lo que todos ellos hacen.[29] Estas sustancias son los medios mediante los cuales los animales conversan con sus simbiontes. Muchos científicos tratan de escuchar estos intercambios, y ellos no son los únicos. Las moléculas que los microbios producen también pueden extenderse más allá de los cuerpos de sus anfitriones, moviéndose por el aire para transmitir mensajes a ciertas distancias. Podemos oler algunos de estos mensajes si nos movemos por las sabanas de África.

De todos los grandes depredadores de África, las hienas manchadas son las más sociables. Una manada de leones puede estar compuesta por una docena de individuos; un clan de hienas cuenta con entre 40 y 80 componentes. No todos estarán juntos en el mismo lugar; forman y disuelven pequeños subgrupos una y otra vez en el transcurso del día. Esta dinámica convierte a las hienas en excelentes objetos de estudio para biólogos de campo en ciernes. «Podemos observar a los leones en su ambiente, pero siempre los encontraremos tumbados, y podemos trabajar con lobos durante años y apenas conseguir algo más que oír sus gruñidos de aviso o sus aullidos —explica el aficionado a las hienas Kevin Theis—. Pero con las hienas [...] hay saludos, reapariciones y señales de dominación y de sumisión. Veremos cachorros tratando de conocer su lugar dentro del clan, y machos inmigrantes dándose una vuelta para ver quién hay allí. Su vida social es increíblemente más compleja.»

Para mantener relaciones tan complejas, utilizan un amplio repertorio de señales, incluidas las químicas. Una hiena manchada marca un largo tallo herbáceo con la secreción olorosa de una glándula que en ese momento sobresale de su parte trasera. Arrastra la glándula a través del tallo, dejando detrás una pasta fina. El color puede variar del negro al anaranjado, y la consistencia de calcárea a líquida. ¿Y el olor? «Para mí, huele a mantillo en fermentación, pero otros dicen que huele a queso cheddar o a jabón barato», dice Theis.

Theis estudió estas secreciones durante años, cuando un colega le preguntó si había bacterias implicadas en sus olores. No tenía respuesta. Luego descubrió que a otros científicos se les había ocurrido esta misma idea en los años setenta, argumentando que muchos mamíferos tienen en sus glándulas secretoras de sustancias olorosas bacterias que fermentan las grasas y las proteínas para producir moléculas transportadas por el aire. Las variaciones en estos microbios podrían explicar por qué diferentes especies tienen sus propios olores distintivos —recordemos el olor a palomitas de maíz del manturón del zoológico de San Diego.[30] También podrían aportar datos identificativos e información sobre la salud o el estado de su anfitrión. Y cuando los individuos juegan, se zarandean o se aparean, podrían compartir los microbios que les dan el olor característico de su grupo.

La hipótesis tenía sentido, pero quienes la planteaban, se esforzaban por confirmarla. Varias décadas después, con herramientas genéticas a su disposición, Theis no tenía este problema. Trabajando en Kenia, recogió muestras de pasta de las glándulas de 73 hienas anestesiadas. Al secuenciar el ADN de los microbios en ellas residentes, encontró más tipos de bacterias que en todos los estudios anteriores realizados. También demostró que estas bacterias, y los compuestos químicos que producen, varían entre las hienas manchadas y las rayadas, entre las hienas manchadas de diferentes clanes, entre machos y hembras y entre individuos fértiles e infértiles.[31] Basándose en estas diferencias, la pasta podría ser como un graffiti químico que revelase de qué individuos procede, a qué especie pertenecen, qué edad tienen y si están listos para aparearse. Al impregnar los tallos de la hierba con sus microbios causantes del olor, las hienas difunden sus datos personales por toda la sabana.

Esto sigue siendo una hipótesis. «Necesitamos manipular el microbioma causante de los olores y ver si las características del olor cambian —dice Theis—. Luego tendremos que demostrar que, cuando los olores cambian, las hienas prestan atención y responden.» Entretanto, otros científicos han observado patrones similares en las glándulas y en la orina de otros mamíferos, entre ellos, elefantes, suricatos, tejones, ratones y murciélagos. El olor de un suricato viejo es distinto de la Eau de Jeunesse. El hedor de un elefante macho difiere del de una hembra.

Luego estamos nosotros. Las axilas humanas no difieren de la glándula de una hiena, son cálidas, húmedas y abundantes en bacterias. Cada especie crea sus propios olores. El *Corynebacterium* transforma el sudor en algo que puede oler a cebollas, y la testosterona en algo que puede oler a vainilla, a orina o a nada, dependiendo de los genes de quien la huela. ¿Pueden estos olores funcionar como señales útiles? Parece que sí. El microbioma de la axila presenta una estabilidad sorprendente, y también nuestros olores axilares. Cada persona tiene su propia peste distintiva, y en varios experimentos, unos voluntarios han podido distinguir a otros por el olor de sus camisetas. Incluso han logrado emparejar los olores de gemelos idénticos. Tal vez también podamos, como las hienas, obtener información sobre los demás olfateando los mensajes enviados por sus microbios. Y esto no es solo cosa de los mamíferos. Las bacterias intestinales de la langosta del desierto producen una parte de la colección de feromonas que anima a estos insectos solitarios a formar nubes que oscurecen el cielo. Las bacterias intestinales de las cucarachas germánicas son las responsables de la repulsiva tendencia de estos insectos a congregarse alrededor de las heces de otros. Y los insectos gigantes del mezquite confían en sus simbiontes para producir una feromona de alarma que les sirve para avisarse mutuamente de un peligro inminente.[32]

¿Por qué los animales confían en los microbios para producir estas señales químicas? Theis da la misma razón que Rawls, King y Hadfield: es inevitable. Cualquier superficie está poblada por microbios que liberan compuestos químicos volátiles. Si estas señales químicas reflejan una característica que es útil conocer, por ejemplo, el género, la fuerza o la fertilidad, el animal anfitrión podría desarrollar órganos productores de olores para nutrir y albergar a esos microbios específicos. De esta forma, las señales involuntarias se convierten en señales implantadas para siempre. Y al emitir mensajes transportados por el aire, los microbios podrían determinar el comportamiento de animales que se hallan muy lejos de sus anfitriones originales. Y si esto ocurre, no debe sorprendernos que puedan determinar el comportamiento animal en contextos más locales.

En 2001, el neurocientífico Paul Patterson inyectó a hembras de ratón preñadas una sustancia que imita una infección vírica y provoca una respuesta inmunitaria. Las hembras dieron a luz crías sanas, pero, a medida que estas se acercaban al estado adulto, Patterson empezó a notar interesantes peculiaridades en su comportamiento. Los ratones son por naturaleza reacios a entrar en espacios abiertos, pero aquellos ratones lo eran de una manera especial. Los ruidos fuertes les asustaban con facilidad. Se acicalaban una y otra vez, o trataban repetidamente de enterrar una canica. Eran menos comunicativos que sus compañeros, y evitaban el contacto social. Mostraban ansiedad, movimientos repetitivos y problemas sociales. Patterson veía en sus ratones reflejos de dos patologías humanas: autismo y esquizofrenia. Estas similitudes no eran del todo inesperadas. Patterson había leído que las mujeres embarazadas que contraen infecciones graves, como la gripe o el sarampión, son más propensas a tener hijos con autismo y esquizofrenia. Pensó que las respuestas del sistema inmunitario de una madre podrían de alguna manera afectar al desarrollo del cerebro de su hijo. Pero no sabía cuál era esa manera.[33]

Lo descubrió varios años más tarde, mientras almorzaba con su colega Sarkis Mazmanian, quien descubrió los efectos antiinflamatorios de la bacteria intestinal *B-frag*. Los dos científicos se dieron cuenta de que habían observado dos mitades del mismo problema. Mazmanian había demostrado que los microbios intestinales desempeñan un papel en el sistema inmunitario, y Patterson había observado que el sistema inmunitario afecta al cerebro en desarrollo. Y repararon en que los ratones de Patterson tenían problemas intestinales semejantes a los de los niños autistas: unos y otros eran más propensos a tener diarreas y otros trastornos gastrointestinales, y albergaban en el intestino comunidades microbianas inusuales. ¿Y si esos microbios, pensaron ambos, afectan de alguna manera al comportamiento tanto en ratones como en niños? ¿Y si la solución a esos problemas intestinales también indujese cambios en el comportamiento?

Para comprobar la validez esta idea, los dos científicos suministraron B-frag a los ratones de Patterson.[34] Los resultados fueron muy significativos. Los roedores se mostraron más dispuestos a explorar, era más difícil asustarlos y eran menos propensos a los movimientos repetitivos y más comunicativos. Todavía eran reacios a acercarse a otros ratones, pero en los demás aspectos el B-frag había revertido los cambios provocados por las respuestas inmunitarias de sus madres.

¿Cómo? ¿Y por qué? He aquí la mejor hipótesis: al simular una infección vírica en las hembras gestantes, el equipo obtuvo una respuesta inmunitaria que dejó a sus descendientes con un intestino excesivamente permeable y una colección inusual de microbios. Esos microbios producían sustancias químicas que penetraban en el torrente sanguíneo y viajaban al cerebro, donde provocaban comportamientos atípicos. El principal culpable era una toxina llamada 4-etilfenil-sulfato (4EPS), que puede causar ansiedad en animales sanos. Cuando los ratones ingerían el B-frag, este microbio sellaba sus intestinos y detenía el flujo de 4EPS (y otras sustancias) a su cerebro, revirtiendo sus síntomas atípicos.

Patterson falleció en 2014, pero Mazmanian prosigue el trabajo de su amigo. Su meta a largo plazo es obtener una bacteria que las personas puedan ingerir para controlar algunos de los síntomas más serios del autismo. Podría ser el B-frag; ciertamente funcionó bien en los ratones, y resulta ser el microbio más mermado en el intestino de las personas con autismo. Los padres de niños autistas que leen sobre su trabajo le preguntan con regularidad por correo electrónico dónde pueden conseguir la bacteria. Muchos de ellos ya están dando probióticos a sus hijos para solucionar sus problemas intestinales, y algunos afirman haber visto mejoras en su comportamiento. Mazmanian busca ahora pruebas clínicas sólidas que confirmen estos testimonios. Es optimista.

Otros son más escépticos. La crítica más lógica, como señala la divulgadora científica Emily Willingham, es que «los ratones no tienen autismo, que es un constructo neurobiológico humano en el que intervienen también percepciones sociales y culturales de lo que se considera *normal*».[35] ¿Un ratón que de forma reiterada entierra una canica es comparable a un niño que se mueve hacia delante y hacia atrás? ¿Es una menor frecuencia de chillidos lo mismo que ser incapaz de hablar con otros? Si bizqueamos de esta manera, las similitudes saltan a la vista. Si seguimos observando, podríamos ver paralelismos con otras patologías; los ratones de Patterson fueron en un principio criados para inducir la esquizofrenia, no el autismo. Pero el equipo de Mazmanian volvió a hacer recientemente un experimento en el que observó que los dos tipos de comportamiento estaban relacionados. Transfirieron microbios intestinales de niños con autismo a ratones, y vieron que los roedores mostraban las mismas peculiaridades que Patterson había observado, como los actos repetitivos y la aversión social.[36] Esto indica que los microbios son, al menos en parte, la causa de estos comportamientos. «No creo que nadie pueda nunca asegurar que sea posible reproducir el autismo tomando como modelo un ratón —afirma Mazmanian con optimismo—. Este [modelo] es limitado por naturaleza, pero es lo que hay.»

Por lo menos, Patterson y Mazmanian demostraron que, modificando los microbios del intestino del ratón —o incluso una sola molécula microbiana, la 4EPS—, su comportamiento podría cambiar. Hasta ahora hemos visto que los microbios pueden influir en el desarrollo de vísceras, huesos, vasos sanguíneos y linfocitos T. Ahora vemos que también pueden influir en el cerebro, el órgano que, más que ningún otro, hace que seamos quienes somos. Esta es una idea inquietante. Damos tanto valor a nuestro libre albedrío, que la perspectiva de perder nuestra independencia de las fuerzas invisibles despierta muchos de nuestros temores sociales más profundos. Nuestra ficción más tenebrosa está llena de distopías orwellianas, sombríos contubernios y supervillanos que controlan las mentes. Pero resulta que los organismos microscópicos, seres unicelulares sin cerebro que viven dentro de nosotros, han manejado nuestros hilos desde siempre.

El 6 de junio de 1822, en una isla de los Grandes Lagos, un comerciante de pieles de veinte años llamado Alexis St. Martin recibió accidentalmente un disparo de mosquete en el costado. El único médico de la isla era un cirujano del ejército llamado William Beaumont. Cuando Beaumont se presentó, St. Martin llevaba sangrando media hora. Sus costillas estaban destrozadas, los músculos triturados. Un poco de tejido pulmonar quemado le sobresalía del costado. Su estómago tenía un orificio del diámetro de un dedo, y la comida salía por él. «Ante aquel cuadro, consideré inútil cualquier intento de salvar su vida», escribiría Beaumont tiempo después.[37]

Sin embargo, lo intentó. Trasladó a St. Martin a su casa, y, contra todo pronóstico, tras muchas intervenciones quirúrgicas y meses de atención, logró estabilizarlo. Pero St. Martin nunca sanó del todo. Su estómago, adherido al agujero correspondiente en la piel, era una puerta al mundo exterior, un «orificio accidental» en palabras del propio Beaumont. Con el negocio de las pieles ya abandonado, St. Martin se unió a Beaumont como mozo sirviente. Beaumont utilizó a aquel hombre como cobaya. En aquellos tiempos no se sabía casi nada del funcionamiento de la digestión. Beaumont vio en la herida de St. Martin una ventana —literalmente— a la experimentación. Recogió muchas muestras de ácido del estómago, y a veces introducía comida a través del orificio para observar de forma directa su digestión. Los experimentos continuaron hasta 1833, cuando ambos finalmente se separaron. St. Martin regresó a Quebec, donde murió como granjero a los setenta y ocho años. Beaumont sería más tarde considerado el padre de la fisiología gástrica.[38]

Entre sus muchas observaciones, Beaumont advirtió que el humor de St. Martin afectaba a su estómago. Cuando estaba enojado o irritado —y es difícil imaginar que no se pusiera colérico cuando el cirujano le introducía comida a través del orificio de su costado—, su digestión se alteraba. Fue el primer signo claro de que el cerebro afecta a las vísceras. Casi dos siglos después, este principio nos es de todo punto familiar. Perdemos el apetito cuando nuestro estado de ánimo cambia, y nuestro estado de ánimo cambia cuando tenemos hambre. Los problemas psiquiátricos y los problemas digestivos a menudo van de la mano. Los biólogos hablan de un «eje vísceras-cerebro», una línea de comunicación bidireccional entre las vísceras y el cerebro.

Ahora sabemos que los microbios intestinales forman parte de este eje en ambas direcciones. Desde los años setenta, un goteo de estudios ha demostrado que cualquier forma de estrés —hambre, insomnio, estar separado de la madre, la aparición repentina de un individuo agresivo, las temperaturas incómodas, el hacinamiento, incluso los ruidos fuertes— puede cambiar el microbioma intestinal de un ratón. Lo contrario también es cierto: el microbioma puede afectar al comportamiento del anfitrión, incluidas sus actitudes sociales y su capacidad para dominar el estrés.[39]

En 2011, este goteo de estudios acabó en inundación. Con pocos meses de separación, varios científicos publicaron fascinantes artículos que demostraban que los microbios pueden afectar al cerebro y al comportamiento.[40] En el Instituto Karolinska de Suecia, Sven Petterson observó que los ratones libres de gérmenes estaban menos nerviosos y se arriesgaban más que sus primos cargados de microbios. Pero si estos ratones eran colonizados por los microbios siendo aún crías, se comportaban de adultos con su habitual cautela. Al otro lado del Atlántico, Stephen Collins, de la Universidad McMaster, hizo un descubrimiento similar de manera casi accidental. Gastroenterólogo de formación, investigaba cómo los probióticos afectan a los intestinos de ratones libres de gérmenes. «Uno de mis técnicos me dijo: "Algo va mal con este probiótico, porque está poniendo nerviosos a los ratones —recuerda—. Parecen diferentes".» Collins trabajaba entonces con dos clases comunes de ratones de laboratorio, una de ellas de naturaleza más tímida y nerviosa que la otra. Si colonizaba ratones libres de gérmenes de la clase más atrevida con microbios de la más tímida, se volvían más tímidos. Lo opuesto era también cierto: los ratones libres de gérmenes de la clase tímida acabaron envalentonados por los microbios de sus primos más intrépidos. Era un resultado aún más impresionante de lo que quizá Collins esperaba: al intercambiar bacterias intestinales de los animales, había intercambiado también parte de sus personalidades.

Como hemos visto, los ratones libres de gérmenes son criaturas raras con muchos cambios fisiológicos que podrían influir en su comportamiento. Por eso fue importante que John Cryan y Ted Dinan, de la Universidad de Cork, en Irlanda, obtuvieran resultados similares, pero en ratones normales con sus microbiomas completos. Trabajaron con la misma clase de ratones tímidos que estudió Collins, y lograron modificar el comportamiento de estos animales alimentándolos con una sola cepa de *Lactobacillus rhamnosus*, una bacteria utilizada con frecuencia en yogures y productos lácteos. Después de ingerir los ratones esta cepa, conocida como JB-1, fueron más capaces de superar la ansiedad: pasaron más tiempo en las partes más cercanas a las salidas de un laberinto, o en medio de un campo abierto. También resistían mejor los estados negativos: cuando caían en un recipiente con agua, pasaban más tiempo nadando que flotando sin más.[41] Estos tipos de pruebas se usan habitualmente para probar la eficacia de medicamentos psiquiátricos, y la cepa JB-1 parecía actuar como las sustancias con propiedades ansiolíticas *y* antidepresivas. «Era como si los ratones hubiesen tomado pequeñas dosis de Prozac o de Valium», dice Cryan.

Para averiguar qué hacía la bacteria, el equipo examinó los cerebros de los ratones. Observaron que la bacteria JB-1 modificaba partes diferentes del cerebro —las implicadas en el aprendizaje, la memoria y el control emocional— y respondía al GABA, una sustancia química apaciguadora que reduce la excitabilidad de las neuronas. De nuevo, había sorprendentes paralelismos con los trastornos mentales humanos: los problemas con las respuestas al GABA están implicados en estados de ansiedad y depresión, y un grupo de medicamentos contra la ansiedad, las benzodiacepinas, mejoran los efectos del GABA. El equipo también estudió *cómo* afectaban los microbios al cerebro. Su principal sospechoso fue el nervio vago. Se trata de un nervio largo y ramificado que transporta señales entre el cerebro y órganos viscerales como el intestino, una materialización del eje vísceras-cerebro. El equipo lo seccionó y observó que la cepa JB-1, que tanto alteraba la mente, perdía toda su influencia.[42]

Estos estudios, y otros que siguieron, demostraron que cambiando el microbioma de un ratón se puede cambiar su comportamiento, la química de su cerebro y su proclividad a las particulares formas de ansiedad y depresión que sufren los ratones. Pero los resultados fueron poco consistentes. Unos estudios indicaban que los microbios solo afectan a los cerebros de los ratones en crecimiento, y otros, que también afectan a los de jóvenes y adultos. Unos señalaban que las bacterias hacen a los roedores menos ansiosos, y otros lo contrario. Unos demostraban que el nervio vago es vital, y otros recalcaban que los microbios pueden producir neurotransmisores como la dopamina y la serotonina, que transportan mensajes de una neurona a otra.[43] Pero estas contradicciones no resultan inesperadas, ya que cuando dos cosas tan endiabladamente complejas como el microbioma y el cerebro chocan, sería una ingenuidad esperar resultados limpios.

Ahora la gran pregunta es si esto tiene alguna importancia en la vida real. ¿Son estas sutiles influencias microbianas, reveladas en los ambientes controlados de los laboratorios con roedores, verdaderamente importantes en el mundo real? Cryan entiende que el escepticismo esté justificado, y que solo haya una manera de desvanecerlo: es preciso ir más allá de los experimentos con roedores. «Tenemos que ir a los humanos», dice.

Se están llevando a cabo unas pocas investigaciones destinadas a saber si las personas se comportan de manera diferente después de recibir ciertas dosis de antibióticos o de probióticos, pero están plagadas de problemas metodológicos y resultados ambiguos. En uno de los estudios más prometedores (aunque, todavía muy limitado), Kirsten Tillisch observó que las mujeres que tomaban dos veces al día una ración de un yogur rico en microbios, mostraban menos actividad en partes del cerebro implicadas en el procesamiento de emociones en comparación con las mujeres que tomaban productos lácteos libres de microbios. El significado de estas diferencias está abierto al debate, pero al menos muestran que las bacterias pueden repercutir en la actividad cerebral humana.[44]

La verdadera prueba sería la que nos demostrase que las bacterias pueden ayudar a las personas a sobrellevar el estrés, la ansiedad, la depresión y otros problemas de salud mental. Ya hay algunos signos de éxito. Stephen Collins ha concluido un pequeño ensayo clínico en el que una bacteria probiótica —una cepa de *Bifidobacterium* propiedad de una industria alimentaria— reduce los síntomas de depresión en personas con síndrome de colon irritable.[45] «Creo que es la primera demostración de la capacidad de un probiótico para reducir comportamientos anormales en un grupo de pacientes», afirma.

Mientras tanto, John Cryan y Ted Dinan están a punto de concluir unos ensayos destinados a comprobar si los probióticos, o, en palabras suyas, los psicobióticos, pueden ayudar a las personas a sobrellevar el estrés. Dinan, un psiquiatra que dirige una clínica para pacientes con depresión, se muestra comedido al respecto. «Debo decir que era sumamente escéptico sobre la posibilidad de que, administrando a un animal un microbio, podamos modificar su comportamiento», explica. Ahora está convencido, pero todavía cree que «es muy improbable que se llegue a inventar un cóctel de probióticos que sirva para tratar la depresión severa. Sin embargo, hay posibilidades en el extremo más leve del espectro. Son muchas las personas que no quieren tomar antidepresivos o seguir una terapia demasiado cara, y si pudiéramos darles un probiótico eficaz, sería un gran avance en psiquiatría».

Estos estudios ya están obligando a los científicos a examinar diferentes aspectos del comportamiento humano a través de la lente microbiana. Beber mucho alcohol hace que el intestino sea más permeable, lo que permite a los microbios influir con más facilidad en el cerebro; ¿podría esto explicar por qué los alcohólicos a menudo sufren depresión o ansiedad? Nuestra dieta transforma nuestro microbioma intestinal; ¿serían esos cambios capaces de afectar a nuestras mentes?[46] El microbioma intestinal se vuelve menos estable en la vejez; ¿podría ello contribuir a la aparición de las enfermedades cerebrales de los ancianos? ¿Y podrían nuestros microbios determinar nuestros caprichos alimentarios? Cuando nos lanzamos sobre una hamburguesa o una chocolatina, ¿qué es exactamente lo que impulsa nuestra mano?

Desde nuestra perspectiva, elegir el plato adecuado de un menú supone la diferencia entre una buena y una mala comida. Pero esa elección es más importante para nuestras bacterias intestinales. A unos microbios les sientan determinadas dietas mejor que a otros. Unos son incomparables en la digestión de fibras vegetales. Otros prosperan con las grasas. Cuando elegimos nuestras comidas, elegimos también las bacterias que alimentaremos, y que tendrán ventaja sobre sus compañeras. Pero ellas no tienen por qué esperar educadamente nuestra decisión. Como hemos visto, las bacterias tienen formas de hackear el sistema nervioso. Si liberan dopamina, una sustancia química implicada en sensaciones de placer y recompensa, cuando comemos las cosas «adecuadas», ¿podrían predisponernos a elegir determinados alimentos y no otros? ¿Tienen ellas algo que decir cuando escogemos los platos de un menú?[47]

Por ahora es solo una hipótesis, pero no una hipótesis inverosímil. En la naturaleza abundan los parásitos que controlan la mente de sus huéspedes.[48] El virus de la rabia infecta el sistema nervioso y hace que sus portadores sean violentos y agresivos; si los infectados atacan a sus semejantes y les infligen mordeduras y rasguños, pasan el virus a nuevos huéspedes. El parásito cerebral *Toxoplasma gondii* es otro manipulador de mentes. Solo puede reproducirse sexualmente en un gato; si este ataca a una rata, suprime el miedo natural del roedor a los olores del gato y lo reemplaza con algo más parecido a una atracción sexual. El roedor corre *hacia* los gatos que encuentra con resultados fatales, pues el *T. gondii* completa en ellos su ciclo vital.[49]

El virus de la rabia y el *T. gondii* son parásitos descarados y egoístas que se reproducen a expensas de sus huéspedes, con resultados perjudiciales y a menudo fatales para ellos. Nuestros microbios intestinales son diferentes. Son parte natural de nuestras vidas. Ayudan a conformar nuestros cuerpos, nuestro intestino, nuestro sistema inmunitario y nuestro sistema nervioso. Nos benefician. Pero no debemos dejar que nos infundan una falsa sensación de seguridad. Los microbios simbióticos siguen siendo entidades independientes, con sus propios intereses en prosperar y sus propias batallas evolutivas que ganar. Pueden ser nuestros socios, pero no son nuestros amigos. Aun en la más armoniosa de las simbiosis, siempre hay espacio para el conflicto, el egoísmo y la traición.

4

Términos y condiciones aplicables

En 1924, Marshall Hertig y Simeon Burt Wolbach descubrieron un nuevo microbio en el interior de los mosquitos comunes, *Culex pipens*, que habían capturado cerca de Boston y Minneapolis.[1] Se parecía un poco a la bacteria *Rickettsia* que Wolbach había identificado previamente como la causa de la fiebre maculosa de las montañas Rocosas y del tifus. Pero este nuevo microbio no parecía causar ninguna enfermedad, y fue ignorado durante mucho tiempo. Tuvieron que transcurrir doce años hasta que Hertig lo bautizara formalmente con el nombre de *Wolbachia pipientis*, en honor de su amigo, que lo encontró, y del mosquito portador. Y muchas más décadas hasta que los biólogos se dieran cuenta de lo especial que era esta bacteria.

No es raro que los científicos que escriben con frecuencia sobre microbiología escojan su bacteria favorita igual que se elige la película o el grupo musical favorito. La *Wolbachia* es mi microbio. Su comportamiento es impresionante, y su propagación, majestuosa. También es el ejemplo perfecto de la naturaleza dual de los microbios —de todos los microbios— como compañeros o parásitos.

En los años ochenta y noventa, después de que Carl Woese mostrara al mundo cómo identificar los microbios mediante la secuenciación de sus genes, los biólogos comenzaron a encontrar *Wolbachia* por doquier. Diversos investigadores que estudiaban de forma independiente bacterias capaces de manipular la vida sexual de sus anfitriones observaron que todos estaban en realidad trabajando en lo mismo. Richard Stouthamer descubrió un grupo de avispas asexuales, todas hembras, que solo se reproducían clonándose a sí mismas. Esta pecu-

91

liaridad era obra de una bacteria, y esta no era otra que la *Wolbachia*: cuando Stouthamer sometió a las avispas a la acción de los antibióticos, los machos reaparecieron de forma repentina y ambos sexos comenzaron a aparearse de nuevo. Thierry Rigaud descubrió en cochinillas unas bacterias que transformaban a los machos en hembras al interferir en la producción de hormonas masculinas; también eran *Wolbachia*. Greg Hurst descubrió en Fiyi y Samoa una bacteria que mataba a los embriones masculinos de la magnífica mariposa luna azul, hasta el punto de que el número de hembras superaba al de machos en cien a uno. Y de nuevo, era la *Wolbachia*. Tal vez no exactamente la misma cepa, pero todas eran diferentes versiones del microbio que Hertig y Wolbach hallaron en el mosquito.[2]

Hay una razón por la cual todas estas estrategias suponen malas noticias para los machos. La *Wolbachia* solo puede pasar a la siguiente generación de huéspedes en los huevos; los espermatozoides son demasiado pequeños para contenerlas. Las hembras son su billete al futuro; los machos son un callejón sin salida evolutivo. De ahí que haya inventado muchas maneras de fastidiar a los huéspedes masculinos para aumentar la reserva de hembras: los mata, como en las mariposas de Hurst; los feminiza, como en la cochinilla de Rigaud; o los hace innecesarios al permitir que las hembras se reproduzcan asexualmente, como en las avispas de Stouthamer. Ninguna de estas estrategias de manipulación es exclusiva de la bacteria *Wolbachia*, pero es la única que las usa todas.

Allí donde la bacteria *Wolbachia* permite a los machos sobrevivir, entonces los manipula. A menudo cambia su esperma de modo que no pueda fertilizar los huevos a menos que estos se hallen infectados por la misma cepa de *Wolbachia*. Desde la perspectiva de las hembras, esta incompatibilidad depara a las infectadas (que pueden aparearse con los machos que quieran) ventajas competitivas sobre las no infectadas (que solo pueden aparearse con machos no infectados). Con cada generación, las hembras infectadas se hacen más comunes, al igual que la *Wolbachia* que llevan dentro. Esta estrategia, que recibe el nombre de incompatibilidad citoplásmica, es la más común y exitosa de la *Wolbachia*. Las cepas que la utilizan se propagan con tanta rapidez a través de una población, que, por lo general, infectan al cien por cien de sus potenciales huéspedes.

Además de estos trucos misándricos, la bacteria *Wolbachia* también se distingue por invadir ovarios y óvulos, por lo que rápidamente se convierte en una herencia que los insectos transmiten a su descendencia. Asimismo es muy hábil saltando a nuevos huéspedes; por ello, si debe abandonar cualquier especie, tiene docenas de otras especies donde habitar. «Podría encontrar la misma cepa de *Wolbachia* en un escarabajo de Australia que en una mosca de Europa», dice Jack Werren, que estudia la bacteria. Por estas razones, la *Wolbachia* se ha vuelto excepcionalmente común. Un estudio reciente estimó que infecta al menos a cuatro de cada diez especies de artrópodos, grupo de animales al que pertenecen insectos, arañas, escorpiones, ácaros, cochinillas y otros. ¡Una proporción disparatada! La mayoría de los 7,8 millones de especies animales actuales son artrópodos. Si la *Wolbachia* infectara al 40 por ciento de ellas,[3] sería la bacteria más exitosa del mundo, al menos en tierra.[4] Pero, lamentablemente, Wolbach nunca lo supo. Falleció en 1954 sin saber que su nombre quedaría injertado en el de una de las mayores pandemias de la historia de la vida en la Tierra.

En muchos animales, la bacteria *Wolbachia* es un parásito reproductivo: un organismo que manipula la vida sexual de sus huéspedes para lograr sus propios fines. Los huéspedes sufren. Algunos mueren, otros se vuelven estériles, y hasta individuos no afectados deben vivir en un mundo desequilibrado con escasas parejas potenciales. La *Wolbachia* podría parecer un «microbio malo» arquetípico, pero tiene su lado positivo. Proporciona algún beneficio desconocido a ciertos gusanos nematodos que no pueden sobrevivir sin ella. Protege a algunas moscas y mosquitos de virus y otros patógenos. La avispa *Asobara tabida* no puede poner huevos sin ella. En las chinches de las camas, la *Wolbachia* constituye un suplemento nutricional: produce vitaminas B de las que carece la sangre que las chinches succionan. Sin ella, estas se atrofian y se vuelven estériles.[5]

La acción más llamativa de la *Wolbachia* se pone de manifiesto si caminamos en otoño por un huerto de manzanas europeo. Entre las hojas amarillas y anaranjadas podemos encontrar algunas con pequeñas islas verdes, resistiendo desafiantes la descomposición estacional. Esto es obra del minador punteado *Phyllonorycter blancardella*, una polilla cuyas orugas viven dentro de las hojas de los manzanos. Casi todas tienen la *Wolbachia*. En estos insectos, el microbio libera hormonas que detienen el amarilleo y la muerte de las hojas. De esta forma, la oruga resiste el otoño y dispone así del tiempo suficiente para convertirse en insecto adulto. Sin la *Wolbachia*, las hojas morirían y caerían, al igual que las orugas dentro de ellas.

La *Wolbachia* es, pues, un microbio muy versátil. Algunas cepas actúan como los protoparásitos, manipuladores egoístas tan hábiles que se han diseminado por todo el mundo en las alas y las patas de legiones de huéspedes; ellas matan animales, deforman su biología, y ponen restricciones a sus opciones. Otras cepas son mutualistas, beneficiosas, aliadas indispensables. Y algunas, ambas cosas. Y en esta naturaleza polifacética, la *Wolbachia* no está sola.

En un libro dedicado a los beneficios de convivir con los microbios es preciso introducir una apreciación extraña, pero crítica: no existen «microbios buenos» ni «microbios malos». Estos calificativos son más propios de los cuentos infantiles, y no son adecuados para describir las complicadas, conflictivas y contextuales relaciones del mundo natural.[6]

En realidad, las bacterias existen en un *continuum* de formas de vida, entre parásitos «malos» y mutualistas «buenos». Algunos microbios, como la *Wolbachia*, se deslizan de un extremo a otro del espectro parásito-mutualista, dependiendo de la cepa y del huésped en que se encuentran. Pero muchos existen en ambos extremos del continuo a la vez: la bacteria del estómago *Helicobacter pylori* causa úlceras y cáncer de estómago, pero también protege contra el cáncer de esófago, y son las mismas cepas las que tienen estos pros y contras.[7] Otros pueden cambiar de papeles en el mismo anfitrión, dependiendo del contexto. Todo esto significa que etiquetas como mutualista, comensal, patógeno o parásito no funcionan como señas de identidad fijas. Estos términos se refieren más bien a estados, como hambriento, o despierto, o vivo, o reflejan comportamientos, como cooperar o luchar. Son adjetivos y verbos más que sustantivos: describen cómo dos socios se relacionan entre sí en un momento y lugar determinados.

Nichole Broderick encontró un excelente ejemplo de esto cuando estudiaba un microbio del suelo llamado *Bacillus thuringiensis*, o *Bt*. Este microorganismo produce toxinas que pueden matar insectos perforando sus vísceras. Los agricultores han explotado esta capacidad desde los años veinte, rociando con *Bt* los cultivos cual pesticida viviente. Hasta los agricultores orgánicos lo hacen. La eficacia de la bacteria es innegable, pero, durante décadas, los científicos tuvieron una idea equivocada sobre su *modus operandi*. Suponían que el daño que sus toxinas infligían a las víctimas consistía en hacerlas morir de inanición. Pero esto no podía ser cierto. Una oruga tarda más de una semana en morir de inanición, y *Bt* mata en la mitad de ese tiempo.

Broderick descubrió lo que realmente ocurría, casi por accidente.[8] Sospechaba que las orugas tendrían microbios intestinales que las protegerían del *Bt*, por lo que las trató con antibióticos y las expuso a aquel singular pesticida. Desaparecidos los microbios, esperaba que muriesen antes. Pero el caso fue que todas sobrevivieron. Resultó que las bacterias intestinales, en lugar de proteger a las orugas, eran el medio que utilizaba el *Bt* para matarlas. Ellas son inofensivas si permanecen en el intestino, pero pueden pasar a través de los agujeros abiertos por las toxinas de *Bt* e invadir la sangre. Cuando el sistema inmunitario de la oruga las detecta, actúa de forma desquiciada. Una oleada de inflamación se propaga por toda la oruga dañando sus órganos e interfiriendo en su flujo sanguíneo. Este proceso, conocido como sepsis, es lo que mata al insecto con tanta rapidez.

Es posible que lo mismo les suceda a millones de personas cada año. Los humanos también somos infectados por patógenos que agujerean nuestro intestino; y asimismo sufrimos una sepsis cuando nuestros microbios intestinales habituales pasan a nuestro torrente sanguíneo. Como en las orugas, los mismos microbios pueden ser buenos en el intestino, pero peligrosos en la sangre. Solo son mutualistas según dónde habiten. Los mismos principios son aplicables a las llamadas «bacterias oportunistas» que viven en nuestros cuerpos; suelen ser inofensivas, pero pueden causar infecciones que ponen en peligro la vida de personas cuyo sistema inmunitario se encuentre debilitado.[9] Todo depende del contexto. Incluso simbiontes tan esenciales y vetustos como las mitocondrias, las «máquinas» generadoras de energía presentes en las células de todos los animales, pueden causar estragos si terminan en el lugar equivocado. Un corte o un moratón puede dividir algunas células y dispersar fragmentos de mitocondrias en la sangre —fragmentos que aún conservan algo de su antiguo carácter bacteriano—. Cuando el sistema inmunitario los detecta, supone erróneamente que se está produciendo una infección, y organiza una potente defensa. Si la lesión es grave y libera suficientes mitocondrias, la inflamación resultante puede derivar en una enfermedad letal llamada síndrome de respuesta inflamatoria sistémica (SRIS).[10] El SRIS puede ser peor que la lesión original. Y, por absurdo que parezca, no es sino el resultado de una reacción errónea y excesiva del cuerpo humano a unos microbios que han sido domesticados hace más de 2.000 millones de años. Así como una mala hierba puede ser una hermosa planta en un lugar que no le corresponde, nuestros microbios pueden tener un valor inestimable en un órgano, pero peligrosos en otro, o esenciales dentro de nuestras células, pero letales fuera de ellas. «Si alguien está por un momento inmunodeprimido, lo matarán. Y cuando muera, se lo comerán —dice el biólogo coralino Forest Rohwer—. Y no les importa. No hablamos aquí de una buena y bonita relación. Se trata tan solo de biología.»

El mundo de la simbiosis es, por tanto, un mundo en el que nuestros aliados pueden defraudarnos, y nuestros enemigos ponerse de nuestro lado. Es un mundo donde los mutualismos se rompen por poca cosa.

¿Por qué estas relaciones son tan volubles? ¿Por qué los microbios oscilan tan fácilmente entre la patogenia y el mutualismo? Para empezar, estos papeles no son tan contradictorios como uno podría imaginar. Piénsese en lo que un microbio intestinal «amistoso» necesita para establecer una relación estable con su anfitrión. Debe sobrevivir en el intestino, anclarse para no ser arrastrado e interactuar con las células de su anfitrión. Estas son cosas que los patógenos también necesitan hacer. Así que ambos personajes —mutualistas y patógenos, héroes y villanos— usan a menudo las mismas moléculas para los mismos propósitos. Algunas de estas moléculas son encasilladas bajo nombres negativos, como «factores de virulencia», porque se descubrieron por primera vez en relación con una enfermedad, pero son en sí mismas neutrales. Son solo herramientas, como los ordenadores, las plumas o los cuchillos: pueden usarse para hacer cosas maravillosas y cosas terribles.

Incluso microbios útiles pueden dañarnos de manera indirecta, generando vulnerabilidades que otros parásitos y patógenos pueden aprovechar. Su sola presencia crea aberturas. Los microbios de un áfido, aunque esenciales, liberan moléculas, luego transportadas por el aire, que atraen a la mosca cernidora. Este insecto blanco y negro, que parece una avispa, es mortal para los áfidos. Sus larvas pueden comer cientos de ellos durante toda su vida larvaria, y los adultos hacen presa en su descendencia nada más oler la *eau de microbiome*, un olor que los áfidos no pueden evitar despedir. El mundo natural está plagado de estas señales involuntarias. En este momento, el lector está emitiendo algunas. Ciertas bacterias pueden incluso convertir a sus propietarios en imanes para los mosquitos palúdicos, mientras que otras repelen a esos pequeños chupadores de sangre. ¿Alguna vez nos hemos preguntado por qué dos personas pueden caminar por un bosque lleno de diminutos mosquitos y una de ellas acaba llena de picaduras, mientras que la otra no hace más que sonreír? Sus microbios son parte de la respuesta.[11]

Los patógenos también pueden utilizar nuestros microbios para lanzar sus invasiones, como es el caso del virus que causa la polio. Este toma las moléculas de la superficie de las bacterias intestinales como si fueran riendas y las usa para cabalgar en las bacterias hacia las células del huésped. El virus tiene un mejor agarre en las células de los mamíferos, y se vuelve más estable a las cálidas temperaturas de nuestros cuerpos *después* de tocar nuestros microbios intestinales. Estos microbios lo transforman sin querer en un virus más efectivo.[12]

Por lo tanto, los simbiontes no nos salen gratis. Aun cuando ayudan a sus anfitriones, crean vulnerabilidades. Necesitan ser alimentados, alojados y transmitidos, todo lo cual cuesta energía. Y lo más importante: como cualquier otro organismo, tienen sus propios intereses, que a menudo chocan con los de sus anfitriones. Si un simbionte heredado de la madre, como la *Wolbachia*, acaba con los machos, tendrá más anfitriones a corto plazo, aun a riesgo de extinguirlos a largo plazo. Si unas pocas bacterias del calamar hawaiano dejan de brillar, ahorrarán energía, pero si bastantes de ellas se oscurecen, el calamar perderá su luminiscencia protectora y toda esa alianza acabará devorada por un depredador atento. Si mis microbios intestinales suprimen mi sistema inmunitario, crecerán con más facilidad, pero yo enfermaría.

Casi todas las asociaciones significativas que podamos encontrar en el mundo natural son así. Las trampas son siempre un problema. La traición siempre acecha tras el horizonte. Los compañeros pueden funcionar bien juntos, pero si uno de ellos puede obtener los mismos beneficios sin gastar tanta energía o esfuerzo, aprovechará la ocasión a menos que sea castigado o vigilado. H. G. Wells escribió sobre esto en 1930:

> Toda simbiosis está, en el grado que le corresponda, acompañada por la hostilidad, y solo con una regulación apropiada, y con frecuencia mediante ajustes elaborados, puede mantenerse el estado de mutuo beneficio. Aun en las relaciones humanas, el compañerismo que busca beneficios mutuos no es tan fácil de mantener, y ello aunque se maneje la situación con inteligencia, y de ese modo seamos capaces de comprender lo que esa relación significa. Pero en organismos inferiores no existe una comprensión semejante que ayude a mantener activa la relación. Las compañías mutualistas son adaptaciones creadas de manera tan ciega e inconsciente como cualquier otra.[13]

Estos principios son fáciles de olvidar. Nos gustan nuestros relatos en blanco y negro con claros héroes y villanos. En los últimos años he visto cómo poco a poco la opinión de que «hay que matar a todas las bacterias» ha dado paso a la de que «las bacterias son nuestras amigas y quieren ayudarnos», aunque esta última esté tan equivocada como la primera. No podemos suponer sin más que un determinado microbio es «bueno» solo porque vive dentro de nosotros. Hasta los científicos olvidan esto. El término mismo «simbiosis» ha sido retorcido para dar a su neutro significado original —«vivir juntos»— un sentido positivo y connotaciones un tanto exageradas de cooperación y armonía. Pero la evolución no funciona de esa manera. No favorece necesariamente la cooperación, ni aun por mutuo interés. Y hasta carga de conflictos las relaciones más armoniosas.

Podemos ver esto con claridad si abandonamos por un tiempo el mundo de los microbios y pasamos a otro un poco más grande. Tomemos el caso de los bufágidos. Es posible encontrar estas aves marrones en África aferradas a los costados de jirafas y antílopes. La idea clásica que tenemos de estos pájaros es la de compañeros que se comen las garrapatas y los parásitos de sus anfitriones. Pero también picotean las heridas abiertas, un hábito menos útil que obstaculiza el proceso de cicatrización y aumenta el riesgo de infección. Estas aves anhelan sangre, y satisfacen ese deseo de manera tal que benefician o perjudican a sus anfitriones. Una dinámica similar acontece en los arrecifes de coral, donde un pequeño pez llamado lábrido limpiador mira por la salud del coral. Cuando llega un pez grande, el lábrido lo limpia de los parásitos que tiene en sus mandíbulas, branquias y otras partes de difícil acceso. El limpiador obtiene comida, y el otro pez obtiene atención sanitaria. Pero los limpiadores a veces lo engañan mordiendo mucosidades y tejido sano. Los peces los castigan yéndose a otra parte, y los propios limpiadores castigan a cualquier compañero que moleste a los potenciales anfitriones. Mientras tanto, en Sudamérica, las acacias dependen de las hormigas que las defienden de malas hierbas, plagas y animales que pastan. A cambio, proporcionan a sus guardaespaldas bocados azucarados y espinas huecas donde vivir. Parece una relación equitativa, hasta que uno se entera de que el árbol añade a su comida una enzima que impide a las hormigas digerir otras fuentes de azúcar. Las hormigas son simples sirvientas sin sueldo. Todos estos son ejemplos emblemáticos de cooperación que encontramos en libros de texto y documentales sobre la vida salvaje. Pero cada uno está teñido de conflicto, manipulación y engaño.[14]

«Necesitamos separar lo *importante* de lo *armonioso*. El microbioma es increíblemente importante, pero ello no significa que sea armonioso», explica la bióloga evolutiva Toby Kiers. Una asociación que funcione bien podría también considerarse como un caso de explotación recíproca. «Ambos socios pueden beneficiarse, pero existe esta tensión inherente. La simbiosis *es* conflicto, un conflicto que nunca puede ser totalmente resuelto.»[15]

Sin embargo, puede ser manejado y estabilizado. Las aguas que rodean Hawái no están llenas del calamar oscurecido.[16] Muchos insectos infectados con *Wolbachia* todavía cuentan con machos. Mi sistema inmunitario funciona razonablemente bien. Todos nosotros hemos encontrado formas de estabilizar nuestra relación con nuestros microbios, de promover la lealtad en lugar de la defección. Hemos desarrollado maneras de seleccionar las especies que conviven con nosotros, restringir los lugares de nuestro cuerpo donde pueden instalarse y controlar su comportamiento para que sean más propensas al mutualismo que a la patogenia. Como todas las buenas relaciones, estas hay que trabajarlas. Toda transición importante en la historia de la vida —de los seres unicelulares a los pluricelulares, de los individuos a los colectivos simbióticos— hubo de resolver el mismo problema: ¿cómo pueden los intereses egoístas de los individuos ser superados para formar grupos cooperativos?

¿Cómo, en otras palabras, puedo albergar multitudes?

Mantener nuestras multitudes no difiere mucho de la horticultura. Utilizamos cercas y barreras para marcar los límites de nuestros huertos. Usamos fertilizantes para alimentar las plantas. Echamos herbicidas o arrancamos la maleza incipiente. Y disponemos el huerto en un lugar con la temperatura, el suelo, y la luz adecuados para que crezca todo lo que nos proponemos plantar. Los animales emplean medidas equivalentes a todas estas para establecer los términos y condiciones aplicables a sus asociaciones microbianas.[17] Examinemos una por una estas medidas.

Para empezar, cada parte del cuerpo de cada especie tiene su propio *terroir* zoológico: su combinación única de temperatura, acidez, niveles de oxígeno y otros factores que determinan las clases de microbios que pueden multiplicarse ahí. El intestino humano podría parecer un lugar paradisiaco para los microbios, con sus baños regulares de alimentos y fluidos. Pero también es un ambiente desafiante. El suministro de alimentos viene en un torrente que fluye a gran velocidad, por lo que los microbios necesitan multiplicarse con rapidez o usar anclajes moleculares para tener un punto donde agarrarse. El intestino es un mundo oscuro, por lo que los microbios que dependen de la luz solar para fabricar su alimento no pueden prosperar ahí. Carece de oxígeno, lo que explica por qué la abrumadora mayoría de los microbios intestinales son anaerobios, organismos que fermentan su alimento y se multiplican sin este gas supuestamente esencial. Algunos son tan dependientes de la ausencia de oxígeno que mueren con su presencia.

La piel es diferente: varía desde los desiertos fríos y secos, como los antebrazos, hasta las selvas húmedas, como las ingles y las axilas. La luz del sol es abundante, pero asimismo constituye un problema debido a la radiación ultravioleta. El oxígeno también importa aquí y, como la mayor parte de la piel está expuesta al aire fresco, en ella prosperan los microbios aerobios. Sin embargo, los nichos ocultos, como las glándulas sudoríparas, pueden favorecer el crecimiento de anaerobios por su horror al oxígeno; uno de ellos se llama *Propionibacterium acnes*, el microbio que causa el acné. En todo nuestro cuerpo, las leyes de la física y la química determinan aspectos de la biología.

Los animales también pueden alterar activamente las condiciones dentro de sí mismos, extendiendo alfombras de bienvenida o desplegando barreras que prohíben el paso. Nuestro estómago segrega potentes ácidos que mantienen a raya a la mayoría de las bacterias, excepto a algunas especialistas que los toleran, como la *H. pylori*. Las hormigas carpinteras no tienen estómagos que segreguen ácidos, pero producen ácido fórmico con una glándula localizada en su parte trasera. Normalmente, rocían los materiales como un recurso defensivo, pero, al chupar el ácido de su propio cuerpo, pueden acidificar sus conductos digestivos y evitar los microbios no deseados.[18]

Estas condiciones establecen los principales requisitos de admisión de otros seres vivos en nuestros cuerpos. Son unos filtros rudimentarios que determinan qué tipos de microbios pueden compartir nuestras vidas y marcan los lugares donde pueden vivir. Pero también necesitamos formas más específicas de discriminar nuestras comunidades microbianas y sistemas de bloqueo para mantenerlas en su sitio. Recordemos que la ubicación es importante; los microbios pueden cambiar con facilidad de ser aliados beneficiosos a convertirse en amenazas fatales dependiendo de dónde se hallen. Por eso, muchos animales levantan auténticos muros en sus huertos microbianos. Nosotros hemos conseguido levantar buenas cercas para tener buenos vecinos. El calamar hawaiano tiene criptas para alojar a sus compañeras luminiscentes. El platelminto regenerador *Paracatenula* emplea la mayor parte de su cuerpo para alojar a sus microbios. Las chinches apestosas tienen un corredor extremadamente estrecho hacia la mitad de su tracto digestivo que detiene el flujo de alimentos y fluidos y convierte la mitad posterior en un espacioso apartamento para sus microbios Y hasta una quinta parte de las especies de insectos encierra a sus simbiontes dentro de células especiales llamadas bacteriocitos.[19]

Los bacteriocitos han evolucionado de forma simultánea en diferentes linajes. Unos insectos les asignan huecos entre otras células; otros los agrupan en órganos llamados bacteriomas, que se ramifican en el intestino como los racimos de uvas. Cualquiera que sea su origen, sus funciones son las mismas: contener y controlar los simbiontes bacterianos, impedir que se propaguen a otros tejidos y ocultarlos al sistema inmunitario. Los bacteriocitos no son alojamientos de lujo. Uno solo puede contener decenas de miles de bacterias, tan apretadas que hacen que las latas de sardinas parezcan espaciosas. Son pues células en más de una forma.

Son también herramientas de control. A pesar de las viejas y mutuamente dependientes relaciones que muchos insectos mantienen con sus simbiontes, todavía hay mucho espacio para el conflicto. Si esto parece extraño, pensemos en los millones de personas diagnosticadas de cáncer cada año. El cáncer es una enfermedad que consiste en una rebelión celular. Una célula se vuelve contra las regulaciones de su propio cuerpo. Crece y se divide sin control, produciendo tumores que pueden poner en peligro la vida de su anfitrión. Si las células humanas pueden comportarse así formando parte del mismo organismo, es fácil imaginar que una bacteria como la *Blochmannia*, que es un organismo separado de su anfitrión, la hormiga, pueda hacer lo mismo. Puede originar una suerte de cáncer simbiótico que se reproduce de manera desenfrenada, absorbe la energía que la hormiga necesita para sí misma e invade células donde no debe entrar.[20]

Con los bacteriocitos, los insectos pueden evitar que esto suceda. Los insectos pueden controlar el movimiento de los nutrientes a través de los bacteriocitos impidiendo que cualquiera de los simbiontes juegue sucio, deje de cumplir los términos de su arrendamiento y no proporcione los beneficios requeridos. Pueden bombardear a los microbios cautivos con enzimas dañinas y antibacterianos químicos para mantener a sus poblaciones bajo estricto control. El gorgojo de los cereales —un escarabajo de largo hocico que devora el arroz y otros granos— hace esto mismo con la bacteria *Sodalis* de sus bacteriocitos, la cual produce sustancias químicas que forman los duros caparazones protectores del gorgojo. Cuando empieza a formarse el caparazón en el insecto adulto, el control de las bacterias, que cuadruplican su número, se relaja. Pero, una vez formado el caparazón, el gorgojo ya no necesita a sus compañeros microbianos y los mata. Recicla el contenido de sus bacteriocitos, la bacteria *Sodalis* y todo lo demás, reduciéndolo a materias primas, y hace que las células se autodestruyan. En definitiva, gracias a sus prisiones celulares, el gorgojo puede aumentar su población de bacterias domesticadas cuando la situación lo requiere, y acabar con ellas cuando su asociación deja de serle útil.[21]

Esta contención es más difícil para los animales vertebrados, como nosotros. Tenemos que controlar un conjunto de microbios mucho mayor que cualquier insecto, y hacerlo sin bacteriocitos. La mayoría de nuestros microbios vive *alrededor* de nuestras células, no dentro de ellas. No hay más que pensar en nuestro intestino. Es un largo tubo con abundantes pliegues y vellosidades que, si lo extendiéramos completamente, ocuparía la misma superficie que un campo de fútbol. Dentro de ese tubo pululan billones de bacterias. Solo hay una capa de células epiteliales —las que forran nuestros órganos— impidiéndoles atravesar las paredes del intestino y llegar a los vasos sanguíneos, que podrían transportarlas a otras partes del cuerpo. El epitelio intestinal es nuestro principal punto de contacto con nuestros compañeros microbianos, pero también nuestro punto más vulnerable. Los animales acuáticos más sencillos, como los corales y las esponjas, se encuentran en peor situación. Sus cuerpos enteros son poco más que capas de epitelio sumergidas en un baño de microbios. Y, sin embargo, también ellos pueden controlar a sus simbiontes. ¿Cómo?

Para empezar, usan moco, el mismo fluido viscoso que nos obstruye la nariz cuando estamos resfriados. «No podemos equivocarnos con el moco porque el moco sea frío», dice Forest Rohwer.[22] Él lo sabe bien, ya que durante años ha recogido muestras de esta secreción en el reino animal. Casi todos los animales utilizan mucosidades para cubrir los tejidos expuestos al mundo exterior. Nosotros las tenemos en intestinos, pulmones, narices y genitales. Los corales las tienen en todas partes. En todos los casos, la mucosidad actúa como barrera física. Está formada por moléculas gigantes llamadas mucinas, cada una de las cuales consta de una columna central de proteínas con miles de moléculas de azúcares ramificadas que parten de ella. Estos azúcares hacen que las mucinas se enmarañen formando una densa espesura casi impenetrable, un gran muro de mucosidad que impide a los microbios rebeldes adentrarse más en el cuerpo. Y por si eso no fuera suficientemente disuasivo, el muro está guarnecido por virus.

Cuando pensamos en los virus, es probable que nos vengan a la mente el ébola, el VIH o la gripe, villanos bien conocidos que nos enferman. Pero la mayoría de los virus infecta y mata microbios. Se llaman bacteriófagos —literalmente, «comedores de bacterias»—, o fagos para abreviar. Todos tienen una cabeza icosaédrica sobre unas patas delgaduchas (más o menos como el módulo lunar que puso a Neil Armstrong sobre la superficie de la Luna). Cuando tocan una bacteria, le inyectan su ADN y la convierten en una fábrica de más fagos. Finalmente, la bacteria estalla y los virus salen. Los fagos no infectan a los animales, y su número supera en mucho al de los virus que sí lo hacen. Los billones de microbios que tenemos en el intestino pueden soportar a *trillones* de fagos.

Hace unos años, Jeremy Barr, miembro del equipo de Rohwer, advirtió que a los fagos les atrae la mucosidad. En un ambiente típico, habrá diez fagos por cada célula bacteriana.[23] En la mucosidad habrá cuarenta. Esa cuádruple concentración de fagos también se alcanza en las encías humanas, los intestinos del ratón, la piel de los peces, los gusanos marinos, las anémonas y los corales. Imaginemos hordas y más hordas de ellos lanzados de cabeza, y con las patas extendidas, contra microbios pasajeros a los que estrechan en un abrazo mortal. Y estos fagos presentes en las mucosidades podrían no ser más que simples herramientas para matar microbios. Rohwer sospecha que los animales, al cambiar la composición química de sus mucosidades, podrían reclutar fagos específicos que matarían ciertas bacterias al tiempo que dejarían pasar indemnes a otras. Tal vez esta sea una manera de seleccionar a nuestros socios microbianos.

Esta idea tiene profundas implicaciones. Sugiere que los fagos —que, recordemos, son *virus*— mantienen una relación mutuamente beneficiosa con los animales, nosotros incluidos. Mantienen a nuestros microbios bajo control, y nosotros, a cambio, les ayudamos a reproducirse ofreciéndoles un mundo pletórico de huéspedes bacterianos. Los fagos tienen una probabilidad quince veces mayor de encontrar una víctima si se pegan a las mucosidades. Y puesto que las mucosidades son universales en los animales, y los fagos son universales en las mucosidades, es probable que esta asociación comenzara en los albores del reino animal. Rohwer sospecha que los fagos eran el sistema inmunitario original, la manera en que los animales más sencillos controlaban los microbios a sus puertas.[24] Estos virus ya abundaban en el medio ambiente. Era simplemente cuestión de concentrarlos proporcionándoles una capa mucosa donde instalarse. A partir de este sencillo comienzo surgieron medios de control más complejos.

Consideremos el intestino de los mamíferos. La mucosa que lo recubre se presenta en dos capas: una interna, que es densa y se asienta directamente sobre la parte superior de las células epiteliales, y otra exterior más laxa sobre la primera. La capa exterior está llena de fagos, pero también es un lugar donde los microbios pueden instalarse y formar comunidades prósperas. Allí son abundantes. En comparación, son muy pocos los que viven en la densa capa interna. Eso se debe a que las células epiteliales rocían con generosidad esta zona con péptidos antimicrobianos (AMP, del inglés *antimicrobial peptides*), pequeñas balas moleculares que expulsan a cualquier microbio invasor. Ellas crean lo que Lora Hooper llama una zona desmilitarizada: una región inmediata al revestimiento del intestino, donde los microbios no pueden establecerse.[25]

Si los microbios logran abrir un cauce a través de la mucosa, pasar entre las filas de los fagos y los péptidos antimicrobianos y atravesar el epitelio, al otro lado se encontrarán un batallón de células inmunitarias que los engullirán y destruirán. Estas células no solo andan por ahí pendientes de lo que pueda ocurrir. Lo sorprendente es que son proactivas. Algunas pasan a través del epitelio para detectar microbios al otro lado, como si sintieran lo que sucede detrás de los listones de una cerca. Si encuentran bacterias en la zona desmilitarizada, las capturan y las devuelven. Al hacer estos prisioneros, las células inmunitarias obtienen de manera regular información sobre las especies que dominan en la mucosa, y pueden preparar anticuerpos y otras respuestas defensivas apropiadas.[26]

Estas medidas —la mucosidad, los péptidos antimicrobianos y los anticuerpos— también determinan las especies que se quedarán en el intestino.[27] Lo sabemos porque los científicos han criado muchas líneas de ratones mutantes que carecen de uno o más de estos componentes. Todos terminan con series irregulares de microbios, y, por lo general, algún tipo de enfermedad inflamatoria. El sistema inmunitario del intestino no es, pues, una barrera que no discrimina; no acaba de forma indiscriminada con cualquier microbio que se acerque. En este control es selectivo. También es reactivo. Por ejemplo, muchas moléculas bacterianas estimulan las células intestinales para producir más mucosidad; cuantas más bacterias haya, tanto más se fortifica el intestino. Asimismo, las células intestinales liberan ciertos péptidos antimicrobianos tras recibir señales bacterianas; no están siempre disparando sobre la zona desmilitarizada, pero abren fuego cuando sus objetivos se acercan demasiado.[28]

Cabría ver esto como una forma que tiene el sistema inmunitario de calibrar el microbioma: cuantos más microbios haya, con mayor fuerza los hará retroceder el sistema inmunitario. Pero también se podría decir que son los *microbios* los que calibran el sistema inmunitario, provocando respuestas que crean un nicho adecuado para ellos mismos y rechazar a sus competidores. Esta última visión cobra sentido cuando consideramos que muchos de nuestros microbios intestinales más comunes están adaptados de tal modo que pueden coexistir con el sistema inmunitario. Lo cual nos ofrece una perspectiva de la inmunidad muy diferente del retrato clásico en el que todo se reduce a destruir microbios que nos amenazan con enfermedades. Mientras escribo esto, Wikipedia todavía define el sistema inmunitario como «un sistema de estructuras y procesos biológicos dentro de un organismo que protege contra la enfermedad». Si el sistema se activa, es porque ha detectado un patógeno, una amenaza que luego hace desaparecer. Sin embargo, para muchos científicos, la protección contra los patógenos es solo una ventaja adicional. La función principal del sistema inmunitario es administrar nuestras relaciones con los microbios residentes en nosotros. Se trata más de mantener el equilibrio y llevar a cabo una buena gestión que de la defensa y la destrucción.

Los animales vertebrados, como nosotros, poseen sistemas inmunitarios especialmente complejos, capaces de crear a medida duraderas defensas contra amenazas específicas; por eso nos mantenemos inmunes a infecciones infantiles como el sarampión, o a aquellas otras contra las que nos hemos vacunado. No es que seamos más vulnerables a las infecciones que otros animales. La experta en el calamar hawaiano Margaret McFall-Ngai piensa que este más intrincado sistema inmunitario evolucionó para poder controlar un microbioma más complejo, permitiendo a los vertebrados seleccionar con mayor precisión las especies que pueden vivir en sus organismos y hacer que esas relaciones así afinadas sean duraderas. En lugar de limitar los microbios, nuestro sistema inmunitario evolucionó para que admitiera *aún más*.[29]

Recordemos el capítulo anterior, en el que he comparado el sistema inmunitario a un equipo de guardabosques que gestiona un parque. Si los microbios derriban las cercas del parque —la mucosidad—, los guardabosques los rechazan y fortifican la barrera. Ellos eliminan cualquier especie que se haga demasiado dominante en el parque, y echan a todos los patógenos invasores que vengan del exterior. Mantienen el equilibrio dentro de la comunidad, y defienden constantemente este equilibrio de amenazas tanto foráneas como domésticas.

Los guardabosques solo tienen tiempo libre al comienzo de nuestras vidas, cuando en términos microbiológicos somos páginas en blanco. Para permitir que los microbios colonicen nuestros cuerpos recién nacidos, una clase especial de células inmunitarias suprime el resto del conjunto defensivo del cuerpo; por ello, los recién nacidos son vulnerables a las infecciones durante los primeros seis meses de vida.[30] No es porque su sistema inmunitario sea inmaduro, como se cree habitualmente, sino porque se reprime de forma deliberada con el fin de abrir durante un tiempo una ventana a todos los microbios para que puedan establecerse. Pero si el sistema inmunitario se halla entonces privado de todas sus capacidades selectivas, ¿cómo puede un mamífero recién nacido asegurarse de que adquirirá las comunidades adecuadas?

Su madre le ayuda en esto. La leche materna está llena de anticuerpos que controlan las poblaciones microbianas de los adultos, y los recién nacidos reciben estos anticuerpos durante la lactancia. Cuando la inmunóloga Charlotte Kaetzel crió, mediante ingeniería genética, unos ratones mutantes que no podían producir uno de estos anticuerpos en la leche, observó que las crías crecían con microbios intestinales extraños.[31] En ellas abundaban especies que se encuentran normalmente en personas con enfermedades inflamatorias intestinales, y muchas de estas bacterias se abrían paso a través de las paredes del intestino, con la consiguiente inflamación de los ganglios linfáticos existentes bajo ellas. Como ya hemos visto, muchas bacterias inofensivas lo son según donde se hallen. La leche las mantiene a raya. Y hace mucho más que eso. La leche es una de las formas más asombrosas que tienen los mamíferos de controlar sus microbios.

En la Universidad de California en Davis existe un bloque de edificios con vistas a un gran viñedo y a una huerta pletórica de verduras de verano. Se asemeja a una villa toscana que de alguna manera haya sido teletransportada al Oeste de Estados Unidos. Pero en realidad es un instituto de investigación, cuyos miembros están obsesionados con la ciencia de la leche. Los dirige un pequeño y enérgico manojo de nervios llamado Bruce German. Si hubiera una distinción internacional al mejor divulgador de las virtudes de la leche, seguramente la recibiría German. Me encuentro con él en su oficina, le estrecho la mano y le pregunto: «¿Por qué le interesa tanto la leche?». Media hora después, continúa monologando su respuesta mientras hace botar una pelota de gimnasio y juguetea con unos jirones de envoltorio de burbujas.

La leche es la fuente perfecta de nutrición, dice, un «superalimento» digno de este nombre. No es una opinión habitual. Hasta la fecha, el número de publicaciones científicas sobre la leche es exiguo en comparación con el de publicaciones sobre otros fluidos corporales como la sangre, la saliva o incluso la orina. La industria lechera ha gastado una fortuna inimaginable en la extracción de leche de las vacas, pero muy poco en el estudio de lo que este líquido blanco es o cómo actúa. Los agentes financieros del sector médico lo consideraban irrelevante; como dice German, la leche «no tiene nada que ver con las enfermedades de los hombres blancos de mediana edad». Y los nutricionistas la veían como un simple cóctel de grasas y azúcares que podría ser fácilmente reproducido y sustituido mediante fórmulas. «Decían que no era más que un saco de compuestos químicos —remacha German—. [Pero] es cualquier cosa menos eso.»

La leche es una innovación de los mamíferos. Cada madre de esta clase animal, sea el ornitorrinco o el pangolín, el ser humano o el hipopótamo, alimenta a sus crías por disolución, literalmente hablando, de su propio cuerpo para producir un líquido blanco que secreta a través de los pezones. Los ingredientes de este líquido han sido ajustados y perfeccionados a lo largo de 200 millones de años de evolución para proveer la nutrición que las crías necesitan. Estos ingredientes incluyen azúcares complejos, llamados oligosacáridos. Todos los mamíferos los producen, pero, por alguna razón, las madres humanas producen una variedad excepcional —los científicos han identificado hasta la fecha más de doscientos oligosacáridos, o HMO, en la leche humana.[32] Estos constituyen el tercer componente más abundante de la leche humana, después de la lactosa y las grasas, y son una rica fuente de energía para los bebés en crecimiento.

Pero ellos no pueden digerirlos.

Cuando German tuvo conocimiento de la proporción de HMO, se quedó perplejo. ¿Por qué una madre gasta tanta energía fabricando estos complicados compuestos químicos si son indigeribles y, por lo tanto, inútiles para su hijo. ¿Por qué la selección natural no se opuso a este despilfarro? He aquí una pista: estos azúcares pasan por el estómago y el intestino delgado sin cambios, y acaban en el intestino grueso, donde se encuentran la mayoría de nuestras bacterias. ¿Y si resulta que no son en absoluto un alimento para los niños? ¿No serán un alimento para los microbios?

Esta idea data de principios del siglo XX, cuando dos grupos muy diferentes de científicos hicieron descubrimientos que, sin saberlo, se hallaban estrechamente relacionados.[33] En el campo de la pediatría, unos médicos descubrieron que unas bacterias llamadas *Bifidobacteria* (o bifs para los amigos) eran más comunes en las heces de los niños amamantados que en las de los alimentados con leche maternizada. De ello dedujeron que la leche humana tenía que contener alguna sustancia que alimentara a esas bacterias, algo que más tarde los científicos llamarían el «factor bífidus». Mientras tanto, unos químicos descubrían que la leche humana contiene unos carbohidratos de los que la leche de vaca carece, y poco a poco fueron reduciendo esta enigmática mezcla a sus componentes individuales, entre ellos varios oligosacáridos. Estas pistas paralelas confluyeron en 1954 gracias a la amistad entre Richard Kuhn (químico austriaco que recibiría el Premio Nobel) y Paul Gyorgy (pediatra norteamericano de origen húngaro y defensor de la lactancia natural). Juntos confirmaron que el misterioso factor bífidus y los oligosacáridos de la leche eran la misma cosa, y que ambos alimentaban a los microbios intestinales. (A menudo sucede que el encuentro entre diferentes ramas científicas permite comprender el encuentro entre clases de seres vivos.)

En la década de 1990, los científicos sabían que había más de cien HMO en la leche, pero solo habían caracterizado unos pocos. Nadie sabía qué eran la mayoría de ellos ni a qué especies de bacterias alimentaban. Lo único que sabían era que alimentaban por igual a todos los bifs. German no estaba satisfecho. Quería saber exactamente quiénes eran los comensales y qué platos pedían. Para averiguarlo, consciente de la trascendencia del asunto, formó un equipo compuesto por químicos, microbiólogos y bromatólogos.[34] Juntos, identificaron todos los HMO, los extrajeron de la leche y alimentaron a las bacterias. Y, para su desazón, estas no se multiplicaban.

Pero pronto se aclaró el problema: los HMO no constituyen un alimento completo para los bifs. En 2006, el equipo descubrió que los azúcares nutrían de forma selectiva a una subespecie particular llamada *Bifidobacterium longum infantis*, o *B. infantis* para abreviar. Siempre que se le proporcionaban HMO, superaba a cualquier otra bacteria intestinal. Una subespecie estrechamente relacionada, *B. longum longum*, apenas crecía con los mismos azúcares. Irónicamente, la bacteria llamada *B. lactis*, habitual en los yogures probióticos, no se multiplicaba en absoluto. Otro pilar probiótico, *B. bifidum*, lo hace un poco mejor, pero es una bacteria quisquillosa y veleidosa. Descompone algunos HMO y toma los que le gustan. Por el contrario, *B. infantis* no deja ni las migas con su bagaje de treinta genes —un juego completo de cubiertos para comer HMO.[35] Ningún otro bif posee este bagaje genético; únicamente *B. infantis*. La leche humana evolucionó para nutrir a este microbio, que, a su vez, evolucionó hacia un consumado HMOvoro. No es sorprendente que sea a menudo el microbio dominante en el intestino de los lactantes amamantados.

Y se gana el sustento. A medida que digiere HMO, el *B. infantis* libera ácidos grasos de cadena corta (SCFA, del inglés *short chain fatty acids*) que alimentan a las células intestinales de un bebé; de ese modo, mientras la madre nutre a este microbio, el microbio nutre al bebé. Mediante el contacto directo, el *B. infantis* también anima a las células intestinales a fabricar proteínas adhesivas que sellen los huecos entre ellas, y moléculas antiinflamatorias que calibren el sistema inmunitario. Estos cambios solo se producen cuando el *B. infantis* crece con HMO; si en su lugar obtiene lactosa, sobrevive, pero se desentiende de las células del bebé. Solo libera todo su potencial benéfico cuando se alimenta de leche materna. Y para que un niño obtenga todos los beneficios que la leche puede proporcionarle, el *B. infantis* debe estar presente.[36] Por esa razón, David Mills, un microbiólogo que trabaja con German, considera al *B. infantis* como parte de la leche, aunque sea una parte que no sale del pecho.[37]

La leche materna humana se distingue de la del resto de mamíferos: tiene cinco veces más clases de HMO que la leche de vaca, y varios cientos de veces su cantidad total. Incluso la leche de chimpancé es pobre comparada con la de nuestra especie. Nadie sabe por qué existe esta diferencia, pero Mills ofrece un par de buenas explicaciones. Una implica a nuestro cerebro, que es verdaderamente grande para un primate de nuestro tamaño y que crece con increíble rapidez durante nuestro primer año de vida. Este rápido crecimiento depende en parte de un nutriente llamado ácido siálico, que también resulta ser uno de los compuestos químicos que la *B. infantis* libera mientras se alimenta de HMO. Es posible que, manteniendo esta bacteria bien alimentada, las madres puedan criar niños más inteligentes. Y esto explicaría por qué, entre los monos y los simios, las especies sociales tienen más oligosacáridos en la leche que las solitarias, y además una mayor variedad de ellos. Grupos más grandes significan más lazos sociales que recordar, más amistades que entablar y más rivales que manejar. Muchos científicos creen que estas demandas impulsaron la evolución de la inteligencia en los primates; quizá también fomentaran la diversidad de HMO.

Una idea alternativa apunta a enfermedades. Los patógenos pueden rebotar con facilidad de un huésped a otro, por lo que los animales que viven en grupo necesitan protegerse contra las infecciones descontroladas. Los HMO proporcionan una defensa. Cuando los patógenos infectan nuestro intestino, casi siempre empiezan adhiriéndose a los glicanos —moléculas de azúcar— presentes en la superficie de nuestras células intestinales. Pero los HMO guardan un parecido sorprendente con estos glicanos intestinales, por lo que los patógenos a veces se pegan también a ellos. Actúan como señuelos para atraer el fuego lejos de las células de un bebé. Pueden bloquear toda una lista de villanos intestinales, como *Salmonella*, *Listeria*, *Vibrio cholerae* (causante del cólera), *Campylobacter jejuni* (la causa más común de la diarrea bacteriana), *Entamoeba histolytica* (una ameba voraz que causa disentería y mata a 100.000 personas cada año) y muchas cepas virulentas de *E. coli*. Incluso pueden ser capaces de detener al VIH, lo que explicaría por qué la mayoría de los lactantes de madres infectadas no se infectan a pesar de tomar durante meses leche cargada de virus. Cada vez que los científicos han enfrentado un agente patógeno a células cultivadas en presencia de HMO, las células han salido indemnes. Esto ayuda a explicar por qué los bebés amamantados tienen menos infecciones intestinales que los alimentados con leche maternizada, y por qué hay tantos HMO. «Es lógico que estos tengan que ser lo bastante diversos como para manejar una serie de patógenos, desde virus a bacterias —explica Mills—. Creo que es esta asombrosa diversidad lo que proporciona tal constelación de protecciones.»[38]

El equipo acaba de empezar. Y ha creado una impresionante planta de procesamiento de leche en su instituto de apariencia toscana para descubrir muchos secretos misteriosos de este fluido que tan poco misterioso nos parece. En el laboratorio principal, que Mills dirige junto con la bromatóloga Daniela Barile, hay dos enormes recipientes de acero en los que se almacena leche, un pasterizador que parece una máquina de *cappuccino* y un enrevesado equipo para filtrar el líquido y descomponerlo en sus elementos. Cientos de cubetas blancas se amontonan en una repisa cercana. «Normalmente están llenos», me dice Barile.

Las cubetas llenas se conservan dentro de un enorme congelador que las enfría a unos muy poco agradables -32 grados centígrados. En un banco cercano hay una fila de botas («Cuando procesamos, hay leche por todas partes», dice Barile), un martillo para picar hielo («La puerta no cierra bien») e, inexplicablemente, un cortador de embutidos (no pregunto). Metemos nuestras cabezas dentro. Las cubetas blancas están dispuestas en tarimas y estantes, y entre todas albergan 2.300 litros de leche. Buena parte de ellos son de leche de vaca donada por las lecherías, pero una cantidad sorprendente es de origen humano. «Muchas mujeres se la extraen y la almacenan, y una vez que sus hijos empiezan a comer alimentos sólidos, piensan: "¿Y ahora qué hacemos con ella?". La gente oye hablar de nosotros, y recibimos donaciones —dice Mills—. Tenemos 80 litros, recogidos durante dos años, de alguien de la Universidad de Stanford que nos dijo: "Tengo toda esa leche, ¿la quieren?"». Dijeron que sí. Necesitaban toda esa leche y más.

Su plan es estudiar los componentes de la leche: HMO y otros más. Hay grasas y proteínas, algunas con glicanos adheridos a ellas: ¿cómo afectan estos al *B. infantis* y otros bifs? Y también hay fagos, muchos fagos. German ha formado equipo con Jeremy Barr con el fin de ver si las madres utilizan la leche materna para proporcionar a sus hijos una dosis inicial de virus simbióticos. Ya han encontrado algo extraño: los fagos se adhieren muy bien a la mucosa, pero lo hacen con una eficacia diez veces mayor si hay leche materna alrededor. Algo de la leche les ayuda a fijarse. Y este algo parecen ser pequeñas esferas de grasa encerradas en proteínas que se parecen a las de las mucosidades. Si dejamos un vaso de leche al aire libre, la capa de grasa que se forma en la superficie está llena de estos glóbulos. Ellos aportan nutrición a un bebé, pero también pueden asegurar a los primeros virus del bebé una posición en el intestino.

Cuando Barr me habla de esto, me quedo pasmado. Esto significa que los medios con que configuramos y controlamos nuestro microbioma —los fagos, la mucosidad, las distintas armas del sistema inmunitario y los componentes de la leche— se hallan *todos conectados*. He hablado de ellos como si fuesen elementos separados, pero todos forman parte de un enorme sistema entrelazado para estabilizar nuestras relaciones con nuestros microbios. En esta asombrosa realidad, los virus pueden ser aliados, los sistemas inmunitarios pueden amparar a microbios, y una madre que amamanta a su hijo no solo lo está alimentando, sino también creando todo un mundo. ¿Y leche materna? German tenía razón: es mucho más que un saco de compuestos químicos. Alimenta a bebés y a bacterias, a infantes y a *infantís* por igual. Es un sistema inmunitario preliminar que frustra a más microbios malévolos. Es el medio por el cual una madre se asegura de que sus hijos tendrán los compañeros adecuados desde sus primeros días de vida.[39] Y prepara a su retoño para la vida que tiene por delante.

Una vez destetados, nos corresponde solo a nosotros la tarea de alimentar a nuestros microbios. Lo hacemos en parte a través de la dieta, que aporta un flujo de diversas moléculas de azúcares ramificadas —glicanos— que suplen los HMO perdidos. Pero también producimos nuestros propios glicanos; la mucosa intestinal está llena de ellos, pues proporciona ricos pastos a los microbios que viven en nuestro intestino. Si seguimos ofreciéndoles los alimentos adecuados, nutrimos bacterias que probablemente sean beneficiosas y excluimos las que puedan ser más peligrosas. Este imperativo de alimentar a nuestros microbios es tan estricto que lo cumplimos incluso al parar de comer. Cuando los animales y nosotros enfermamos, con frecuencia perdemos el apetito, una táctica sensata que desvía la energía que consumiríamos buscando comida para emplearla en mejorar. Esto también significa que nuestros microbios intestinales sufren una hambruna transitoria. Los ratones enfermos se ocupan de este problema soltando raciones de emergencia de un azúcar simple llamado fucosa. Los microbios intestinales pueden degradar este azúcar y alimentarse de él, manteniéndose vivos mientras esperan a que sus anfitriones reanuden el servicio normal.[40]

El grupo de *Bacteroides*, que se distingue por alimentarse de estos glicanos, pronto se convierte en la comunidad microbiana más común en el intestino. Pero lo fundamental de los glicanos es que son tan diversos que ninguna especie bacteriana posee los recursos adecuados para nutrirse de todos ellos. Esto significa que al ingerir o producir una amplia gama de glicanos nos procuramos gran abundancia de bacterias diferentes. Algunas son generalistas y hacen pocas distinciones, cual palomas o mapaches; otras son especialistas exigentes, cual pandas u osos hormigueros. Forman redes nutricionales donde algunas descomponen las moléculas más grandes y resistentes y liberan fragmentos más pequeños de los que otras se hacen cargo. Hacen pactos por los que dos especies se alimentarán unas a otras, digiriendo cada una alimentos distintos, y produciendo sustancias químicas sobrantes que su compañera pueda aprovechar. Las bacterias establecen treguas ajustando sus singularidades metabólicas para evitar competir con sus vecinas.[41]

Estas interacciones son importantes porque fomentan la estabilidad. Si una sola bacteria es demasiado eficaz cosechando glicanos, podría crear en la mucosa aberturas a través de las cuales otros microbios podrían pasar. Pero si hay cientos de especies que compiten, podrán impedirse unas a otras monopolizar con glotonería el alimento disponible. Al ofrecer una amplia gama de nutrientes, alimentamos una amplia variedad de microbios y estabilizamos nuestras inmensas y diversas comunidades. Y estas comunidades, a su vez, harán más difícil la invasión de patógenos. Al repartir correctamente la mesa, nos aseguramos de que los invitados adecuados acudan a cenar, al tiempo que excluimos a los intrusos. Nuestras madres iniciaron esta tendencia mientras nos alimentaban al comienzo de nuestras vidas, y desde entonces proseguimos su trabajo.

Hay otra manera de que los anfitriones reduzcan el conflicto con sus microbios, y esta es extrema: ambas partes pueden llegar a ser tan codependientes que actúan en la práctica como una sola entidad.[42] Esto sucede cuando las bacterias encuentran su camino *dentro* de las células de sus anfitriones, y son transmitidas fielmente de padres a hijos. El destino de las dos partes está ahora enlazado. Todavía tienen sus propios intereses, pero estos se superponen hasta tal punto que los desacuerdos remanentes son desdeñables.

Estos acuerdos, que son sobre todo comunes en los insectos, tienden a atrapar microbios en una predecible espiral de simplificación. En las células de sus anfitriones quedan restringidos a poblaciones pequeñas separadas de otras bacterias. Su aislamiento permite que se produzcan mutaciones nocivas en su ADN. Cualquier gen que no sea esencial se vuelve defectuoso e inútil antes de desaparecer por completo.[43] Si introdujéramos en un insecto un nuevo simbionte, y este avanzase con rapidez en la línea evolutiva, veríamos una violenta agitación en su genoma, que se contorsiona, se quiebra, se deforma y se encoge. Finalmente, su marchitado genoma quedaría reducido casi al mínimo necesario para la vida. Un microbio típico de vida libre como la *E. coli* tiene un genoma que consta de unas 4.600.000 letras de ADN. El simbionte más pequeño conocido, la *Nasuia*, tiene solo 112.000. Si el genoma de la *E. coli* fuese del tamaño de este libro, tendría que arrancar todo lo que sigue al prólogo para aproximarme al de la *Nasuia*. Estos simbiontes están totalmente domesticados, son incapaces de sobrevivir por sí mismos, acorralados para siempre en el medio que les ofrecen los insectos.[44] Y los anfitriones se tornan a menudo dependientes de sus encogidos simbiontes debido a su necesidad de nutrientes o de otros beneficios vitales para ellos. Es el mismo proceso que transformó una antigua bacteria en mitocondria, una estructura esencial sin la cual no podemos vivir.

Estas fusiones son formas poderosas de mitigar el conflicto entre anfitriones y microbios, pero todavía tienen un lado oscuro. John McCutcheon, un biólogo alto, casi calvo, con gafas y una amplia sonrisa, se dio cuenta de esto tras estudiar la cigarra periódica de trece años. Este insecto negro de ojos rojos pasa la mayor parte de su vida como ninfa, viviendo bajo tierra y succionando savia de las raíces de las plantas. Tras trece años de esta indolente existencia, todas las cigarras emergen al mismo tiempo, llenando el aire de su canto cacofónico. Y tras un exceso de sexo frenético, todas mueren al mismo tiempo, cubriendo el suelo de sus cuerpos sin vida. Como estos insectos tienen un estilo de vida tan extraño, McCutcheon sospecha que podrían tener simbiontes igualmente extraños. Estaba en lo cierto, pero no tenía ni idea de lo *extrema* que resultaría su rareza.

Las secuencias de ADN de los simbiontes de las cigarras eran un lío. Parecía que todos tenían el mismo genoma, pero era como si alguien le hubiera dado a McCutcheon las piezas revueltas de varios ejemplares incompletos del mismo puzzle. Confundido, cambió de cigarra: una especie de vida más corta y más vellosa de Sudamérica. Y se encontró con el mismo problema: fragmentos de ADN que, sencillamente, no se agrupaban en un único genoma. Pero lo hacían en *dos* genomas.

Los dos genomas pertenecían a bacterias que descendían de un simbionte llamado *Hodgkinia*. Una vez que este microbio entraba en la cigarra vellosa, se dividía de algún modo en dos «especies» separadas, *dentro* del insecto.[45] Estas especies hijas han perdido genes que la

116

Hodgkinia tenía, pero cada una se deshizo de genes diferentes. Sus genomas actuales, aun siendo pálidas sombras de sus antiguas identidades, son perfectamente complementarios. Son como dos mitades de un todo anterior: no hay nada que la *Hodgkinia* original pudiera hacer que las dos hijas no puedan hacer juntas.

McCutcheon tardó casi un año en averiguar lo que pasaba, pero, una vez lo supo, el misterio de los simbiontes confundidos de la cigarra de trece años quedó mucho más claro. Ese insecto también contiene *Hodgkinia*, pero, en lugar de dividirse en dos especies, la bacteria se había dividido en quién sabe cuántas. Con el tiempo, su ADN se agrupaba en al menos 17 anillos distintos, y tal vez hasta 50. ¿Es cada uno de una especie diferente? ¿O hay linajes cuyos genomas se dividen en diferentes anillos? Nadie lo sabe. De todas maneras, el equipo se ha fijado en muchas otras cigarras, y en todas ha encontrado el mismo patrón. En una cigarra chilena la *Hodgkinia* se divide en seis genomas complementarios.[46]

En todos estos casos, los genes para la fabricación de vitaminas esenciales están dispersos por los genomas de las cigarras y sus muchos simbiontes *Hodgkinia*, por lo que el conjunto entero solo puede sobrevivir si cada miembro está presente. A corto plazo estarán bien. A largo plazo... ¿quién sabe? Si la *Hodgkinia* continúa rompiéndose en pedazos cada vez más pequeños, todos los cuales son importantes, la comunidad se vuelve increíblemente precaria. La pérdida de uno podría acabar con todos. «Es como ver el descarrilamiento de un tren o un proceso de extinción a cámara lenta —dice McCutcheon—. Me hace pensar de otra manera sobre la simbiosis.» Siempre la vio como un recurso positivo que proporciona a ambos socios beneficios y oportunidades. Pero también puede ser una trampa donde los socios se hacen cada vez más vulnerables en su dependencia. Nancy Moran, ex asesora de McCutcheon, llama a esto un «agujero negro de la evolución», una metáfora que implica un viaje «generalmente irreversible a un mundo muy extraño donde las reglas usuales dejan de ser aplicables».[47] Una vez que ambos socios caen en ese agujero, puede resultarles difícil escapar. Y allí en el fondo no hay ningún mundo fantástico, solo la extinción.

Tal es el precio de la simbiosis. Incluso cuando los microbios no son tan esenciales para sus anfitriones como los simbiontes de una cigarra, todavía ejercen una poderosa influencia en nuestras vidas y nuestra salud. Y cuando se vuelven unos granujas, las consecuencias pueden ser desastrosas. Por eso hemos inventado los humanos y otros animales tantas maneras de enderezar a nuestras multitudes. Les ponemos restricciones confiando en la química de nuestro organismo. Los acorralamos con barreras físicas. Los estimulamos alimentándolos con alimentos delicados. Podemos darles palos usando fagos, anticuerpos y otros recursos de nuestro sistema inmunitario. Disponemos de muchas soluciones para los conflictos, siempre presentes, que tenemos con nuestros microbios, y muchas maneras de hacerles cumplir nuestros contratos con ellos.

Desgraciadamente, sin darnos cuenta, los humanos también hemos desarrollado, muchas maneras de incumplir esos contratos.

5

En la salud y en la enfermedad

Tomemos un globo terráqueo y girémoslo hasta que lo veamos en su mayor parte azul. En ese momento estamos viendo el océano Pacífico en toda su abrumadora inmensidad. Ahora pongamos el dedo en su corazón. Un poco hacia abajo. Solo un poco. Estamos señalando las islas de la Línea, un archipiélago lineal de once pequeñas masas de tierra que brotaron en medio de la nada. Situadas a unos 5.500 kilómetros de California, 6.000 de Australia y 7.900 de Japón, estas islas simbolizan el aislamiento geográfico. Se encuentran tan lejos de cualquier otro sitio como alguien que haya salido del planeta. Hasta allí tuvo que viajar Forest Rohwer para encontrar los más bellos arrecifes de coral que jamás había visto.

En agosto de 2005, Rohwer saltó de la cubierta del *White Holly* y se sumergió en las aguas del arrecife Kingman, el más septentrional de la línea de islas, la punta de la misma.[1] Las aguas, claras y etéreas, le permitieron ver una enorme pared de coral que ascendía de las profundidades y alfombraba el fondo marino. Se trataba de un arrecife estilo Hollywood, el arrecife de *Buscando a Nemo*, de Pixar, un bonito ecosistema iluminado y con un elenco de primera clase: mantas, delfines, paredes de lucios de grandes ojos, bancos de pargos cubera con sus visibles colmillos y abundantes tiburones. Al menos cincuenta tiburones grises de arrecife, cada uno del tamaño de un hombre, rodeaban a los buceadores. Pero Rohwer y sus colegas científicos no se preocupaban; sabían que la presencia de tiburones era un signo de arrecife sano, y estaban encantados de verlos en tan gran número. Además, los tiburones se alimentan sobre todo de noche, así que siempre que los investigadores regresaran al barco antes de ponerse el sol, estarían a salvo. Se libraban de ellos por los pelos. Cuando el último subía a bordo, el sol se hundía ya en el horizonte, y, como más tarde escribió Rohwer, «la "multitud de tiburones" se transformaba en "¡Dios mío, cuántos tiburones!"».

Setecientos kilómetros al sudeste, en la isla de Navidad (ahora conocida como Kiritimati), todo era diferente. Allí, Rohwer encontró «algunos de los arrecifes más estériles» que había visto. No era el vibrante, poliforme y ubérrimo mundo de Kingman; allí había campos de fantasmales esqueletos de coral cubiertos de limo, como si alguna fuerza hubiera barrido el arrecife y se hubiese llevado toda vida y el color. El agua era turbia y abundante en partículas. Los peces eran escasos. Los tiburones habían desaparecido. En cien horas de buceo, los científicos no vieron ni uno.

No siempre fue así. Cuando en 1777 James Cook arribó a la isla de Navidad, su piloto documentó la presencia de «innumerables tiburones». Y todavía a finales del siglo XX los grandes depredadores merodeaban por los arrecifes, que aún estaban sanos. Esto había cambiado en 1888, cuando se empezó realmente a colonizar la isla. Hoy en día tiene unos 5.500 habitantes, un número ínfimo pero suficiente para haber acabado con los tiburones y arruinado los arrecifes. El arrecife Kingman, por el contrario, siempre estuvo deshabitado. Con solo la extensión equivalente a tres campos de fútbol de tierra seca, no hay nada que atraiga a los colonos. Lo inhóspito del terreno permitió que se mantuviera el santuario submarino. Para Rohwer es una ventana al pasado, a los majestuosos arrecifes que dieron la bienvenida al capitán Cook. Pero la isla de Navidad es una visión de nuestro sombrío futuro sin corales y, como veremos, de muchas enfermedades humanas.

Los corales son animales de cuerpo tubular blando coronado por tentáculos puntiagudos. Rara vez los vemos así porque se ocultan en la masa caliza que ellos mismos segregan. Son estos esqueletos rocosos los que se unen para formar poderosos arrecifes, paisajes submarinos en forma de ramas, placas y peñascos que albergan incontables animales marinos. Los corales han construido arrecifes durante cientos de millones de años, pero sus días de arquitectura submarina puede estar tocando a su fin. Las poblaciones caribeñas han quedado borradas en gran medida. La Gran Barrera de arrecifes australiana ha perdido la mayor parte de su coral. Un tercio de las especies de coral que generan arrecifes se enfrentan a la extinción, habida cuenta de los muchos peligros que corren. El dióxido de carbono que los humanos emitimos a la atmósfera calienta los océanos al atrapar el calor del Sol. En estos mares más calientes, los corales expulsan las algas que viven dentro de sus células y les proporcionan nutrientes. Privados de estos socios, se vuelven débiles y fantasmales. El dióxido de carbono también se disuelve directamente en los océanos, acidificándolos. Esto agota los minerales que los corales necesitan para construir sus arrecifes, que así empiezan a desgastarse. Huracanes, barcos y voraces estrellas de mar los erosionan aún más. Consumidos, pálidos, desamparados y privados de su argamasa, los pobres corales enferman. Son víctimas de una colorida serie de enfermedades: viruela blanca, enfermedad de la banda negra, síndromes de la línea rosa y de la banda roja. Hay decenas de estos síndromes, y en las últimas décadas se han vuelto más comunes.

Esta tendencia es inusual. Las infecciones suelen ser más frecuentes cuando los huéspedes viven en lugares con *alta* densidad de población, que facilitan la transmisión, pero las enfermedades de los corales parecen haber aumentado a medida que sus poblaciones menguaban. Esto se debe a que solo algunas de estas enfermedades son causadas por patógenos específicos. Las demás tienen orígenes más complicados: parecen causarlas grandes grupos de microbios que actúan juntos, o bacterias que son parte normal del mundo microbiano de un coral. Era este mundo el que llamó la atención de Rohwer.

Rohwer es un hombre de cabello oscuro y escaso, carácter tranquilo y voz aguda. Se viste casi por entero en tonos negro y gris oscuro, y lleva adornos de plata. Es un pionero de la metagenómica, el método revolucionario del que he hablado en el capítulo 2 a propósito del estudio de los microbios mediante la secuenciación de todos sus genes. Rohwer empezó a utilizar esta técnica para catalogar virus en el océano abierto. Luego la aplicó a los corales. Otros científicos ya habían demostrado que la vida microscópica estaba asfixiando a los corales. Cada centímetro cuadrado de su superficie contiene 100 millones de microbios, más de diez veces los que hay en un área similar de piel humana o suelo forestal. Los arrecifes de coral tienen reputación de maravillas de la diversidad, pero esta diversidad es en gran parte invisible. Olvidémonos de las rayas, las tortugas y las anguilas; las bacterias y los virus constituyen la mayor parte de la biología de un arrecife, y la mayoría de ellos nunca se han estudiado.

¿Qué hacen estos microbios? «En primer lugar —dice Rohwer—, ocupan espacio». El cuerpo de un coral tiene tantos lugares donde los microbios pueden vivir como fuentes de alimento. Si las especies benignas llenan esos nichos, las peligrosas no pueden invadirlos, por lo que un microbioma diverso crea con su sola presencia una barrera contra la enfermedad. Este efecto se denomina «resistencia a la colonización». Si esta resulta afectada, las infecciones se vuelven más comunes. Rohwer sospechaba que tal era la explicación de la desaparición de tantos arrecifes. Todos los factores que estresan y debilitan los corales —el calentamiento de los mares, las aguas ácidas y las sobrecargas de nutrientes— perturban sus asociaciones con los microbios y los dejan con comunidades empobrecidas, que son vulnerables a las enfermedades o que ellas mismas pueden *causar* enfermedades.[2]

Para confirmar esta idea, Rohwer necesitaba estudiar una variedad de arrecifes, desde los aún intactos hasta los más maltratados. De ahí el *White Holly*. Durante dos meses, el barco navegó entre las cuatro islas septentrionales de la Línea siguiendo un gradiente de actividad humana, desde el arrecife Kingman (deshabitado) hacia el atolón de Palmyra (unas pocas decenas de habitantes), la isla Fanning (2.500 habitantes) y la isla de Navidad (5.500 habitantes). Mientras otros científicos contaban peces y recogían coral, Rohwer y su colega, Liz Dinsdale, estudiaban microbios. Recogieron agua marina de cada lugar y la filtraron a través de láminas de vidrio con orificios tan pequeños que ni los virus podían pasar por ellos. Rasparon los microbios de estos tamices y los tiñeron con compuestos fluorescentes. Estos brillaban bajo el microscopio. «La suerte de los corales, buena salud o en declive, estaba escrita en aquellos pequeños puntos de luz», escribiría más tarde Rohwer.

Dinsdale y Rohwer descubrieron que, a medida que la presencia humana se hace más común, también aumenta la microbiana. De Kingman a la isla de Navidad, grandes depredadores como los tiburones pasaban de ser protagonistas en los arrecifes a actores secundarios, la capa coralina caía del 45 al 15 por ciento, y el agua contenía 10 veces más microbios y virus. Todas estas tendencias están conectadas en una complicada red de causas y efectos que gira en torno a una lucha territorial entre los corales y sus antiguos rivales: las llamadas «algas carnosas».

Algunas algas son aliadas del coral: viven en sus celdas y les proporcionan alimentos, o forman resistentes cortezas rosadas que unen colonias separadas en un sólido conjunto. Pero las algas carnosas son antagonistas que compiten con los corales por el espacio. Si las algas ascienden, los corales descienden, y viceversa. En la mayoría de los arrecifes, herbívoros como el pez cirujano y el pez loro, que mordisquean las algas hasta dejar un césped bien recortado, controlan su población. Pero los humanos matan a los herbívoros con arpones, ganchos y redes. También matan a grandes depredadores, como los tiburones, lo que da lugar a una explosión poblacional de predadores medianos que acaban con los herbívoros. En cualquier caso, dan una ventaja a las algas. Los céspedes bien recortados se tornan campos demasiado grandes, y los corales vecinos empiezan a morir. Jennifer Smith, que también participó en la expedición a las islas de la Línea, lo demostró con un sencillo experimento. Colocó nódulos de coral y restos de algas en acuarios adyacentes, conectados por la misma agua, pero separados por uno de esos filtros extremadamente finos. Los microbios no podían pasar, pero sí los compuestos químicos presentes en el agua. A los dos días, todos los corales habían muerto. Algo del agua, liberado por las algas, los estaba matando. ¿Una toxina? Quizá, pero cuando Smith trató a los corales con antibióticos, estos sobrevivieron. No era una toxina. Los microbios no se habían propagado, ya que los filtros se lo habrían impedido. No, las algas estaban haciendo *algo* que mataba a los corales por medio de *sus propios* microbios.

Ese algo resultó ser carbono orgánico disuelto (DOC, del inglés *disolved organic carbon*); esencialmente azúcares y carbohidratos que pasaban al agua. Cuando, en un arrecife, las algas llegan a ser demasiado abundantes, producen enormes cantidades de DOC, que son un banquete para los microbios del coral. Estos azúcares de las algas suelen fluir por la cadena alimentaria hasta llegar al interior de los cuerpos de los herbívoros y, finalmente, de los tiburones; un solo tiburón representa la energía almacenada en varias toneladas de algas. Pero si todos los tiburones mueren, esos azúcares permanecen en el fondo de la red alimentaria, donde, en lugar de alimentar la carne de los peces, nutren las células microbianas. Bien alimentados en este banquete, los microbios se multiplican de forma tan explosiva que consumen todo el oxígeno circundante, y lo corales se asfixian.

Pero el DOC no nutre a todos los microbios por igual. Dado que almacena mucha energía y es fácil de digerir —Rohwer lo compara a las hamburguesas— enriquece sobre todo a las especies de crecimiento rápido, en especial a los patógenos. Alrededor del arrecife Kingman, solo el 10 por ciento de los microbios locales pertenecían a familias que podrían causar enfermedades a los corales. Pero en torno a la isla de Navidad, la mitad de los microbios pertenecían a esas familias. «Nadie querría nadar allí —escribió Rohwer—. Desgraciadamente, los corales no tienen otra opción.» Así, no era extraño que la isla de Navidad tuviera el doble de corales enfermos que el arrecife Kingman, a pesar de poseer solo la cuarta parte de corales que este. (Un estudio posterior demostraría que a la isla de Navidad todavía le quedan unos pocos arrecifes sanos: antiguos sitios de pruebas nucleares, donde el temor a la radiación ha alejado a pescadores y salvado peces y corales.) Esas aguas son como un sucio hospital lleno de pacientes inmunocomprometidos. Y, como ocurre con estos pacientes, los corales no suelen morir por infecciones de patógenos exóticos que vengan de lejos. En la mayoría de los casos, lo que los infecta son partes oportunistas de su propio microbioma, que aprovechan el rico suministro de DOC a expensas de su anfitrión.

La secuencia de aconteceres que describe Rohwer es un círculo vicioso. Cuando los corales mueren, dejan más espacio a las algas, y estas liberan aún más DOC, el cual nutre todavía más a los patógenos, que matan aún más corales. Finalmente, este ciclo es tan rápido que todo el arrecife cambia de forma dramática, y, tal vez, irreversible, de un entorno de peces y corales a un entorno de algas. «Es horrible, y muy rápido —dice Rohwer—. Un arrecife de coral desaparecerá en un año. Tienes un hermoso arrecife y luego te lo encuentras muerto.»

Cualquiera de los principales factores que estresan y debilitan los arrecifes puede iniciar este ciclo. En 2009, el equipo de Rohwer expuso fragmentos de coral a temperaturas más altas, agua acidificada, un aumento de nutrientes, o mayores cantidades de DOC. Como resultado, los microbiomas del coral cambiaban: ya no eran los que se podían encontrar en los arrecifes sanos, sino las comunidades patógenas que prosperan en los corales enfermos. También hubo más evidencias de los genes de la virulencia que las bacterias utilizan para infectar a sus huéspedes, y de más virus, estos emparentados con los que causan el herpes en humanos. Los virus del herpes pueden ocultarse en los genomas de sus huéspedes, donde permanecen latentes hasta que alguna forma de estrés los reactiva. Cuando estos virus salen de su escondrijo, es posible que causen herpes labial en humanos. No está claro qué pueden infligir a los corales, pero es probable que les causen alguna enfermedad.[3]

Los seres humanos pueden activar este círculo vicioso de otras maneras inesperadas. En 2007, un barco de pesca de 26 m de eslora encalló en el arrecife Kingman, posiblemente debido a un incendio en el motor. Se desconoce el origen, el nombre y el destino de su tripulación. Pero sus efectos sin duda fueron terribles. Como el buque se hizo pedazos, sus piezas se desperdigaron sobre el arrecife subyacente, creando una zona muerta de un kilómetro de largo bastante diferente de los habituales campos de restos descoloridos. Estos corales están cubiertos de algas oscuras y envueltos en aguas especialmente turbias. Les llaman arrecifes negros. Son una visión marina del Mordor de Tolkien, y aparecen cuando una masa de hierro queda depositada en un ecosistema que en general es pobre en nutrientes. El hierro actúa como fertilizante de las algas carnosas, que crecen tan vigorosas que los peces que se alimentan de ellas no pueden recortarlas con suficiente rapidez. Las algas desencadenan entonces el ciclo de Rohwer: más DOC, más microbios, más patógenos, más enfermedad y más corales muertos.

El equipo de Rohwer vio arrecifes negros en otras zonas de las islas de la Línea, siempre asociados a naufragios, y siempre siguiendo el camino de los restos. A diferencia de lugares como la isla de Navidad, donde los corales se hallan casi uniformemente degradados, los arrecifes negros pueden aparecer en aguas impolutas. «Uno puede imaginar que todo es un bonito arrecife —dice Rohwer extendiendo los brazos sobre la mesa—, pero *esa* zona está muerta. —Golpea con las manos el centro de la mesa—. Cualquier lugar donde haya un trozo de hierro, aunque solo sea un cerrojo, tendrá un pequeño arrecife negro a su alrededor.»

En 2013, el Servicio de Pesca y Fauna Salvaje de Estados Unidos retiró el fatídico barco de Kingman. Un equipo de operarios extrajo a mano toneladas de restos, los cortó con cortadores de plasma y motosierras y embalsó los fragmentos para retirarlos. Solo el motor principal, con más de 2.500 kilos de hierro, permanece. Tras retirar la mayoría de los restos, los corales podrían recuperarse.

Otros arrecifes no son tan afortunados. Sus problemas no derivan de la influencia de un único vertido de hierro, sino de la incesante presión de la actividad humana. El equipo de Rohwer también midió esta actividad en 99 lugares del Pacífico, y obtuvo un único valor unificado que reflejaba la influencia de la pesca, la industria, la contaminación, el transporte marítimo y otros factores. Para esos mismos lugares calculó un «valor de microbialización», una medida de la proporción de energía en el ecosistema centrada en los microbios en lugar de los peces. Las dos medidas aumentaban en clara y directa proporción. Cuando los humanos hacemos sentir nuestra presencia, perturbamos las antiguas relaciones entre los corales y sus microbios, convirtiendo el vívido esplendor de los arrecifes pletóricos de peces en desolados fondos de algas oscuras inmersas en una sopa patógena.

Según Rohwer, así es como muere un arrecife de coral: debilitado por una diversidad de factores amenazantes y, finalmente, agobiado por sus propios microbios. No es la única explicación para este destino de los arrecifes, pero resulta convincente; constituye, por tanto, una buena teoría unificadora sobre la muerte de los corales. Muestra cómo los tiburones más grandes están conectados con los virus más pequeños. Nos dice que la parte invisible del arrecife es lo que en definitiva decide su destino. Rohwer lo expresa bien claro: «Aunque los arrecifes de coral son increíblemente complejos, los microbios son los principales determinantes de [su] salud y su declive».

Pensemos en las enfermedades microbianas. Pensemos en la gripe, el sida, el sarampión, el ébola, las paperas, la rabia, la viruela, la tuberculosis, la peste, el cólera y la sífilis. Todas estas enfermedades, aunque diferentes unas de otras, se ajustan a un patrón similar. Son causadas por un único microbio: un virus o una bacteria que infecta nuestras células, se reproduce a nuestra costa y desencadena una panoplia de síntomas predecibles. El agente causal puede ser identificado, aislado y estudiado. Con suerte, puede eliminarse hasta desaparecer la afección.

El trabajo de Rohwer con los corales sugiere un tipo diferente de enfermedad microbiana, una que no parece tener un único culpable.[4] Estas enfermedades son causadas por *comunidades* de microbios que han cambiado su configuración de tal modo que dañan a sus anfitriones. Ninguno es un patógeno por sí solo; lo es toda la comunidad, que ha cambiado a un *estado patogénico*. Hay una palabra para tal estado, «disbiosis».[5] Es un término que evoca el desequilibrio y la discordia, en lugar de la armonía y la cooperación. Es el lado oscuro de la simbiosis, la antítesis de todos los temas tratados hasta ahora.

Recordemos que cada animal individual, sea un ser humano o un coral, es un ecosistema en sí mismo. Creció bajo la influencia de sus microbios, y continúa tratando con ello en una animada negociación. Recordemos también que estos compañeros suelen tener intereses que entran en conflicto, y que sus anfitriones necesitan controlarlos y mantenerlos a raya ofreciéndoles el alimento adecuado, confinándolos en tejidos específicos o colocándolos bajo vigilancia inmunitaria. Ahora imaginemos que algo impide ese control. Esto altera el microbioma, cambia la proporción de especies dentro de él, los genes que estas activan y las sustancias químicas que producen. Esta comunidad alterada todavía se comunica con su anfitrión, pero el tenor de su conversación cambia. A veces se vuelve literalmente inflamatoria, y esto ocurre cuando los microbios sobrestimulan el sistema inmunitario o lo embaucan para penetrar en tejidos donde no deben estar. En otros casos, los microbios empiezan a infectar de manera oportunista a sus anfitriones.

Esto es la disbiosis. No se trata de que los organismos individuales no consigan repeler a los patógenos, sino de una ruptura de la comunicación entre especies diferentes —anfitrión y simbionte— que conviven. Es una enfermedad, pero una enfermedad que puede redefinirse como un problema *ecológico*. Los individuos sanos son como las selvas vírgenes, o los prados exuberantes, o el arrecife Kingman. Los individuos enfermos son como los campos en barbecho, o los lagos cubiertos de verdín, o los arrecifes descoloridos de la isla de Navidad, ecosistemas en desorden. Esta es una visión más compleja de la salud, que plantea importantes cuestiones. La principal es esta: ¿son tales cambios la causa o la consecuencia de la enfermedad?

«¿Y qué hay en el termo?», pregunto.

Estoy de pie dentro de un ascensor en la Universidad de Washington en St. Louis con Jeff Gordon y dos de sus estudiantes, una de las cuales sostiene un recipiente metálico. «Solo unas bolitas fecales dentro de unos tubos», dice. «Son microbios de niños sanos, y también de algunos que están desnutridos. Los trasplantamos a ratones», explica Gordon como si esto fuese la cosa más normal del mundo.

Jeff Gordon es sin duda el científico más influyente de los que hoy estudian el microbioma humano. También es uno de los menos accesibles. Necesité escribir sobre su trabajo durante seis años hasta que al fin respondió a mis correos electrónicos, por lo que visitar su laboratorio es un privilegio bien ganado. Llego esperando conocer a una persona seca y distante. Pero me encuentro con un hombre entrañable y afable, de ojos chispeantes, sonrisa bondadosa y aspecto extravagante. Cuando anda por el laboratorio, le llaman «profesor», también sus estudiantes. Su aversión a los medios de comunicación no tiene por qué suponer una actitud distante. Simplemente le desagrada el autobombo. Hasta se abstiene de dar conferencias científicas, pues prefiere mantenerse lejos de los focos y recluirse en su laboratorio. Allí resguardado, Gordon ha hecho más que la mayoría por averiguar cómo los microbios afectan a nuestra salud, y qué conexiones son, en palabras suyas, «causales y no casuales». Pero cuando se le pregunta por su influencia, tiende a atribuir los méritos a sus estudiantes y colaboradores, del pasado y del presente.[6]

La condición de eminencia de Gordon es aún más notable porque, mucho antes de que la idea del microbioma cruzara su mente, ya era un científico que había publicado cientos de estudios sobre el desarrollo del intestino humano. En los años noventa empezó a sospechar que las bacterias influyen en este proceso, pero, al mismo tiempo, la percepción de lo difícil que le resultaría probar esa idea lo anonadaba. En aquel entonces, Margaret McFall-Ngai demostraba que los microbios pueden influir en el desarrollo de un calamar, pero todavía trabajaba con una sola especie de bacteria. Y el intestino humano contenía miles. Gordon necesitaba aislar partes de este todo abrumador y examinarlas en condiciones controladas. Necesitaba ese recurso decisivo que los científicos exigen, pero la biología deniega: el control. Necesitaba, en resumen, ratones libres de gérmenes, y muchos.

Las puertas del ascensor se abren, y sigo a Gordon y a sus estudiantes con el termo de bolitas congeladas hasta una gran sala. Está llena de hileras de cámaras selladas de plástico transparente. Estas cámaras aislantes constituyen algunos de los ambientes más extraños del mundo: hábitats realmente libres de bacterias. Los únicos seres vivos en su interior son ratones. Las cámaras contienen todo lo que estos necesitan: agua potable, nuggets, lecho de virutas y una cabina de poliestireno blanco para aparearse en la intimidad. El equipo irradia todos estos artículos para esterilizarlos antes de apilarlos en cilindros de carga. Luego esteriliza los cilindros con vapor a alta temperatura y presión antes de ajustarlos a las ventanas existentes en la parte trasera de las cámaras, mediante tornillos de sujeción que también esteriliza. El trabajo es laborioso, pero asegura que los ratones nazcan en un mundo sin microbios y crezcan sin contacto microbiano. Ellos ejemplifican el concepto de «gnotobiosis», del griego «vida conocida». Sabemos exactamente qué vive dentro de estos animales, que es nada. A diferencia de cualquier otro ratón del planeta, cada uno de estos roedores es un ratón y nada más. Un recipiente vacío. Una mera silueta. Un ecosistema de un solo individuo. Ellos no albergan multitudes.[7]

En cada cámara hay un par de guantes de goma negra fijados a dos ventanas, a través de las cuales los investigadores pueden manipular lo que hay dentro. Los guantes son gruesos. Cuando meto las manos en ellos, enseguida empiezo a sudar. Con torpeza, tomo uno de los ratones por la cola. En mi palma se acomoda un ratón de piel blanca y ojos rosados. Es una sensación extraña: estoy sosteniendo este animal, pero solo a través de dos protuberancias negras en su mundo herméticamente sellado. Lo tengo en la mano y, sin embargo, está separado por completo de mí. Cuando acaricié a Baba, el pangolín, intercambiamos microbios. Al acariciar a este ratón, no intercambiamos nada.

En la actualidad hay decenas de instalaciones semejantes en el mundo, y son una de nuestras más poderosas herramientas para entender cómo funciona el microbioma. Pero, cuando en los años cuarenta se desarrolló la utilización de cámaras aislantes, y una década después se refinó, no interesó mucho.[8] Nadie tenía nada que hacer con animales libres de gérmenes. Pero Gordon se dio cuenta de que eran perfectos para sus necesidades. Podría introducir en ratones sin gérmenes microbios específicos, alimentarlos con dietas preestablecidas y hacerlo una y otra vez en condiciones controladas y reproducibles. Podría tratarlos como biorreactores vivos en los que poder desentrañar la desconcertante complejidad del microbioma en componentes manejables que él estudiaría de forma sistemática.

En 2004, el equipo de Gordon utilizó a los roedores sin microbios para llevar a cabo un experimento que suponía centrar todo el laboratorio en una misión específica.[9] Inoculó a los ratones microbios extraídos del intestino de roedores criados de forma convencional. Normalmente, los roedores libres de gérmenes pueden comer tanto como quieran sin aumentar de peso, pero esta envidiable capacidad desapareció una vez que sus intestinos fueron colonizados. No empezaron a comer más —por el contrario, comieron un poco menos—, pero convirtieron una proporción mayor de su alimento en grasas, y ello les hizo ganar peso. Los ratones son muy diferentes de los humanos, pero su biología es lo bastante similar como para que los científicos los utilicen como sustitutos en todo, desde probar medicamentos hasta investigar el cerebro; lo propio sucede con sus microbios. Gordon pensó que, si esos primeros resultados se trasladasen a los humanos, *nuestros* microbios deberían influir en los nutrientes que obtenemos de nuestros alimentos, y, por ende, en nuestro peso. Era un tema suculento, fascinante y médicamente relevante al que su equipo podría hincar el diente.

Luego, el equipo demostró que las personas obesas (y los ratones obesos) tienen comunidades de microbios en sus intestinos.[10] La diferencia más obvia estaba en la proporción de los dos grupos principales de bacterias intestinales: las personas obesas tenían más firmicutes y menos bacteroidetes que las delgadas. Esto suscitó una interrogante obvia: ¿inclina la grasa corporal extra el fiel de la balanza hacia el lado de las bacteroidetes/firmicutes o —lo que era más tentador— es esa inclinación la que hace a las personas más obesas? El equipo no pudo responder a esa pregunta basándose en comparaciones sencillas. Necesitaba experimentos.

Ahí fue donde entró Peter Turnbaugh, a la sazón un estudiante de posgrado que extraía en el laboratorio microbios de ratones, unos obesos y otros delgados, y luego los introducía en ratones libres de gérmenes. Los que recibieron microbios de ratones delgados acumularon un 27 por ciento más de grasa, y los que los recibieron de ratones obesos acumularon un 47 por ciento más de grasa. Fue un resultado asombroso: Turnbaugh había transferido la obesidad de un animal a otro simplemente transfiriendo microbios. «Fue un momento para exclamar "¡Dios santo!" —dice Gordon—. Nos sentimos entusiasmados e inspirados.» Estos resultados demostraban que los intestinos de los individuos obesos contienen microbiomas alterados que pueden ser la causa de su obesidad, al menos en ciertos contextos. Tal vez los microbios obtendrían más calorías de los alimentos de los roedores, o bien afectarían a su forma de almacenar grasa. De cualquier modo, estaba claro que los microbios no solo se dejaban llevar; a veces tomaban el timón.

También podían girarlo en ambas direcciones. Si Turnbaugh demostró que los microbios intestinales pueden provocar aumento de peso, otros han observado que pueden causar pérdida de peso. La *Akkermansia muciniphila*, una de las especies más comunes de bacterias intestinales, es más de 3.000 veces más frecuente en ratones normales que en los genéticamente predispuestos a la obesidad. Si los ratones obesos los ingieren, pierden peso y muestran menos signos de diabetes del tipo 2. Los microbios intestinales también explican en parte el notable éxito de la cirugía de *bypass* gástrico, una operación radical que reduce el estómago a una bolsa del tamaño de un huevo y lo conecta de forma directa al intestino delgado. Con este procedimiento, la gente tiende a perder decenas de kilos, hecho en general atribuido a su estómago menguado. Pero la operación también reestructura el microbioma intestinal, aumentando el número de varias especies, entre ellas la *Akkermansia*. Y si se trasplantan estas comunidades reestructuradas a ratones libres de gérmenes, estos roedores pierden peso.[11]

Los medios de comunicación del mundo trataron estos descubrimientos como una salvación o como una exoneración para cualquier persona que luche por mantener un peso ideal. ¿Por qué molestarse en seguir pautas dietéticas estrictas cuando un rápido remedio microbiano parecía estar a la vuelta de la esquina? ¿Por qué flagelarse por las excesivas calorías cuando resultaba que eran unas bacterias las que mandaban en la báscula? «¿Grasa? Culpe a los bichos de sus tripas», decía un periódico. «¿Exceso de peso? Los microbios podrían ser los culpables», titulaba otro. Estos titulares estaban equivocados. El microbioma no reemplaza ni contradice otras causas bien comprendidas de la obesidad; solo está enredado con ellas. Otra de las estudiantes de Gordon, Vanessa Ridaura, lo demostró utilizando ratones para organizar batallas entre los microbios intestinales de personas delgadas y obesas.[12] Primero cargó estas comunidades de origen humano en roedores libres de gérmenes. A continuación, alojó a los ratones en las mismas jaulas. Recordemos que los ratones se comen con facilidad los excrementos de otros ratones, llenando así constantemente sus intestinos de los microbios de sus vecinos. Cuando esto sucedió, Ridaura vio que los microbios «delgados» invadían el intestino de los que ya estaban colonizados por comunidades «obesas», e impedían a sus nuevos anfitriones ganar peso. Las invasiones opuestas nunca funcionaron: las comunidades obesas nunca conseguían arraigar si las delgadas estaban presentes.

No es que las comunidades delgadas fuesen de algún modo superiores. Lo que sucedió fue que Ridaura había inclinado las batallas a su favor alimentando sus ratones con pienso rico en vegetales. Las complejas fibras de estos alimentos ofrecían a los microbios muchas oportunidades de emplear las adecuadas enzimas digestivas, «puestos vacantes que ocupar», en palabras de Gordon. Las comunidades obesas constaban de pocas especies que pudieran ocupar esas posiciones, pero las comunidades delgadas estaban repletas de candidatos cualificados, entre ellos especialistas en romper fibras, como *B-theta*. De ese modo, cuando las comunidades obesas colonizaban el intestino de las delgadas, encontraban que cada bocado ya estaba siendo devorado, y cada nicho ya estaba ocupado. Por el contrario, cuando las comunidades delgadas entraban en el intestino de las obesas, encontraban un exceso de fibra sin comer, y florecían. Su éxito solo se evaporaba cuando Ridaura alimentaba a los ratones con productos abundantes en grasa y bajos en fibra, representativos de los peores extremos de la dieta occidental. Sin fibra, las comunidades delgadas no podían establecerse o hacían que los ratones dejaran de aumentar de peso. Solo podían infiltrarse en los intestinos de los ratones que *comían saludablemente*. El viejo consejo dietético sigue en pie, y los titulares demasiado entusiastas deben rechazarse.

De todo esto se extrae una lección básica: los microbios son importantes, pero también nosotros, sus anfitriones. Nuestros intestinos, como todos los ecosistemas, no se definen solo por las especies que viven en su interior, sino también por los nutrientes que fluyen por ellos. Una selva no es solo una selva tropical por sus aves, insectos, monos y plantas, sino también por la abundancia de lluvia y la luz solar que recibe y los muchos nutrientes presentes en el suelo. Si trasladásemos los habitantes de la selva a un desierto, lo pasarían muy mal. El equipo de Gordon ha aprendido la lección varias veces en el laboratorio, y también en Malaui.

Malaui tiene una de las tasas de mortalidad infantil más altas en el mundo, y la mitad de las muertes se deben a malnutrición. Pero la malnutrición se da de diferentes formas. Hay marasmo, y los niños terminan emaciados y esqueléticos. También hay kwashiorkor: fugas de fluidos de los vasos sanguíneos, lo que hace que los miembros se hinchen, los estómagos se distiendan y la piel sufra daños. Durante mucho tiempo, esto último ha estado envuelto en misterio. Se dice que estos daños son efecto de las dietas pobres en proteínas, pero ¿cómo es esto posible si los niños con kwashiorkor no suelen comer menos proteínas que los niños con marasmo? Y aún más: ¿por qué estos niños a menudo no mejoran aunque coman alimentos ricos en proteínas que les entregan organizaciones de ayuda? ¿Y por qué un niño puede padecer kwashiorkor mientras su gemelo idéntico, que tiene sus mismos genes, vive en el mismo poblado y come lo mismo, padece en cambio de marasmo?

Jeff Gordon cree que los microbios intestinales están involucrados, y pueden explicar las diferencias de salud entre niños que, en teoría, son idénticos. Después de que su equipo llevara a cabo sus innovadores experimentos sobre la obesidad, empezó a preguntarse si las bacterias pueden influir en esta patología, pero también si estas podrían estar involucradas en su polo opuesto, la malnutrición. Muchos de sus colegas pensaron que eso era improbable, pero Gordon no se amilanó y planeó un ambicioso estudio. Su equipo viajó a Malaui y fue recogiendo muestras de heces de un grupo de niños a medida que crecían desde el primer año de edad hasta los tres años. Encontraron que en los niños con kwashiorkor no se daba la progresión normal de los microbios intestinales propia de los sanos. En lugar de diversificarse y madurar con la edad, su ecosistema interno se estancaba. Su edad microbiológica pronto quedaba por detrás de su edad biológica.[13]

Cuando el equipo trasplantó estas comunidades inmaduras a ratones libres de gérmenes, los roedores perdieron peso, pero solo si también comían alimentos que imitaban la dieta de Malaui, pobre en nutrientes. Si los ratones comían pienso estándar para roedores, no perdían mucho peso, cualesquiera que fuesen las bacterias que albergaran. Como en el estudio de Ridaura, lo decisivo era la combinación de comida pobre y microbios equivocados. Los microbios del kwashiorkor parecían interferir con las reacciones químicas en cadena que nutren nuestras células, lo que hacía más difícil que los niños obtuvieran energía de los alimentos, los cuales, por cierto, eran muy poco energéticos.

El tratamiento estándar para la malnutrición es una energética mezcla enriquecida de pasta de cacahuetes, azúcar, aceite vegetal y leche. Pero el equipo de Gordon observó que la pasta solo produce un breve efecto en las bacterias de los niños con kwashiorkor (lo que explicaría por qué no siempre funciona). En cuanto volvían a la dieta normal en Malaui, sus microbios también volvían como un bumerán a su anterior estado empobrecido. ¿Por qué?

Imaginemos una pelota en reposo sobre un valle rodeado de empinadas pendientes. Si empujamos la pelota, ascenderá por una pendiente, se ralentizará y acabará regresando a su posición inicial. Para conseguir que la pelota suba la pendiente hasta su cima y pase a un valle vecino, se necesitará darle un gran empujón o varios pequeños seguidos. Así es como funcionan los ecosistemas: tienen cierta resistencia al cambio, que solo puede ser vencida si se los empuja a un estado diferente. Imaginemos que la pelota es un arrecife de coral sano. El aumento de las temperaturas lo empuja levemente. Una incursión de algas lo empuja más arriba por la pendiente. Unos restos de hierro lo impulsan aún más. Al final, la desaparición de los tiburones lo lleva a la cima y, a continuación, al siguiente valle, al fondo del cual cae y se asienta en un nuevo estado dominado por las algas. Es un estado menos sano —disbiótico incluso—, pero conserva, como al principio, su resistencia. Empujarla de nuevo desde su estado dominado por las algas hacia su estado de arrecife sano y lleno de peces requerirá mucho esfuerzo.[14]

El mismo tipo de cambio ocurre en nuestros cuerpos. Ahora, la pelota es el intestino de un niño. Una dieta pobre cambia los microbios dentro de él. También perjudica al sistema inmunitario del niño al cambiar su capacidad para controlar el microbioma intestinal y abrir una puerta a infecciones perjudiciales que alteran aún más las comunidades. Y una vez que estas comunidades empiezan a arruinar el intestino, le impiden absorber de forma eficiente los nutrientes, y las consecuencias son mayor malnutrición, problemas inmunitarios más severos, más microbiomas distorsionados y así sucesivamente. La pelota sube y sube hasta que alcanza la cima para luego descender al siguiente valle disbiótico. Una vez que los microbiomas terminan allí, puede ser difícil hacer que regresen al estado anterior.

Junto a mi escritorio hay un termostato montado en la pared. Es de los antiguos, y, por tanto, tiene un dial en vez de una pantalla digital. Si lo bajo, la temperatura de la casa se queda entre templada y fresca, y si lo subo, la temperatura es demasiado alta y siento calor. Para tener la temperatura ideal, he de buscar algún punto intermedio, un punto de perfecta comodidad. El sistema inmunitario, a pesar de su complejidad, se parece mucho a ese dial. Funciona como un «inmunostato» que, en lugar de la temperatura, estabiliza nuestras relaciones con los microbios[15]. Maneja los billones de microbios benignos que conviven con nosotros y frustra las invasiones de minorías infecciosas. Si está demasiado bajo, se relaja, no detecta amenazas y nos expone a infecciones. Si está demasiado alto, se excita, ataca por error a nuestros microbios y provoca inflamaciones crónicas. Debe mantenerse en un punto exacto entre estos extremos, equilibrando las células y moléculas que causan la inflamación con las que la reprimen. Debe reaccionar de forma equilibrada, sin exagerar. Pero durante el último medio siglo hemos subido nuestros inmunostatos a puntos cada vez más altos mediante una combinación de higiene, antibióticos y dietas modernas. Como resultado, tenemos unos sistemas inmunitarios que se ponen furiosos con las cosas más inofensivas, como el polvo, ciertas moléculas de nuestra comida, los microbios alojados en nosotros y hasta nuestras propias células.

Tal es lo que ocurre en la enfermedad inflamatoria intestinal, o EII.[16] Esta enfermedad consiste en una inflamación grave del intestino que se manifiesta con dolor crónico, diarrea, pérdida de peso y fatiga. Suele comenzar en adolescentes y adultos jóvenes, golpeándoles en la flor de la vida, marcándoles con estigmas sociales y obligándoles a buscar tratamientos. Aunque los medicamentos y la cirugía pueden tener los síntomas bajo control, han de convivir toda su vida con la amenaza de la recaída. Los dos tipos principales de EII —colitis ulcerosa y enfermedad de Crohn— han existido durante siglos, pero las tasas se dispararon después de la Segunda Guerra Mundial, especialmente en los países desarrollados.

Las causas de la EII todavía no están claras. Los científicos han identificado 160 variantes genéticas vinculadas a la enfermedad, pero como estas variantes son comunes en la población general y relativamente estables en su prevalencia, no pueden explicar la repentina aparición de la enfermedad. Sin embargo, apuntan a un culpable diferente. La mayoría de estas variantes están implicadas en la producción de la mucosa que solidifica el revestimiento del intestino o regula el sistema inmunitario, procesos que mantienen a los microbios disciplinados. Y aunque los genes humanos no cambian con la suficiente rapidez para explicar la repentina aparición de la EII, los microbios sí lo hacen.

Los científicos sospechan desde hace tiempo que existe un culpable microbiano detrás de la EII, pero, a pesar de que se han realizado investigaciones exhaustivas, no han acusado a ningún patógeno en particular. Es más probable que el problema, como ocurría con los corales de Rohwer y los niños malnutridos de Gordon, se encuentre en una comunidad de microbios normales que se ha desmandado. Los microbiomas intestinales de los pacientes con EII ciertamente difieren de los de los individuos sanos, pero la lista de posibles sospechosos parece cambiar con cada nuevo estudio, lo cual no sería de extrañar, siendo la EII tan diversa. No obstante, han aparecido algunos patrones generales. El microbioma de la EII tiende a ser menos diverso y estable que el de otros más saludables. Carece de microbios antiinflamatorios, incluidos fermentadores de fibras como *Faecalibacterium prausnitzii* y *B. fragilis*. En su lugar hay floraciones de especies inflamatorias, como *Fusobacterium nucleatum* y cepas invasivas de *E. coli*.

Estos microbios cumplen un cometido esencial, pero ninguna especie en particular crea o rompe el ecosistema. La enfermedad parece deberse a una disbiosis. Toda la comunidad se vuelve más inflamatoria, elevando el inmunostato del anfitrión a los grados máximos. ¿Cómo se crean estas comunidades? ¿Es algo dietético lo que nutre a las especies inflamatorias? ¿Son los antibióticos, que matan a los antiinflamatorios? ¿Son las variantes genéticas que alteran el sistema inmunitario del anfitrión interrumpiendo su capacidad para manejar sus microbios? Esto último parece posible: Wendy Garrett ha demostrado que ratones mutantes carentes de genes inmunitarios importantes terminan albergando comunidades microbianas inusuales en su intestino, y que esas comunidades pueden provocar signos de EII cuando se trasplantan a ratones sanos. Esto también indica que el microbioma puede contribuir a la enfermedad, en lugar de reaccionar a su presencia. Pero ¿provocan realmente estos microbios la inflamación, o tan solo la perpetúan una vez que aparece? Y si son perpetuadores, ¿qué inició la inflamación intestinal? ¿Una infección? ¿Una toxina ambiental? ¿Algunos alimentos que afectaron al revestimiento del intestino? ¿Las variantes genéticas que ya habían hecho al sistema inmunitario del anfitrión propenso a una reacción exagerada?

Todas estas posibilidades podrían ser ciertas. Desentrañarlas es complicado, sobre todo porque nadie sabe de antemano quién va a padecer la EII. Sin esta previsión, es casi imposible ver cómo el microbioma cambia cuando la enfermedad empieza a manifestarse y así discernir la dirección de causa y efecto. Lo máximo que alguien ha logrado demostrar es que los microbios ya son disbióticos en personas diagnosticadas hace poco tiempo.[17] Es casi seguro que no existe un único desencadenante, microbiano o no, de la EII. Probablemente sean necesarios varios ataques para dejar al ecosistema en un estado inflamatorio.

Herbert «Skip» Virgin publicó un caso práctico que apoya a la perfección esta idea.[18] Trabajó con ratones que tenían una mutación genética que es común en personas con enfermedad de Crohn. Estos roedores padecían inflamación intestinal, pero solo si estaban infectados por un virus que dejaba fuera de combate a su sistema inmunitario y estaban expuestos a una toxina inflamatoria y tenían un conjunto normal de bacterias intestinales. Si cualquiera de estos desencadenantes estaba ausente, los ratones se mantenían sanos. Era la combinación de susceptibilidad genética, infección vírica, problemas inmunitarios, una toxina ambiental y su microbioma lo que les provocaba la EII. Esta complejidad contribuye a explicar por qué la enfermedad es tan variable. Cada caso tiene su propia y complicada historia de reveses.

Estos principios son también aplicables a otras enfermedades inflamatorias, como la diabetes del tipo 1, la esclerosis múltiple, las alergias, el asma, la artritis reumatoide y otras más.[19] En todas ellas, un sistema inmunitario fanático lanza ataques mal dirigidos contra amenazas imaginarias. «Uno de los denominadores comunes es un nivel moderado de inflamación en el anfitrión. Es algo que se halla en el corazón mismo de todos estos problemas —dice Justin Sonnenburg, antiguo miembro del equipo de Gordon—. Algo ha sucedido para dar más peso al lado proinflamatorio y menos al antiinflamatorio. ¿Por qué los occidentales viven en tal estado hiperinflamatorio?» ¿Y por qué, como en la EII, hemos caído en tal estado en el último medio siglo, un periodo en el que todas estas enfermedades, antes raras, se han vuelto mucho más comunes? «En estas plagas modernas, todas las líneas van en la misma dirección —añade Sonnenburg—. Todas las tendencias son las mismas. Tiene que haber algunos factores importantes en nuestro estilo de vida moderno que expliquen una gran proporción de lo que está sucediendo. No va a haber treinta cosas diferentes que estemos haciendo que causen treinta enfermedades diferentes. Mi conjetura es que hay cinco, o tres, o tal vez incluso una sola cosa que explicaría el 90 por ciento [de casos] del 90 por ciento de estas enfermedades. Parece que tiene que haber una única causa unificadora.»

En 1976, un pediatra llamado John Gerrard observó un patrón peculiar de enfermedades en la población de Saskatoon, la ciudad canadiense que durante veinte años fue su hogar. La población blanca de la ciudad era más propensa a padecer enfermedades alérgicas como asma, eczemas y urticarias que las comunidades indígenas metis, mientras que estas eran infectadas con más frecuencia por tenias, bacterias y virus. Gerrard se preguntó si esas tendencias estarían relacionadas, si las enfermedades alérgicas no serían «el precio que pagarían algunos miembros de la comunidad blanca por su relativa inmunidad a enfermedades causadas por virus, bacterias y [lombrices]». En 1989, al otro lado del Atlántico, el epidemiólogo David Strachan llegó a una conclusión similar tras estudiar a 17.000 niños británicos. Cuantos más hermanos mayores tenían, menos probable era que padecieran la fiebre del heno. «Estas observaciones [...] podrían explicarse considerando que una infección en la primera infancia, transmitida por contacto no higiénico con los hermanos mayores, hubiera puesto freno a las enfermedades alérgicas», escribió Strachan en un artículo titulado de forma aliterativa: «Hay fever, hygiene, and household size» («Fiebre del heno, higiene y tamaño de la familia») La *h* de en medio era la decisiva. Finalmente, dio un nombre a la idea: la hipótesis de la higiene.[20]

La hipótesis, tal como se presenta ahora, sostiene que los niños de los países desarrollados ya no sufren las enfermedades infecciosas que solían contraer antes, y así crecen con sistemas inmunitarios inexpertos y asustadizos.[21] Son más sanos a corto plazo, pero su sistema inmunitario siente pánico y exagera sus respuestas a desencadenantes inofensivos, como el polen. Este concepto implica una compensación nada envidiable entre enfermedad infecciosa y enfermedad alérgica, como si estuviésemos destinados a padecer o la una o la otra. Versiones posteriores de la hipótesis de la higiene desplazaron el énfasis de los patógenos a los microbios benévolos que educan a nuestros sistemas inmunitarios, o a las especies ambientales que se esconden en el lodo y el polvo, e incluso a los parásitos que causan infecciones duraderas, pero tolerables. Para ellos se emplea ahora la expresión «viejos amigos».[22] Ellos han sido parte de nuestras vidas a lo largo de nuestra historia evolutiva, pero últimamente, su puesto se tambalea.

Su desaparición no se debe solo a un aseo personal más estricto, como la palabra «higiene» parece insinuar. También se debe a las diversas particularidades de la vida urbana: familias más pequeñas, el abandono del barro campestre por el cemento, la preferencia por el agua clorada y los alimentos desinfectados y un alejamiento cada vez mayor del ganado, las mascotas y otros animales. Todos estos cambios han sido consecuentemente relacionados con un mayor riesgo de enfermedades alérgicas e inflamatorias, y todos ellos reducen la gama de microbios a que estamos expuestos. Un solo perro puede provocar un efecto enorme. Cuando Susan Lynch aspiró el polvo de dieciséis hogares, encontró que aquellos sin animales con pelo eran «desiertos microbianos». Los que tenían gato eran mucho más ricos en microbios, y aún más los que tenían perro.[23] Resultó que el mejor amigo del hombre es un medio de transporte para los viejos amigos del hombre.

Los perros traen microbios de fuera, ofreciendo una mayor biblioteca de especies con las que poblar y desarrollar nuestros microbiomas. Cuando Lynch introdujo en roedores estos microbios del polvo asociados a los perros, observó que los primeros se volvían menos sensibles a varios alérgenos. Las comidas polvorientas también aumentaban en más de 100 el número de especies bacterianas residentes en los intestinos de los roedores, de las cuales una al menos podría protegerlos de los alérgenos. Tal es, en esencia, la hipótesis de la higiene y sus diversas consecuencias: la exposición a una gama más amplia de microbios puede cambiar el microbioma y suprimir la inflamación alérgica, al menos en ratones.

Pero los animales de compañía no son nuestros proveedores más importantes de viejos amigos microbianos. Cuando los niños nacen, son colonizados por los microbios vaginales de sus madres, un regalo que crea cadenas de transmisión que se propagan a través de generaciones. Esto también está cambiando. Alrededor de un cuarta parte de los niños del Reino Unido y un tercio de los de Estados Unidos nacen hoy por cesárea, y muchas cesáreas se realizan por elección personal. María Gloria Domínguez-Bello observó que, si los niños nacen a través de una abertura en el abdomen de su madre, sus primeros microbios provienen de la piel de esta y del ambiente hospitalario, en lugar de su vagina.[24] No está claro qué suponen estas diferencias a largo plazo, pero del mismo modo que los primeros colonos de una isla determinan las especies que finalmente se establecerán en ella, los efectos de los primeros microbios de un niño podrían propagarse a las futuras comunidades. Esto quizá explicaría por qué los nacidos por cesárea son más propensos a padecer más adelante alergias, asma, enfermedad celíaca y obesidad. «El sistema inmunitario del recién nacido es ingenuo, y lo primero que encuentre iniciará su educación —dice Domínguez-Bello—. Su sistema inmunitario podría verse comprometido si empieza reconociendo a unos tipos malos en lugar de a los buenos chicos normales. Podría crear una diferencia para el resto de su vida.»

La alimentación con leche maternizada puede exacerbar estos problemas. Como ya hemos visto, la leche materna crea el ecosistema de un bebé. Proporciona a su intestino más microbios colonizadores, además de los HMO, esos azúcares de la leche materna que alimentan a los microbios y nutren a compañeros coadaptados como el *B. infantis*. Estas capacidades pueden sobrescribir cualquier diferencia inicial originada por una cesárea, pero «si se opta por la cesárea y luego la leche maternizada, yo diría que [el bebé] estará, sin lugar a dudas, en una trayectoria diferente», dice el experto en leche David Mills. Una vez destetado y capaz de comer, esa trayectoria puede estar aún más desviada si no se proporciona a nuestros amigos microbianos los alimentos adecuados. Las grasas saturadas pueden nutrir los microbios inflamatorios. Y también pueden hacerlo dos aditivos alimentarios comunes, el CMC y el P80, utilizados para alargar el tiempo de conservación de helados, postres congelados y otros alimentos procesados; también eliminan los microbios antiinflamatorios.[25]

La fibra dietética produce los efectos opuestos. Este es un término genérico para varios carbohidratos vegetales complejos que nuestros microbios pueden digerir. La fibra ha sido un pilar de los consejos de vida sana desde que Denis Burkitt, un cirujano misionero irlandés, advirtió que los aldeanos de Uganda comían hasta siete veces más fibra que los occidentales. Sus heces eran cinco veces más pesadas, pero pasaban por el intestino dos veces más rápido. En los años setenta, Burkitt promovió cual evangelio la idea de que esta dieta rica en fibra explicaba por qué los ugandeses rara vez padecían diabetes, enfermedades del corazón, cáncer de colon y otras enfermedades que son más comunes en el mundo desarrollado. Parte de esta diferencia se debe sin duda al hecho de que las enfermedades crónicas son más comunes en la vejez y de que la esperanza de vida es mayor en Occidente. Pero Burkitt estaba en el buen camino. «Estados Unidos es una nación estreñida —dijo sin rodeos—. A menores heces, mayores hospitales.»[26]

Pero no sabía por qué. Se imaginaba que la fibra era como una «escoba colónica» que barre los intestinos de agentes cancerígenos y otras toxinas. No pensaba en los microbios. Ahora sabemos que cuando las bacterias descomponen la fibra, producen sustancias químicas llamadas ácidos grasos de cadena corta (SCFA, del inglés *short chain fatty acids*); estos provocan una afluencia de células antiinflamatorias que devuelven al sistema inmunitario demasiado excitado a un estado de calma. Sin fibra, ponemos nuestros inmunostatos en valores más altos, y eso nos predispone a las enfermedades inflamatorias. Para empeorar las cosas, cuando la fibra está ausente, nuestras bacterias, demasiado hambrientas, reaccionan devorando todo lo que pueden encontrar, incluida la mucosa que recubre el intestino. Cuando esta capa desaparece, las bacterias penetran más en el revestimiento del intestino, donde pueden desencadenar respuestas de las células inmunitarias que hay debajo de él. Y sin la influencia restrictiva de los SCFA, esas respuestas pueden adquirir con facilidad proporciones extremas.[27]

La falta de fibra también modifica el microbioma intestinal. Como hemos visto, la fibra es tan compleja que abre accesos a una amplia gama de microbios con las enzimas digestivas adecuadas. Si estas aberturas están demasiado tiempo cerradas, el grupo de microbios capaces de acceder se reduce. Erica Sonnenburg, esposa y colega de Justin, lo demostró sometiendo a los ratones durante unos meses a una dieta baja en fibra.[28] Los ratones perdían la diversidad de su microbiota. Y la recuperaban cuando volvían a comer fibra, pero no por completo; muchas especies se habían despedido y nunca regresaron. Cuando estos ratones se aparearon, nacieron crías que iniciaron su vida con un microbioma ligeramente empobrecido. Y si estas crías comían también más alimentos bajos en fibra, desaparecían del radar aún más microbios. A medida que se sucedían las generaciones, más y más viejos amigos perdían el contacto con ellas. Esto podría explicar por qué la diversidad de microbios intestinales es mucho más baja en los occidentales que en los habitantes de las zonas rurales de Burkina Faso, Malaui y Venezuela.[29] No solo comemos menos vegetales, sino que además procesamos de una manera radical los que comemos. Por ejemplo, el proceso de molienda, que convierte el trigo en harina, elimina la mayor parte de la fibra del grano. Estamos, en palabras de los Sonnenburg, «matando de hambre a nuestra parte microbiana».

Por si no fuera suficiente, al cortar las rutas por las que los microbios llegan a nosotros, y luego matar de hambre a los que lo consiguen, también atacamos a los supervivientes que aún quedan con sus mayores adversarios: los antibióticos. Desde que existen, los microbios han usado estas sustancias para luchar unos contra otros. Los humanos aprovecharon por primera vez este arsenal antiguo en 1928, y lo hicieron por accidente. Al regresar a su laboratorio de unas vacaciones en el país, el químico británico Alexander Fleming se dio cuenta de que un hongo había aterrizado en uno de sus cultivos bacterianos y había dejado a su alrededor una zona de microbios masacrados. Fleming aisló de ese hongo una sustancia química que llamó penicilina. Doce años después, Howard Florey y Ernst Chain inventaron una manera de producir en masa esa sustancia, convirtiendo aquella oscura mancha fúngica en el medicamento salvador de innumerables tropas aliadas durante la Segunda Guerra Mundial. Así comenzó la moderna era de los antibióticos. Los científicos encontraron luego, uno tras otro y en rápida sucesión, nuevos tipos de antibióticos, pulverizando muchas enfermedades mortales bajo el tacón de la bota farmacéutica.[30]

Pero los antibióticos son armas de choque. Matan a las bacterias que queremos matar, y de paso a las que no queremos matar, un método que es como destruir una ciudad con una bomba atómica para eliminar las ratas. Ni siquiera necesitamos ver a las ratas para comenzar la masacre: muchos antibióticos se prescriben sin necesidad para tratar infecciones víricas que no pueden detener. Los medicamentos se usan de manera tan frívola que, un día cualquiera, entre un 1 y un 3 por ciento de los habitantes del mundo desarrollado toman algún tipo de antibiótico. Según un cálculo al respecto, cada niño norteamericano recibe casi tres tratamientos con antibióticos antes del segundo año de vida, y diez antes del décimo.[31] Mientras tanto, otros estudios han demostrado que hasta los tratamientos de corta duración con antibióticos pueden cambiar el microbioma humano. Algunas especies desaparecen de manera temporal. La diversidad se desploma. Una vez que dejamos de tomar antibióticos, las comunidades vuelven en gran parte, pero no por completo, a su estado original. Como en el experimento de Sonnenburg con la fibra, cada agresión deja al ecosistema algo abollado. Pero las abolladuras aumentan si las agresiones se suceden.

Irónicamente, este daño colateral puede allanar el camino a más enfermedades. Recordemos que un microbioma rico y próspero actúa como una barrera contra las invasiones de patógenos. Cuando nuestros viejos amigos desaparecen, esa barrera también lo hace. En su ausencia, las especies más peligrosas pueden aprovechar los nutrientes no consumidos y ocupar las vacantes ecológicas.[32] La *Salmonella*, que causa intoxicación alimentaria y fiebre tifoidea, es uno de estos oportunistas. El *Clostridium difficile*, que produce diarrea severa, es otro. Estas especies se multiplican para llenar los vacíos dejados por un microbioma menguante, dando voraz cuenta de las sobras que normalmente alimentarían a los competidores desaparecidos. Esta es la razón de que el *C. difficile* afecte sobre todo a las personas que han tomado antibióticos, y de que la mayoría de las infecciones se produzcan en hospitales, residencias de ancianos y otros centros donde se prestan cuidados médicos. Hay quien habla de enfermedad creada por el hombre, por estar asociada a instituciones destinadas a cuidar nuestra salud. Es la consecuencia involuntaria de la costumbre de matar microbios de forma indiscriminada, algo parecido a bombardear con herbicidas un jardín infestado de maleza y esperar que las flores crezcan en su lugar; a menudo solo se consigue que haya más hierbajos.[33]

Incluso dosis muy ligeras de antibióticos pueden tener consecuencias imprevistas. En 2012, Martin Blaser administró antibióticos a ratones jóvenes en dosis demasiado bajas para tratar cualquier enfermedad. Aun así, el medicamento cambió los microbios intestinales de los roedores al favorecer comunidades que eran mejores obteniendo energía de los alimentos. Los ratones engordaron. A continuación, el equipo de Blaser administró a otros ratones dosis bajas de penicilina, a unos al nacer y a otros tras el destete, y observó que los primeros ganaron peso una vez dejaron de recibir el medicamento. Sus microbiomas se normalizaron, pero continuaron engordando, y cuando los investigadores trasplantaron estas comunidades microbianas a ratones libres de gérmenes, los receptores también aumentaron de peso. Esto indica dos cosas importantes. En primer lugar, hay una etapa crítica en los comienzos de la vida durante la cual los antibióticos pueden tener efectos particularmente potentes. Y, en segundo lugar, estos efectos dependen de los cambios en el microbioma, pero persisten cuando se vuelve casi por completo a la normalidad. El segundo punto es importante, y del primero puede decirse que es algo sabido. Sin darse cuenta, los agricultores hacen el mismo experimento desde los años cincuenta, cuando empezaron a engordar su ganado con dosis bajas de antibióticos. No importa cuál sea el antibiótico o la especie, el resultado es siempre el mismo: los animales crecen con más rapidez y su peso acaba siendo mayor. Todo el mundo sabía que estos «promotores del crecimiento» funcionaban, pero nadie entendía bien por qué. El trabajo de Blaser sugiere una posible explicación: los antibióticos perturban el microbioma, y el resultado es un aumento de peso.[34]

Blaser ha sugerido con frecuencia que el uso excesivo de antibióticos podría estar detrás del «dramático aumento de padecimientos como la obesidad», por no mencionar otras plagas modernas. ¿Son ellos? Los efectos en sus experimentos son relativamente pequeños: los ratones tratados con antibióticos ganan peso, pero solo un 10 por ciento más; lo equivalente en una persona de setenta kilos a siete kilos adicionales, o a dos unidades en el índice de masa corporal (IMC). Pero también hay que decir que los ratones no son como los humanos, y los estudios realizados en humanos son mucho menos consistentes en relación con el vínculo entre antibióticos y obesidad. Uno de los que llevó a cabo el propio Blaser demostró que los bebés que reciben dosis de antibióticos no son más propensos al sobrepeso a la edad de siete años. E incluso los estudios con animales son también inconsistentes: en otros experimentos con ratones, los científicos han visto que dosis elevadas de algunos antibióticos, administradas de manera temprana, pueden llegar a entorpecer el crecimiento o reducir la grasa corporal.

También resulta posible que la exposición temprana a los antibióticos incremente el riesgo de alergias, asma y enfermedades autoinmunes por haber alterado el microbioma en un punto crítico, pero, como ocurre con la obesidad, los riesgos siguen siendo nebulosos e imprecisos. Los beneficios de los antibióticos son mucho más claros. En palabras de Barry Marshall, ganador del Premio Nobel, «nunca maté a nadie dándole antibióticos, pero sé de muchos que murieron por no haberlos recibido».[35] Antes de existir los antibióticos, eran muchas las personas que morían de simples rasguños, mordeduras, episodios de neumonía y partos. Con los antibióticos, estos casos potencialmente mortales son controlables. La vida cotidiana se tornó más segura. Y procedimientos médicos que antes comportaban un riesgo de infección grave se hicieron factibles y habituales: cirugía plástica, cesárea, cirugía de cualquier órgano abundante en bacterias, como el intestino; tratamientos inmunosupresores, como la quimioterapia contra el cáncer y los trasplantes de órganos, y cualquier intervención en la que se empleen catéteres, *stents* o implantes, como la diálisis renal, el *bypass* cardiaco o la colocación de prótesis de cadera. Gran parte de la medicina moderna se sustenta sobre los cimientos que pusieron los antibióticos, y ahora estos cimientos empiezan a agrietarse. Hemos usado estos medicamentos de forma tan indiscriminada que muchas bacterias han evolucionado hasta hacerse resistentes a ellos, y actualmente hay cepas casi invencibles a las que no les afecta ninguno de los medicamentos que usemos contra ellas.[36] Al mismo tiempo, hemos fracasado por completo en el desarrollo de nuevos fármacos que puedan reemplazar a los que se están volviendo obsoletos. Nos encaminamos hacia una aterradora era posantibióticos.

El problema con los antibióticos no es tanto su uso como su abuso, el cual perturba nuestro microbioma y fomenta la aparición de bacterias resistentes a los antibióticos. La solución no es demonizar estos medicamentos, sino emplearlos de manera juiciosa, cuando de verdad son necesarios y con pleno conocimiento de sus riesgos y beneficios. «Hasta ahora hemos visto los antibióticos como algo que solo podía ser positivo. Un médico podía decir a un paciente: "probablemente no le ayudará, pero no le hará daño" —dice Blaser—. Pero, una vez piensas que podría resultar nocivo, hay que reconsiderar esas ideas.» Rob Knight vio clara la necesidad de replanterarse el asunto cuando su joven hija sufrió una infección por estafilococos. «Yo pensé: por un lado, esta infección, que podría poner en peligro su vida y le está produciendo grandes dolores, desaparecerá —explica—. Mas, por otro lado, su IMC podría aumentar a los ocho años. Tratamos de mantenerla en general libre de antibióticos, pero cuando actúan son asombrosos.»

Otros perturbadores agentes microbianos nos obligan a tomar una decisión muy parecida. Un buen saneamiento se considera un bien incuestionable para la salud pública, y nos ha ahorrado muchas enfermedades infecciosas. Pero lo hemos llevado demasiado lejos. «La higiene ha pasado de ser una devoción a constituir una religión —dijo Theodor Rosebury—. Nos estamos convirtiendo en una nación de neuróticos bañados, restregados y desodorizados.» Esto lo escribió en 1969.[37] Las cosas están peor ahora. Si busco online algún distribuidor de productos «antibacterianos», puedo encontrar toallitas de mano, jabones, champús, cepillos de dientes, cepillos para el cabello, detergentes, vajillas, ropa de cama y hasta calcetines. Un antibacteriano químico llamado triclosán se encuentra en una amplia gama de productos: dentífricos, cosméticos, desodorantes, utensilios de cocina, juguetes, ropa y materiales de construcción. La higiene ha llegado a significar un mundo libre de microbios, sin darnos cuenta de las consecuencias de un mundo así. Hemos arremetido contra los microbios demasiado tiempo, y creado un mundo que es también hostil a los que necesitamos.

A Martin Blaser no solo le preocupa que algunas personas carezcan de microbios importantes. También le preocupa, y no poco, que algunas especies puedan desaparecer por completo. Consideremos la *Helicobacter pylori*, su bacteria favorita. Blaser fue en parte responsable de arruinar su reputación en los años noventa. Los científicos ya sabían que causaba úlceras estomacales, pero él y otros confirmaron que también aumentaba el riesgo de padecer cáncer de estómago.

Solo más tarde reconoció el lado beneficioso del microbio: reduce los riesgos de reflujo (un padecimiento en el que el ácido gástrico asciende hasta la garganta), cáncer de esófago y quizá asma. Blaser habla ahora de la *H. pylori* con simpatía. Es uno de los más viejos de nuestros viejos amigos, y nos ha infectado durante al menos 58.000 años.

Ahora está en la lista de especies amenazadas. Su reputación de patógeno ha dado pie a serios, resonantes y exitosos intentos de erradicarlo. («La única *Helicobacter pylori* buena es una *Helicobacter pylori* muerta», pudo leerse en un artículo de opinión de *The Lancet*.) Antes un microorganismo omnipresente, hoy solo se encuentra en el 6 por ciento de los niños de los países occidentales. Durante el último medio siglo, «este viejo, constante y casi universal y dominante habitante del estómago humano ha ido desapareciendo», escribe Blaser. Su pérdida significa que menos personas sufren de úlceras y cáncer de estómago, sin duda, algo bueno. Pero si Blaser lleva razón, la misma pérdida puede haber precipitado un aumento del reflujo y del cáncer de esófago. ¿Qué importan más, los pros o los contras? Parece que ni unos ni otros. En un gran estudio con casi 10.000 personas, Blaser demostró que la presencia o la ausencia de la *H. pylori* no tenía absolutamente ningún efecto en el riesgo de morir una persona a cualquier edad. ¿Importa entonces que la *H. pylori* esté desapareciendo? Tal vez no, pero Blaser sostiene que su declive es precursor de otras extinciones similares. La *H. pylori*, al ser fácil de detectar, es el canario en una mina de carbón. Nos advierte de que otros microbios podrían estar desapareciendo delante de nuestras narices.[38]

B. infantis, el colonizador infantil alimentado por la leche materna, también podría estar en peligro. El equipo de David Mills ha observado recientemente que el *B. infantis* está presente entre el 60 y el 90 por ciento de los lactantes de países como Bangladesh o Gambia, pero solo entre el 30 y el 40 por ciento de los lactantes de países desarrollados como Irlanda, Suecia, Italia y Estados Unidos.[39] La alimentación con leche maternizada no puede explicar esta diferencia, ya que casi todos los lactantes del estudio fueron amamantados. Las cesáreas tampoco son las causantes, pues la mayoría de los niños de Bangladesh —los que con *más probabilidad* tendrían el *B. infantis*— nacieron de esa manera. En lugar de una sólida explicación, Mills tiene una especulación. Dice que, al parecer, el *B. infantis* desaparece del intestino en la edad adulta, lo que significa que las madres podrían no estar en condiciones de transmitirlo a sus hijos. Esto no ha sido un problema durante la mayor parte de la historia humana, porque siempre hubo mujeres que amamantaban o criaban a hijos de otras. «Siempre había niños amamantados, y el *B. infantis* circulaba entre ellos y sus madres», dice Mills. Pero a medida que los padres se aislaban, esas cadenas de transmisión se rompían. Quizá por eso el microbio haya comenzado a desaparecer de las poblaciones occidentales, incluso entre los niños amamantados. La leche materna no puede nutrirlo si está ausente desde el principio. Sea o no cierta esta suposición, es seguro que el *B. infantis* va camino de engrosar la lista de especies microbianas en peligro de extinción.

Este trabajo subraya un principio importante: solo nos daremos cuenta de que los países desarrollados carecen de microbios importantes si estudiamos una ancha franja de la humanidad actual. Hasta hace poco, la mayoría de las investigaciones sobre el microbioma se había centrado en personas de países «raros», es decir, occidentales, instruidos, industrializados, ricos y democráticos.* Estas naciones representan solo la octava parte de la población mundial; centrarse en ellas es como tratar de entender cómo funcionan las ciudades estudiando las de Londres o Nueva York e ignorando otras como Bombay, Ciudad de México, São Paulo o El Cairo. Reconociendo este problema, los microbiólogos han analizado microbiomas de comunidades rurales de Burkina Faso, Malaui y Bangladesh. Otros han trabajado con cazadores-recolectores, entre ellos los yanomami de Venezuela, los matsés de Perú, los hadza de Tanzania, los baka de la República Centroafricana, los asaro y los sausi de Papúa Nueva Guinea y los pigmeos del Camerún.[40] Todos estos grupos conservan sus estilos de vida tradicionales. Todos encuentran o capturan su alimento. Rara vez, si es que ha habido alguna, han estado expuestos a la medicina moderna. Son todavía personas de hoy con los microbios modernos existentes en el mundo actual, pero al menos nos dan una idea del aspecto que tienen sus microbiomas sin todos los aderezos de la vida industrializada.

* Países WEIRD (Western, Educated, Industralised, Rich, and Democratic). (*N. del T.*).

Todas estas personas tienen microbiomas mucho más diversos que los de Occidente. Sus multitudes son más multitudinarias. También contienen especies y cepas que no se detectan en las muestras tomadas en Occidente. Por ejemplo, tanto los hadza como los matsés tienen altas concentraciones de *Treponema*, un grupo microbiano que incluye a la bacteria de la sífilis. Sus cepas no están relacionadas con las que causan esta enfermedad, sino con parientes suyos inofensivos que digieren los carbohidratos. Y estas cepas, que están presentes en cazadores-recolectores y en simios, están ausentes en las poblaciones industrializadas. Tal vez formen parte de un antiguo paquete de microbios que nuestros antepasados compartieron, pero con los que las personas de los países desarrollados perdieron todo contacto. Los estudios de heces fosilizadas también sugieren que la gente de la época preindustrial tenía un conjunto mucho más rico de microbios intestinales que el de los actuales habitantes de las ciudades.

¿Nos hemos vuelto menos saludables en consecuencia? Hay algunas pruebas de que un microbioma diverso resiste mejor a invasores como el *C. difficile*, y que una diversidad escasa acompaña con frecuencia a ciertas enfermedades. Un gran equipo europeo midió en un estudio dirigido por Oluf Pedersen esta diversidad contando el número de genes bacterianos presentes en el intestino de casi 300 personas.[41] Comparadas con voluntarios con un elevado número de genes bacterianos, aquellas personas con bajos recuentos eran más propensas a la obesidad y a mostrar signos de inflamación y problemas metabólicos. Sus comunidades mermadas podrían también ser consecuencia de una mala salud, en lugar de su causa. Hasta ahora, nadie ha demostrado que las personas con microbiomas menos variados sean más propensas a *contraer* enfermedades. Y se dan casos de personas con microbiomas variados que son *más* propensas a albergar ciertos parásitos intestinales.[42]

También hay signos de que el microbioma humano ha ido menguando antes de que comenzara la era de los antibióticos, y aun antes de la Revolución industrial. Si en los ambientes rurales los humanos tienen microbiomas intestinales más variados que en los urbanos, chimpancés, bonobos y gorilas tienen comunidades aún más variadas; desde que nos separamos de nuestros parientes antropoides, nuestro microbioma se ha ido contrayendo lentamente.[43] Tal vez tan solo hayamos mejorado en la limpieza de los parásitos intestinales. Además, nuestras dietas han cambiado. Gorilas, chimpancés y bonobos comen gran cantidad de plantas. Los campesinos también lo hacen, pero cocinan su comida, descomponiéndola con el calor y restando algunas responsabilidades digestivas a sus microbios. Los norteamericanos llevan más allá esta independencia digestiva consumiendo menos plantas y despojando de fibra a las que comen. Los animales terminan poseyendo el microbioma que necesitan, y como nuestras necesidades se han reducido, también lo ha hecho nuestro acervo de socios microbianos.

Pero estos cambios se produjeron a lo largo de milenios, dando tiempo a anfitriones y microbios para acostumbrarse a nuevos arreglos. Aunque no deja de ser preocupante que nuestros microbiomas estén cambiando de forma acelerada y en cuestión de generaciones se estén rompiendo viejos contratos. Ambas partes se acostumbrarán finalmente al nuevo *statu quo*, pero este proceso podría requerir muchas más generaciones. «Es a medio plazo como consideramos el problema», afirma Sonnenburg. Quiere decir ahora.

Blaser comparte esta preocupación: «La pérdida de diversidad microbiana sobre y dentro de nuestros cuerpos tiene un precio tremendo», ha escrito. Habla de un desastre inminente, «tan desolador como una ventisca azotando un paisaje helado, y que llamó "invierno antibiótico"».[44] Exagera; sin duda estamos *cambiando* nuestros microbiomas, pero los signos de las tremendas extinciones de que Blaser nos advierte todavía son ligeros. Aunque, si prevenirlas significa ir más allá de las evidencias actuales y preocuparnos un poco por las futuras, no está de más esta advertencia. Blaser se ha lanzado cual Casandra microbiológica a hacer dramáticas profecías de inminentes fatalidades. Y, como Casandra, incomoda a los escépticos.

En 2014, Jonathan Eisen otorgó a Blaser el Premio a la Propaganda del Microbioma por declarar a la revista *Time* que «los antibióticos están extinguiendo nuestro microbioma y modificando el desarrollo humano».[45] El premio es una placa, que solo aparece online, destinada a (des)honrar a cualquier científico o periodista que exagere el estado de la investigación del microbioma y presente como hechos lo que solo son especulaciones. Entre los ganadores anteriores —ha habido por lo menos 38— figuran el *Daily Mail* y el *Huffington Post*. «Personalmente, creo que los antibióticos pueden estar contribuyendo a arruinar el microbioma de mucha gente, y que esto podría a su vez contribuir a incrementar una variedad de enfermedades humanas —escribió Eisen—. Pero ¿"extinguirlo"? Eso de ningún modo.»

El premio podrá parecer una sonora bofetada, sobre todo siendo el propio Eisen un afable, cordial y entusiasta embajador de los microbios. Pero, a pesar de su entusiasmo, Eisen es modesto, se impone restricciones y reconoce que todavía hay un enorme cúmulo de cosas por aprender sobre nuestros compañeros microbianos. Y le preocupa que el péndulo de la actitud científica oscile de la microbiofobia, que quiere acabar con todos los microbios, a la microbiomanía, dada a proclamar que estos son la explicación, y la solución, de todos nuestros males.

Su inquietud está justificada. En biología siempre es necesario buscar causas unificadoras detrás de enfermedades complejas. Los antiguos griegos creían que muchas enfermedades eran causadas por un desequilibrio entre los cuatro fluidos o «humores» corporales —sangre, flema, bilis negra y bilis amarilla—, y este marco persistió hasta el siglo xix. La idea de que las enfermedades eran causadas por los «malos efluvios» o miasmas duró el mismo tiempo, hasta que al final fue destronada por la teoría de los gérmenes. Más recientemente, en la década de 1960, muchos oncólogos estaban convencidos de que todos los tumores eran causados por virus tras descubrirse un virus cancerígeno en pollos.[46] Los científicos suelen hablar de la navaja de Occam: el principio que favorece las explicaciones simples y elegantes frente a las complicadas. Creo que la verdad es que los científicos, como todo el mundo, encuentran las explicaciones sencillas, desde un punto de vista psicológico, más reconfortantes. Nos aseguran que nuestro mundo desordenado y confuso puede entenderse, y tal vez incluso manipularse. Nos prometen volver efable lo inefable y controlable lo incontrolable. Pero la historia nos enseña que esta promesa es a menudo ilusoria. Los creyentes en el origen vírico del cáncer emprendieron una larga búsqueda que duró más de una década, costó 500 millones de dólares y no condujo a nada. Más tarde se descubrió que varios virus pueden causar cáncer, pero que esto solo explicaba una pequeña fracción de la totalidad de los cánceres. La causa unificadora —la única que se da en todos— resultó ser solo una pequeña pieza de un rompecabezas más grande.

Estas lecciones de humildad merecen ser recordadas cuando pensamos en las implicaciones médicas del microbioma, o en la lista exageradamente larga de enfermedades que se le han atribuido.[47] Un directorio no exhaustivo puede incluir: enfermedad de Crohn, colitis ulcerosa, síndrome del colon irritable, cáncer de colon, obesidad, diabetes del tipo 1, diabetes del tipo 2, enfermedad célíaca, alergias y atopia, kwashiorkor, aterosclerosis, cardiopatía, autismo, asma, dermatitis atópica, periodontitis, gingivitis, acné, cirrosis hepática, esteatosis hepática no alcohólica, alcoholismo, enfermedad de Alzheimer, enfermedad de Parkinson, esclerosis múltiple, depresión, ansiedad, cólico, síndrome de fatiga crónica, injerto contra huésped, artritis reumatoide, psoriasis y derrame cerebral. Un colaborador de una web satírica llamado *The Allium* escribió en una ocasión: «La verdad es que nada es más importante para nuestra salud que el microbioma, que es capaz de derrotar al cáncer, poner remedio al hambre y la pobreza y regenerar las extremidades amputadas. Sí, todo eso».[48]

Sátira aparte, incluso los vínculos sugeridos con sinceridad son en su mayoría correlaciones. Los investigadores comparan a menudo a las personas que padecen una enfermedad con voluntarios sanos, encuentran diferencias microbianas y no pasan de ahí. Esas diferencias indican una relación, pero no revelan su naturaleza o su dirección. Sin embargo, los estudios que he descrito sobre obesidad, kwashiorkor, EII y alergias dan un paso más allá. Al intentar averiguar *cómo* los cambios en el microbioma pueden causar problemas de salud y demostrar que los microbios trasplantados pueden reproducir esos problemas en ratones libres de gérmenes, insinúan un efecto causal. Sin embargo, generan más interrogantes que respuestas. ¿Inducen los microbios los síntomas o simplemente empeoran un estado? ¿Es la causante una sola especie o un grupo de ellas? ¿Es la presencia de ciertas especies lo determinante, o lo es la ausencia de otras, o de unas y otras? Y aunque los experimentos demuestren que los microbios *pueden* causar enfermedades en ratones y otros animales, todavía no sabemos si *verdaderamente pueden* causarlas en personas. ¿Son los cambios microbianos los que, más allá de las condiciones controladas de los laboratorios, con los cuerpos atípicos de roedores, realmente afectan a nuestra salud cotidiana? ¿Hasta qué punto pueden explicar el auge de las enfermedades del siglo xxi? ¿Cómo compararlos con otras causas potenciales de «plagas modernas» como la contaminación o el tabaquismo? Cuando nos apartamos del modelo de un-microbio-una-enfermedad y nos fijamos en el caótico y heterogéneo mundo de las disbiosis, los hilos que unen causas y efectos resultan mucho más difíciles de desenredar.

Y en cuanto a la disbiosis, ¿qué se considera tal? ¿Cómo saber si un ecosistema sufre un desarreglo? Una multiplicación de *C. difficile* que provoca una descomposición incontenible es un problema evidente, pero la mayoría de las demás comunidades no son tan fácilmente clasificables. ¿Se halla un intestino sin *B. infantis* en un estado de disbiosis? Si nuestro microbioma tiene menos especies que el de un cazador-recolector, ¿es disbiótico? El término es ideal para caracterizar la naturaleza ecológica de una enfermedad, pero también se ha convertido en una suerte de versión artística o pornográfica de la microbiología: difícil de definir, pero se sabe lo que es cuando se ve. Y muchos científicos no pierden ocasión de etiquetar *cualquier* cambio en el microbioma como una disbiosis.[49]

Esta práctica tiene poco sentido, porque el microbioma es contextual en gran medida.[50] Los mismos microbios pueden tener relaciones muy distintas con sus anfitriones en situaciones diferentes. Un microorganismo como la *H. pylori* puede ser tanto héroe como villano. Los microbios beneficiosos pueden desencadenar enfermedades inmunitarias debilitantes si atraviesan la pared mucosa y penetran en el revestimiento intestinal. Las comunidades aparentemente «poco saludables» pueden ser normales, incluso necesarias. Por ejemplo, los microbios intestinales sufren un enorme trastorno hacia el tercer trimestre del embarazo, y terminan pareciéndose a los que albergan las personas con síndrome metabólico, un trastorno que causa obesidad, elevación del nivel de azúcar en la sangre y un mayor riesgo de diabetes y cardiopatías.[51] Esto no es un problema: acumular grasa y tener un nivel elevado de azúcar en la sangre tiene sentido cuando se está alimentando a un feto en crecimiento. Pero, observando estas comunidades en aislamiento, cualquiera podría concluir que quien las alberga está al borde de la enfermedad crónica, cuando tan solo se trata de la maternidad.

Cuando el microbioma cambia, puede también hacerlo por razones inexplicables. En un solo día, las comunidades vaginales pueden cambiar rápida y radicalmente, entrando y saliendo de estados que se supone presagian alguna enfermedad, pero sin causas claras ni efectos adversos. Si intentamos determinar la salud de una mujer analizando sus microbios vaginales, los resultados serían difíciles de interpretar y podrían ser ya antiguos en el momento del análisis. Lo mismo ocurre con otras partes del cuerpo.[52]

El microbioma no es una entidad constante. Es una numerosísima serie de miles de especies, compitiendo constantemente unas con otras, negociando con su anfitrión, evolucionando y cambiando. Oscila y late durante un ciclo de veinticuatro horas, por lo que algunas especies son más comunes de día, mientras que otras lo son de noche. Nuestro genoma es casi seguro el mismo que el año pasado, pero nuestro microbioma ha cambiado desde la última comida o desde el amanecer.

Todo sería más fácil si hubiera un único microbioma «saludable» que pudiéramos cuidar, o si hubiese formas claras de clasificar determinadas comunidades como saludables o no saludables. Pero no hay tales cosas. Los ecosistemas son complejos, variados, siempre cambiantes y dependientes del contexto, cualidades enemigas de las categorizaciones fáciles.

Para empeorar las cosas, algunos de los primeros descubrimientos relacionados con el microbioma estaban equivocados. Recordemos que las personas obesas tienen, como los ratones obesos, más firmicutes y menos bacteroidetes que las delgadas. Este dato, la proporción F/B, es uno de los más utilizados en este ámbito, pero se trataba de un espejismo. En 2014, dos intentos de analizar nuevamente estudios anteriores comprobaron que la proporción F/B *no* está relacionada de forma consistente con la obesidad en humanos.[53] Podemos establecer la diferencia entre, digamos, los microbios «obesos» y los «delgados» en un solo estudio, pero las diferencias *entre* estudios no son coherentes. Esto no refuta la relación entre el microbioma y la obesidad. Todavía podemos engordar ratones libres de gérmenes cargándolos de microbios de ratón (o humano) obeso. *Algo* de estas comunidades afecta al peso corporal; no es con exactitud la proporción F/B, o al menos no lo es de manera coherente. Es humillante que, tras una década de trabajo, los científicos apenas hayan identificado microbios claramente ligados a esta condición, la cual ha recibido más atención de los investigadores de microbiomas que cualquier otra. «Creo que todos llegaremos a la conclusión de que, por desgracia, un simple biomarcador, por muy irresistible que parezca, como el porcentaje de un determinado microbio, no será suficiente para explicar algo tan complicado como la obesidad», dice Katherine Pollard, que dirigió uno de los nuevos análisis.

Era lógico que estos resultados contradictorios se obtuvieran en los inicios del estudio de este campo debido a unos ajustados presupuestos y a una tecnología imprecisa. Los investigadores llevaban a cabo pequeños estudios exploratorios en los que comparaban grupos reducidos de personas o animales de cientos o miles de maneras diferentes. «El problema es que acaban siendo como el tarot —dice Rob Knight—. Uno puede contar una bonita historia con cualquier combinación arbitraria.» Imagínese que elijo en la calle a diez personas que visten camisas azules y luego a otras diez que visten camisas verdes. Si les hago unas cuantas preguntas, puedo garantizar que encontraré al menos un par de diferencias relevantes entre los dos grupos. Las personas de camisas azules pueden preferir el café, mientras que las de camisas verdes pueden preferir el té. Las de camisas verdes pueden tener los pies más grandes que las de camisas azules. Podría sostener que, con las de camisas azules, nos entran ganas de tomar café y se nos encogen los pies. Si pudiese abordar a dos grupos de un millón de personas cada uno, me resultaría mucho más difícil encontrar diferencias aleatorias entre ellas, pero estaría más seguro de que las diferencias que *he* visto son significativas. Por otra parte, se necesita mucho tiempo y esfuerzo para abordar a un millón de personas. Los genetistas humanos se enfrentaron al mismo problema. A comienzos del siglo XXI, cuando la tecnología no se había desarrollado lo suficiente, identificaron muchas variantes genéticas vinculadas a enfermedades, rasgos físicos y comportamientos. Pero, una vez que la tecnología de secuenciación se abarató y mejoró lo suficiente para analizar *millones* de muestras, en lugar de decenas o centenares, se vio que muchos de los primeros resultados eran falsos positivos. El campo del microbioma humano se enfrenta ahora a estos mismos problemas de partida.

No facilita precisamente las cosas el hecho de que el microbioma sea tan variable que las comunidades presentes en ratones de laboratorio puedan diferir si estas pertenecen a diferentes linajes, o proceden de diferentes proveedores, o nacieron de madres distintas, o fueron criados en jaulas diferentes. Estas variaciones podrían explicar patrones fantasma o incogruencias entre estudios. También hay problemas con la contaminación.[54] Los microbios están por todas partes. Se introducen en cualquier cosa, hasta en los reactivos químicos que utilizan los científicos en sus experimentos.

Pero estos problemas se están solventando. Los investigadores del microbioma son cada vez más perspicaces con las anomalías experimentales que pueden sesgar sus resultados, y fijan estándares que garanticen la calidad de futuros estudios. Hartos del flujo interminable de correlaciones, reclaman experimentos que demuestren causalidad y expliquen *cómo* los cambios en el microbioma pueden causar enfermedades. Observan más detalles del microbioma y promueven técnicas capaces de identificar las cepas presentes en una comunidad, y no tanto las especies. En vez de secuenciar solo el ADN, estudian también el ARN, las proteínas y los metabolitos; el ADN revela qué microbios hay y qué son capaces de hacer, pero las demás moléculas les dicen qué es lo que realmente hacen. Los investigadores utilizan programas que educan a las máquinas para identificar comunidades complejas de microbios que podrían estar implicadas en enfermedades, en vez de centrarse solo en una o dos especies aisladas.[55] Y se aprovechan de la caída de los costes de la secuenciación para llevar a cabo estudios más amplios.

También planean estudios *más largos*. En lugar de un solo pantallazo del microbioma, tratan de ver la película entera ¿Cómo cambian estas comunidades con el tiempo? ¿Cómo pueden resistir tantos embates antes de derrumbarse? ¿Qué las hace resistentes y qué inestables? ¿Predice su grado de resiliencia el riesgo de enfermedad en una persona?[56] Un equipo está reclutando un grupo de cien voluntarios que recogerán semanalmente muestras de heces y de orina durante nueve meses mientras se someten a dietas específicas o toman antibióticos en determinados momentos. Otros equipos están realizando proyectos similares con mujeres embarazadas (para saber si los microbios contribuyen a los partos prematuros) y personas con riesgo de desarrollar diabetes del tipo 2 (para saber si los microbios desempeñan algún papel en su progresión hacia el estado avanzado de la enfermedad). Y el grupo de Jeff Gordon ha seguido la progresión normal de los microbios durante el desarrollo de un bebé sano, y observado cómo este desarrollo se detiene en los niños con kwashiorkor. Utilizando muestras de heces obtenidas de niños de Bangladesh durante sus primeros dos años, el equipo ha establecido una escala que mide la madurez de sus comunidades intestinales y permite predecir si los niños asintomáticos correrán el riesgo de desarrollar kwashiorkor.[57]

El objetivo último de todos estos proyectos es detectar lo más pronto posible los signos de una enfermedad, antes de que un cuerpo se convierta en el equivalente de un arrecife de algas: un ecosistema degradado que es muy difícil de regenerar.

«Profesor Planer —dice Jeff Gordon—, ¿qué tal está?»

Joe Planer es uno de sus estudiantes, que se halla delante de una típica mesa de laboratorio repleta de pipetas, tubos de ensayo y placas de Petri que han sido introducidos en una tienda de plástico transparente herméticamente cerrada. Parece una de las cámaras aislantes de la instalación libre de gérmenes, pero su finalidad es excluir el oxígeno en lugar de los microbios. Permite al equipo cultivar las numerosas bacterias intestinales que no toleran en absoluto este gas. «Vamos, que si escribe la palabra oxígeno en un papel y se lo enseña, se mueren», bromea Gordon.

Comenzando con una muestra de heces de un niño de Malaui con kwashiorkor, Planer utilizó la cámara anaeróbica para cultivar en su interior tantos microbios como era posible. Luego recogió distintas cepas de estas series e hizo que se multiplicaran en un compartimento propio. Transformó el ecosistema caótico del intestino del niño en una biblioteca ordenada, dividiendo las masas pululantes en ordenadas filas y columnas. «Conocemos la identidad de las bacterias que hay en cada pocillo —explica—. Y ahora le diremos al robot qué bacterias debe tomar y combinar en un recipiente.» Señala una máquina que se halla dentro de la tienda de plástico y que es un lío de cubos negros y varillas de acero. Planer puede programarlo para aspirar las bacterias de cubas específicas y mezclarlas en una especie de cóctel. Aspira, por ejemplo, todas las enterobacteriaceae y todas las clostridia. Luego es capaz de trasplantar porciones de ellas a ratones libres de gérmenes para ver si ellas solas pueden provocarles los síntomas del kwashiorkor. ¿Es importante toda la comunidad? ¿Los provocan todas las especies cultivables? ¿Una sola familia? ¿Una sola cepa? El enfoque es a la vez reduccionista y holístico. Rompe el microbioma, pero luego lo recombina. «Tratamos de determinar qué actores son los causantes», dice Gordon.

Unos meses después vi a Planer trabajando con el robot. El equipo había reducido la comunidad kwashiorkor a solo 11 microbios que replican muchos de los síntomas de la enfermedad en ratones.[58] Esta pandilla microbiana incluía algunas caras conocidas, como *B-theta* y *Bacteroides fragilis*, dos especies que no eran nocivas por sí solas. Solo causaban un problema cuando actuaban juntas, e incluso entonces, solo cuando los ratones carecían de nutrientes. El equipo también formó series de cultivos procedentes de gemelos sanos que no desarrollaron kwashiorkor, e identificó dos bacterias que contrarrestaban el daño infligido por los fatales 11 microbios. La primera era la *Akkermansia*, que, al parecer, desempeña diversas tareas de protección contra la malnutrición *y* la obesidad. La segunda es el *Clostridium scindens*, uno de esos clostridia que detienen la inflamación estimulando a las células T reguladoras.

Frente a la mesa con la tienda hay una mezcladora que permite combinar alimentos de diferentes dietas y pulverizarlos hasta convertirlos en pienso del gusto de los roedores. En una cinta adhesiva pegada a la mezcladora alguien ha escrito «Chowbacca». Ahora el laboratorio de Gordon puede estudiar el comportamiento de la *Akkermansia* y del *Clostridium scindens*, tanto en tubos de ensayo como en ratones libres de gérmenes, y averiguar qué nutrientes necesitan. Esto permite al equipo comparar los efectos de los mismos microbios en la dieta de Malaui, o en la norteamericana, o en los azúcares especiales de la leche materna que nutren a los microbios (y Gordon trabaja en este estudio con Bruce German y David Mills). ¿Qué alimentos nutren a cada clase de microbios? ¿Y qué genes hacen que los microbios actúen? El equipo puede tomar cualquier microbio y crear una biblioteca de miles de mutantes, cada uno de los cuales contiene una copia alterada de un único gen. Y puede introducir estos mutantes en un ratón para ver qué genes son importantes por sobrevivir en el intestino en contacto con otros microbios y causar el kwashiorkor o proteger contra él.

Lo que Gordon ha elaborado es un canal de causalidad: un conjunto de herramientas y técnicas que, espera él, nos dirán de un modo más concluyente de qué manera los microbios afectan a nuestra salud y nos permitirán pasar de las conjeturas y las especulaciones a las respuestas reales. El kwashiorkor es solo el comienzo. Las mismas técnicas podrían funcionar para cualquier enfermedad con una influencia microbiana.

Pero no estamos hablando solo de enfermedades humanas. Muchos animales de los zoológicos enferman por razones desconocidas.[59] Los guepardos padecen de gastritis causada por su equivalente de *H. pylori*. Los titíes —pequeños y adorables monitos— sufren del llamado síndrome de emaciación del tití. ¿Tienen también estas enfermedades su origen en una disbiosis? ¿Podrían estos animales tener problemas con sus microbiomas causados por dietas, ambientes artificiales excesivamente desinfectados, tratamientos veterinarios a los que no están acostumbrados o particularidades de los programas de cría en cautividad? Si los animales pierden sus microbios nativos, ¿cómo se sentirían si los devolvieran a la vida salvaje? ¿Tendrían las bacterias digestivas correctas? ¿Estaría su sistema inmunitario bien calibrado para encarar enfermedades sin veterinarios que lo descalibrasen? Y como ya sabemos que los microbios pueden afectar al comportamiento (y que los roedores libres de gérmenes son menos ansiosos que la mayoría de sus congéneres), ¿tomarían las precauciones necesarias para sobrevivir en un mundo lleno de depredadores?

Es el momento oportuno para hacerse todas estas preguntas. Nuestro planeta ha entrado en el Antropoceno, una nueva era geológica en la cual la influencia de la humanidad está causando un cambio climático mundial, una pérdida de espacios salvajes y un drástico descenso de la riqueza de la vida. Los microbios tampoco se libran.

Ya sea en arrecifes de coral o en intestinos humanos, estamos perturbando las relaciones entre los microbios y sus anfitriones, muchas veces separando especies que han estado juntas durante millones de años. Científicos como Gordon y Blaser se esfuerzan por entender, y tal vez impedir, el fin de estas largas asociaciones. Pero otros están más interesados en saber cómo comenzaron estas.

6

El largo vals

El 15 de octubre de 2010, un ingeniero jubilado llamado Thomas Fritz salió, motosierra en mano, a cortar un manzano silvestre muerto que había cerca de su casa en Evansville, Indiana. El árbol cayó fácilmente, pero cuando Fritz arrastró sus restos, tropezó y una rama del grosor de un lápiz le atravesó la parte carnosa entre sus dedos pulgar e índice. Fritz era un bombero voluntario con formación médica; sabía cómo envolver una herida. Sin embargo, a pesar de sus cuidados, la mano se infectó. Cuando, al cabo de dos días, acudió a la consulta de su médico, se había formado un quiste. Fritz tomó antibióticos, pero no le sirvió de nada. Su mano solo empezó a curarse cinco semanas más tarde, después de que un cirujano extrajera unas pocas astillas de corteza obstinadamente alojadas en su carne.

Todo habría terminado allí si el médico de Fritz no hubiese recogido algo de líquido de la herida. El líquido extraído llegó a unas instalaciones de la Universidad de Utah, donde se identificaron unas misteriosas muestras microbianas. Los instrumentos automatizados del laboratorio identificaron las bacterias presentes en la herida de Fritz como *E. coli*, pero el director médico, Mark Fisher, no estuvo de acuerdo. El ADN no coincidía. Cuando examinó con más detenimiento las secuencias, se dio cuenta de que eran casi idénticas a la de una bacteria llamada *Sodalis*, recientemente descubierta (en 1999). Y tuvo la suerte de que su descubridor, Colin Dale, un biólogo británico, también trabajaba en esa universidad.

Dale se mostró escéptico. Fisher le aseguró que el microbio se estaba mutiplicando en una placa de agar-agar del laboratorio. «¡No!», le respondió Dale. Tenía que haber un error. Que se supiera, la bacteria *Sodalis* solo vivía dentro de insectos. Dale la había encontrado en un insecto hematófago como la mosca tse-tse, y luego en gorgojos, chinches, áfidos y piojos. Anidaba dentro de las células de estos insectos, pues había perdido demasiados genes para poder vivir en cualquier otro lugar. No era posible que pudiera vivir en una placa, y mucho menos en una mano infectada ni en una rama de árbol muerta. Pero el ADN no mentía. Muchos genes de la bacteria que había en la mano de Fritz eran idénticos a los de la *Sodalis*. Dale llamó a la nueva cepa HS, por «human *sodali*». «Sospecho que la cepa HS está muy extendida, pero no vamos a revisar árboles muertos», dijo Dale.

Obsérvense las coincidencias de esta historia. El microbio silvestre se instaló precisamente en aquella rama, que hirió a la persona adecuada, y terminó en el laboratorio perfecto, situado no lejos de donde se hallaba la persona que descubrió su primo domesticado en insectos. Parecía una extraña confluencia de improbabilidades. Que curiosamente se repitió. Esta vez, la víctima fue un niño que trepó a un árbol. Como Fritz, cayó y se clavó una rama. Pero, a diferencia del bombero, su herida no se infectó. Su primer síntoma apareció diez años más tarde, cuando un misterioso quiste se formó en el lugar de la vieja herida. Los médicos lo extrajeron y enviaron una muestra a la Universidad de Utah. Y allí había *dos* cepas de HS.[1]

Olvidémonos ahora de Fritz y del niño: los dos están bien, y tal vez sean ahora más prudentes con los árboles. Hablemos de la cepa HS. A los científicos que estudian la simbiosis les brillan los ojos cuando discuten sobre esta cepa, pues parece abrirles una ventana a uno de los aspectos más fundamentales, pero inciertos, de las asociaciones entre animales y bacterias: sus inicios. Por lo general, cuando aprendemos algo acerca de estas relaciones, los socios han estado bailando juntos durante millones de años. Pero ¿cómo eran cuando se agarraron por primera vez? ¿Qué les movió a hacerlo? ¿Cómo siguieron bailando, y cómo fueron cambiando durante ese baile? Estas son preguntas cargadas de incertidumbre. Los primeros pasos del largo vals casi siempre se pierden en la noche de los tiempos, y han dejado pocas huellas que podamos seguir.

La cepa HS es una excepción. Muestra lo que la bacteria *Sodalis* podría haber sido antes de convertirse en parte de un insecto que le explotaba, cuando era un microbio libre que vivía en su ambiente y era capaz de infectar a un animal si se le presentaba la ocasión. Era un espacio en blanco. Un simbionte en espera. Los científicos habían predicho hacía ya tiempo que tenían que existir microbios ancestrales, pero pocos creían que llegasen a encontrar uno solo. Dale encontró dos. Desde entonces ha dado a la cepa HS el nombre formal de *Sodalis praecaptivus* («*Sodalis* antes de su cautividad»).[2]

Imaginemos a la HS instalada en plantas, y quién sabe en qué sitios más, haciendo allí su vida. Si penetra en un jardinero ocasional, o en un niño que sufre una caída, empieza a multiplicarse. Pero es más probable que penetre en un insecto que viva en una planta. Y Dale especula, basándose en sus genes, que es un patógeno que causa enfermedades en los árboles y se propaga entre ellos a través de los órganos bucales de los insectos. De modo que depende ya de estos para acceder a nuevos huéspedes. Y entonces habría podido evolucionar hasta el punto de poder proporcionarles beneficios, como nutrientes o protección contra parásitos. Finalmente, se habría movido del intestino o de las glándulas salivales de sus anfitriones hacia las propias células de estos. De haber ocurrido eso, en vez de pasar de un insecto a otro a través de un árbol, habría empezado a moverse de la madre a la descendencia, convirtiéndose en una parte permanente del cuerpo de su anfitrión. En estos cómodos ambientes, habría empezado a perder genes que ya no necesitaba, como les ocurre a los simbiontes de insectos, hasta convertirse en la *Sodalis*. Es probable que todo esto aconteciera varias veces, originando las diferentes versiones de la *Sodalis* existentes en diversos grupos de insectos.[3]

Probablemente muchas simbiosis comenzaran de esta manera, con una variedad aleatoria de microbios ambientales —unos, parásitos, y otros, más benignos— que de alguna manera se introdujeron en animales. Estas correrías microbianas son comunes e inevitables. Debido a la omnipresencia de las bacterias, casi todo lo que hacemos nos pone en contacto con nuevas especies.

No hace falta que nos clavemos una rama. El sexo también funciona: cuando los áfidos se aparean, pueden difundir microbios que les ayudan a defenderse de los parásitos o a soportar temperaturas más altas. Comer algo también sirve. Las cochinillas pueden adquirir microbios de sus congéneres por canibalismo. Los ratones pueden adquirir bacterias de sus vecinos ingiriendo sus excrementos. Dos insectos pueden pasar microbios a través de las estelas que dejan si ambos succionan la savia de la misma planta. El ser humano ingiere una media de un millón de microbios por cada gramo de alimento que come. Dado que los microbios están en todas partes, prácticamente todas las fuentes de alimentación, sea un trago de agua, el tallo de una planta o la carne de otro animal, son también fuentes potenciales de nuevos simbiontes.[4]

A los parásitos se les ofrece otra ruta posible hacia un cuerpo. Muchas avispas ponen sus huevos en cuerpos de otros insectos a través de finos tubos que introducen en una víctima detrás de otra. Al hacerlo, las avispas actúan como agujas vivientes, voladoras y contaminadas que propagan microbios potencialmente beneficiosos de un anfitrión a otro igual que la trompa de un mosquito propaga la malaria o el dengue. Sabemos que esto ocurre porque los científicos lo han presenciado en el campo y reproducido en el laboratorio.[5] Comida y agua contaminadas, relaciones sexuales sin protección, agujas sucias: estas son vías que asociamos a alguna *enfermedad*. Pero cualquier camino que un patógeno pueda tomar también pueden tomarlo los simbiontes beneficiosos para acceder a nuevos anfitriones.

Por supuesto, este viaje no lo es todo. Una vez que una bacteria llega a un nuevo destino, necesita hacerse un hogar, y no hay garantías de que lo consiga. Tiene que lidiar con el sistema inmunitario, microbios rivales y otras amenazas. Tal vez solo uno de cada cien intentos conduzca a una asociación estable. Tal vez uno de cada millón. No hay forma alguna de saberlo. Pero en un solo campo, podría haber un millón de áfidos succionando la savia de las mismas plantas, y un millón de avispas revoloteando y apuñalando a los áfidos con sus dagas contaminadas. Con tales números, los acontecimientos improbables llegan a ser comunes, y lo inaudito se torna posible, como clavarse uno la rama de un árbol y adquirir un simbionte.

Los microbios recién llegados pueden quedarse si son parásitos competentes, pero algunos se aseguran su residencia proporcionando algún beneficio. Ni siquiera necesitan adaptaciones especiales. El mundo está plagado de microbios preadaptados a la simbiosis en virtud de lo que hacen de forma natural. Si un herbívoro ingiere microbios que son capaces de descomponer fibras complejas de las plantas y, al hacerlo, liberan subproductos químicos de otro modo inaccesibles que sus células pueden quemar para obtener energía, esos microbios serían admitidos de manera inmediata. Continuando con sus actividades habituales de una manera puramente egoísta, por casualidad benefician a sus anfitriones. Estos «mutualismos de subproductos» son el primer apretón de manos.[6] Ambos socios obtienen algo de la relación, sin que ninguno de los dos tenga que ceder nada. El anfitrión puede entonces adquirir evolutivamente características que sellan la asociación, desde células que alojan a los minúsculos socios hasta puntos de anclaje molecular donde estos puedan sujetarse. Y la más importante de estas características —la que hace más que cualquier otra por sellar una simbiosis— es la herencia.

En un prado europeo, una abeja revolotea entre las flores bajo el sol estival. De pronto, otro insecto negro y amarillo se abalanza sobre ella, la detiene en el aire y la paraliza con su picadura. El atacante es un insecto grande y poderoso conocido como avispa lobo. Esta avispa arrastra a su víctima hasta un nido subterráneo y la entierra junto a uno de sus huevos y varias abejas más, todas inmovilizadas, pero aún vivas. Cuando la larva sale del huevo, devora esta despensa viva, tan cuidadosamente provista por su madre.

Las abejas no son los únicos regalos que estas avispas hacen a sus larvas. Martin Kaltenpoth estudiaba el comportamiento de las avispas lobo, cuando advirtió que de las antenas de uno de sus ejemplares salía un fluido blanco. Ya había visto esta sustancia antes. Después de excavar un nido y antes de añadir un huevo, la avispa lobo presiona sus antenas contra el suelo y exprime una pasta blanca parecida a la pasta de dientes que sale de un tubo. Luego sacude la cabeza de un lado a otro para extender esta secreción sobre el techo del nido. Esa pasta es una señal de salida: le dice a la larva dónde empezar a cavar cuando esté lista para salir del nido. Pero, cuando Kaltenpoth la examinó bajo el microscopio, vio con asombro que estaba repleta de bacterias. ¿Una avispa que secreta microbios de sus antenas? Nadie había oído tal cosa. Y aún más extraño era que todas las bacterias eran idénticas. Cada avispa tenía la misma cepa de *Streptomyces* en sus antenas.

Se trataba de una buena pista. Los microbios del género *Streptomyces* se distinguen por matar a otros microbios; este grupo es la fuente de dos tercios de nuestros antibióticos. Y una larva de avispa lobo sin duda necesita antibióticos. Una vez termina de devorar su provisión de abejas, se encierra en un capullo y pasa allí el invierno. Durante nueve largos meses vive en una cámara cálida y húmeda que es perfecta para criar hongos y bacterias patógenos. Kaltenpoth pensó que la pasta antibiótica de la madre impedía que la larva pudiera contraer alguna infección letal. Y, efectivamente, cuando examinó en detalle las larvas, observó que estas incorporaban las bacterias de la pasta a los hilos de sus capullos, y que las bacterias se alojaban en una especie de tejidos fabricados por ellas mismas, cual centros de microbios productores de antibióticos. Cuando Kaltenpoth privó a las larvas de la pasta blanca, casi todas murieron al cabo de un mes por infecciones de hongos.[7] Si les daba acceso a la pasta, por lo general sobrevivían. Y llegada la primavera, cuando nuevas avispas adultas salían de sus capullos, recogían en sus antenas el mismo *Streptomyces* que las protegía durante el invierno. Fuera ya de ellos, excavaban sus propios nidos, capturaban sus propias abejas y pasaban sus microbios salvadores a sus larvas.

Estos actos de transmisión, en los que los animales pasan microbios a sus descendientes en un relevo generacional, resultan ser los más esenciales en el mundo de la simbiosis, porque labran el destino de anfitriones y simbiontes.[8] Aseguran que el largo vals sea efectivamente largo, que prosiga por mucho tiempo, que las nuevas generaciones de animales y microbios sigan tan agarradas como sus progenitores. Y generan una presión evolutiva para que los bailarines estén aún más estrechamente entrelazados. Los microbios experimentan una inmensa presión evolutiva para desarrollar habilidades que ayuden a sus anfitriones, pues ello les ofrece una variedad aún mayor de compañeros de baile. Y los animales son impulsados a desarrollar formas aún más eficientes de pasar con fidelidad su herencia microbiana a sus descendientes.

La vía más segura, la que crea la simbiosis más íntima, implica la adición de microbios directamente a los óvulos. Las mitocondrias, esas antiguas bacterias que proporcionan energía a nuestras células, están ya en los óvulos de los animales, por lo que pasan de madre a hijo sin esfuerzo extra. Pero hay que importar otros microbios; una estrategia utilizada por los bivalvos del fondo del mar, los platelmintos marinos e innumerables especies de insectos. Estos animales viven acompañados de microbios desde el primer momento de su vida, es decir, cuando tan solo son un óvulo fertilizado. Nunca están solos.

Incluso si la vía del óvulo no es una opción, hay otras maneras de asegurarse de que los descendientes sean colonizados por los microbios adecuados. Muchos insectos usan una estrategia similar a la de las avispas lobo: dejan cerca de sus crías una gran provisión de microbios para que estas los usen. La familia de la chinche apestosa sobresale en esta estrategia, y pocas personas conocen a estas chinches mejor que Takema Fukatsu, un entomólogo animado de un contagioso entusiasmo que se empeñaba en estudiar todo bicho viviente.[9] Él ha demostrado que la chinche empaqueta su microbios en cápsulas duras y resistentes a la intemperie, las coloca junto a sus huevos y, cuando estos eclosionan, las larvas se las comen. Otras especies empaquetan los propios huevos dentro de una jalea también abundante en microbios. Y una especie japonesa, un hermoso insecto rojo y negro que es muy vistoso, pero malo para los cultivos, usa la estrategia más extrema. Mientras que la mayoría de los insectos abandonan las crías a su destino, este guarda celosamente su puesta. Se coloca sobre los huevos como una gallina, y hasta recoge frutos para alimentar a las ninfas cuando salen de los huevos. De algún modo adivina cuándo están a punto de salir, y se adelanta al momento segregando por su parte trasera grandes cantidades de una mucosidad cargada de bacterias. El líquido, de color blanco, cubre los huevos, que terminan formando algo parecido a una pelota de gominolas congeladas por un efecto de glaseado francamente repulsivo. Cuando las crías salen de los huevos, tragan la mucosidad y son así colonizadas por los microbios intestinales más frescos. Dejemos a un lado la parte desagradable y pensemos en lo significativo que es ese momento: en ese primer bocado, cada cría se transforma de un individuo en una colonia de multitudes; de un organismo carente de microbios en un boyante ecosistema.

La hematófaga mosca tse-tse, que transmite la enfermedad del sueño a los humanos, también provee a sus crías de microbios, pero lo hace *dentro de su propio cuerpo*. Es un insecto que pareciera empeñarse en ser un mamífero. En lugar de poner huevos, da a luz a su crías. Y en lugar de asegurar la supervivencia de la especie con una multitud de descendientes, dedica sus energías a una sola larva, que cría dentro de un útero y alimenta con un fluido parecido a la leche. La leche abunda en nutrientes y microbios (incluida la *Sodalis*) a fin de que, cuando el retoño, ya grotescamente enorme, se aparte de su pobre madre —créanme si digo que en el nacimiento humano no hay *nada* parecido al nacimiento de la mosca tse-tse— tenga ya todos los socios bacterianos que necesita.[10]

Otros animales esperan a que sus crías salgan del huevo o sean alumbradas antes de proporcionales los microbios. Cuando una cría de koala tiene seis meses, su madre le retira la leche para que coma hojas de eucalipto. Pero antes la cría acaricia con el hocico la parte trasera de su madre. Ella, en respuesta, libera un fluido llamado *pap*, que la cría traga. El pap está lleno de bacterias que permiten al joven koala digerir las duras hojas de eucalipto, y contiene hasta 40 veces más de estos microbios que las heces regulares. Sin esta comida inicial, todas las posteriores de la cría serán de difícil digestión para su estómago.[11]

Los humanos —y esto nos alegrará saberlo— no tenemos pap. Nuestros óvulos tampoco tienen bacterias (descontando las mitocondrias), y nuestras madres no nos cubren de mucosidades. Nosotros recibimos nuestros primeros microbios en el momento del nacimiento. En 1900, el pediatra francés Henry Tissier sostenía que el útero es una cámara estéril que mantiene fetos y bacterias aparte. Este aislamiento concluye cuando pasamos por el canal del parto y encontramos bacterias vaginales. Ellas son nuestras primeras colonizadoras, las pioneras que se internan en los ecosistemas vacíos que hay dentro de nosotros. Como la chinche apestosa japonesa, venimos al mundo untados con microbios maternos. En los últimos años, algunos estudios han desafiado este concepto informando de rastros de ADN microbiano en sitios supuestamente estériles, como el líquido amniótico, la sangre del cordón umbilical y la placenta, pero estos resultados son muy controvertidos.[12] No está claro cómo estos microbios llegaron allí, ni si su presencia tiene algún sentido, ni que realmente existan; el ADN podría proceder de células muertas, o de bacterias que contaminaron los experimentos. La hipótesis del útero estéril, carente de microbios, de Tissier podría se errónea, pero hasta ahora no se ha venido abajo.

Incluso si los animales no heredasen los microbios de sus padres de manera vertical, todavía hay formas de «atrapar» los simbiontes adecuados por vías horizontales. Muchos animales siembran regularmente su entorno de microbios expulsados, que su descendencia puede recoger.[13] Otros usan un método más directo. Las termitas practican, en palabras de Greg Hurst, «el lamido anal, o trofolaxis proctoial, para usar otro nombre más fino». Al igual que los koalas, necesitan microbios para digerir sus alimentos —en este caso, madera—, y consiguen los suyos por succión de fluidos de sus parientes. Pero, a diferencia de los koalas, las termitas pierden el revestimiento de su intestino, y todos los microbios que tienen allí, cada vez que mudan su exoesqueleto. Por eso necesitan lamer regularmente la parte trasera de sus hermanas para reponerlos. Quizá encontraremos desagradables estos hábitos, pero nuestro desagrado sería inusual. Muchos animales tan conocidos como vacas, elefantes, pandas, gorilas, ratas, conejos, perros, iguanas, escarabajos enterradores, cucarachas y moscas, ingieren con regularidad las heces de otros, una práctica llamada coprofagia.

Para los microbios de la piel, el simple contacto puede bastar. Animales tan dispares como salamandras, azulejos y humanos tienden a albergar comunidades similares de bacterias si viven en espacios limitados. Las personas que comparten la misma casa terminan poseyendo en la piel microbios más similares que sus amigos que viven en otras casas. Del mismo modo, los babuinos que pertenecen a un mismo grupo (y se acicalan unos a otros) tienen microbios intestinales más parecidos que los de otros grupos, incluso si los dos grupos viven en el mismo lugar y guardan la misma dieta. Y el ejemplo más estupendo de esta convergencia procede de un estudio realizado con jugadoras americanas de roller derby. Las jugadoras comparten bacterias de la piel con sus compañeras de equipo, y los diferentes equipos tienen sus propias comunidades. Pero durante un partido, cuando los dos equipos entran en contacto y se empujan, los microbios de su piel convergen temporalmente. El contacto genera semejanza. A veces, en el largo «vals» se producen choques de caderas.[14]

Muchas de estas vías dependen de algún tipo de contacto social.

Estas solo funcionan si los padres permanecen cerca de su prole, o si distintas generaciones se mezclan en grandes grupos. Las chinches japonesas cuidan de sus crías, y esto lo hacen tan solo para transmitirles las bacterias adecuadas. Las termitas viven en densas colonias, donde las nuevas trabajadoras pueden lamer los microbios de sus hermanas. Hay una razón para este patrón, dice Michael Lombardo. Su argumento es que algunos animales iniciaron su vida en grandes grupos porque así podían recibir con más facilidad simbiontes beneficiosos de sus vecinos. Este no es el único factor detrás de la evolución de la socialización, ni siquiera el principal; los animales sociales también pueden cazar en equipo, encontrar seguridad en su número o ser conducidos con eficacia. Lombardo simplemente piensa que la transmisión microbiana es otro beneficio posible, y un beneficio tradicionalmente ignorado. Cuando la gente piensa en microbios contagiosos, tiende a pensar primero en los patógenos. Manadas, rebaños y colonias facilitan la propagación de enfermedades, pero también ofrecen oportunidades para que los simbiontes beneficiosos encuentren nuevos anfitriones.[15]

La gama aparentemente ilimitada de vías de transmisión que aprovechan los animales para capturar microbios de otros animales obedece al mismo imperativo: el de transmitir los microbios de una generación a la siguiente. Sea la chinche o el koala, la avispa lobo o el babuino, cada animal tiene sus formas de asegurarse de que el largo vals prosiga con más o menos los mismos socios. A veces, esto implica una herencia vertical estricta de progenitores a hijos, la cual conecta los anfitriones con los mismos microbios a lo largo de innumerables generaciones. En el otro extremo encontramos las transferencias horizontales, más holgadas, entre congéneres o las procedentes de entornos compartidos; esto asegura cierta continuidad, pero permite a los animales intercambiar más libremente sus simbiontes u obtener otros nuevos. Pero, en este extremo más laxo del espectro, los animales son todavía selectivos. Tienen un mundo de socios donde elegir, pero no bailan con cualquiera.

Las charcas que encontramos en muchos lugares constituyen el hogar de una criatura fascinante y extrañamente carismática que casi seguro nunca hayamos visto antes. Encontrarla es fácil: basta recoger algunas lentejas de agua u otras plantas flotantes, introducirlas en un frasco con un poco de agua y esperar. Si examinamos con cuidado las plantas, observaremos una pequeña mancha verde o parda de unos pocos milímetros de ancho pegada a sus tallos o al envés de sus hojas. Si les damos tiempo y les proporcionamos algo de luz, la mancha se transformará lentamente en un tallo largo coronado de tentáculos. Extendido del todo, parece un delgado brazo gelatinoso con dedos largos y separados.

Es una hidra: un pariente de las anémonas de mar, los corales y las medusas. Su nombre es el de la temible serpiente acuática de varias cabezas que, según la mitología griega, Hércules mató. El nombre es tan absurdo que resulta cómico, dado el pequeño tamaño de la criatura, pero también extrañamente acertado. La Hidra —el monstruo mitológico— aterrorizaba a los aldeanos con su aliento y su sangre venenosos, mientras que la hidra —nuestro animal— mata las pulgas de agua y los camarones con células urticantes que lanza cual arpones venenosos. Al monstruo le podían crecer dos cabezas por cada una cortada; la hidra real es también experta en regeneración. ¿Le cortan una extremidad? No hay problema. ¿Se la ponen del revés? Se las arreglará.

Los biólogos que tratan de entender cómo crecen y se desarrollan los animales, encuentran a la hidra muy interesante. Es fácil de encontrar, alimentar y reproducir. Es también, en su mayor parte, transparente, por lo que la luz de un microscopio pone al descubierto sus funciones internas. Cuando el biólogo del desarrollo Thomas Bosch se topó con ella en 2000, los científicos ya la estudiaban desde hacía siglos. Leeuwenhoek la dibujó en uno de sus cuadernos. Otros se habían percatado de su capacidad de crecer a partir de una sola célula hasta alcanzar el estado adulto, y de cómo pueden regenerarse partes suyas seccionadas. El propio Bosch quedó cautivado por este animal durante toda su carrera. «Siempre prohíbo a mis alumnos usar el término primitivo —explica—. La hidra ha conservado su admirable y exitosa forma de vida durante 500 millones de años.»

Pero Bosch también encuentra extraño que la hidra haya sobrevivido durante tanto tiempo, sobre todo si se tiene en cuenta su sencilla arquitectura. El cuerpo humano es tan complejo que, en su mayor parte, nunca está expuesto al mundo exterior; sus únicos puntos de contacto con él son las capas celulares que revisten sus vísceras, pulmones y piel. Estas capas se denominan epitelios, y, entre sus muchas funciones, está la de impedir a los microbios penetrar demasiado en el cuerpo. Pero resulta que, para la hidra, no existe ese «penetrar demasiado en el cuerpo». La hidra se compone de solo dos capas de células con un relleno gelatinoso, y así, sus partes externas e internas se hallan en contacto permanente con el agua. No hay en ella barrera alguna que aísle sus tejidos del entorno, ni piel, ni caparazón, ni cutículas, ni capas. Una hidra se expone al mundo exterior lo máximo posible en un animal. «No hay más que un epitelio viscoso en contacto con un entorno hostil», dice Bosch. Entonces, ¿por qué una criatura como esta no padece constantes infecciones? ¿Por qué está siempre sana?

Para responder a esta pregunta, Bosch empezó por averiguar qué microbios viven dentro y alrededor de la hidra. Uno de sus estudiantes, Sebastian Fraune, se encargó de esta tarea: trituró hidras, liberó algo de ADN bacteriano y lo secuenció todo. Analizó dos especies estrechamente emparentas y, para su sorpresa, encontró que albergaban distintas comunidades de microbios. Era como si presenciara la fauna de continentes.

Aquello era sorprendente, porque sus hidras provenían de reservas de laboratorios, y eran ejemplares que habían sido criados en contenedores de plástico durante treinta años. Habían estado durante décadas sumergidas en la misma agua cuidadosamente preparada, alimentadas con el mismo alimento y mantenidas a la misma temperatura. Unos reclusos humanos mantenidos en condiciones estándar tan agobiantes tendrían que esforzarse por recordar su identidad. Pero cada hidra —un animal sin cerebro— continuaba reuniendo de alguna manera la comunidad microbiana apropiada a su especie. Parecía inverosímil y, al principio, Bosch no se creyó el resultado. Pero Fraune repitió el estudio y obtuvo los mismos resultados. Secuenció más especies de hidra y observó que cada una tenía su propio y particular microbioma, que coincidía con el de ejemplares silvestres que había recogido de lagos vecinos.[16]

«Esto supuso para mí un auténtico punto de inflexión —dice Bosch—. Siempre veía las cosas desde la óptica tradicional de la microbiología: los tejidos deben defenderse de los malos.» Pero sus experimentos demostraron con toda claridad que las diversas especies de hidra configuraban su propio microbioma.

Esta es una tendencia muy extendida en el reino animal: los animales no bailan con cualquier antigua bacteria que aparezca. Constantemente se introducen en sus vidas nuevos microbios, pero cada especie elige socios específicos entre una mezcolanza de candidatos. En los humanos, por ejemplo, casi todas las bacterias pertenecen a cuatro grupos principales de los cientos que existen en la naturaleza. Hasta las hidras, tan sencillas y tan expuestas al ambiente, tienen su propia manera de seleccionar las especies bacterianas que colonizan su superficie y excluir a otras. Los animales, sean grandes o pequeños, simples o complejos, crean condiciones en las que solo determinados microbios pueden prosperar. Con el tiempo, y debido a la continuidad de la herencia, esta selectividad se torna más estricta, ya que anfitriones y simbiontes se adaptan uno al otro. Los primeros son muy escrupulosos.[17]

Como resultado, cada especie termina albergando su propia comunidad distintiva. Así podemos hablar de un microbioma humano, de un microbioma de ratón o de un microbioma de pez cebra, y lo mismo de un microbioma de chimpancé o de gorila. Incluso las ballenas y los delfines, que comparten los mismos océanos y constantemente exponen su piel nadando e hiriéndose, mantienen las comunidades específicas de su especie. Las avispas lobo de las que antes he hablado son tan selectivas con las bacterias de sus antenas que si adquieren las cepas equivocadas no producirán la blanca mucosidad que transmite esas bacterias a la siguiente generación. Si notan que tienen falsos compañeros, cortan la cadena de la herencia y ponen fin al largo vals.[18]

También los microbios tienen sus socios preferidos, y muchos están adaptados para colonizar huéspedes específicos. Unas cepas del simbionte de la abeja llamado *Snodgrassella* se adaptan a las abejas, y otras a los abejorros, y ninguna de ellas puede colonizar más que a sus anfitriones nativos. Del mismo modo, el microbio intestinal *Lactobacillus reuteri* se presenta en cepas que se han adaptado a seres humanos, ratones, ratas, cerdos y pollos. Si introducimos todas ellas en un ratón, las cepas del roedor superarán a las demás. Estos experimentos de intercambio de microbios pueden ser muy instructivos. John Rawls llevó a cabo los más influyentes cuando intercambió los microbiomas de dos especies comunes en los laboratorios: el ratón y el pez cebra. Rawls crió ejemplares limpios de microbios de ambos animales, y luego les introdujo microbiomas de individuos de la otra especie criados de manera convencional. ¿Aceptaría un pez cebra los microbios del intestino de un ratón y viceversa? La respuesta fue afirmativa. Pero Rawls observó que los animales no las admiten sin condiciones. Ellos remodelan las nuevas comunidades para que se adapten a las nativas. Los ratones «ratonifican» en parte los microbios de los peces, y viceversa.[19]

Eso no quiere decir que cada individuo de una especie en particular tenga un microbioma idéntico. Hay mucha variación. Veámoslo de esta manera: los genes de un animal son como escenógrafos de un teatro; ellos diseñan el escenario sobre el cual los microbios específicos pueden actuar.[20] Nuestro ambiente —amigos, pisadas, suciedad y dieta— afecta a los actores que toman el escenario. Y el azar se enseñorea de toda la producción, lo que explica que ratones genéticamente idénticos que viven en la misma jaula terminen con microbiomas algo diferentes. La composición de nuestro microbioma es un poco como la estatura, la inteligencia, el carácter o el riesgo de padecer cáncer: un aspecto complejo que es controlado por la acción colectiva de cientos de genes y por factores aún más ambientales. La gran diferencia es que nuestros genes no crean directamente el microbioma, como hacen con nuestra estatura o con el tamaño de nuestro cerebro. Establecen condiciones que, a su vez, seleccionan ciertas especies frente a otras.

En su libro ya clásico *El fenotipo extendido*, Richard Dawkins introduce la idea de que los genes de un animal (su genotipo) hacen algo más que esculpir su cuerpo (su fenotipo). También modelan de manera indirecta el ambiente del animal. Los genes del castor construyen cuerpos de castores, pero como esos cuerpos contruyen diques, los genes también redirigen el flujo de los ríos. Los genes de un pájaro crean un pájaro, pero también hacen un nido. Mis genes hicieron mis ojos, manos, y cerebro, y con ellos han hecho también este libro. Todas estas cosas —los diques, los nidos y los libros— son lo que Dawkins llama fenotipos extendidos. Son productos de los genes de una criatura que se extienden más allá de su cuerpo. De alguna manera, eso es lo que nuestros microbiomas son. Ellos también son modelados por genes animales que crean ambientes propicios a la multiplicación de microbios específicos. A pesar de encontrarse *dentro* de sus propietarios, constituyen un fenotipo extendido, igual que el dique de un castor.

Pero esta comparación no es del todo acertada, porque los microbios, a diferencia del dique o de este libro, están vivos. Ellos tienen su propios genes, algunos de los cuales son importantes o esenciales para sus anfitriones. ¡No son extensiones del genoma del anfitrión tanto como el anfitrión es una extensión de los genomas de los microbios! Por eso, argumentan algunos científicos, tal vez no tenga sentido separarlos conceptualmente. Si los animales son exigentes con sus microbios, y los microbios con sus anfitriones, y ambas partes crean asociaciones que perduran a través de generaciones, tal vez tenga más sentido concebirlos como entidades unificadas. Quizá debiéramos ver aquí una unidad.

Ya hemos visto que algunas bacterias se integran de tal manera en sus anfitriones que es difícil ver dónde termina una especie y empieza la otra. Muchos simbiontes de insectos son así, incluidos los numerosos linajes de *Hodgkinia* en las cigarras. Las mitocondrias ciertamente cuentan aquí como hemos visto, estas baterías celulares fueron bacterias de vida libre que acabaron encerradas para siempre dentro de una célula más grande. Este proceso, conocido como endosimbiosis, se consideró por primera vez a principios del siglo xx, pero solo se aceptó varias décadas después, en gran medida gracias a la bióloga estadounidense de mente abierta Lynn Margulis. Ella hizo de la endosimbiosis una teoría coherente, que, saltándose las barreras del género, expuso en un artículo que contenía una mezcla impresionante de pruebas procedentes de la biología celular, la microbiología, la genética, la geología, la paleontología y la ecología. Fue una audaz pieza de erudición. Y fue rechazado en 15 ocasiones antes de publicarse en 1967.[21]

Margulis fue repudiada y ridiculizada por sus colegas, pero ella supo devolver los golpes. Rebelde y desdeñosa de los dogmas, era una consumada iconoclasta científica. «No considero que mis ideas sean polémicas —dijo una vez—. Las considero correctas.» Tenía razón sobre las mitocondrias y los cloroplastos, pero, debido a otras afirmaciones demasiado rotundas, a menudo el máximo respeto hacia ella se acompaña de un cauteloso escepticismo hacia sus ideas. Un biólogo me contó que la oyó mencionar su nombre en una charla. «¡Estupendo —pensó—, Lynn Margulis conoce mi nombre!» Luego, añadió ella: «[...] está completamente equivocado». «Vaya —pensó—, si Lynn Margulis piensa que estoy equivocado, en algo debo de estarlo.»

La endosimbiosis influyó en su visión del mundo durante toda su carrera. Se sentía atraída por las conexiones *entre* cosas vivas, y se daba cuenta de que cada criatura vive en comunidad con muchas otras. En 1991, acuñó una palabra para describir esta unidad: holobionte, del griego *holo* («todo») y *bíos* («vida»).[22] Con ella se refería a una serie de organismos que pasan partes significativas de su vida juntos. El holobionte «avispa lobo» es la avispa más todas las bacterias de sus antenas. El holobionete «Ed Yong» es un servidor más sus bacterias, hongos, virus y demás.

Cuando el matrimonio israelí compuesto por Eugene Rosenberg e Ilana Zilber-Rosenberg conoció el término, se entusiasmó con él. Los dos habían estudiado los corales, y llegaron a ver a estos animales como entidades colectivas cuyo destino depende de las algas en sus células y de los microbios a su alrededor. Tenía sentido considerarlos comunidades unificadas. Comprobaron que solo se podía entender la salud de un arrecife considerando el holobionte «coral» en su totalidad.

Rosenberg trasladó el concepto de holobionte al mundo de los genes. Los biólogos evolucionistas habían llegado a considerar a los animales y otros organismos como vehículos de sus propios genes. Los genes que crean los mejores vehículos —los guepardos más veloces, o los corales más sólidos, o las aves del paraíso más vistosas, por ejemplo— tienen más probabilidades de pasar a la siguiente generación. Con el tiempo, estos genes se hacen más comunes. Sus vehículos animales también, pero los genes son lo que la selección natural realmente hace con ellos. Ellos son, en lenguaje técnico, las «unidades de selección». Pero ¿de qué genes estamos hablando? Un animal no solo depende de sus genes, sino también de los de sus microbios, que a menudo son mucho más numerosos. Y también los microbios dependen de los genes de sus anfitriones para construir los cuerpos que los transportarán a las generaciones futuras. Para Rosenberg, no tenía sentido tratar estas series de ADN de forma separada. Creía que funcionaban como una sola entidad, un hologenoma que «debe considerarse como la unidad de la selección natural en evolución».[23]

Para entender lo que esto significa, recordemos que la evolución por medio de la selección natural depende exactamente de tres cosas: los individuos deben *variar*; estas variaciones deben ser *heredables*; y estas variaciones deben tener potencial suficiente para determinar su *aptitud*, es decir, su capacidad para sobrevivir y reproducirse. Variación, herencia y aptitud: si las tres casillas están marcadas, el motor de la evolución se pone en marcha, bombeando generaciones cada vez mejor adaptadas a su ambiente. Los genes de un animal ciertamente cumplen con esta trinidad de criterios. Pero Rosenberg observó que los *microbios* de un animal también lo hacen. Diferentes individuos pueden albergar comunidades, especies o cepas de microbios, luego hay variación. Como hemos visto, los animales pasan de muchas maneras sus microbios a su descendencia, luego hay herencia. Y como veremos, los microbios confieren importantes habilidades que influyen en la capacidad adaptativa de su anfitrión, luego pueden determinar su aptitud. Tic, tic, tic y el motor arranca. Con el tiempo, los holobiontes que mejor responden a los desafíos pasarán sus hologenomas —el total de sus genes más los de sus microbios— a la siguiente generación. Los animales y sus microbios evolucionan como una sola entidad. Es una forma más holística de enfocar la evolución, una forma que redefine lo que es un individuo y subraya que los microbios son inseparables de la vida animal.

Cualquier intento de reescribir los fundamentos de la teoría evolutiva inevitablemente irritará a alguien, y la idea de hologenoma no es una excepción: pocos conceptos de este libro suscitarán tantas insidias y mofas entre los apacibles investigadores de la simbiosis. Encuentro irónico que esta teoría, que muestra todo un modelo de cooperación y de unidad, pueda dividir hasta tal punto a personas que pasan todo su tiempo pensando en cooperación y unidad.

A muchos les gusta por su audacia. Pone a los despreciados microbios al mismo nivel que a sus anfitriones, traza un enorme círculo conceptual en torno a ellos y agrega flechas parpadeantes que apuntan a ese círculo por si acaso alguien no se entera. Dice que los microbios son importantes, algo que no hay que olvidar. «Cada animal es un ecosistema con patas —explica John Rawls—. Podemos usar la palabra holobionte u otra distinta, pero es necesario tener alguna para designar el concepto, y yo no he encontrado otra mejor.»

Forest Rohwer es más comedido. Después de Margulis reintrodujo la palabra «holobionte», que se hizo corriente, pero la usa simplemente para describir organismos que viven juntos. «No es sino la simbiosis normal —dice—. [La simbiosis] mezcla y empareja [organismos] cediendo a presiones externas, y confiere propiedades que pueden ser positivas o negativas.» Y no le interesa demasiado la idea del hologenoma. Tiene una cara un tanto falsa —le parece—, en la que vemos anfitriones y microbios progresando juntos y en armonía hacia un futuro más brillante. La evolución no funciona así. Sabemos que hasta las simbiosis más armoniosas están teñidas de antagonismo. Rohwer piensa que, al posicionar Rosenberg el hologenoma como unidad fundamental de selección, resta importancia a estos conflictos. Rosenberg parece estar diciendo que la evolución actúa maximizando el éxito de ese todo, y no es así. Actúa también sobre las partes, y las partes están a menudo en desacuerdo. Nancy Moran, una especialista en biología evolutiva que estudia los áfidos y sus simbiontes, está de acuerdo. «Yo sería la primera en afirmar que los simbiontes son superimportantes, y mucho más de lo que se ha creído —dice—, pero el concepto de hologenoma se está utilizando para enmascarar muchas ideas borrosas.»

La naturaleza del hologenoma tampoco está clara. Un simbionte como la *Sodalis*, que vive en las células de la mosca tse-tse y se hereda de forma vertical, es una parte tan inextricablemente ligada a sus anfitriones, que sus genes pueden considerarse parte del hologenoma de la mosca tse-tse. Las avispas lobo tienen sus propias cepas de *Streptomyces*, y la hidra sus multitudes escogidas con todo cuidado; en estos casos, el concepto encaja razonablemente bien. Pero no todos los animales son igual de exigentes. Entre los tordos, los cardenales, y quizá otras aves cantoras, los individuos tienen microbios intestinales diferentes por completo; puede haber más variación dentro de una sola especie que la existente entre *todos los mamíferos*.[24] Aquí, el efecto de los genes de los animales, aunque existe, parece estar eclipsado por la influencia del ambiente. Si los compañeros microbianos de un animal pueden ser tan inconstantes, ¿tiene sentido hablar del hologenoma como una unidad? ¿Y qué decir de todas las especies que aparecen por un tiempo en nuestro cuerpo? Cuando Thomas Fritz se hirió en la mano, ¿acaso se integraron los genes de la cepa HS en su hologenoma? ¿Incluye mi hologenoma los microbios del bocadillo que acabo de comer?

Seth Bordenstein, de la Universidad Vanderbilt, que se ha puesto el manto de evangelizador jefe de la nueva del hologenoma, afirma que ninguna de estas objeciones es fatal. Arguye que el marco del hologenoma no supone que cada microbio del cuerpo de un animal sea importante para él. Unos podrían ser residentes aleatorios, y otros, residentes pasajeros. Pero siempre habrá una pequeña fracción que importa. «Podría ser que el 95 por ciento de los microbios sean neutrales, y que solo unos pocos microbios clave convivan de manera estable con nosotros a lo largo de toda nuestra vida y determinen de algún modo nuestra aptitud», dice.[25] Los primeros serían ignorados por la selección natural, y los segundos serían favorecidos. Algunos microbios tendrían efectos negativos —por ejemplo, una bacteria pasajera del cólera—, y la selección natural los purgaría del hologenoma, igual que lo haría con una mutación perjudicial en un genoma. De esta manera, la teoría da también cabida a los conflictos. La idea del hologenoma no se reduce necesariamente a la unión y la cooperación, como argumentan sus críticos (y algunos de sus defensores). Tan solo nos dice que los microbios y sus genes son parte del cuadro. Ellos afectan a sus anfitriones de maneras que importan a la selección natural y que nosotros pasamos por alto cuando pensamos en la evolución animal. «No es un marco perfecto, pero creo que es el mejor que ahora tenemos para pensar en el modo en que la microbiota y el individuo pueden unirse», dice Bordenstein. Sus detractores argumentarían que el concepto de simbiosis ya ha dado cuenta de esto durante siglos.[26]

Si hay algo en lo que todos están de acuerdo, es que el tiempo para las metáforas se ha terminado y el tiempo para las matemáticas está cerca. El que la visión genecéntrica de la evolución haya tenido tanto éxito, se debe en parte a que los biólogos evolucionistas pueden utilizar ecuaciones para crear modelos de la aparición y desaparición de genes y de los costes y beneficios de las mutaciones. Pueden estructurar sus ideas abstractas con la precisión de los números. Los partidarios del hologenoma no pueden hacerlo, lo que va en detrimento de su argumento. «Estamos en las primeras fases, y hay quien piensa que este es un asunto solo tentativo, sin mucho rigor», dice Bordenstein. Es una observación justa, admite, y uno espera que otros pongan remedio a la situación.

Rosenberg no se detiene. Cree que los biólogos de la vieja escuela evolucionista están demasiado anquilosados por décadas de pensamiento centrado en el anfitrión para apreciar la importancia de los microbios. («Hasta mis amigos me han acusado de ser bacteriocéntrico», dice.) Y ahora, recientemente jubilado, le satisface que otros tomen las armas en esta batalla intelectual. «Cerré mi laboratorio y abrí mi mente», afirma. Pero antes de hacerlo tenía una última aportación que hacer.

Hace unos años, los Rosenberg se toparon con un viejo artículo de 1989 en el que una bióloga llamada Diane Dodd demostraba que la dieta de una mosca podría afectar a su vida sexual. Crió una variedad de mosca de la fruta alimentada con fécula y otra idéntica alimentada con maltosa, un azúcar. Al cabo de 25 generaciones, las «moscas de la fécula» preferían aparearse con otras moscas de la fécula, mientras que las moscas de la maltosa tendían a hacerlo con las de su misma dieta. Era un resultado extraño. Al cambiar la dieta de las moscas, Dodd había alterado de algún modo sus preferencias sexuales.

Los Rosenberg dijeron de inmediato que tenía que ser una bacteria. La dieta de un animal afecta a su microbioma; los microbios afectan a su olor, y el olor afecta a su atractivo. Todo tenía sentido, y encajaba muy bien en el concepto hologenoma. Si estaban en lo cierto, las moscas habrían evolucionando no solo cambiando sus genes, sino cambiando también sus microbios (como, se presume, habrían hecho los resistentes corales mediterráneos). Repitieron el experimento de Dodd y obtuvieron el mismo resultado: al cabo de dos generaciones, las moscas se sentían más atraídas por las que habían criado con la misma dieta. Y si los insectos recibían una dosis de antibióticos y perdían sus microbios, también perdían sus preferencias sexuales.[27]

El experimento era bastante peculiar, pero profundo. Si dos grupos del mismo insecto se ignoran el uno al otro y solo se aparean dentro de sus círculos sociales, acabarán divididos en especies distintas. Estas escisiones se producen constantemente en la naturaleza, y las fuerzas que las causan pueden tomar muchas formas. Pueden ser obstáculos físicos, como montañas o ríos. Pueden ser diferencias en el tiempo, en las horas o estaciones en que los animales están activos. Podrían ser genes incompatibles que impiden a dos animales cruzarse. Cualquier cosa que detenga el apareamiento, o que elimine o debilite la descendencia fruto de esos apareamientos, puede crear «aislamiento reproductivo», una brecha que separa a dos especies. Y como Rosenberg había demostrado, las bacterias también pueden causar el aislamiento reproductivo. Al actuar como una barrera viva que impide que dos poblaciones se junten, los microbios podrían originar nuevas especies.

Este concepto no es nuevo. En 1927, el norteamericano Ivan Wallin caracterizó la simbiosis como un «motor de innovación». Argumentó que bacterias simbióticas transformaron especies existentes en otras nuevas, y que este era el medio fundamental por el cual aparecían nuevas especies. En 2002, Lynn Margulis se hizo eco de sus opiniones afirmando que la creación de nuevas simbiosis entre organismos distintos —que ella denominó *simbiogénesis*— es *la* fuerza principal que origina nuevas especies. Para ella, los tipos de relaciones que hemos tratado hasta ahora en este libro no eran solo pilares de la evolución, sino sus mismos cimientos. Pero no consiguió demostrarlo. Enumeró abundantes ejemplos de microbios simbióticos que originaron importantes adaptaciones evolutivas, pero no presentó casi ninguna prueba de que realmente dieran origen a nuevas especies, y mucho menos de que fueran la fuerza principal responsable de ese origen.[28]

Ahora están saliendo a la luz algunas pruebas. En 2001, Seth Bordenstein y su mentor, Jack Werren, estudiaban dos especies estrechamente emparentadas de avispa parasitaria: la *Nasonia giraulti* y la *Nasonia longicornis*. Ambas han existido como especies separadas durante solo 400.000 años, y a ojos inexpertos parecen idénticas: igual de diminutas, con cuerpos negros y patas anaranjadas, pero no pueden reproducirse entre ellas. Las dos avispas portan cepas diferentes de *Wolbachia*; al aparearse, el choque entre ambas cepas rivales mata a la mayoría de los híbridos. Cuando Bordenstein eliminó la *Wolbachia* de la ecuación con antibióticos, los híbridos sobrevivieron. Demostró que en estas avispas el aislamiento reproductivo era *superable*, clara prueba de que los microbios mantienen separadas a estas especies recién creadas. En 2013 obtuvo resultados aún más convincentes en experimentos con otras dos avispas lejanamente emparentadas que tampoco engendran híbridos viables. Esta vez demostró que los híbridos acaban teniendo microbios intestinales muy diferentes de los de sus progenitores, y pensó que este microbioma mezclado los mata porque es incompatible con sus genomas. Es la muerte causada por un hologenoma distorsionado.[29]

Bordenstein presentó el estudio como una prueba clara de que la simbiosis puede dar origen a nuevas especies, como Wallin y Margulis habían sostenido. Pero los críticos dicen que los microbios discordes no tienen nada que ver con eso, sino que lo que sucede con ellos es algo más simple.[30] Según argumentan, lo híbridos tienen sistemas inmunitarios defectuosos que los hacen vulnerables a *cualquier bacteria*. Aunque los dotemos del microbioma que queramos, seguirán muriendo. Tengan o no razón, lo cierto es que los híbridos tienen problemas con sus microbios, y esto abre una brecha entre las dos especies de avispas. Eso es interesante en sí mismo. «Hemos encontrado ambas historias en la *Nasonia*, y no creo que sea algo fortuito —afirma Bordenstein—. Y es porque nos preguntábamos si los microbios causan aislamiento reproductivo. ¿Cuántos no se han hecho esta pregunta? ¿Cuántas otras historias nos hemos perdido? Simplemente no creo que hayamos encontrado dos únicos ejemplos por pura suerte.»

Por ahora, la especiación por simbiosis sigue siendo una idea posible e interesante que todavía tiene que verificarse. El puñado de casos encontrados son, sin duda, fascinantes en sí mismos. Si alguien encuentra una pepita de oro, no dirá a nadie que la ha tomado de Fort Knox, solo la ha encontrado. Del mismo modo, no es necesario redefinir la teoría evolucionista para apreciar que el destino de los microbios puede entretejerse con el de los animales.

No se puede negar que los microbios ayudan a construir los cuerpos de sus anfitriones, o que están implicados en los aspectos más personales de nuestras vidas, desde la inmunidad hasta el olfato o el comportamiento, o que su presencia puede suponer la diferencia entre la salud y la enfermedad. Para mí, esto es ya extraordinario. Usemos los términos hologenoma, simbiosis o cualquier otro, está claro que los microbios, desde sus comienzos desfavorables como parásitos o vagabundos ambientales, pueden encontrarse en los cuerpos de los animales, y crear vínculos poderosos, y a veces esenciales, que se han expandido incontenibles a través de las generaciones. Y es hora de averiguar las consecuencias de estas íntimas asociaciones, no ya en el desarrollo o en la salud de determinados animales, sino en el destino de especies y grupos enteros. Es hora de averiguar qué pueden obtener exactamente los animales cuando aprovechan el poder de sus socios microbianos.

7

El éxito mutuamente asegurado

Me hallo de pie en un recinto del tamaño de un pequeño cobertizo de jardín. Hay espacio suficiente para dar unos pasos, pero es casi inevitable rozarse con las paredes. La puerta es pesada e imponente. El interior es blanco y se halla impecable. El aire está controlado por un ventilador muy potente que se pone en marcha de forma rítmica, me recuerda a Darth Vader con un megáfono. Por todas partes hay plantas. Semillas de guisantes, habas y alfalfa brotan de pequeños tiestos dispuestos en bandejas sobre estantes. Parece un extraño invernadero, y aún más extraño por estar todo cubierto. Algunas macetas están tapadas con vasos de plástico transparentes. Otras se hallan dentro de cubos de plástico solo accesibles a través de unas portillas de la anchura de un brazo con una fina muselina anudada sobre ellas. Una caja bastante grande contiene un atomizador de brotes.

«Acabamos de empezar a criarlos, así que ni siquiera sé si están ya ahí», dice la bióloga Nancy Moran, propietaria de este recinto en la Universidad de Texas, en Austin, y de todo lo que contiene.

Miro detenidamente los brotes. Sea lo que sea lo que Moran esté buscando, tampoco yo lo encuentro.

«Sí, aquí están. —Me las señala—. Están en ese tallo.»

Tras una larga pausa, y justo antes de que le pregunte en qué tallo exactamente, lo localizo. Son minúsculas cuñas negras, de no más de un centímetro, parecidas a calzas para las puertas, pegadas a los brotes. Son chicharritas de alas cristalinas. Son minúsculos insectos que hincan en las plantas sus penetrantes mandíbulas para succionar la savia de sus vasos. Después de filtrar los escasos nutrientes, se desprenden del agua restante expulsándola por su parte trasera en un fino chorro de gotitas. La chicharrita sorbe la savia de decenas de plantas diferentes, lo que la convierte en una gran amenaza para la agricultura, de ahí la muselina y la imponente puerta.

Este recinto está lleno de estas amenazas. Hay otra planta que está siendo devorada por una variedad de cicadélidos. Hay varios estantes con brotes de habas que se están comiendo los áfidos del guisante. Al ser insectos verdes sobre tallos verdes, pasan inadvertidos, pero finalmente los distingo: son como píldoras verdes con patas largas y finas, antenas echadas hacia atrás y dos púas que sobresalen de su abdomen. Cada áfido tiene su propio feudo, un único brote vertical, todo para el solo. Las plagas de áfidos, como las de chicharritas, son serias. Estos insectos pueden hacer que las plantas se marchiten y mueran por el solo peso de sus infestaciones, y eso sin contar los virus de que son portadores. Son la pesadilla de los agricultores, unos bichos indeseables en cualquier lugar donde los humanos cultiven plantas, excepto en este recinto. En él son lo único importante. En él, las plantas existen para alimentarlos. Este es uno de los pocos jardines del mundo en los que el propietario cría de forma deliberada áfidos y otras plagas de insectos.

Estos modestos insectos pertenecen todos al orden de los hemípteros, que incluye las chinches de cama, las llamadas chinches asesinas, los insectos cocoideos y los cicadélidos, los cuales clavan sus mandíbulas en las plantas para succionarles la savia. Cuando la mayoría de la gente usa la palabra «bicho», se refiere a cualquier cosa pequeña que trepa por una pared. Cuando la usan los entomólogos, piensan en algún hemíptero. La mayoría de los miembros de este grupo pasan toda la vida succionando la savia de las plantas, y son los únicos animales que lo hacen de forma tan exclusiva. Las mariposas o los colibríes pueden tomar un sorbo ocasional de savia, pero solo los hemípteros están especializados en esa dieta. Y resulta que ellos deben esta forma de vida a las bacterias simbióticas. Si todas estas bacterias muriesen de golpe, todos los insectos del recinto en que me encuentro morirían. «Estos grupos existen gracias a sus simbiontes», dice Moran. Y no solo existen, sino que *prosperan*: se han descrito unas 82.000 especies de hemípteros, y hay miles más por descubrir.

Hemos visto cómo los animales dependen de los microbios en

aspectos cotidianos y esenciales de sus vidas, como formar órganos o calibrar sistemas inmunitarios. También hemos visto brevemente que algunos microbios pueden conferir a sus anfitriones habilidades más inusuales, desde el camuflaje luminiscente del calamar hawaiano hasta la capacidad regenerativa del platelminto *Paracatenula*. Ahora veremos cómo otros superpoderes otorgados por microorganismos han convertido algunos grupos de animales en triunfadores evolutivos, capaces de digerir alimentos indigeribles, resistir ambientes inhóspitos, sobrevivir a comidas fatales y vivir donde otras especies no podrían. Los hemípteros son perfectos para empezar.

En 1910, un zoólogo alemán llamado Paul Buchner empezó a estudiar estos simbiontes como parte de un gran viaje alrededor del mundo de los insectos.[1] Y examinando sin cesar innumerables especies, se percató de que la simbiosis entre animales y microbios no era un fenómeno raro, como otros creían en aquella época. Era la regla más que la excepción: «un recurso generalizado, aunque siempre suplementario, para aumentar de multitud de maneras las posibilidades vitales de los animales que los albergan». Sus décadas de trabajo precipitaron en un *magnum opus* titulado *Endosymbiose der Tiere mit pflanzlichen Mikroorganismen*,[2] que fue traducido al inglés y publicado poco antes de que Buchner cumpliera ochenta años. Cuando Moran saca un ejemplar de las estanterías de su despacho, relee con reverencia sus páginas amarillentas. «Es la biblia de este campo», afirma.

Los insectos han fascinado a Moran durante décadas. Ella fue una vez *esa* niña que recoge insectos y los guarda en frascos. Ahora es una de las principales figuras en el campo de la simbiosis, y los áfidos han sido la piedra angular de su carrera. En 1991, ayudó a secuenciar los genes de simbiontes de once especies de áfidos, una tarea ingente en un momento en que la tecnología de secuenciación estaba todavía en mantillas, y ella y sus colegas se pasaban la vida «enviando disquetes de un sitio a otro». Encontraron que todos los simbiontes de áfidos pertenecían a la misma especie sin nombre. Es tradición en este campo honrar a los grandes de la microbiología poniendo sus nombres a los microbios recién descubiertos, como una especie de firma. Simeon Burt Wolbach quedó inmortalizado en la *Wolbachia*. Louis Pasteur vive en la *Pasteurella*. Probablemente casi nadie haya oído hablar de un oscuro veterinario norteamericano llamado Daniel Elmer Salmon, pero seguramente sabrá de su homónima, la *Salmonella*. ¿Qué nombre se injertó en el simbionte del áfido? No podía ser otro. Moran lo llamó *Buchnera*.[3]

Esta es una vieja compañera de los áfidos. El árbol genealógico de cepas de *Buchnera* refleja a la perfección el de sus anfitriones, los áfidos. Con establecer uno, se tiene ya el otro.[4] Esto significa que la *Buchnera* colonizó los áfidos solo una vez (o, al menos, que solo una infección tuvo éxito). Ese acontecimiento pionero sucedió hace entre 200 y 250 millones de años, cuando empezaron a aparecer los dinosaurios y antes de que existieran mamíferos y flores. ¿Qué hizo la *Buchnera* durante todo ese tiempo? Buchner había adivinado la respuesta: supuso que los simbiontes de insectos estaban allí sobre todo por razones nutricionales, ayudando a sus anfitriones a digerir los alimentos. Tal es sin duda el caso en muchos de los insectos que estudió, pero con la *Buchnera* ocurrió algo ligeramente diferente. No descomponía los alimentos del áfido. Los complementaba.

Los áfidos se alimentan de la savia del floema, un fluido dulce que circula por las plantas. Es una magnífica fuente de alimento en muchos sentidos: abundante en azúcar, escasa en toxinas y en gran parte no aprovechada por otros animales. Pero, desafortunadamente, también es deficiente en varios nutrientes, incluidos diez aminoácidos esenciales que los animales necesitan para sobrevivir. Un déficit de cualquiera de ellos sería desastroso. Y un déficit de los diez, intolerable, a menos que haya algo más que lo compense. Ahora hay pruebas abrumadoras de que la *Buchnera* es ese algo.[5] Los científicos que han tratado a los áfidos con antibióticos que matan a la *Buchnera*, han encontrado que los insectos necesitan suplementos artificiales de aminoácidos para sobrevivir. Utilizando compuestos químicos radiactivos para rastrear el flujo de nutrientes del microbio al anfitrión, demostraron que los aminoácidos fluyen en esa dirección. Y probaron que el genoma de la *Buchnera*, pese a ser extremadamente pequeño y degenerado, conserva muchos de los genes necesarios para la producción de aminoácidos esenciales.

Muchos, pero no todos. Fabricar aminoácidos es una tarea compleja que requiere conducir ingredientes iniciadores a través de una serie de reacciones químicas, cada una de ellas catalizada por una enzima diferente. Imaginemos una cadena de montaje de una fábrica de automóviles donde una cinta transportadora pasa una serie de elementos uno tras otro. Un operario coloca los asientos; otro añade el chasis; el siguiente coloca las ruedas. Al final del proceso se tiene un coche. Las secuencias bioquímicas que sintetizan aminoácidos funcionan de modo similar, aunque ni los áfidos ni la *Buchnera* pueden construir cada uno por su cuenta toda la maquinaria enzimática necesaria. Pero, si cooperan, pueden establecer la líneas de producción, que entran y salen de dos fábricas, una radicada dentro de otra. Solo juntos pueden subsistir con la savia del floema.[6]

El vínculo entre la succión de savia y los simbiontes suplementarios resulta más claro gracias a los hemípteros que han abandonado ambas cosas. Unos pocos han decidido alimentarse de células vegetales enteras, y como en esta dieta no hay escasez de aminoácidos, han descartado a sus simbiontes. No hay cabida en estas relaciones para la nostalgia o el sentimentalismo; el brutal contrato de selección natural garantiza que si un socio es innecesario, se le abandona. Esto se aplica también a los genes, y explica por qué los hemípteros se vieron en un principio abocados a una situación nutricional precaria. Son animales, y todos los animales evolucionaron a partir de los predadores unicelulares que se alimentaban de otras cosas. Su comida les proporcionaba muchos de los nutrientes que necesitaban, por lo que perdieron los genes capaces de producir estos nutrientes. Nosotros —es decir, áfidos, pangolines, humanos y el resto— vivimos asentados en su legado. Ninguno de nosotros puede fabricar esos diez aminoácidos esenciales, y comemos para llenar ese vacío. Y si queremos adoptar una dieta especializada y empobrecida como la de la savia del floema, necesitamos ayuda.

Y aquí entran las bacterias. Ellas han permitido repetidamente a los hemípteros superar una limitación que afecta a todo el reino animal, y darse un festín con un alimento del que poco más se podía aprovechar.[7] Cuando las plantas colonizaron la tierra firme, también lo hicieron estos insectos chupadores de plantas. Hoy se contabilizan unas 5.000 especies de áfidos, 1.600 especies de moscas blancas, 3.000 de pulgones, 8.000 de cochinillas, 2.500 de cicadas, 3.000 de cercopoideos, 13.000 de fulgoromorfos y más de 20.000 de cicadélidos, y estas son solo las únicas que conocemos. Gracias a sus simbiontes, los hemípteros son todo un ejemplo de éxito evolutivo.

Los hemípteros están lejos de ser los únicos animales con simbiontes nutricionales. Entre el 10 y el 20 por ciento de los insectos dependen de estos microbios, que les proporcionan vitaminas, aminoácidos para la fabricación de proteínas y esteroles para producir hormonas.[8] Todos estos suplementos vivos permiten a sus poseedores subsistir con dietas deficientes, desde la savia hasta la sangre. Las hormigas carpinteras —un grupo diverso con alrededor de 1.000 especies— son portadoras de un simbionte llamado *Blochmannia* que les permite vivir con una dieta en gran parte vegetariana y dominar en el follaje de los bosques tropicales.[9] Minivampiros como los piojos y las chinches (y otros parásitos que no son insectos, como las garrapatas y las sanguijuelas) albergan bacterias capaces de producir las vitaminas B que faltan en la sangre de la que se alimentan.

Una y otra vez, las bacterias y otros microbios han permitido a los animales trascender su animalidad básica y meterse en rincones y recovecos ecológicos que de otro modo les habrían resultado inaccesibles; para adoptar estilos de vida que, de otra manera, serían inviables; para comer lo que, sin esos microbios, no podrían digerir; para sobrevivir en contra de su naturaleza esencial. Y los ejemplos más extremos de este éxito mutuamente asegurado se pueden encontrar en las profundidades de los océanos, donde algunos microbios aportan tantas cosas a sus anfitriones que estos pueden vivir con la más pobre de las dietas, con nada.

En febrero de 1977, unos meses antes de que estallara en el espacio el *Halcón Milenario*, un vehículo igual de aventurero llamado *Alvin* viajaba al fondo oceánico. Era un sumergible lo bastante grande para alojar a tres científicos, lo bastante pequeño para impedirles extender sus brazos, y lo bastante robusto para bucear a profundidades increíbles. Se sumergió a 250 millas al norte de las islas Galápagos, en una zona donde dos placas tectónicas se alejan una de otra como amantes que se separan. Esta separación abrió en la corteza terrestre una grieta en la que era probable encontrar los primeros respiraderos hidrotermales; sitios donde, se creía, el fondo oceánico escupiría agua volcánicamente sobrecalentada.

El equipo del *Alvin* descendió. El azul de la superficie dio paso al

El pangolín Baba, del zoo de San Diego, está preparado para que le tomen una muestra de las bacterias de su piel. En él pululan, como en todos nosotros, numerosísimas bacterias.

El simpático calamar hawaiano alberga una especie de bacterias luminiscentes única, que lo oculta de los predadores al difuminar su silueta con el resplandor que emiten.

Los microscopios de Antony van Leeuwenhoek parecen bisagras transformadas, pero eran los mejores de su época, y gracias a ellos fue el primer ser humano de la historia que vio bacterias.

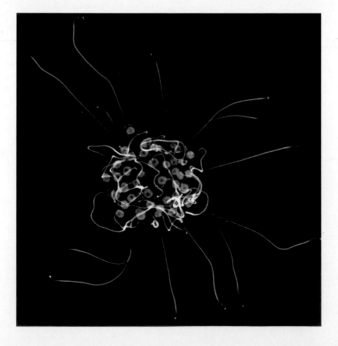

Los coanoflagelados unicelulares forman colonias con forma de roseta cuando detectan la presencia de una particular molécula bacteriana; los primeros animales de la Tierra pudieron hacer algo similar.

Como muchos anfibios, esta rana montañesa de ancas amarillas se halla amenazada por un hongo devastador. Las bacterias de su piel pueden ser su salvación.

Dentro de esta cigarra periódica de trece años, una bacteria llamada *Hodgkinia* se ha dividido en dos especies, cada una de las cuales es la mitad de un todo anterior.

De adulto, el gusano *Hydroides elegans* segrega unos tubos blancos que, por ejemplo, cubren los cascos de los barcos con una capa de varios centímetros de espesor. Sin sus bacterias, los gusanos nunca alcanzarían el estado adulto.

Este ratón libre de gérmenes que sostengo en mi mano fue criado en una burbuja esterilizada, y es uno de los pocos animales en todo el planeta que nunca ha estado expuesto a bacterias.

Cuando no encuentra deliciosos cacahuetes, la rata cambalachera del desierto es capaz de digerir las sustancias tóxicas del arbusto de la creosota porque los microbios que alberga en su intestino neutralizan los venenos.

La temible avispa lobo protege sus larvas recubriendo su nido con microbios productores de antibióticos.

La desaparición de los tiburones y otros grandes predadores puede perjudicar a los arrecifes de coral al cambiar las comunidades de microbios que se multiplican sobre ellos.

Los gusanos tubulares gigantes prosperan en los respiraderos hidrotermales a 2.400 metros bajo la superficie del océano. No tienen boca ni intestino, porque las bacterias que hay en su interior producen todo el alimento que necesitan.

Algunas personas albergan microbios intestinales que son excepcionalmente eficaces en la digestión de esta alga *Porphyria* por haber adquirido de bacterias marinas genes que la descomponen.

Así intercambio bacterias con el bueno del Capitán Beau Diggley.

Una rareza en el mundo animal: la cochinilla de los cítricos es una muñeca rusa viviente. Tiene bacterias que viven dentro de sus células, y estas bacterias tienen a su vez otras bacterias viviendo dentro de ellas.

Lo que parece un bonito bosque en otoño es en realidad la muestra de una terrible devastación. El escarabajo del pino de montaña, asociado con microbios, ha destruido por toda Norteamérica millones de hectáreas de árboles de hoja perenne.

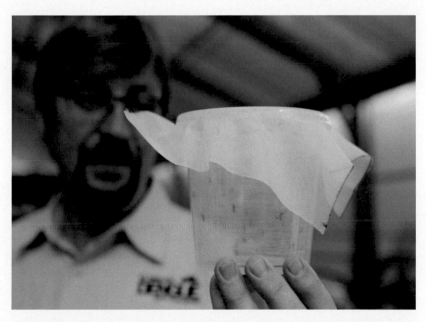

Estos mosquitos normalmente propagan el virus de la fiebre del dengue. Pero Scott O'Neill los ha transformado en armas contra el dengue al cargarlos con *Wolbachia*, una bacteria que bloquea el virus y se propaga rápidamente entre las poblaciones de insectos.

Una avispa bracónide pone sus huevos dentro de una oruga que acabará devorada. La avispa utiliza virus domesticados para suprimir el sistema inmunitario de su víctima.

negro, un negro que todo lo borra en los fondos abisales. Un negro absoluto. Un negro solo interrumpido por el parpadeo ocasional de criaturas bioluminiscentes y, finalmente, por las luces del sumergible. A una profundidad de 2.400 metros, alrededor de una milla y media, el equipo encontró los respiraderos predichos, pero también algo que no esperaban, vida en extrema abundancia. Enormes comunidades de bivalvos y crustáceos se aferraban a las chimeneas rocosas. Fantasmales camarones y cangrejos blancos trepaban sobre ellas. Pasaban peces. Y lo más extraño de todo: las rocas mostraban incrustaciones de unos duros tubos blancos que terminaban en plumas carmesíes de gusanos gigantes. Parecían pintalabios que hubieran sido arrojados desde muy lejos, o algo aún más sugestivo desde un punto de vista sexual. Eran en realidad gusanos gigantes.

En este submundo supuestamente sin vida, ajeno al sol, agitado por un agua que puede alcanzar los 400 grados centígrados, y comprimido por la enorme presión del océano a tal profundidad, el equipo del *Alvin* había descubierto un ecosistema oculto tan rico como cualquier selva tropical. Era, como Robert Kunzig escribió en *Mapping the Deep*, «como haber nacido y haberse criado en Labrador, en completa ignorancia del mundo exterior, y un día tirarse en paracaídas sobre Times Square». El equipo estaba tan poco preparado para encontrar vida que no había en él un solo biólogo; todos eran geólogos. Cuando recogieron especímenes y los llevaron a la superficie, el único conservante que tenían era vodka.[10]

Uno de los gusanos tubulares gigantes acabó en manos de Meredith Jones, del Smithsonian Museum of Natural History, que lo llamó *Riftia pachyptila*. Lo halló tan intrigante que en 1979 visitó la grieta de las Galápagos para recoger más, en un lugar tan atestado de plumas rojas que lo llamaron La Rosaleda. En una vieja fotografía en blanco y negro aparece Jones, con su pelo canoso y un mostacho, mostrando uno de sus ejemplares de *Riftia*. Se muestra tierno, casi cariñoso; el gusano parece una cadena de salchichas mal rellenadas. También es enorme, más grande que cualquier otro gusano de aguas profundas conocido, y seguramente tan largo como alto era Jones. Lo curioso es que no tenía boca, ni vísceras, ni ano.

¿Cómo vivía ese gusano si no podía comer? La hipótesis más obvia era que absorbía nutrientes a través de su piel como una tenia, pero esta idea no tardó en descartarse, pues no era posible que hiciera eso con la suficiente rapidez. Jones encontró entonces una buena pista. El trofosoma del gusano, un misterioso órgano que constituía la mitad de su peso, encerraba cristales de azufre puro. Jones mencionó este hallazgo en una de sus conferencias en la Universidad de Harvard. Entre el público asistente se hallaba una joven zoóloga llamada Colleen Cavanaugh que tuvo una ocurrencia. Escuchando su descripción del trofosoma, un fogonazo se encendió en su mente: ¡eureka! Cuenta ella que se levantó de golpe y anunció que los gusanos tenían dentro bacterias que usaban el azufre para producir energía. Se dice que Jones le pidió que se sentara. Más tarde le dio uno de sus gusanos para que lo estudiara.

La revelación de Cavanaugh era correcta y revolucionaria.[11] Examinando el trofosoma de la *Riftia* al microscopio, descubrió que estaba lleno de bacterias, alrededor de 1.000 millones por gramo de tejido. Otro científico había demostrado que el trofosoma era rico en enzimas capaces de procesar sulfuros, como el sulfuro de hidrógeno, tan común en el entorno de los respiraderos submarinos. Tras atar cabos, Cavanaugh sugirió que estas enzimas provenían de las bacterias, que utilizaban para fabricarse alimento de una manera completamente diferente a todas las entonces conocidas.

En tierra, la vida obtiene energía de la luz solar. Plantas, algas y algunas bacterias pueden aprovechar la energía del sol para producir su propio alimento mediante la transformación del dióxido de carbono y del agua en azúcares. Este proceso, en el que el carbono es derivado de la materia inorgánica para formar sustancias nutritivas, se llama *fijación del carbono*, y el uso de la energía solar en dicho proceso se denomina *fotosíntesis*. Esta es la base de todas las cadenas de alimentación con las que estamos familiarizados. Cada árbol y cada flor, cada ratón de campo y cada halcón, dependen en último término de la energía solar. Pero en las profundidades oceánicas, la luz solar no es una opción. Es posible filtrar la escasa cantidad de materia orgánica que baja de arriba, pero para prosperar realmente, se necesita una fuente diferente de energía. Para las bacterias de la *Riftia* esta es el azufre, o más bien los sulfuros que escupen los respiraderos. Las bacterias oxidan estos compuestos químicos y usan la energía liberada para fijar el carbono. Y esto es la *quimiosíntesis*: fabricar el alimento utilizando energía *química* en lugar de luz o energía solar. Y en vez de desprender oxígeno como producto de desecho, como hacen las plantas fotosintéticas, estas bacterias *quimiosintetizadoras* producen gran cantidad de azufre puro. De ahí los cristales amarillos en el trofosoma de la *Riftia*.

La quimiosíntesis explica por qué los gusanos carecen de boca y de intestino: sus simbiontes les proporcionan todo el alimento que necesitan. A diferencia de los áfidos o las chicharritas, que dependen de las bacterias para obtener aminoácidos, estos gusanos dependen de sus simbiontes para *todo*.

Los científicos pronto encontraron simbiosis similares en las profundidades de los océanos. Resulta que una gran variedad de animales son anfitriones de bacterias quimiosintéticas que utilizan sulfuros o metano para fijar carbono.[12] El gusano nematelminto regenerable *Paracatenula* es uno de ellos. Existen moluscos bivalvos, gusanos y caracolas blindadas con simbiontes quimiosintéticos en sus celdas, y camarones con colonias en sus bocas y branquias. Hay nematodos tan cubiertos por estos microbios que parece que vistan abrigos de piel. Hay cangrejos yeti con verdaderos jardines de bacterias en sus hirsutas pinzas, que ellos agitan en una cómica danza.

Muchas de estas criaturas viven junto a los respiraderos hidrotermales. Otras se acumulan alrededor de las surgencias frías, que liberan casi los mismos compuestos químicos a temperaturas más bajas y a un ritmo más sosegado. Algunos gusanos tubulares emparentados con la *Riftia* colonizan la madera de barcos naufragados y árboles hundidos, subsistiendo con los sulfuros dentro de la madera podrida. Las ballenas muertas que descienden al fondo del océano como el maná del cielo, también crean ambientes ricos en sulfuros que sustentan comunidades temporales, pero muy profusas, de criaturas quimiosintéticas. Algunas de estas, como el *Osedax mucofloris* o flor mucosa, un gusano sin vísceras que se alimenta de los huesos, está especializada en las ballenas hundidas.

Para estos animales, la vida en las profundidades oceánicas es el término de un viaje de retorno evolutivo que ha durado miles de millones de años. La vida en la Tierra se originó en los respiraderos hidrotermales, y tomó primero la forma de los microbios quimiosintéticos. (Una zona de la grieta de las Galápagos ha recibido el acertado nombre de Jardín del Edén.) Estos microbios ancestrales evolucionaron luego hacia incontables formas más bellas y admirables, propagándose lejos de las profundidades a aguas poco profundas. Unos dieron origen a formas de vida más complejas, como animales. Y otros, que se asociaron con bacterias quimiosintéticas, descendieron nuevamente a los abismos, a un mundo que, de otro modo, sería demasiado escaso en nutrientes para poder subsistir. Todos los animales que hoy viven en los respiraderos hidrotermales, la *Riftia* incluida, evolucionaron a partir de las especies de aguas someras que se convirtieron en anfitriones de los microbios de aguas profundas. Al internalizar esas bacterias, los animales ganaron un pasaje a las profundidades hadeanas, en las cuales había surgido la vida.

La quimiosíntesis pudo haberse originado en esos fondos, pero no está restringida a ellos. Cavanaugh ha encontrado bacterias quimiosintéticas en bivalvos que viven en lodos poco profundos y ricos en sulfuros junto a la costa de Nueva Inglaterra. Otros han descubierto asociaciones similares en manglares, pantanos, lodos contaminados con aguas residuales e incluso en sedimentos junto a arrecifes coralinos, ecosistemas que son casi sinónimos de aguas poco profundas. Nicole Dubilier, antigua miembro del equipo de Cavanaugh, estudia la quimiosíntesis en el lugar más alejado que cabe imaginar de los respiraderos hidrotermales: la isla toscana de Elba, tan típica de tarjetas postales.

La luz del sol baña la isla de Elba, y su energía no se desperdicia. En las bahías crecen enormes praderas marinas. Pero, incluso allí, donde la fotosíntesis parece reinar, abunda la quimiosíntesis. Cuando Dubilier se sumerge en esta pradera y agita un poco de sedimento, salen unos brillantes hilos blancos. Son gusanos llamados *Olavius algarvensis*, parientes cercanos de la lombriz de tierra. Miden unos pocos centímetros de largo y medio milímetro de ancho, y carecen de boca y de intestino. «Creo que son bonitos —dice Dubilier—. Son blancos porque las bacterias simbióticas que tienen debajo de su piel están llenas de glóbulos de azufre. Es fácil extraerlos.» Estas bacterias son quimiosintéticas, al igual que las de muchos nematodos, bivalvos y platelmintos de la zona. En este lodo mediterráneo, la diversidad de organismos que funcionan con sulfuros es comparable a la de las profundidades. «¡En Italia! —dice Dubilier—. Tuvimos que ir a los mares profundos, descender a los exóticos respiraderos, para enterarnos de que las simbiosis quimiosintéticas están en nuestros patios traseros. En cada descenso descubrimos nuevas especies y nuevas simbiosis.»

La isla de Elba parece un lugar paradisiaco, pero lanza desafíos a la vida quimiosintética. Recordemos que las bacterias de la *Riftia* liberan energía al oxidar los sulfuros. Los sedimentos de Elba tienen muy pocos sulfuros, por lo que la quimiosíntesis, tal como la conocemos, no tendría que funcionar allí. Entonces, ¿qué hacen los gusanos *Olavius* para ganarse la vida? Dubilier obtuvo la respuesta en 2001, cuando descubrió que tienen *dos* simbiontes diferentes: uno grande y otro pequeño, ambos mezclados debajo de su piel.[13] La bacteria pequeña retiene sulfatos, que son abundantes en los sedimentos de Elba, y los convierte en sulfuros. Luego, la bacteria grande oxida los sulfuros para permitir la quimiosíntesis, como hacen los microbios de la *Riftia*. En este proceso genera sulfatos que su vecina más pequeña puede reutilizar. Los dos microorganismos se alimentan uno a otro en un ciclo de azufre, que luego alimenta al gusano, una simbiosis *à trois*. Al sumarse las bacterias pequeñas que retienen sulfatos a las ya existentes, los gusanos de *Olavius* lograron colonizar un lodo demasiado empobrecido para sus habituales compañeros quimiosintéticos.

Desde entonces, Dubilier ha descubierto que esta alianza es aún *más* complicada. El gusano *Olavius* tiene en realidad *cinco* simbiontes, dos que procesan sulfatos, otros dos que se ocupan de los sulfuros, y un quinto con forma de sacacorchos y de función desconocida. «Veo que necesitaremos otros treinta años para entenderlo por completo —dice Dubilier riéndose—. Pero ella tiene suerte. Como estudia las simbiosis en aguas poco profundas, no depende de los sofocantes sumergibles para recoger sus criaturas. Le basta con bucear en la soleada Elba, o en sitios como el Caribe y la Gran Barrera de arrecifes. Es ciertamente difícil este trabajo científico, pero alguien tiene que hacerlo

Más difícil le resultó a Ruth Ley recoger microbios. El problema no eran las muestras de heces que buscaba (en el mundo del microbioma, uno no tarda en acostumbrarse a manipular excrementos); ni tampoco los animales del zoológico de los que las obtenía, siempre había jaulas, muros y guardas con varas entre ella y las garras o los colmillos. No, el problema eran los trámites burocráticos.

Ley era una ecóloga microbiana que quería comparar las bacterias intestinales de distintos mamíferos para ver cómo sus dietas y sus historias evolutivas modelaron sus microbiomas. Necesitaba una gran zoológico y gran cantidad de heces, y encontró ambas cosas en el cercano zoológico de Saint Louis. En los huecos entre otros experimentos, Ley acudía allí con guantes, bolsas y una cubeta de hielo seco. Un guardián amistoso la guiaba y distraía a los animales mientras ella se introducía y guardaba los excrementos. «Solo regresaba cuando alguien se daba cuenta de que andábamos recogiendo excrementos, y decidí que todo tenía que hacerse de manera formal y burocrática», dice. Se acabaron las guías del amable guardián y las aventuras informales; se convirtió en un asunto oficial, con formulario incluido de solicitud de permiso para recoger heces siguiendo un rancio protocolo. Por ejemplo: un día de invierno, Ley vio que los hipopótamos se habían aliviado en el suelo de su recinto. «¡Había una enorme pila de estiércol! —exclama—. Pero me dijeron que los hipopótamos no estaban incluidos en la solicitud. Entonces, un hombre que retiraba con una pala las deposiciones me dijo: "Dentro de diez minutos, todo esto acabará en el callejón. Allí podrá recoger algo".» Y así lo hizo ella.

También consiguió estiércol de osos (negro, polar y de anteojos), elefantes (africanos y asiáticos), rinocerontes (indios y negros), lémures (negro, lémur mangosta y anillado) y pandas (gigantes y rojos). Durante más de cuatro años de visitas al zoo, recogió las deposiciones de 106 ejemplares de 60 especies. Secó cada muestra en un horno, las desmenuzó en una mezcladora y las pulverizó en un mortero. El olor fue memorable. La recompensa fue el ADN, que le permitió catalogar los microbios que vivían en los intestinos de sus anfitriones.

Ley observó que cada mamífero tenía su propio conjunto de microbios, pero que estas comunidades se agrupaban de distintas maneras, dependiendo de la ascendencia de sus dueños y, en particular, de su dieta.[14] Los herbívoros albergaban generalmente la mayor diversidad de bacterias. Los carnívoros, la menor. Y los omnívoros, con variadas dietas, quedaban en medio. Había excepciones: los microbios intestinales de los pandas, rojos y gigantes, era más parecidos a los de sus parientes carnívoros —osos, gatos y perros— que a los de los herbívoros.[15] Con todo, el patrón general se mantenía, y este tenía una explicación sencilla y una profunda implicación.

En primer lugar, la explicación. Las plantas son, con mucha diferencia, la fuente más abundante de alimentos en tierra, pero se necesita más poder enzimático para digerirlas. En comparación con la carne animal, los tejidos vegetales contienen carbohidratos más complejos, como celulosa, hemicelulosa, lignina y resistentes almidones. Los vertebrados no tienen los machetes moleculares necesarios para cortarlos. Las bacterias sí. La bacteria intestinal común *B-theta* tiene más de 250 enzimas que metabolizan los carbohidratos; nosotros tenemos menos de 100, a pesar de poseer un genoma que es 500 veces más grande. Al romper los carbohidratos vegetales con su amplio conjunto de herramientas, la *B-theta* y otros microbios liberan sustancias que alimentan de manera directa nuestras células. En conjunto, proporcionan el 10 por ciento de nuestros requerimientos energéticos y un enorme 70 por ciento de los de una vaca o una oveja. Para vivir con una dieta vegetarina, los animales necesitan una gran cantidad y diversidad de microbios.[16]

Y ahora, la implicación. Los primeros mamíferos eran «carnívoros», pequeños y escurridizos azotes de insectos. El cambio de los insectos a las plantas fue un avance evolutivo para nuestro grupo. La gran abundancia y variedad de plantas permitió a los herbívoros diversificarse mucho más que sus parientes carnívoros, y ocuparon nichos que habían quedado desocupados tras la desaparición de los grandes dinosaurios. Hoy en día, la mayoría de las especies de mamíferos se alimenta de plantas, y la mayoría de los órdenes tiene al menos algunos miembros herbívoros. Incluso el orden Carnívora —el orden al que pertenecen gatos, perros, osos y hienas— incluye a los pandas, que comen bambú. Así, el éxito de los mamíferos se basó en el vegetarianismo, y el vegetarianismo se basó en los microbios. Repetidas veces, diferentes grupos de mamíferos ingerían microbios de su entorno capaces de degradar vegetales y usaban sus enzimas para digerir hojas, brotes, tallos y pequeñas ramas.

No es suficiente tener los microbios adecuados. Estos necesitan espacio y tiempo para funcionar. Los mamíferos que comían plantas les proporcionaron ambas cosas. Agrandaron partes de su aparato digestivo hasta convertirlas en cámaras de fermentación, en parte para albergar a sus compañeros digestivos, y en parte para ralentizar el paso de los alimentos y así aprovecharlos mejor. En elefantes, caballos, rinocerontes, conejos, gorilas, cerdos y algunos roedores, estas cámaras se hallan al final del intestino. Estas «fermentadoras posteriores» utilizan sus propias enzimas para obtener del alimento tantos nutrientes como sea posible antes de dar una oportunidad a sus microbios. Otros mamíferos, como vacas, ciervos, ovejas, canguros, jirafas, hipopótamos y camellos, tienen sus fermentadoras en la parte anterior, donde habitan sus microbios, ya sea antes de su estómago o en la primera de varias cámaras. Ellos sacrifican algunos nutrientes para sus bacterias, pero luego digieren a estos compañeros de digestión. «Para eso pusieron la bolsa delante: para comerse también las bacterias —dice Ley—. Algo muy inteligente. Comiendo solo hierba pueden tener toda la nutrición que quieran.» Algunas fermentadoras situadas en la parte anterior, como las que posee el ganado vacuno, dan a sus microbios aún más tiempo para trabajar gracias a la rumiación, un desagradable pero eficaz ciclo de regurgitación, nueva masticación y retorno del contenido al estómago.

La posición de la cámara de fermentación también influye en los tipos de microbios que los mamíferos han adquirido. Ley observó que los microbiomas de las fermentadoras anteriores son más similares entre sí que los de las fermentadoras posteriores, y viceversa. Estas similitudes trascienden los límites de la ascendencia. El canguro es un marsupial saltador australiano, y el okapi un jiráfido africano con pantalones a rayas, pero ambos tienen fermentadoras anteriores y microbios muy similares. Este patrón se mantiene también entre los mamíferos con fermentadoras posteriores.[17]

En otras palabras, los microbios modularon la evolución del intestino de los mamíferos, y la forma del intestino de los mamíferos influyó en la evolución de los microbios.[18]

Este tema quedó todavía más claro con el siguiente estudio realizado por Ley. Junto con Rob Knight, comparó las secuencias de sus microbios del zoológico con las obtenidas de otros animales y en diversos hábitats, como suelos, aguas marinas, aguas termales y lagos. Y observó que, en cuanto a diversidad de microorganismos, el intestino de los vertebrados es diferente de cualquier otro medio microbiano. Y aún más diferente del de lagos, manantiales y demás que el de estos ambientes entre sí. Había —así la caracterizó el equipo— una «dicotomía intestinal/no intestinal».[19] «Fue una gran sorpresa —dice Knight—. La primera vez que alguien hizo ese análisis, pensé que lo había hecho mal.» Las razones de la dicotomía no están claras, pero Knight aventura que el intestino es un hábitat único para los microbios: oscuro, carente de oxígeno, inundado de líquidos, patrullado por las células inmunitarias y *extremadamente* rico en nutrientes. No todas las bacterias pueden sobrevivir en este medio; solo las que encuentran abundantes oportunidades ecológicas se instalan en él. Una bacteria representativa que entra allí parece enloquecer; se diversifica en multitud de cepas y especies emparentadas. El resultado es un árbol genealógico con un tronco largo y profundo y un amplio, pero poco profundo ramaje, más parecido a una palmera que a un roble.

Lo mismo aconteció en las islas. Un animal pionero llega a una isla transportado por una enorme tormenta, o por un tronco flotante, o por un barco. Vuela, salta del tronco o se escabulle del barco, y sus descendientes empiezan lentamente a colonizar los distintos hábitats y a diferenciarse en nuevas especies. Así surgieron los llamados *honeycreepers* hawaianos, los pinzones de las Galápagos, los caracoles de la Polinesia Francesa, los anolis del Caribe... y quizá los microbios de nuestro intestino.

El equipo demostró que los microbiomas intestinales de los vertebrados vegetarianos eran especialmente diferentes de cualesquiera otros: de los de las comunidades del entorno, de los que albergan los carnívoros, de los presentes en otras partes del cuerpo y de los que se encuentran en los invertebrados. Un intestino puede ser especial, pero un intestino de vertebrado es especialmente especial, y un intestino de vertebrado lleno de vegetales es especial al cuadrado. Un bolo formado por brotes y hojas, con su amplia variedad de carbohidratos, es como una isla que ofrece multitud de fuentes de alimentación. Ofrece a los colonizadores miles de maneras de subsistir, y alienta su diversificación en nuevas formas.[20] Repetidas veces, la digestión con ayuda de microbios ha favorecido a los vegetarianos, y no solo entre los mamíferos.

Entre los insectos, los campeones del vegetarianismo son las termitas. En 1889, Joseph Leidy, un extraordinario naturalista estadounidense, abrió las entrañas de unas termitas para averiguar lo que comían. Mientras observaba al microscopio los insectos diseccionados, le sorprendió ver pequeñas partículas que salían de los cadáveres como «una multitud de personas por la puerta de un templo atestado de gente». Los consideró «parásitos», pero ahora sabemos que esos minúsculos seres evacuados son protistas: microbios eucariotas más complejos que las bacterias, pero que todavía se reducen a una sola célula. Los protistas pueden constituir la mitad del peso de las termitas que colonizan, y son abundantes por una sencilla razón: tienen enzimas que digieren la resistente celulosa de la madera que las termitas devoran.[21]

Los protistas se encuentran principalmente en los intestinos de los grupos más antiguos de termitas: las llamadas de forma despectiva «termitas inferiores». Las pomposamente llamadas «termitas superiores» aparecieron más tarde; dependen más de las bacterias, que albergan en una serie de estómagos parecidos a los de las vacas en cuanto a su organización.[22] Las aún más grandiosamente llamadas macrotermitas son las últimas que entraron en escena, y usan la estrategia más sofisticada para destruir la madera: la agricultura. Dentro de sus cavernosos nidos cultivan un hongo al que alimentan con fragmentos de madera triturada. El hongo divide la celulosa en componentes más pequeños, creando un compost que las termitas comen. Dentro de sus intestinos, las bacterias siguen digiriendo los fragmentos. Las termitas contribuyen muy poco a esta tarea; su papel principal es albergar las bacterias y cultivar el hongo. Sin esta doble compañía, mueren de hambre. Una reina macrotermita lleva las cosas aún más lejos. Es enorme. Su torso tiene la longitud de una uña, pero su abdomen es tan grande como la palma de una mano, y no es sino un saco pulsante de huevos, tan hinchado que no puede moverse. También en ella hay una clara falta de microbios intestinales. Depende de sus laboriosas hijas (y *sus* microbios), que la alimentan. Toda la colonia —miles de obreras, miles de millones de microbios, y unos nidos gigantescos recubiertos del hongo que rompe la madera— funciona como si fuese su intestino.[23]

Podemos confirmar el éxito de esta estrategia si viajamos a África. Allí, las macrotermitas levantan enormes montículos. Algunos pueden alcanzar los 9 metros de altura, auténticos rascacielos con góticos juegos de capiteles y contrafuertes. El más antiguo registrado —ahora abandonado— es de hace 2.200 años. Los montículos proporcionan hogares a muchos animales, y las propias termitas suministran alimento a otros. También conducen el flujo de nutrientes y agua en su entorno al consumir plantas caídas y en descomposición. Son ingenieras de ecosistemas. En la sabana, las termitas hacen sus cosas en secreto; o, mejor dicho, sus microbios. Si esas bacterias intestinales que descomponen las plantas dejaran de existir, el paisaje africano cambiaría radicalmente. No solo desaparecerían las termitas, sino también las enormes manadas de herbívoros: antílopes, búfalos, cebras, jirafas y elefantes, todos sinónimos de fauna africana.

Una vez presencié en Kenia la gran migración del ñu (el maratón anual en el que millones de estos antílopes parecidos a las vacas recorren largas distancias en busca de pastos más verdes). En un momento dado, tuvimos que dejar parado el jeep durante más de media hora para que pasara una interminable procesión de esos animales. Sin microbios para obtener tanta nutrición como sea posible de sus duros bocados indigestos, esos herbívoros no existirían. Tampoco nosotros. Cuesta imaginar que, sin los rumiantes domesticados, la humanidad no habría ido más allá de la caza, la recolección y la agricultura más básica, y mucho menos habría inventado los vuelos internacionales y los safaris. En lugar de turistas contemplando pasmados una manada de cámaras de fermentación pasando apresurada delante de ellos y haciendo con sus pezuñas un ruido atronador, habría un horizonte despejado y silencio.

Durante treinta semanas, Katherine Amato mantuvo la misma rutina. Se levantaba antes del amanecer, conducía su vehículo hasta el Parque Nacional de Palenque, en México, y escuchaba. Mientras la luz del alba atravesaba los árboles, entre las ramas resonaban unos aullidos profundos, guturales y muy intensos. Estas llamadas procedían de las gargantas de los monos aulladores mexicanos, unos animales arborícolas grandes, negros, de cola prensil y voz potente. Durante todo el día, Amato escuchaba sus aullidos y los observaba desde el suelo mientras trepaban por las copas de los árboles. A ella le interesaban sus microbiomas intestinales, por lo que necesitaba sus excrementos. Los monos aulladores defecan todos al mismo tiempo: «Cuando uno empieza, sabemos que los demás harán inmediatamente lo mismo», dice Amato.

¿Por qué se toma tantas molestias? Porque los monos aulladores comen alimentos muy diferentes durante todo el año. Durante aproximadamente la mitad del año, comen sobre todo higos y otros frutos, que tienen muchas calorías y son fáciles de digerir. Cuando estos se agotan, subsisten sobre todo con hojas y flores, que tienen pocas calorías y son de más difícil digestión. Algunos científicos habían sugerido que los monos compensan este déficit dietético con la pereza, si bien Amato no lo ve así; sus monos aulladores eran igual de activos en todas las épocas del año. Pero sus microbios intestinales cambian. Durante los meses sin frutos producen más ácidos grasos de cadena corta (SCFA). Como estas sustancias nutren las células de los monos, los microbios proporcionan a sus anfitriones más energía en un periodo en que obtienen menos calorías de su comida. Ellos ofrecen a los monos estabilidad nutricional frente a las veleidades estacionales.[24]

Hablar de los animales como si cada especie se alimentara siempre de lo mismo, como aquí he hecho, es una simplificación. En realidad, nuestras dietas varían de una temporada a otra, e incluso de un día a otro. Un mono aullador puede tener higos para la cena durante un mes y pasarse el mes siguiente masticando hojas con desgana. Una ardilla puede comer frutos secos en abundancia durante una temporada y nada en absoluto la siguiente. Hoy puedo zamparme un cruasán, y mañana tomarme una ensalada. Con cada nueva comida o bocado, seleccionamos los microbios que más nos sirven para digerir lo que hemos comido. Ellos reaccionan con increíble velocidad. En un estudio se pidió a diez voluntarios que se sometieran a dos estrictas dietas de cinco días cada una: una rica en frutas, verduras y legumbres, y otra a base de carne, huevos y queso. Cuando los voluntarios cambiaban de dieta, cambiaban también sus microbiomas, y lo hacían con rapidez. En un solo día, podían pasar de degradar carbohidratos, al comer vegetales, a degradar proteínas, al comer carne.[25] De hecho, estos dos tipos de comunidades se parecían mucho a los microbios intestinales de mamíferos herbívoros y carnívoros, respectivamente. En menos de una semana estaban recapitulando millones de años de evolución.

De esta manera, nuestros microbios intestinales nos permiten disfrutar de una alimentación más flexible. Esto no tendría mucha importancia para los habitantes de los países desarrollados, ni para los animales de los zoológicos, los cuales son alimentados de forma regular y abundante. Pero podría suponer una gran diferencia con nuestros antepasados cazadores-recolectores, o con los animales salvajes, como los monos aulladores de Amato. Ellos deben adaptarse a los menús estacionales. A los festines y al hambre. Se ven obligados a probar alimentos desconocidos. Un microbioma de rápida adaptación ayuda a responder a estos retos. Proporciona flexibilidad y estabilidad en un mundo mudable e incierto.

Esta flexibilidad, que puede ser una bendición para los animales, es una maldición para nosotros. Este es el caso de un gusano que ataca la raíz de la planta del maíz. Se trata de la larva de un escarabajo norteamericano que constituye una seria plaga. Los adultos ponen huevos en los campos de maíz, y al año siguiente, las larvas se dan una festín con las raíces de las plantas. Este ciclo de vida los hace vulnerables: si los agricultores plantan maíz y soja en años alternos, los escarabajos adultos ponen huevos en el maíz, pero estos eclosionan entre la soja, y las larvas mueren. Esta práctica, conocida como rotación de cultivos, ha sido muy eficaz para desbaratar el ciclo del gusano de las raíces. Pero algunas variedades «resistentes a la rotación» han desarrollado una contramedida microbiana. Sus bacterias intestinales mejoran la digestión de la soja. Esto permite a los adultos romper su antigua dependencia del maíz y poner huevos en los campos de soja. Ahora, estos eclosionan en campos dorados. Gracias a su rapidez adaptando microbiomas, estas plagas pueden seguir amargándonos.[26]

Por regla general, los organismos no se ofrecen a otros para que los consuman. Se defienden. Los animales tienen la opción de luchar o huir, pero las plantas, más pasivas, dependen más de las defensas químicas. Llenan sus tejidos de sustancias que disuaden a los que podrían comerlas: venenos que dañan, esterilizan, causan pérdida de peso, forman tumores, provocan abortos, producen trastornos neurológicos o simplemente matan.

El arbusto de la creosota, o gobernadora, es una de las plantas más comunes en los desiertos del sudoeste americano. Prospera en ellos porque es sumamente resistente a la sequía, al envejecimiento y a los animales. Satura sus hojas de una resina que contiene cientos de compuestos químicos que en conjunto representan hasta un cuarto de su masa seca. Este cóctel da a la planta un característico olor picante que se hace especialmente intenso cuando las gotas de la lluvia caen sobre las hojas; se dice que la creosota huele a lluvia, pero tal vez sea más cierto decir que la lluvia huele a creosota. Sea como fuere, es una buena ocasión para percibir el olor de la resina. Ingerirla es otra cosa. Esta resina es muy tóxica para el hígado y los riñones. Si una rata de laboratorio come demasiada, muere, pero si una rata cambalachera del desierto come las hojas, nada le sucede. Come más y más. En el desierto de Mojave, este roedor es tan feliz mordisqueando las hojas de creosota que durante el invierno y la primavera apenas come otras cosas. Cada día ingiere cantidades de resina que matarían a otro roedor muchas veces. ¿Cómo es esto posible?

Los animales tienen muchas maneras de evitar los venenos vegetales, pero cada solución tiene un coste. Podrían comer las partes menos tóxicas, pero ser tan escrupulosos restringe sus oportunidades. Podrían ingerir sustancias neutralizantes, como la arcilla, pero encontrar antídotos les llevaría tiempo y les exigiría esfuerzo. Podrían producir sus propias enzimas desintoxicantes, pero eso requeriría energía. Las bacterias les ofrecen una alternativa. Son maestras de la bioquímica, y pueden degradar desde metales pesados hasta petróleo. ¿Algún tóxico vegetal? No hay problema. Ya en los años setenta, los científicos habían sugerido que los microbios del tracto digestivo de un animal deberían ser capaces de eliminar cualquier toxina de su dieta antes de que el intestino pueda absorberla.[27] Al confiar en tales microbios para neutralizar su alimento, los animales podrían ahorrarse la molestia de establecer sus propias contramedidas. El ecólogo Kevin Kohl sospechaba que las bacterias podrían explicar la fortaleza de la rata cambalachera, y varios milenios de cambios climáticos le proporcionaron una manera obvia de confirmar su sospecha.

Hace unos 17.000 años, el clima del sur de Estados Unidos empezó a tornarse más cálido, y el arbusto de la creosota, originario de América del Sur, se trasladó allí. Se aclimató al cálido desierto de Mojave, donde quedó al alcance de la rata cambalachera. Pero, en su camino hacia el norte, nunca logró llegar al más frío desierto de la Gran Cuenca. Las ratas nunca habían probado antes la creosota; se alimentaban sobre todo del enebro. Si la sospecha de Kohl era correcta, las experimentadas ratas del Mojave tendrían que estar llenas de bacterias intestinales desintoxicantes, que estarían ausentes en los inocentes roedores de la Gran Cuenca. Kohl capturó ejemplares de ambos desiertos y encontró exactamente eso. Cuando los expuso a la influencia de las toxinas de la creosota, las bacterias intestinales de los roedores inocentes disminuyeron, mientras que las de los animales experimentados activaron sus genes capaces de degradar las toxinas y prosperaron. Para confirmar que las ratas cambalacheras dependían realmente de sus microbios, Kohl introdujo dosis de antibióticos en su comida. Cuando alimentaba a los roedores con el pienso normal de un laboratorio, no se sentían mal. Pero, cuando les daba comida con resina, sufrían. Al morir sus microbios intestinales, se volvieron menos tolerantes a la resina de creosota que sus inocentes primas de la Gran Cuenca, y perdieron tanto peso que Kohl tuvo que apartarlas de forma prematura del experimento. En solo un par de semanas, había invertido los 17.000 años de experiencia evolutiva y convertido a los veteranos rodeores de creosota en unos aficionados.[28]

También hizo lo opuesto. Tomó bolitas fecales de los roedores experimentados, las pasó por la mezcladora y alimentó con el producto a los inocentes para dotarles de microorganismos desintoxicadores. Inmediatamente, estos últimos pudieron comer con tranquilidad la creosota. Sus nuevos poderes eran patentes en su orina: las toxinas de creosota oscurecen y eliminan el color de la orina de una rata cambalachera, pero aquellos roedores antes inocentes estaban destruyendo tanto veneno que su orina era dorada y clara como un consomé. Habían dejado de ser inocentes, y adquirido milenios de experiencia con unas pocas comidas.

Probablemente sucediera algo similar cuando la creosota apareció por primera vez en el Mojave. Una rata cambalachera se topó con el nuevo arbusto y decidió darle un mordisco. Su bocado no le sentó bien, pero la comida era escasa en invierno y no tenía elección. Volvió a mordisquear el arbusto. Con cada bocado, tragaba los microbios que vivían en su superficie; puede que esos microbios hubieran ya desarrollado maneras de descomponer el cóctel de resina. Después de ingerir esos microbios, la rata estaba mejor dotada. Luego, tras alejarse, defecó, dejando unos pocos excrementos llenos de ese microbio que otras ratas encontrarían y comerían. La capacidad de descomponer la resina se propagó. Finalmente, todas las ratas eran capaces de alimentarse con la que pronto se convertiría en la planta más común del Mojave. Tal vez esta disposición a adquirir nuevos microbios unos roedores de otros explique que sean tan versátiles y adaptables.[29]

Hay muchos casos de microbios que permiten a sus anfitriones tomar alimentos potencialmente letales.[30] Los líquenes —esos iconos de la simbiosis— están cargados de un veneno llamado ácido úsnico. Pero los renos, que comen muchos líquenes, son tan buenos descomponiendo el ácido úsnico que apenas dejan rastro de él en sus excreciones. Se supone que sus microbios intestinales se encargan de esa tarea. Muchos mamíferos que se alimentan de vegetales, desde los koalas hasta las ratas cambalacheras, albergan microbios que degradan los taninos, sustancias de sabor amargo que dan textura al vino tinto, pero hacen daño al hígado y a los riñones. El escarabajo perforador del café tiene microbios intestinales que pueden destruir la cafeína, una sustancia que aporta un agradable estímulo a los bebedores de café, pero envenena cualquier plaga que intente vivir de las semillas de la planta. Bueno, cualquier plaga excepto la del escarabajo perforador de estas semillas. Con sus bacterias capaces de descomponer la cafeína, es el único insecto que puede alimentarse exclusivamente de granos de café, y una de las mayores amenazas que sufre la industria cafetera mundial.

Todos estos trucos son parte de la vida de un herbívoro: desactivar y digerir, sobrevivir no solo *con* la planta que come, sino *a pesar* de lo que ella contiene. Combinando las habilidades microbianas con diversas estrategias, los insectos comedores de plantas consiguen explotar la abundante vegetación que les rodea. Ello tiene su repercusión en las plantas, pero en general no parecen sufrir demasiado. Los arbustos de creosota son atacados por las ratas cambalacheras, pero siguen siendo las plantas dominantes en el Mojave. Los líquenes reciben los mordiscos de los renos, pero continúan cubriendo la tundra. Los eucaliptos pierden las hojas que comen los koalas, pero es imposible caminar por Australia sin toparse con alguno. Hasta la planta del café seguirá, afortunadamente, igual de lozana. Pero, a veces, la desintoxicación microbiana va demasiado lejos. A veces, las plantas pierden demasiado.

Si volamos sobre los bosques occidentales de Norteamérica, es muy posible que contemplemos grandes extensiones de árboles rojizos o con sus ramas desnudas. Esto puede parecernos un vistoso paisaje otoñal, pero en realidad es un desastre forestal. Esos árboles son *pinos*. Sus acículas no tienen por qué enrojecer. Son árboles de hoja perenne, o al menos lo serían si no se estuvieran muriendo en masa. ¿Su asesino? El escarabajo del pino de montaña, un insecto negro azabache no más grande que un grano de arroz. Se infiltra en los pinos y abre galerías debajo de la corteza, donde pone sus huevos conforme avanza. Cuando los huevos eclosionan, las larvas abren un túnel hacia dentro y se alimentan de la savia del floema. Un solo escarabajo hace muy poco, pero miles pueden infestar un árbol. Si despegamos un trozo de corteza, podemos ver su obra: un laberinto de túneles que se extienden por el tronco. Los escarabajos drenan tanto de nutrientes al árbol, que este empieza a morir. Lo mismo le ocurre al árbol de al lado. Y a todos los árboles vecinos. Hectáreas y hectáreas de bosque toman un color rojizo, y los árboles perecen.[31]

Los escarabajos tienen cómplices aun más pequeños: dos especies de hongos que los acompañan dondequiera que van y que se comportan como suplementos dietéticos, igual que la *Buchnera* de los áfidos. Mientras que los escarabajos se quedan en las capas pobres en nutrientes justo debajo de la corteza, los hongos pueden penetrar más en el árbol, internándose en zonas inaccesibles para los escarabajos, abundantes en nitrógeno y otras sustancias esenciales. Luego las bombean a la superficie y las ponen al alcance de las larvas. «Estos escarabajos viven de comida basura, por lo que los hongos les proporcionan nutrientes», explica Diana Six, una entomóloga que ha estudiado los escarabajos durante años. Cuando la larva del escarabajo se transforma en crisálida, los hongos producen esporas, resistentes cápsulas reproductivas. Y cuando sale el escarabajo adulto, guarda las esporas en estructuras de su boca que son como valijas y las transporta al siguiente desafortunado pino.

Las plagas de escarabajo vienen y se van, pero la actual, favorecida por un clima cálido, es diez veces mayor que cualquier otra. Desde 1999, los escarabajos y sus hongos han matado a más de la mitad de los pinos maduros de la Columbia Británica, y afectan a 1,5 millones de hectáreas en Estados Unidos. Incluso han atravesado las frías montañas Rocosas canadienses, que los separaban de la costa occidental, y ahora se propagan hacia el este. Un continuo cinturón de exuberantes bosques vulnerables se halla delante de ellos.

Sin embargo, los árboles no entran dócilmente en esa quieta noche.* Cuando son atacados, producen en masa compuestos llamados terpenos que, en elevadas concentraciones, pueden matar tanto a los escarabajos como a los hongos. Se suponía que los escarabajos frustran esta defensa usando la fuerza bruta; proliferan en número tan abrumador que los árboles no pueden crear suficientes terpenos para mantenerlos a raya. Pero el entomólogo Ken Raffa no le encontraba sentido a esta explicación. Si fuese cierta, los árboles producirían de golpe una enorme cantidad de terpenos que rápidamente se agotarían cuando el escarabajo arremetiese con fuerza. No obstante, no es eso lo que sucede; en realidad, los árboles mantienen sus defensas químicas en niveles altos durante al menos un mes. En todo caso, las larvas de los escarabajos tienen que lidiar con más toxinas que sus progenitores. ¿Cómo lo hacen?

El equipo de Raffa descubrió que, además de con hongos, los escarabajos también se asocian con bacterias del tipo *Pseudomonas* y *Rahnella*, que se encuentran en todas sus variedades en todos los árboles. Estas bacterias llegan a cualquier parte. Se hallan en los exoesqueletos de los insectos, en las paredes de sus galerías, en sus bocas y en sus intestinos. Constituyen un grupo selecto, mucho más reducido en miembros que las diversas comunidades intestinales de las termitas, y probablemente incapacitado para cualquier proeza digestiva. Sin embargo, poseen una gran conjunto de genes para degradar terpenos, y destruyen de manera eficaz estos compuestos químicos en

---

* «Do not go gentle into that good night» (Dylan Thomas). (*N. del T.*).

condiciones de laboratorio. Diferentes especies se enfrentan a compuestos, y juntas lo desactivan todo.[32]

Resulta tentador declarar el asunto resuelto: las bacterias desarman las defensas del árbol y los escarabajos las llevan de un tronco a otro. Pero, como ya hemos visto, el mundo de la simbiosis es complicado, y las explicaciones simples, aunque puedan satisfacer, a menudo están equivocadas. Para empezar, las mismas bacterias también se encuentran en coníferas sanas, no infectadas, y podrían ser parte del microbioma del árbol. Cuando los escarabajos atacan y la producción de terpenos aumenta, estas bacterias se dan el gran banquete químico que de pronto se les ofrece. Se atiborran, pero, sin proponérselo, dañan el árbol que las acoge y ayudan a los escarabajos invasores. Los escarabajos también tienen un conjunto limitado de enzimas que rompen los terpenos ¿En qué medida contribuyen entonces las bacterias? ¿Hacen la mayor parte del trabajo de desintoxicación o comparten su labor con los insectos, igual que los áfidos y la *Buchnera* cooperan para fabricar aminoácidos? Y lo más esencial: ¿mejoran realmente las probabilidades de supervivencia de los escarabajos?

Por ahora está claro que una alianza masiva de animales, hongos y bacterias se precipita sobre un bosque, y los árboles, a pesar de sus buenas defensas químicas, empiezan a morir. Su agonía es testimonio del poder de la simbiosis, una fuerza que permite a los organismos más inocuos derribar a los más poderosos. Es necesario forzar la vista para ver los escarabajos y sacar el microscopio para ver sus microbios, pero las consecuencias de su éxito mutuamente asegurado son visibles desde el aire.

Gracias a los poderes otorgados por sus microbios, los hemípteros evolucionaron para succionar la savia de las plantas de todo el mundo, y las termitas y los mamíferos herbívoros lo hicieron para masticar sus tallos y sus hojas. Los gusanos tubulares han colonizado los océanos más profundos, las ratas cambalacheras pueden propagarse por los desiertos americanos, y los escarabajos del pino de montaña han causado toda una ruina continental en bosques de hoja perenne.[33]

En contraste con estos llamativos ejemplos, la llamada araña o ácaro de dos puntos causa estragos de una manera más sutil. Al igual que el escarabajo, este diminuto arácnido rojo, apenas más grande que un punto tipográfico, también mata plantas tras invadirlas en números incalculables. Se trata de una plaga mundial, debido a su habilidad para resistir los pesticidas y a sus gustos católicos: se alimenta de más de 1.100 especies de plantas, desde tomates hasta fresas, y desde el maíz hasta la soja. Una gama tan amplia implica cierta destreza en la desintoxicación; cada planta hace uso de su propio cóctel de compuestos químicos defensivos, y la araña-ácaro, necesita formas de desarmarlos todos. Afortunadamente para ella, dispone de un arsenal de genes de desintoxicación que se activan de diversas maneras, dependiendo de la planta que decida esquilmar.

Parece que los microbios no son los protagonistas de esta historia en particular. A diferencia de la rata cambalachera del desierto, o del escarabajo del pino de montaña, la araña-ácaro no confía en las bacterias de su intestino para hacer sus comidas más sabrosas. Tiene todo lo que necesita en su propio genoma. Pero, aun ausentes, las bacterias importan.

Muchas de las plantas objetivo de la araña-ácaro pueden desprender ácido cianhídrico cuando sus tejidos se descomponen. Este ácido es extraordinariamente pernicioso para la vida. Los exterminadores envenenaron a las ratas con él. Los balleneros lo añadieron a sus arpones. Los nazis lo usaron en los campos de concentración. Pero la araña-ácaro es inmune. Uno de sus genes puede crear una enzima que convierte el ácido cianhídrico en un compuesto inofensivo. El mismo gen está presente en las orugas de varias mariposas y polillas; también ellas son invulnerables al ácido cianhídrico. Ni la araña-ácaro, ni las orugas inventaron ellas solas el gen que descompone este ácido. Ni siquiera lo heredaron de un antepasado común.

El gen provenía de bacterias.[34]

8

La evolución en *allegro*

Cuando un ser humano nace, hereda la mitad de sus genes de la madre, y la otra mitad del padre. Ese es su destino. El ADN así heredado permanecerá con él durante toda su vida, sin más adiciones u omisiones. El lector no puede tener los mismos genes que yo, ni yo adquirir algunos de los suyos. Pero imaginemos un mundo diferente donde amigos y colegas puedan intercambiar genes a voluntad. Si el jefe tiene un gen que le hace resistente a varios virus, se le puede pedir prestado. Si un hijo tiene un gen que le predispone a cierta enfermedad, sus padres pueden eliminarlo y cambiarlo por una versión más sana. Si familiares lejanos tienen un gen que les permite digerir mejor los alimentos, uno puede hacerse con él. En este mundo, los genes no son tan solo herencias que pasan de manera vertical de una generación a la siguiente, sino mercancías horizontalmente traspasables de un individuo a otro.

Este es exactamente el mundo en que viven las bacterias. Pueden intercambiar ADN con tanta facilidad como nosotros intercambiamos números de teléfono, dinero o ideas. A veces se aproximan unas a otras, crean un vínculo físico y se transfieren fragmentos de ADN: su equivalente al sexo. También pueden recoger de su entorno fragmentos de ADN que han dejado otras muertas o en decadencia. Hasta pueden confiar en los virus para trasladar genes de una célula a otra. El ADN fluye con tal libertad entre ellas, que el genoma de una bacteria típica se halla veteado con genes procedentes de sus pares. Incluso entre cepas estrechamente emparentadas puede haber diferencias genéticas.[1]

Las bacterias han realizado estas transferencias horizontales de genes —THG para abreviar— durante miles de millones de años, pero hasta la década de 1920 los científicos no se percataron de que esto sucedía.[2] Advirtieron que cepas inofensivas de neumococo podían de repente causar la neumonía después de mezclarse con restos muertos y desintegrados de cepas infecciosas. *Algo* había cambiado en los extractos. En 1943, un «revolucionario silencioso» llamado Oswald Avery demostró que ese material transformardor era ADN que las cepas no infecciosas habían absorbido e integrado en sus propios genomas.[3] Cuatro años después, un joven genetista llamado Joshua Lederberg (que más tarde popularizaría la palabra «microbioma») demostró que las bacterias pueden intercambiar ADN de forma más directa. Trabajó con dos cepas de *E. coli*, cada una incapaz de producir diferentes nutrientes. A menos que recibieran suplementos, estas bacterias morían. Pero cuando Lederberg mezcló las dos cepas, observó que algunas de sus hijas podían sobrevivir sin ninguna ayuda. Se hizo evidente que las dos cepas parentales habían intercambiado de manera horizontal genes que compensaban las deficiencias de cada una. Las bacterias hijas heredaron verticalmente un conjunto completo de herramientas y prosperaron.[4]

Ahora, sesenta años después, sabemos que la THG es uno de los aspectos más profundos de la vida bacteriana. Permite a las bacterias evolucionar a velocidades vertiginosas. Cuando se enfrentan a nuevos desafíos, no tienen que esperar que las mutaciones oportunas se acumulen lentamente dentro de su ADN. Les basta con pedir prestadas adaptaciones al por mayor recogiendo los genes de bacterias transeúntes que ya han obtenido respuesta a los retos que se les presentaban. Estos genes incluyen con frecuencia utensilios para aprovechar las fuentes inexplotadas de energía, escudos que protegen contra los antibióticos o arsenales para infectar nuevos huéspedes. Si una bacteria innovadora desarrolla una de estas herramientas genéticas, sus vecinas pueden adquirirlas con rapidez. Este proceso puede transformar en un instante inofensivos microbios intestinales en monstruos causantes de enfermedades, convertir a pacíficos Jekylls en siniestros Hydes. También puede transformar patógenos vulnerables fáciles de matar en «superbacterias» de pesadilla inmunes a los más potentes medicamentos. La propagación de estas bacterias resistentes a los antibióticos constituye sin duda una de las mayores amenazas para la salud pública en el siglo XXI, y testimonio del inmenso poder de la THG.

Los animales no somos tan rápidos. Respondemos a los nuevos retos de la manera habitual, lenta y estática. Los individuos con mutaciones que les permiten responder mejor a los desafíos de la vida tienen más probabilidades de sobrevivir y transmitir sus dones genéticos a la siguiente generación. Con el tiempo, las mutaciones útiles se vuelven más comunes, mientras que las nocivas desaparecen. Esto no es sino la clásica selección natural, un proceso lento y constante que afecta a las *poblaciones*, no a los *individuos*. Los avispones, los halcones y los humanos pueden acumular de forma gradual mutaciones beneficiosas, pero *este* avispón individual, o *este* halcón concreto, o *estos* seres humanos en particular no pueden adquirir genes beneficiosos por ellos mismos. Excepto en casos excepcionales. Porque podrían intercambiar sus simbiontes, adquiriendo al instante un nuevo lote de genes microbianos. Porque podrían poner nuevas bacterias en contacto con las de su cuerpo, de modo que los genes foráneos migren a su microbioma, dotando a sus microbios nativos de nuevas habilidades. Y en ocasiones raras, pero dramáticas, pueden integrar los genes microbianos en sus propios genomas, como hizo la araña-ácaro del capítulo anterior cuando adquirió el gen de la desintoxicación del ácido cianhídrico.[5]

A ciertos periodistas afectos al sensacionalismo les da por afirmar que la THG desafía a la concepción darwinista de la evolución por permitir a los organismos escapar a la tiranía de la herencia vertical. («Darwin estaba equivocado», proclamó equivocadamente una infame portada del *New Scientist*.) Esto no es cierto. La THG añade nueva variación al genoma de un animal, pero una vez que estos genes saltarines llegan a sus nuevos hogares, siguen sujetos a la buena y vieja selección natural. Los perjudiciales mueren junto con sus nuevos anfitriones, mientras que los beneficiosos pasan a la siguiente generación. Esto no puede ser más darwiniano; darwiniano de pura cepa, y solo excepcional en su *velocidad*.

Hemos visto que los microbios ayudan a los animales a aprovechar nuevas e interesantes oportunidades evolutivas. Ahora veremos que, a veces, ayudan a los humanos a aprovechar esas oportunidades *con mucha rapidez*. Al asociarnos con microbios, podemos acelerar el lento y deliberado *adagio* de nuestra música evolutiva y transformarlo en el rápido y vivaz *allegro* de la suya.

A lo largo de las costas de Japón, un alga marina de color pardo rojizo se aferra a las rocas bañadas por las mareas. Es la *Porphyra*, más conocida como nori, que ha llenado los estómagos japoneses durante más de 1.300 años. Inicialmente se la molía hasta hacer con ella una pasta comestible. Más tarde, se la prensaba para formar las láminas con las que se envolvían los bocados de sushi. Esta práctica continúa hoy, y la nori se ha hecho popular en todo el mundo. Pero sigue teniendo un lazo especial con Japón. La larga tradición del consumo de nori en este país ha dejado a la gente especialmente bien dotada para digerir vegetales marinos.

Al igual que otras algas marinas, la nori contiene carbohidratos únicos que no se encuentran en las plantas terrestres. No tenemos ninguna enzima que pueda romper estas sustancias, y tampoco pueden hacerlo la mayoría de nuestras bacterias intestinales. Pero el mar está lleno de microbios mejor dotados. Uno de ellos, la bacteria llamada *Zobellia galactanivorans*, se descubrió hace apenas una década, pero come algas marinas desde hace mucho más tiempo. Imaginemos a la *Zobellia* hace siglos, viviendo en aguas costeras japonesas e instalada sobre un alga que va digiriendo. De repente, su mundo se trastorna. Un pescador recoge las algas, que utilizará para hacer pasta de nori. Su familia la devora, y al hacerlo, ingiere *Zobellia*. La bacteria se encuentra entonces en un nuevo entorno. El agua fría y salada le ha sido sustituida por los jugos gástricos. Su habitual compañía de microbios marinos le ha sido reemplazada por otra de especies nuevas y extrañas. Y al mezclarse con estas exóticas desconocidas, hace lo que las bacterias suelen hacer cuando las encuentran: compartir sus genes.

Sabemos que esto sucede porque Jan-Hendrick Hehemann descubrió uno de los genes de la *Zobellia* en una bacteria intestinal humana llamada *Bacteroides plebeius*.[6] El descubrimiento causó una gran sensación: ¿qué demonios hacía un gen marino en el intestino de un marinero de agua dulce? La respuesta era la THG. La *Zobellia* no se adapta a la vida intestinal, y cuando los bocados de nori la transportan a este medio, no se queda allí sin más. Durante su breve permanencia puede donar con facilidad algunos de sus genes a la *B. plebeius*, incluidos los que fabrican unas enzimas llamadas porfiranasas que digieren las algas marinas. De repente, ese microbio intestinal adquiere la capacidad de romper los hidratos de carbono presentes únicamente en la nori, y puede darse un festín con esta exclusiva fuente de energía que sus pares no podrían utilizar. Parece haber hecho un hábito de esto. Hehemann descubrió que está lleno de genes cuyos émulos existen en microbios marinos, y no en especies que tengan intestino. De tanto adquirir genes de microbios marinos, se ha vuelto un experto en la digestión de vegetales marinos.[7]

La *B. plebeius* no es la única que hurta enzimas marinas. Los japoneses comen nori desde hace tanto tiempo, que sus microbios intestinales están salpicados de genes digestivos de especies oceánicas. Pero es poco probable que tales transferencias continúen; los chefs modernos asan y cocinan la nori, abrasando a cualquier microbio que se haya dejado caer por allí. En tiempos lejanos, los japoneses importaban esos microbios a sus intestinos comiendo alimentos crudos. Luego, pasaban a sus hijos los microbios intestinales cargados de genes de la porfiranasa, la enzima que descompone las algas. Hehemann vio señales de esa herencia aún hoy. Una de las personas que estudió era una niña aún no destetada que jamás había comido sushi. Sin embargo, sus bacterias intestinales tenían un gen de la porfiranasa, igual que su madre. Sus microbios llegaron preadaptados para devorar nori.

Hehemann publicó su descubrimiento en 2010, y esta sigue siendo una de las historias de microbiomas más sorprendentes. Solo por comer algas marinas, los japoneses de hace siglos adquirían un grupo de genes digestivos en un increíble viaje de mar a tierra. Los genes se movían de manera horizontal de los microbios marinos al intestino, y luego verticalmente de un intestino a otro. Puede que en su viajes fuesen aún más lejos. Al principio, Hehemann solo pudo encontrar los genes de las porfiranasas en microbiomas japoneses, y no en norteamericanos. Esto ha cambiado: algunos estadounidenses tienen los genes, incluso algunos que no son de procedencia asiática.[8] ¿Cómo sucedió esto? ¿Saltó la *B. plebeius* de japoneses a norteamericanos? ¿Provienen los genes de otros microbios marinos que viajaron de polizones a bordo de diferentes alimentos? Los galeses y los irlandeses utilizan desde hace mucho tiempo algas *Porphyra* para cocinar un plato llamado *laver*; ¿podrían haber adquirido porfiranasas que luego llevaron al otro lado del Atlántico? Por ahora, nadie lo sabe. Pero el patrón «sugiere que una vez que estos genes se introducen en el anfitrión inicial, dondequiera que esto suceda, pueden dispersarse entre los individuos», dice Hehemann.

Este es un magnífico ejemplo de la velocidad adaptativa que la THG confiere. Los seres humanos no necesitan desarrollar un gen que pueda descomponer los carbohidratos de las algas marinas; si tragan suficientes microbios capaces de digerir estas sustancias, hay muchas posibilidades de que sus propias bacterias «aprendan» el truco a través de la THG.

Cuando Eric Alm, del MIT, leyó sobre el descubrimiento de Hehemann, se preguntó si podría encontrar ejemplos similares. Buscó en los genomas de más de 2.200 especies de bacterias largos tramos de ADN que fueran casi idénticos, aunque los genes circundantes fuesen muy diferentes. Era poco probable que estas islas de similitud en medio de océanos de diferencia hubieran pasado de la bacteria madre a la bacteria hija; debían de haber sido transferidas horizontalmente, y además en tiempos recientes. El equipo de Alm encontró más de 10.000 de estas secuencias intercambiadas, una prueba que demuestra lo común que es la THG.[9] También demostró que tales intercambios son muy comunes en el cuerpo humano. Pares de bacterias del microbioma humano eran 25 veces más propensas a intercambiar genes unas con otras que pares de bacterias de otros entornos.

Esto tiene su sentido: la THG depende de la proximidad, y nuestro cuerpo crea proximidad a gran escala acumulando microbios en densas multitudes. Se dice que las ciudades son centros de innovación porque concentran a la gente en el mismo lugar, permitiendo que ideas e información fluyan con más libertad. De la misma manera, los cuerpos de los animales son centros de innovación, ya que permiten que el ADN fluya más libremente entre masas de microbios aglomerados. Cerremos los ojos e imaginemos marañas de genes que circulan por nuestro cuerpo, pasando de un microbio a otro. Somos como bulliciosos mercados donde los comerciantes bacterianos intercambian sus productos genéticos.

Con tantos microbios viviendo en nuestro cuerpo, seguro que de vez en cuando sus genes se abren camino en sus anfitriones.[10] Durante mucho tiempo hubo un consenso al respecto: los microbios no hacen tal cosa, y los genomas animales son santuarios impenetrables, aislados de la promiscuidad genética de los microbios. Pero, en febrero de 2001, esta opinión recibió un pequeño varapalo cuando se publicó el primer borrador completo del genoma humano. De los miles de genes identificados, 223 era genes compartidos con bacterias, pero no con otros organismos complejos como moscas, gusanos o levaduras. Como escribieron los científicos que trabajaron en el Proyecto Genoma Humano, estos genes «parecen ser resultado de una transferencia horizontal por parte de bacterias». Pero solo cuatro meses después, esta audaz afirmación empezó a evaporarse. Otro grupo de investigadores sugirió que probablemente estos genes especiales estuvieran presentes en algunos organismos muy tempranos, y luego se perdieran en linajes posteriores, creando una ilusión de THG cuando tal cosa nunca se había producido.[11] Esta refutación tuvo una enorme repercusión. Echó un manto de incredulidad sobre la posibilidad de la THG entre bacterias y animales.

Pero el escepticismo empezó a desvanecerse al cabo de unos años. En 2005, una microbióloga llamada Julie Dunning-Hotopp encontró genes de la omnipresente bacteria *Wolbachia* dentro del genoma de la mosca hawaiana *Drosophila ananassae*.[12] Al principio pensó que estos genes procedían de células vivas de *Wolbachia* presentes de manera ocasional en los insectos. Pero, aun tratando a las moscas con antibióticos, los genes bacterianos permanecían. Tras meses de frustración, se dio cuenta de que los genes se habían integrado perfectamente en el ADN de la mosca. Luego observó patrones similares en los genomas de otros siete animales, entre ellos avispas, un mosquito, un nematodo y otras moscas. Parecía que la *Wolbachia* hubiera rociado generosamente el árbol de la vida con su ADN. Muchos de los fragmentos eran pequeños, con una excepción: para su asombro, Dunning-Hotopp descubrió que la *D. ananassae* albergaba el genoma completo de la *Wolbachia*. En algún momento del pasado reciente, la *Wolbachia* había traspasado *todo* su material genético a este anfitrión particular. Todo él, la suma de su identidad genética, saltó a la mosca. Este es uno de los ejemplos más impresionantes de THG encontrados hasta ahora, y tal vez la materialización perfecta del concepto hologenoma: los genes de un animal y de un microbio fusionados en una sola entidad.

Dunning-Hotopp publicó sus resultados con una afirmación inequívoca: los genes se mueven de las bacterias a los animales. Más aún: se mueven de la bacteria simbiótica más común a algunos de los animales más abundantes. Entre el 20 y el 50 por ciento de las especies de insectos ofrecen pruebas de THG de la *Wolbachia*, y esos son *muchos* insectos. «La opinión de que estas transferencias son poco frecuentes y no tienen importancia debe ser revisada», escribió.[13]

Bien, es cierto que no son infrecuentes.[14] Pero ¿son importantes? La mera presencia de una guitarra en el dormitorio de alguien no hace de él un Slash. Del mismo modo, la mera presencia de un gen en un genoma no significa nada; podría estar ahí sin tener ningún uso. Es probable que muchos de los fragmentos de *Wolbachia* encontrados en moscas no sean más que restos genéticos a la deriva presentes en los genomas sin apenas efectos. Una pequeña proporción de esos genes de *Wolbachia* están activados, pero ni eso es una prueba de que sean funcionales; siempre hay cierta actividad ruidosa en una célula porque hay genes que se activan espontáneamente sin que se les dé un uso real. Solo hay una manera de probar que los genes introducidos hacen algo útil, y es encontrar qué es ese algo. En algunos casos, esa prueba existe.

Los nematodos de los nudos de las raíces son gusanos microscópicos que parasitan plantas, y son tan eficaces que arruinan un 5 por ciento de los cultivos del mundo. Matan por medio del vampirismo: adhieren sus órganos bucales a las células de las raíces y absorben su interior. Esto es más difícil de lo que parece. Las células vegetales están rodeadas de duras paredes de celulosa y otras sustancias químicas resistentes, y los nematodos deben primero desplegar enzimas que ablanden y rompan estas barreras antes de sorber la sopa nutritiva que hay dentro. Fabrican estas enzimas siguiendo instrucciones codificadas dentro de su genoma, y una sola especie puede utilizar más de sesenta genes que infiltran las plantas. Esto resulta extraño. Tales genes son propios de hongos y bacterias; los animales no pueden tenerlos, y menos aún en tal número. Y, sin embargo, es evidente que los nematodos los tienen.

Los genes de los nematodos capaces de penetrar en las plantas son de origen claramente bacteriano.[15] Son diferentes de los genes de otros nematodos, pero sus variantes más próximas existen en los microbios que crecen en las raíces de las plantas. Y, a diferencia de la mayoría de los genes transferidos de forma horizontal, cuyo papel en su nuevo hogar es inexistente o incierto, las adquisiciones de los nematodos tienen un propósito claro. Los nematodos los activan en las glándulas de su cuellos para formar un escuadrón de enzimas corrosivas que luego vomitan en las raíces. Esta es la base de su estilo de vida. Sin esos genes, estos pequeños vampiros serían ineficaces como parásitos.

Nadie sabe cómo los nematodos de los nudos de las raíces escogieron en un primer momento sus genes bacterianos, pero podemos proponer una hipótesis fundamentada. Estos nematodos están estrechamente emparentados con otros de diferente tipo que viven cerca de las raíces de las plantas y consumen bacterias. Si estos otros nematodos consumieron microbios capaces de infectar o infiltrar las plantas, pudieron haber adquirido los genes que les permitían hacer lo mismo. Con el tiempo, estos gusanos que vivían en los suelos y devoraban bacterias constituyeron una plaga para las plantas y un fastidio para los agricultores.

El escarabajo perforador del café es otra plaga que debe su poder devastador a la THG.[16] Como hemos visto en el capítulo anterior, este insecto, que se ve como una mancha negra, utiliza microbios de su intestino para desintoxicar la cafeína en la planta del café. Pero también ha incorporado a su genoma un gen bacteriano que permite a sus larvas digerir los carbohidratos que hay dentro de los granos de café, con los que se dan grandes banquetes. Ningún otro insecto —ni siquiera parientes muy cercanos— tiene el mismo gen ni otro parecido; solo las bacterias lo tienen. Tras saltar a un antiguo perforador del café, el gen permitió a este modesto escarabajo propagarse por los cafetales de todo el mundo y convertirse en un auténtico quebranto para la fuente de nuestros espresos.

Los agricultores tienen, pues, motivos para odiar la THG, pero también razones para alegrarse. A una familia de avispas llamada braconidae, los genes transferidos les dotan de una curiosa forma de controlar plagas. Las hembras de estas avispas ponen sus huevos en orugas todavía vivas, que las larvas luego devoran. Para ayudar a las larvas, las hembras también inyectan a las orugas unos virus que suprimen su sistema inmune. Estos virus se denominan bracovirus, y no solo son aliados de las avispas: son *parte* de ellas. Sus genes se han integrado por completo en el genoma de los bracónidos, y están bajo su control. Cuando una avispa hembra desarrolla sus virus, los carga con los genes que necesitan para atacar a una oruga, al tiempo que evita los que necesitan para reproducirse o propagarse a diferentes anfitriones.[17] Los bracovirus son virus domesticados. Dependen por entero de las avispas para su reproducción. Hay quien dice que no son verdaderos virus; que son poco menos que secreciones corporales de la avispa, no verdaderas entidades. Que debieron de descender de un antiguo virus cuyos genes se hicieron sitio en el ADN de un bracónido ancestral y allí se quedaron. Esta fusión dio origen a más de 20.000 especies de avispas bracónidas, todas con bracovirus en sus genomas, una inmensa dinastía de parásitos que usan virus simbióticos como armas biológicas.[18]

Otros animales han utilizado genes transferidos de manera horizontal para *defenderse* de parásitos. Después de todo, las bacterias son la fuente última de los antibióticos. Han estado en guerra entre ellas durante miles de millones de años, y han inventado un variado arsenal de armas genéticas para vencer a sus rivales. Una familia de genes conocida como *tae* fabrica proteínas que perforan las paredes exteriores de las bacterias, causando fugas fatales. Estas proteínas las desarrollaron unos microbios para usarlas contra otros microbios. Pero estos genes también han encontrado un camino en los animales. Escorpiones, ácaros y garrapatas los tienen. Y también las anémonas de mar, las ostras, las pulgas de agua, las lapas, las babosas de mar y hasta el pez lanceta, un pariente muy cercano de los animales con columna vertebral, como nosotros.[19]

La familia *tae* ejemplifica el tipo de genes que se propagan con mucha facilidad mediante THG. Estos genes son autosuficientes, y no necesitan un elenco de otros genes de respaldo para hacer su trabajo. También son universalmente útiles, porque producen antibióticos. Cada ser vivo tiene que lidiar con bacterias, por lo que cualquier gen que permita a su poseedor controlar de forma más eficaz las bacterias, encontrará empleo remunerado en todo el árbol de la vida. Si puede dar el salto, tiene una buena oportunidad de establecerse como una parte productiva de su nuevo anfitrión. Estos saltos son aún más impresionantes para nosotros los humanos, que empleamos nuestra inteligencia y tecnología para crear nuevos antibióticos. Y nos asombra que durante décadas no hayamos descubierto ningún nuevo tipo. Pero animales tan simples como las garrapatas y las anémonas de mar pueden hacerlo, logrando al instante lo que a nosotros nos cuesta repetidas investigaciones y pruebas, todo mediante la transferencia horizontal de genes.

Estas historias retratan la THG como una fuerza aditiva, que dota tanto a microbios como a animales de maravillosos nuevos poderes. Pero también puede ser sustractiva. El mismo proceso que confiere habilidades microbianas útiles a receptores animales puede hacer que los propios microbios se debiliten y entren en declive, hasta el punto de desaparecer por completo y quedar solo sus legados genéticos.

La criatura que mejor ejemplifica este fenómeno la encontramos en invernaderos y campos de todo el mundo, para disgusto de agricultores y jardineros. Es la cochinilla de los cítricos: un pequeño insecto que succiona la savia y que parece una escama de caspa o un miniinsecto espolvoreado con harina. Paul Buchner, ese superestudioso de los simbiontes, hizo una visita al clan de la cochinilla en su gira por el mundo de los insectos. No fue para él, ni lo habría sido para nadie, una sorpresa encontrar bacterias dentro de sus células. Más extraño fue que también encontrase, según su descripción, «glóbulos mucilaginosos redondos o alargados en los que los simbiontes se hallaban densamente concentrados». Estos glóbulos languidecieron en la oscuridad durante décadas hasta el año 2001, cuando los científicos comprendieron que no eran simplemente casas para las bacterias. Eran ellos mismos bacterias.

La cochinilla de los cítricos es una muñeca rusa viva. Tiene bacterias que viven dentro de sus células, y esas bacterias tienen otras bacterias que viven dentro de ellas. Bichitos dentro de bichitos dentro de bichitos.[20] La más grande recibió el nombre de *Tremblaya*, por

Ermenegildo Tremblay, un entomólogo italiano que estudió con Buchner. Y a la más pequeña se la llamó *Moranella*, por la criadora de áfidos Nancy Moran. («*Es* una nimiedad un tanto patética que les pongan el nombre de uno», me dijo con un sonrisa burlona.)

John McCutcheon ha investigado los orígenes de esta extraña jerarquía, y es casi increíble lo retorcidos que son. Comienzan con la *Tremblaya*, la primera de las dos bacterias en colonizar las cochinillas. Esta bacteria se instaló de manera permanente, y, como muchos simbiontes de insectos, perdió genes que eran importantes para la existencia libre. Confinada en su nuevo anfitrión, pudo permitirse el lujo de vivir a lo grande con un genoma simplificado. Cuando la *Moranella* se unió a esta simbiosis bidireccional, la *Tremblaya* pudo permitirse perder aún *más* genes, segura de que la recién llegada compensaría esas pérdidas. Mientras exista un gen en una de las compañeras, las demás pueden permitirse perderlo. Estos tipos de transferencia de genes son diferentes de los que convirtieron a los nematodos en parásitos de las plantas, o de los que rociaron con genes de antibióticos los genomas de las garrapatas. Aquí, los receptores no adquieren habilidades beneficiosas. Aquí, la THG consiste más bien en una evacuación de genes bacterianos de un barco que zozobra. Conserva genes que de otro modo se perderían ante la decadencia inevitable que sufren los genomas de los simbiontes.

Por ejemplo, los tres socios cooperan para producir nutrientes. Para crear el aminoácido fenilalanina, necesitan nueve enzimas. La *Tremblaya* puede producir las enzimas 1, 2, 5, 6, 7 y 8, la *Moranella*, las enzimas 3, 4 y 5, y la cochinilla solo la novena. Ni la cochinilla, ni las dos bacterias pueden producir fenilalanina por su cuenta; dependen unas de otras para llenar las lagunas de sus repertorios. Esto me recuerda a las Grayas de la mitología griega: las tres hermanas que comparten un ojo y un diente entre ellas. Cualquier otra cosa sería redundante: su arreglo, aunque extraño, todavía les permite ver y masticar. Esto mismo ocurre con la cochinilla y sus simbiontes. Acabaron constituyendo una sola cadena metabólica, repartida entre sus tres genomas complementarios. En la aritmética de la simbiosis, uno más uno más uno puede ser igual a uno.[21]

Esto explica otro aspecto extrañísimo del genoma de la *Tremblaya*: carece de una clase de genes supuestamente esenciales que se consideran de los más antiguos. Están presentes en el último ancestro común a todos los seres vivos, y se encuentran en todos ellos, desde las bacterias hasta las ballenas azules. Son sinónimos de vida, y tan indispensables para ella como lo son los genes. Serían unos 20. Algunos simbiontes han perdido unos pocos. La *Tremblaya* no tiene ninguno. Y, sin embargo, sobrevive. Pero esto es porque sus socios —el insecto que la aloja, y la bacteria dentro de él— suplen los genes desaparecidos.

¿Adónde fueron los genes que faltan? Como hemos visto, es frecuente que los genes bacterianos se reubiquen en los genomas de sus anfitriones. Y esto lo comprobó McCutcheon cuando examinó el genoma del cochinilla del cítrico: encontró 22 genes bacterianos alojados en el ADN del insecto. Y, para su asombro, ninguno de ellos provenía de la *Tremblaya* ni de la *Moranella*. Ni uno solo. Provenían de *otros* linajes de bacterias en número de tres, los cuales pueden colonizar células de insectos, y ninguno de ellos existía en la cochinilla de los cítricos.[22]

Este insecto contiene fragmentos de *cinco* bacterias, dos encogidos e interdependientes alojados dentro de sus células, y al menos tres más que una vez tuvieron que haber compartido su cuerpo, pero que acabaron desapareciendo.

Los genes que dejaron, esos fantasmas de simbiontes del pasado, no están ociosos entre el ADN de la cochinilla. Unos producen aminoácidos. Otros ayudan a fabricar una gran molécula llamada peptidoglicano. Esto es insólito. Los animales no usan peptidoglicano, ya que se trata de una molécula bacteriana que forma las gruesas paredes exteriores que mantienen en su sitio las entrañas de una bacteria.[23] La *Moranella*, sin embargo, ha perdido sus genes que codifican peptidoglicanos. Para fabricar sus paredes debe confiar en los genes bacterianos que la cochinilla tomó de sus simbiontes del pasado.

McCutcheon se pregunta si la cochinilla puede desestabilizar de forma deliberada a la *Moranella* por retener el suministro de peptidoglicano. Privada de esta sustancia, la *Moranella* acaba reventando. Y cuando lo hace, libera las proteínas que ella puede producir, pero no así la *Tremblaya*. Recordemos que la *Tremblaya* carece de una clase de genes supuestamente esenciales. Tal vez se las arregle con esas proteínas. «Esto es pura especulación —dice McCutcheon—. Es una conjetura tonta, pero es la mejor que se me ocurre.» Habla con una mezcla de asombro, confusión y cierto embarazo, como si sus descubrimientos fuesen tan extravagantes que apenas se los creyese él mismo. Y, sin embargo, ahí están.

Los datos parecen contarnos cuentos con argumentos absurdos, pero no mienten. Nos dicen que la cochinilla de los cítricos es una mezcla de al menos seis especies diferentes, cinco de las cuales son bacterianas, y tres *no están en ella*. Utiliza genes tomados de antiguos simbiontes para controlar, afianzar y complementar la relación entre sus dos simbiontes actuales, uno de los cuales vive dentro del otro.[24]

No todos los simbiontes de insectos están tan estrechamente ligados a sus anfitriones. Los áfidos, por ejemplo, contienen varias especies de bacterias además de la omnipresente *Buchnera*. Estos «simbiontes secundarios» son menos firmes en sus lealtades. Son frecuentes en algunas poblaciones de áfidos, pero raros o ausentes en otros. Algunos áfidos tienen los tres, y otros no tienen ninguno.

Cuando Nancy Moran observó estos patrones, se percató de que esos microbios no podían proporcionar nutrientes esenciales. Si pudieran, serían constantes en ello. Pero tenían que ofrecer a los insectos algún servicio que solo necesitasen de forma ocasional. En muchos sentidos se comportaban como las variaciones en el genoma humano que determinan el riesgo de padecer una enfermedad. Por ejemplo, algunas personas tienen una mutación que hace que sus glóbulos rojos cambien la forma de pastilla redonda por la de una hoz. La mutación tiene un coste: heredar dos copias de la mutación causa una enfermedad debilitante llamada enfermedad de células falciformes. Pero también tiene beneficios: una sola copia hace que sus portadores resistan muy bien la malaria, porque sus hematíes deformados son más difíciles de infectar por los parásitos de la malaria. En el África ecuatorial, donde la malaria es común, hasta el 40 por ciento de los habitantes de la región son portadores de la mutación de los hematíes falciformes. Y en las zonas donde la malaria es rara, también existe el rasgo de la forma falciforme. La frecuencia de la mutación depende del grado a que asciende la amenaza de la que ese rasgo les protege. Pudiera ser, razonó Moran, que los simbiontes secundarios de los áfidos hiciesen lo mismo. Quizá protegieran a los áfidos de un enemigo natural. Si el enemigo es raro, sus servicios no son necesarios, y su número desciende. Y si el enemigo es común, también lo son ellos.

¿Pero qué enemigo? Los áfidos no tienen pocos. Las arañas los entrampan, los hongos los infectan, las mariquitas y las crisopas los devoran. Pero, posiblemente, su mayor amenaza la constituyan los parasitoides, secuestradores que introducen a sus crías dentro de otros insectos. Lo sorprendente es que este horripilante estilo de vida es común. Una de cada diez especies de insectos es un parasitoide, entre ellas las avispas bracónidas con sus virus domesticados. Este último grupo incluye una delgada criatura negra llamada *Aphidius ervi*. Su objetivo son los áfidos, y es tan eficaz que los agricultores suelen liberar esta avispa en sus cultivos. Se pueden pedir cientos de ellas por internet al precio de unas veinte libras.

Los áfidos varían en su capacidad para hacer frente a estas avispas. Unos son completamente resistentes, mientras otros sucumben siempre. Los científicos suponían que esta variación estaba dentro de los propios genes de los áfidos, pero Moran se preguntaba si los simbiontes estaban implicados. Reclutó a un estudiante de posgrado llamado Kerry Oliver para contrastar esta idea.[25] Sin embargo, tal posibilidad era remota. En aquel momento, la idea de los simbiontes que protegen contra los parásitos se consideraba inaudita; tan extravagante que Moran no creía que los experimentos la probaran.

Utilizando un microscopio, una aguja y unas manos muy firmes, Oliver extrajo los simbiontes de diferentes áfidos y los inyectó en una especie particular. Luego, liberó *A. ervi* sobre ellos. Al cabo de un semana, las jaulas de los áfidos estaban llenas de cadáveres momificados y nuevas larvas de avispa nacidas allí. Pero lo sorprendente es que había un grupo resistente. Sus miembros habían sido implantados con huevos de avispa, si bien eran portadores de un simbionte que de alguna manera mataba a las larvas de la avispa. Cuando Oliver diseccionó estos áfidos, encontró en muchos casos una larva de avispa muerta o moribunda dentro de ellos. En otra palabras, la loca idea del equipo estaba en lo cierto: uno de los microbios del áfido actuaba como guardaespaldas liquidador de avispas. Lo llamaron *Hamiltonella defensa*.[26]

Vista en retrospectiva, la existencia de microbios defensivos no es sorprendente. Proteger a sus anfitriones de ciertos daños es una forma obvia de garantizar su propio éxito y, además, las bacterias son muy buenas fabricantes de antibióticos. Pero la *Hamiltonella defensa* no fabrica antibióticos. Cuando el genoma de la *Hamiltonella* fue secuenciado, la verdadera razón de los poderes protectores de la bacteria se hizo evidente: la mitad de su ADN pertenecía en realidad a un virus. Era un fago, uno de esos virus de patas largas y amantes de las mucosidades de los que ya he hablado más arriba. Normalmente matan bacterias reproduciéndose dentro de ellas hasta hacerlas reventar. Pero también pueden optar por un estilo de vida más pasivo e integrar su ADN en el genoma de una bacteria, donde permanecerá durante muchas generaciones. Decenas de estos fagos se esconden ahora dentro de la *Hamiltonella*.[27]

Los virus son los puños de la *Hamiltonella*; ellos dan su poder a este guardaespaldas bacteriano. Oliver demostró que cuando la *Hamiltonella* es portadora de una cepa particular de fago, convierte a los áfidos en unos insectos casi por completo a prueba de avispas. Si el virus desapareciese, la bacteria resultaría inútil, y casi todos sus anfitriones áfidos sucumbirían a los parásitos. Sin el fago, la *Hamiltonella* no haría en absoluto todo el bien que hace. Los fagos podrían estar envenenando directamente a las avispas: es indudable que producen en masa toxinas que pueden atacar a células animales, pero no parecen dañar a los áfidos. De manera alternativa podrían romper la *Hamiltonella* y hacer que las propias toxinas de la bacteria se derramaran sobre las larvas de las avispas. O tal vez las sustancias químicas víricas y bacterianas actúen juntas. Sea cual sea el caso, está claro que un insecto, una bacteria y un virus han formado una alianza evolutiva contra una avispa parasitaria que los amenaza a los tres.

En esta alianza hay variaciones. Los áfidos difieren en su capacidad para defenderse de las avispas porque albergan cepas diferentes de *Hamiltonella*, y esta confiere diferentes grados de protección dependiendo de los fagos residentes en ella. Como ocurre en el rasgo de los hematíes falciformes, estos socios microscópicos tienen un coste. Por alguna razón, a ciertas temperaturas los áfidos que llevan a estos guardaespaldas tienen vidas más cortas y son menos prolíficos. Si hay muchas avispas a su alrededor, vale la pena pagar este precio, pero, en caso contrario, es demasiado caro, y el simbionte se va. Del mismo modo, si los áfidos son criados por hormigas (lo hacen por el humor dulce que excretan), es menos probable que tengan la *Hamiltonella*, ya que las hormigas les proporcionan toda la protección que necesitan contra las avispas. Esta es la razón de que la *Hamiltonella* no sea un elemento permanente en los áfidos. Se asocia cuando se la necesita. Igualmente, el fago no es un elemento permanente de la *Hamiltonella*. En la naturaleza es frecuente que desaparezca por razones que todavía no están claras. La suya es un asociación dinámica que, por medio de la selección natural, se ajusta al grado de amenaza presente en el entorno.

Pero ¿cómo se introdujo la *Hamiltonella* en los áfidos? Si los áfidos prescinden de ella cuando su vida es fácil, ¿cómo la adquieren cuando las cosas se les ponen feas? Moran obtuvo una posible respuesta: el sexo. Los machos llevan la *Hamiltonella* y otros simbiontes defensivos en su semen. Cuando se aparean, pueden pasar estos microbios a las hembras, que luego pueden inocularlos a su descendencia. De ese modo, si las hembras se aparean con los machos adecuados, pueden volverse inmediatamente inmunes a los ataques de las avispas, con lo que la *Hamiltonella* hace una cosa tan rara como provocar una infección venérea deseable.[28]

Un áfido que atrapa la *Hamiltonella* por medio de la actividad sexual no desvía ADN bacteriano hacia su genoma. Pero adquiere un juego de genes bacterianos que todavía se encuentran dentro de su envase original. Esto es similar a la THG, salvo que, aquí, la G significa *genoma*, no *genes*. Y, como ocurre en la THG, estas adquisiciones de microbios enteros permiten a los animales responder con mucha rapidez, si no de manera instantánea, a los nuevos desafíos.

En lugar de acumular de forma gradual, a lo largo de muchas generaciones, mutaciones en sus genomas, pueden adquirir microbios que ya tienen las adaptaciones pertinentes.[29] En lugar de enseñar poco a poco a su «personal» cómo debe realizar sus nuevas tareas, contratan directamente empleados que ya saben realizarlas. Las posibilidades, es decir, esos posibles empleados, están ya ahí fuera; las bacterias son muchísimo más versátiles que los animales. Son magas del metabolismo, capaces de digerir cualquier cosa, desde el uranio al petróleo. Son farmacólogas expertas que sobresalen en la fabricación de productos químicos que se anulan unos a otros. Si un animal quiere defenderse de alguna criatura o poder comer un nuevo tipo de alimento, es casi seguro que exista un microbio que ya posee las herramientas adecuadas para ello. Y si no lo hay, pronto lo habrá: ellos se reproducen con rapidez e intercambian fácilmente sus genes. En la gran carrera de la evolución, lo suyo es el *sprint*, mientras que los animales gatean. Pero los animales, nosotros incluidos, podemos participar un poco de su veloz carrera asociándonos con ellos. En otras palabras, las bacterias nos permiten ser decorosos remedos de bacterias.

Esto es lo que sucedió cuando la rata cambalanchera del desierto ingirió microbios que le permitieron desintoxicar los venenos de los arbustos de creosota. Y es también lo que sucede cuando el insecto japonés de las judías traga los microbios del suelo que los insecticidas destruyen, haciéndose inmune de inmediato a la lluvia de toxinas que echan los agricultores. Y es lo que hacen los áfidos *todo el tiempo*. Además de la *Hamiltonella*, tienen al menos *ocho* simbiontes secundarios diferentes. Unos les protegen contra los hongos letales. Otros ayudan a sus anfitriones a soportar olas de calor. Uno permite a los áfidos comer plantas específicas, como el trébol. Otro pinta a los áfidos, cambiándoles el rojo por el verde. Estas habilidades son importantes. En la familia de los áfidos, la adquisición de simbiontes tiende a coincidir con invasiones cuando los climas varían, o cuando se cultivan nuevos tipos de plantas.[30]

Estos cambios son en esencia darwinianos. Conviene repetir este punto: tomar cualquier cambio evolutivo rápido o instantáneo por una refutación de los cambios lentos y graduales que asociamos a la teoría de Darwin es un error garrafal, porque estos cambios rápidos *todavía* se inscriben en el gradualismo. Las ratas cambalacheras podrían haber sido capaces de resistir la creosota recogiendo las bacterias adecuadas, pero esas cepas tuvieron que desarrollar la capacidad de descomponer ellas solas el insecticida. Desde su perspectiva, la evolución siguió paso a paso el camino habitual; desde la perspectiva del anfitrión, todo sucedió en un instante. Este es el poder de la simbiosis: permite mutaciones graduales en los microbios para producir mutaciones instantáneas en los anfitriones. Podemos dejar que las bacterias hagan el trabajo lento para nosotros, y luego transformarnos rápidamente asociándonos con ellas. Y si estas alianzas son lo bastante beneficiosas, pueden propagarse a una velocidad vertiginosa.

Una mosca de la fruta revolotea por un bosque norteamericano y siente el olorcillo de un sabroso plato: una seta que asoma a través de la hojarasca. Se posa, come y empieza a poner huevos. Y en todo ese tiempo, sin saberlo, siembra la seta de unos nematodos parásitos conocidos como *Howardula*. Estos se reproducen dentro de la seta antes de pasar a las larvas de la mosca que crecen junto a ellos. Cuando las moscas maduran y salen a buscar más setas, llevan una carga útil de gusanos.

En los años ochenta, John Jaenike empezó a estudiar la *Howardula*, y vio que los gusanos infligen graves daños a las moscas de la fruta. Los insectos morían antes, los machos tenían dificultades para encontrar parejas, y las hembras acababan esterilizadas por completo. Eran poco menos que vehículos del gusano. Pero, a medida que avanzaba el nuevo milenio, las cosas cambiaron, y Jaenike empezó a capturar hembras parasitadas cargadas de huevos. Jaenike es un hombre de la *Wolbachia*, y, como este supermicrobio infecta las moscas que estudiaba, lógicamente se preguntó si defendía a sus anfitriones de los parásitos. Tenía razón a medias: las moscas *estaban* bajo protección simbiótica, pero —¡por una vez!— la *Wolbachia* no era parte de la historia. Su guardián era un microbio con forma de sacacorchos llamado *Spiroplasma*.

La historia de las moscas, los gusanos y el *Spiroplasma* es extraordinaria. No por su argumento ni por sus personajes, sino porque Jaenike vio cómo se escribía. Fue a museos y analizó la ejemplares de la mosca recogidos en los años ochenta. No encontró en ellos ni rastro del *Spiroplasma*. Pero en 2010 observó que entre el 50 y el 80 por ciento de las moscas del este de Norteamérica tenían la bacteria. Y estaba ya propagándose hacia el oeste. En 2013 había cruzado las montañas Rocosas. «Dentro de diez años estará en el Pacífico», afirma Jaenike.[31]

A pesar de su ascendencia reciente, el *Spiroplasma* en realidad no es un nuevo aliado. Jaenike estima que primero saltó a las moscas hace unos miles de años, pero se mantuvo en niveles extremadamente bajos. Por eso no pudo encontrarlo en sus especímenes de los años ochenta. Solo recientemente se hizo común, y esto empezó a suceder cuando el nematodo parasitario *Howardula* salió de Europa y se dejó caer en Norteamérica. Llegado allí, el parásito se extendió como un reguero de pólvora, recorriendo los bosques dentro de sus estériles huéspedes. Las moscas necesitaban una contramedida, y el *Spiroplasma* era una oportunidad. Este restauró la capacidad de reproducción de sus anfitriones y les permitió superar en número a los estériles. Como las moscas podían pasar estos pequeños salvadores a su descendencia, la proporción de insectos infectados creció con cada generación. Y Jaenike había capturado ejemplares de esta descendencia en el momento oportuno. «Ello me hizo dudar de mi cordura —dice—. ¿Cuáles son las posibilidades?»

Pero sus colegas empezaron a toparse con más propagaciones supuestamente raras, como la de otra bacteria llamada *Rickettsia*, que en solo seis años se lanzó sobre las moscas blancas del boniato en Estados Unidos, haciendo a estos insectos más aptos y fértiles.[32] Por lo general, solo vemos las *consecuencias* de estos hechos. Vemos gusanos, moluscos y otros animales que viven en los océanos más oscuros, rebaños de mamíferos herbívoros que podan las sabanas e inmensas hordas de insectos que succionan los fluidos de las plantas, todos prosperando en sus respectivos nichos gracias al poder microbiano. Pero, con bastante frecuencia, sus alianzas parecen haber sido forjadas para que los científicos descubran sus orígenes de vez en cuando siempre que miren en el lugar exacto y en el momento preciso.[33]

El mundo que nos rodea es un gigantesco reservorio de potenciales compañeros microbianos. Cada bocado puede traer nuevos microbios que digieran una parte antes indigerible de nuestras comidas, o descompongan las sustancias tóxicas de un alimento antes no comestible, o maten a un parásito que antes inactivaba a nuestras multitudes. Cada nuevo socio puede ayudar a su anfitrión a comer unas pocas cosas más, viajar un poco más lejos y sobrevivir durante algo más de tiempo.

La mayoría de los animales no aprovechan de manera intencionada estas adaptaciones que se les ofrecen. Las moscas no buscaron al *Spiroplasma* para resolver su problema con el gusano. Las ratas cambalacheras no fueron en busca de los microbios desactivadores de la

creosota para poder ampliar su dieta. Para dotarse de los socios adecuados deben confiar en la suerte. Pero los humanos no estamos tan
restringidos. Somos innovadores, planificadores y solucionadores de
problemas. Y tenemos una enorme ventaja que los demás animales
no tienen: ¡sabemos que existen los microbios! Hemos ideado instrumentos que nos permiten verlos. Podemos cultivarlos a propósito.
Poseemos herramientas capaces de descifrar las reglas que rigen su
existencia y la naturaleza de sus asociaciones con nosotros. Y eso nos
da el poder de manipular de forma intencionada a esos compañeros.
Podemos reemplazar comunidades vacilantes de microbios por otras
nuevas que mejorarán nuestra salud. Podemos crear nuevas simbiosis
que combatan enfermedades. Y podemos romper viejas alianzas que
amenazan nuestras vidas.

9

Microbios a la carta

Todo empieza con una picadura. Un mosquito se posa en el brazo de un hombre, hunde sus piezas bucales en su carne, y empieza a chupar. Cuando la sangre entra en el insecto, minúsculos parásitos van en la dirección opuesta. Son larvas de nematodos filariales. Estos gusanos microscópicos viajan a través del torrente sanguíneo del hombre hasta los ganglios linfáticos de las piernas y los genitales. Al año siguiente alcanzan el estado adulto y se aparean para producir miles de nuevas larvas *cada día*. Un médico podría verlos moverse con un escáner de ultrasonidos, pero el hombre infectado no tiene motivos para acudir a un médico; a pesar de los millones de parásitos que tiene dentro, todavía no muestra ningún síntoma. Finalmente, esto cambia. Cuando los gusanos mueren, le provocan una inflamación. También bloquean el flujo de linfa, que se acumula bajo la piel. Sus miembros y sus ingles se hinchan hasta adquirir proporciones gigantescas. Sus muslos crecen, llegando a alcanzar el ancho de su torso. Y su escroto se hincha hasta adquirir el tamaño de su cabeza. No puede desarrollar ninguna actividad; tendrá suerte si puede mantenerse de pie. Tendrá que soportar esa desfiguración y el estigma social durante el resto de su vida. Ese hombre podría ser un agricultor de Tanzania, o un pescador de Indonesia, o un ganadero de la India. Eso no importa; ahora es uno de los millones de personas que sufren filariasis linfática.

Esta enfermedad, también conocida como elefantiasis debido a las grotescas hinchazones que provoca, es propia de los trópicos. Y es obra de tres especies de nematodos: *Brugia malayi*, *Brugia timori* y, especialmente, *Wuchereria bancrofti*. Otra especie emparentada —*Onchocerca volvulus*— causa una enfermedad llamada oncocercosis. Este gusano se propaga a través de las picaduras de unas moscas negras, no de mosquitos, y rehúye las glándulas linfáticas, pues prefiere tejidos más profundos. En ellos, las hembras, que pueden crecer hasta alcanzar 80 centímetros de largo, se encierran en panales de carne recia y fibrosa. Desde allí liberan sus larvas, que migran a la piel y causan un picor insoportable; o al ojo, donde pueden destruir la retina y el nervio óptico. A esto se debe que la oncocercosis haya recibido el nombre, más sencillo, de «ceguera de los ríos».

Estas dos enfermedades, conocidas en conjunto como filariasis, se cuentan entre las más extendidas del mundo: más de 150 millones de personas contraen una o la otra, y otros 1.500 millones están en situación de riesgo.[1] Hasta hace poco no tenían curación. Solo había fármacos que mantenían los síntomas bajo control matando a las larvas de los nematodos, pero eran inútiles contra los adultos, que presentaban una asombrosa resistencia. Y como estas especies pueden vivir durante *decenios*, una existencia extraordinariamente larga para un nematodo, las personas portadoras debían resignarse a un tratamiento regular. «Estas son algunas de las enfermedades más debilitantes de todas las tropicales», dice Mark Taylor, un parasitólogo de elegante vestimenta y cabello plateado.

Cuando, en 1989, Taylor empezó a estudiar estas enfermedades, lo que más le intrigaba de ellas era su severidad. Hay muchos nematodos parásitos que infectan a los seres humanos, pero suelen causar síntomas benignos. ¿Por qué los que están detrás de las enfermedades filariales producen inflamaciones tan incapacitantes? Resultó que tienen ayuda, la de un aliado bien conocido. En los años setenta, los investigadores observaron estos gusanos al microscopio y vieron dentro de ellos estructuras parecidas a bacterias.[2] Estos microorganismos cayeron en el olvido hasta que, en los años noventa, fueron identificados como *Wolbachia*, la misma bacteria que introdujo su genoma en las moscas de la fruta hawaianas, que mata mariposas luna azul macho, y que existe en dos tercios de las especies de insectos de todo el mundo.

Comparada con la de los insectos, la variante de *Wolbachia* presente en el nematodo resultó ser un microorganismo degenerado y encogido. Por haber abandonado un tercio de su genoma, se encuentra encadenado de forma permanente a sus anfitriones. Lo contrario también es cierto. Por razones aún no aclaradas, los nematodos no pueden completar sus ciclos vitales sin sus simbiontes. Tampoco pueden causar enfermedades intensas. Cuando los gusanos mueren, liberan su *Wolbachia* en las personas que infectan. Estas bacterias no pueden infectar las células humanas, pero sí activar respuestas inmunitarias de un tipo diferente de las que provoca el gusano. Según Taylor, es la combinación de las dos respuestas —contra el gusano y contra su simbionte— lo que produce los intensos síntomas de la filariasis. Por desgracia, esto significa que matar a los gusanos *agrava* la enfermedad, porque estos liberan todas sus *Wolbachia* en su agonía. «Hay entonces nódulos que revientan e inflamación escrotal —explica Taylor, en tono sombrío—. Y no es eso lo que queremos; lo que queremos es matar a los gusanos lentamente, y es difícil imaginar cómo hacerlo con un fármaco antinematodos.»

Hay otra opción. ¿Por qué no ignorar por completo a los gusanos? ¿Por qué no ir tras la *Wolbachia*?

Taylor y otros demostraron en ensayos de laboratorio que la eliminación de las bacterias con antibióticos tiene resultados fatales para los gusanos. Las larvas no maduran. Los adultos existentes dejan de reproducirse. Y, al cabo de un tiempo, sus células comienzan a autodestruirse. En esta asociación, el divorcio no es claramente una opción; si se rompen los lazos simbióticos, ambos socios mueren. El proceso es lento, llega a tardar dieciocho meses, pero una muerte lenta sigue siendo una muerte. Y como estos gusanos no tienen *Wolbachia* que liberar, pueden ser aniquilados con impunidad.

En los años noventa, Taylor y sus colegas llevaron estas ideas a la práctica. Querían ver si podían usar un antibiótico llamado doxiciclina para eliminar la *Wolbachia* en individuos con filariasis. Un grupo probó el antibiótico en aldeanos ghaneses con ceguera de los ríos, y otro lo probó en Tanzania con individuos que padecían filariasis linfática. Ambos ensayos tuvieron éxito. En Ghana, la doxiciclina esterilizó a las hembras, y en Tanzania liquidó las larvas.[3] Y en ambos sitios, mató a los nematodos adultos en aproximadamente tres cuartas partes de los voluntarios sin desencadenar ninguna respuesta inmunitaria catastrófica. Aquello fue grandioso. «Por primera vez fuimos capaces de curar a personas con filariasis —explica Taylor—. No podemos hacerlo con los medicamentos estándar.»[4]

Pero la doxiciclina no es un fármaco maravilloso. Las mujeres embarazadas no pueden tomarlo, ni tampoco los niños. Además, actúa lentamente, por lo que se requieren varios tratamientos durante muchas semanas; en comunidades rurales y remotas, puede resultar difícil someter a la gente a estos tratamientos durante todo ese periodo, y aún más convencerla de la necesidad de completarlos. Como arma, la doxiciclina no estaba mal. Pero Taylor pensó que podría usar otras mejores.

En 2007 formó un equipo internacional llamado A·WOL, el Consorcio Anti-*Wolbachia*. Con un fondo de 23 millones de dólares procedentes de la Fundación Bill y Melinda Gates, su misión era encontrar nuevos fármacos que matasen a los nematodos filariales apuntando a sus simbiontes de *Wolbachia*.[5] Ya ha probado miles de posibles sustancias químicas, y encontrado una prometedora: la minociclina. Demostró ser un 50 por ciento más potente que la doxiciclina en los ensayos de laboratorio, y el equipo la empleó inmediatamente en ensayos realizados en Ghana y Camerún. La minociclina tiene algunos inconvenientes: tampoco puede utilizarse en niños y mujeres embarazadas, y es varias veces más costosa que la doxiciclina. Pero, desde entonces, A·WOL ha probado otros 60.000 compuestos e identificado decenas de candidatos aún más prometedores.

Mientras tanto, Taylor ha observado que la asociación entre nematodos filariales y *Wolbachia* puede ser más precaria de lo que parece. Observó que, en el momento en que la multiplicación de la *Wolbachia* se intensifica al hacerse supuestamente más necesaria, los gusanos toman a las bacterias por invasoras y tratan de destruirlas.[6] «El nematodo ve en la *Wolbachia* un patógeno», afirma. Necesita de las bacterias, pero si estas se multiplican sin control, podrían reventar en sus anfitriones como una suerte de tumor simbiótico. Por lo tanto, el nematodo debe mantenerlos bajo control. Incluso en esta alianza, donde cualquiera de los dos moriría sin el otro, hay conflicto. Y, a los ojos de Taylor, también hay una oportunidad. Taylor estuvo buscando fármacos que matasen a la *Wolbachia*, cuando resulta que los nematodos ya han inventado maneras de hacer exactamente eso. Si A·WOL encontrase sustancias químicas que estimularan sus programas de control de simbiontes, podría hacer que las tensiones entre el anfitrión y el simbionte estallaran en una guerra abierta engañando a los nematodos para que empleasen los medios de su propia destrucción. La idea es ambiciosa y las apuestas están altas. Si Taylor consigue romper esta simbiosis, que ha existido durante 100 millones de años, podría mejorar la vida de 150 millones de personas.

Ya hemos visto lo flexible que puede ser el microbioma. Puede cambiar con un toque, con una comida, con una incursión de parásitos, con una dosis de un medicamento o simplemente con el paso del tiempo. Es una entidad dinámica que aumenta y disminuye, se forma y se reforma. Esta flexibilidad subyace en muchas de las interacciones entre los microbios y sus anfitriones. Ello significa que las simbiosis pueden cambiar de manera positiva cuando los nuevos socios microbianos ofrecen a sus anfitriones nuevos genes, nuevas habilidades y nuevas oportunidades evolutivas. Y que las asociaciones pueden cambiar en sentido negativo cuando comunidades disbióticas o microbios desaparecidos conducen a la enfermedad. Y también que las asociaciones pueden cambiar de manera *deliberada*, cuando nosotros escogemos. Theodor Rosebury reconoció esto en 1962. Nuestros microbios autóctonos «no están menos sujetos a la manipulación en beneficio humano que el resto de nuestro ambiente —escribió—. Debemos aceptarlos como parte natural de nuestra vida, pero la aceptación "no tiene por qué ser pasiva o resignada"».[7]

Cincuenta años después, la pasividad y la resignación no se ven por ninguna parte. Los microbiólogos de hoy compiten en una carrera por reescribir las relaciones entre los microbios y sus anfitriones animales, desde los nematodos o los mosquitos hasta nosotros mismos. Taylor utiliza la vía de la anulación: al privar a los nematodos de sus simbiontes, piensa liquidar a ambos y salvar a los infectados. Otros son manipuladores de genomas, que tratan de introducir microbios en los anfitriones en un intento de restaurar ecosistemas alterados o incluso forjar nuevas simbiosis. Ellos desarrollan cócteles de microbios beneficiosos que podemos recibir para curar o prevenir enfermedades, o paquetes de nutrientes que alimentarán a esos microbios, y hasta maneras de trasplantar comunidades enteras de un individuo

239

a otro. Esto es lo que hace la medicina cuando reconoce que los microbios no son los enemigos de los animales, sino los cimientos sobre los cuales se erige su reino. Digamos adiós a las trasnochadas y peligrosas metáforas de guerra, en las que nos presentamos como soldados empecinados en erradicar los gérmenes a toda costa. Y adoptemos una metáfora más amable y matizada de jardinería. Sí, todavía tenemos que arrancar las malas hierbas, pero sembremos y abonemos las especies que conservan el suelo, purifican el aire y agradan a la vista.

Este concepto puede ser difícil de comprender, y no solo porque la idea de los microbios beneficiosos es nueva para muchos. También porque parece ilógica si tenemos en cuenta que la asistencia sanitaria se basa en la aritmética elemental. ¿Alguien tiene escorbuto? Eso se debe a falta de vitamina C, que puede añadir a su cuerpo comiendo fruta. ¿Tiene la gripe? El causante es un virus, que debe eliminar de las vías respiratorias tomando un medicamento. Todo es añadir lo que falta y restar lo que sobra. Estas sencillas ecuaciones todavía rigen gran parte del pensamiento médico moderno. Pero las matemáticas del microbioma son más complicadas, porque son las que requieren grandes conjuntos cambiantes cuyas partes se hallan conectadas entre sí e interactúan unas con otras. Controlar un microbioma es configurar todo un mundo, algo que es justo tan difícil como parece. Recordemos que las comunidades tienen una resiliencia natural: si las castigamos, se recuperan. También son impredecibles; si las alteramos, las consecuencias se manifiestan en efectos caprichosos. Añadir un microbio supuestamente beneficioso podría desplazar a algunos competidores en los que también confiamos. Perder un microbio supuestamente nocivo podría ofrecer a un oportunista aún peor la oportunidad de ocupar su lugar. Esta es la razón de que los intentos de conformar este mundo no solo hayan cosechado algunos grandes logros, sino también muchos reveses desconcertantes. En un capítulo anterior hemos visto que la reparación de un microbioma no consiste en algo tan simple como la eliminación de «bacterias malas» con antibióticos. En este capítulo veremos que tampoco es tan simple como añadir «bacterias buenas».

El siglo xxi es una mala época para los amigos de las ranas. En todo el mundo, estos anfibios están desapareciendo con tanta rapidez que hasta los conservacionistas más optimistas ponen cara de preocupación. Nada menos que un tercio de las especies de anfibios están en peligro de extinción. Algunas de las razones de este declive valen para toda la vida salvaje: pérdida de hábitats, contaminación y cambio climático. Pero los anfibios también afrontan un peligro que solo les afecta a ellos: un hongo fatídico llamado *Batrachochytrium dendrobatis*, o *Bd* para abreviar. Es el asesino de ranas por excelencia. Engrosa la piel de sus víctimas, les impide absorber sales como el sodio y el potasio y provoca en ellas el equivalente a un ataque cardiaco. Desde su descubrimiento a finales de la década de 1990, el *Bd* se ha extendido a seis continentes. Aparece dondequiera que hay anfibios. Y dondequiera que aparece, los anfibios dejan de existir. El hongo puede destruir poblaciones enteras en semanas, y ha hecho pasar a la historia decenas de especies. Es probable que la rana diurna de hocico agudo haya desaparecido. La rana de incubación gástrica ya no existe. El sapo dorado de Costa Rica nunca más volverá a croar. Cientos de otros han estado expuestos al hongo. Con razón se ha dicho que el *Bd* ha sido el causante de «la peor enfermedad infecciosa jamás registrada en los vertebrados».[8] Ranas, sapos, salamandras, tritones, cecílidos: ningún grupo de anfibios está a salvo. Si apareciese un nuevo hongo que matara a todos los mamíferos —perro, delfín, elefante, murciélago y humano— nos entraría un inmenso pánico. Y los biólogos que trabajan con los anfibios lo están sufriendo.

El *Bd* es un presagio de lo que está por venir. En 2013, los científicos describieron un hongo emparentado, el *B. salamandrivorans*, que ataca a salamandras y tritones en Europa y América del Norte. Desde al menos 2006, otro hongo ha barrido los murciélagos del mapa de Norteamérica. La enfermedad mortal que los mata se llama síndrome del hocico blanco, y cubre las cuevas con millones de cadáveres. Durante décadas, los corales han sufrido una epidemia tras otra.[9] Estas enfermedades infecciosas que brotan en la fauna salvaje, surgen cada vez con mayor rapidez, y los seres humanos son, al menos en parte, culpables. En aviones, barcos y zapatos transportamos patógenos a todo el mundo a una velocidad sin precedentes, atiborrando a nuevos huéspedes antes de que puedan aclimatarse y adaptarse. El auge del *Bd* es un ejemplo insuperable. Sí, es virulento. Sí, reprime el sistema inmunitario de los anfibios. Pero no es más que un hongo, y los anfibios han estado en contacto con hongos durante 370 millones de años. Este no es su primer forcejeo con ellos. Pero ahora están perdiendo esta particular batalla porque el cambio climático, los depredadores introducidos y los contaminantes ambientales los han debilitado. Si añadimos a la mezcla una rápida y destructiva propagación de la enfermedad, el futuro se presenta de pronto mucho más sombrío.

Sin embargo, el especialista en anfibios Reid Harris tiene esperanzas. Harris ha hallado una posible forma de proteger a estos animales de sus enemigos fúngicos. A principios de la década de 2000, descubrió que las salamandras de dorso rojo y las de cuatro dedos —dos especies pequeñas y sinuosas del este de Estados Unidos— están cubiertas de un rico cóctel de compuestos químicos antifúngicos.[10] Estas sustancias no las producen los animales mismos, sino las bacterias de su piel. Pueden ayudar a proteger los huevos de las salamandras contra los hongos, que de otra manera prosperarían en los nidos subterráneos húmedos. Y como Harris más tarde descubrió, también pueden impedir que el *Bd* se multiplique. Esto podría explicar, pensó, por qué algunas especies afortunadas de anfibios parecen resistir la acción del hongo asesino: sus microbiomas de la piel actúan como escudos simbióticos, y tal vez, esperaba, esos microbios podrían salvar especies vulnerables del acechante «Anfibiagedón».

Al otro lado de Estados Unidos, Vance Vredenburg abrigaba las mismas esperanzas. Había estudiado las ranas montañesas de ancas amarillas de Sierra Nevada, California, y le desanimaba ver cómo el *Bd* invadía la zona. «Era increíble —dice—. El hongo, que al principio no estaba allí, se propagó por toda una cuenca.» Rápidamente, decenas de zonas se quedaron una tras otra sin ranas. Pero esto no sucedió en todas partes. En un lago de montaña junto al monte Conness, las ranas de ancas amarillas fueron infectadas por el *Bd*, pero seguían dando saltos como si nada. El *Bd* mata atiborrando a sus huéspedes con decenas de miles de esporas, pero esas ranas solo llevaban unas pocas docenas cada una. El hongo supuestamente letal que llenaba otros lagos de cadáveres flotantes solo causaba, como mucho, una ligera molestia junto al Conness. En aquel lugar, y algunos otros más, algo se oponía al avance del *Bd*. Y cuando Vredenburg oyó hablar de los experimentos de Harris, enseguida supo qué hacer. Frotando la piel de las ranas del Conness, comprobó que portaban las mismas bacterias antifúngicas que Harris había visto en sus salamandras. Una especie bacteriana destacaba sobre las demás tanto por sus poderes protectores como por su color violeta negruzco, de una oscura belleza amenazadora. Recibió el nombre de *Janthinobacterium lividum*. Todo el mundo la nombra como la *J-liv*.[11]

En los ensayos de laboratorio, Vredenburg y Harris confirmaron que la *J-liv* puede, de hecho, proteger a ranas inocentes del *Bd*, pero ¿cómo? ¿Mata al hongo de manera directa produciendo antibióticos? ¿Estimula el sistema inmunitario de las ranas? ¿Remodela el microbioma nativo de las ranas? ¿Ocupa tan solo un espacio en la piel, evitando físicamente que el hongo arraigue? Y si es tan útil, ¿por qué se encuentra solo en unas ranas y no en otras? ¿Y por qué es relativamente rara incluso cuando está presente? «Sería estupendo desvelar cada pequeño detalle, pero no tenemos tiempo —dice Vredenburg—. Si nos tomamos tiempo, ya no habrá ranas. Estamos trabajando en medio de una crisis.» Hay que olvidar los detalles. Lo importante era que la bacteria funcionaba, al menos dentro de los acogedores confines de un laboratorio. ¿Funcionaría también en la naturaleza?

En ese momento, el *Bd* se expandía a gran velocidad por toda Sierra Nevada, cubriendo alrededor de 700 metros al año. Al registrar sus avances, Vredenburg predijo que llegaría a la cuenca de Dusy, un lugar situado a 3.350 metros sobre el nivel del mar, donde miles de ranas de ancas amarillas vivían ajenas a la fatídica invasión. Era el lugar perfecto para poner a prueba la *J-liv*. En 2010, Vredenburg y su equipo ascendieron a la cuenca de Dusy y atraparon cada rana que se les puso delante. Encontraron la *J-liv* en la piel de una de ellas, que pudieron cultivar hasta obtener prósperas comunidades. Luego bautizaron a algunos de los demás ejemplares capturados con ese caldo bacteriano. El resto fue a contenedores que solo tenían agua de charca. Al cabo de unas horas, dejaron todas las ranas a merced de los hongos.

«Los resultados fueron estupendos», explica Vredenburg. Como había predicho, el *Bd* llegó aquel verano. El hongo causó sus habituales estragos entre las ranas que había soltado en las aguas de la charca, decenas de esporas se convirtieron en miles, y cada rana en una exrana. Pero en los ejemplares empapados con el cultivo de *J-liv*, la fatal acumulación de esporas no solo se estabilizó pronto, sino que a menudo se invirtió. Un año después, alrededor del 39 por ciento de aquellas ranas todavía vivían, mientras que el resto había muerto. La prueba había funcionado. El equipo había protegido con éxito a una población de ranas salvajes vulnerables utilizando un microbio. Y habían establecido la *J-liv* como un probiótico: término asociado con más frecuencia a yogures y suplementos, pero que se aplica a cualquier microbio que pueda utilizarse en un organismo para mejorar su salud.

Pero los conservacionistas no pueden capturar cada anfibio amenazado por el *Bd* para inocularle la *J-liv*, pues amenazados los están *todos*. Harris ha pensado en sembrar suelos con probióticos para que cualquier rana o salamandra se dosifique automáticamente. De manera alternativa, las ranas amenazadas que están siendo criadas en cautividad podrían recibir su dosis en el laboratorio antes de soltarlas en grupo. «Ahí hay mucho potencial —explica Vredenburg—, pero esto no es un remedio perfecto. Como ocurre con cualquier problema complejo, no podemos esperar victorias continuas.» De hecho, Matthew Becker, uno de los antiguos estudiantes de Harris, vio que el mismo enfoque fracasó por completo con ranas doradas panameñas cautivas. Esta especie con los colores de un abejorro es hoy en día tan solo un espectro: una hermosa criatura negra y amarilla que ya ha sido exterminada por el *Bd* en su medio natural. Actualmente, solo existe en zoos y acuarios, y no puede reintroducirse en Panamá mientras el *Bd* siga allí. A pesar de su promesa inicial, la *J-liv* no la ayudará.[12]

Tal vez esto sea predecible. Hemos visto que incluso animales estrechamente emparentados pueden albergar microbios muy diferentes. No hay razón para suponer que una bacteria que coloniza una especie prospere en otra, o que un día existirá un probiótico universal que proteja a todos los anfibios. La *J-liv* podría vivir en salamandras y ranas de todo Estados Unidos, pero no es nativa de Panamá, y no tiene ninguna historia evolutiva con la rana dorada. En retrospectiva, meter un microbio norteamericano en una rana panameña parece demasiado optimista, por no decir un poco imperialista. Así que, ni corto ni perezoso, Becker viajó a Panamá para encontrar un probiótico mejor. Estudió los microbios dérmicos de los parientes más cercanos de la rana dorada, y encontró especies indígenas que impedían que el *Bd* se multiplicara, al menos en placas de Petri. Desgraciadamente, ninguno de estos microbios nativos colonizó a las ranas doradas, y ninguno de ellos venció al hongo en condiciones naturales. Había un signo de esperanza: contra todas las expectativas, cinco de las ranas doradas de Becker eran *naturalmente* resistentes al *Bd*. Los microbios de su piel diferían de los de las ranas que habían muerto, y Becker trata ahora de identificar las bacterias protectoras dentro de estas comunidades. Harris está haciendo un trabajo similar en Madagascar con un anfibio dentro de un auténtico paraíso natural que el *Bd* acaba de invadir. Trata de encontrar un microorganismo que pueda detener al *Bd* y permanecer en las pieles una vez añadido de forma artificial. Becker y Harris no intentan crear ninguna nueva simbiosis ni introducir bacterias de una parte del mundo en otra. «Solo estamos aumentando la cantidad de bacterias localmente presentes», explica Harris.

Aunque identifiquen buenos candidatos, todavía necesitarán saber cómo conseguir que se adhieran a las ranas. Un simple baño puede no ser suficiente. El tiempo puede tener su importancia, ya que la metamorfosis del renacuajo en individuo adulto limpia de microbios la piel de una rana igual que un incendio arrasa un bosque. Crea así un mundo estéril que debe ser recolonizado. Este es el momento en que los animales corren mayor riesgo de ser atacados por el *Bd*, pero también podría ser el momento perfecto para añadir probióticos. Tal vez estos microbios extraños puedan integrarse más fácilmente en las comunidades agitadas y variables que en las fijas y estables. Puede que también sean importantes otras sutilezas. ¿Qué ocurre con los microbios que ya viven en la piel de los distintos anfibios? ¿Bloquearían o complementarían los incipientes probióticos? ¿Qué ocurre con el sistema inmunitario del anfitrión? ¿Permitiría a las poblaciones microbianas potenciadas permanecer en la piel, o las dejaría en un estado diferente? Los detalles desde luego *importan*.[13] Pueden significar la diferencia entre el éxito o el fracaso, la preservación o la extinción. Y en el intestino humano importan tanto como en la piel de las ranas.

La palabra «probiótico» significa «provida». Es lo contrario de la palabra «antibiótico», tanto en la etimología como en la finalidad. Los antibióticos están diseñados para eliminar microbios de nuestros cuerpos, mientras que los probióticos representan el deliberado intento de incorporarlos. A principios del siglo xx, el ruso Iliá Méchnikov fue uno de los primeros científicos que defendieron esta idea; durante décadas tomó de forma regular leche agria en un esfuerzo por ingerir bacterias productoras de ácido láctico, que él pensaba que alargaban la vida de los campesinos búlgaros. Sin embargo, después de su muerte, los microbiólogos Christian Herter y Arthur Isaac Kendall demostraron que los microbios que Méchnikov idolatraba no permanecían en el intestino. Podemos tragar cuantos queramos; no arraigan. Pero, a pesar de que la idea de Méchnikov no era más que una intuición, Kendall defendió el espíritu de la misma. «Pronto llegará un tiempo en que las bacterias intestinales del ácido láctico se utilicen habitualmente para corregir ciertos tipos de enfermedades microbianas intestinales —escribió—. La ciencia descubrirá y establecerá las condiciones esenciales para el éxito.»[14]

La ciencia en verdad lo ha intentado.[15] En la década de 1930, el microbiólogo japonés Minoru Shirota lideró la investigación buscando microbios resistentes que pudieran llegar al intestino sin ser antes destruidos por los ácidos estomacales. Con el tiempo, se fijó en una cepa de *Lactobacillus casei*, la cultivó en leche fermentada y, en 1935, creó el primer producto lácteo embotellado, comercialmente denominado Yakult. Hoy en día, la empresa vende alrededor de 12.000 millones de botellas al año en todo el mundo. En todas partes, la industria de los probióticos es un negocio multimillonario. Sus productos llenan nuestros estómagos y colman nuestro deseo de cuidar la salud de una manera «natural» (aunque muchos probióticos incluyen microbios patentados que han sido alterados y domesticados a través de generaciones de cultivos industriales). En algunos productos, se permite que los microbios se multipliquen en cultivos vivos; en otros, se liofilizan y encierran en cápsulas o sobres. Algunos contienen una sola cepa, y otros una mezcla. Se publicitan como fórmulas para mejorar la digestión, potenciar el sistema inmunitario y tratar toda clase de trastornos, digestivos o de otro tipo.

Hasta los probióticos más concentrados contienen solo unos pocos cientos de miles de millones de bacterias por sobre. Parece una cantidad enorme, pero el intestino contiene por lo menos cien veces más. Tomar un yogur es ingerir poca cosa. Y además, una rareza: las bacterias de estos productos no son miembros importantes del intestino de un adulto. En su mayoría pertenecen a la misma categoría que Méchnikov canonizó, fabricantes de ácido láctico (como el *Lactobacillus* y *Bifidobacterium*) que fueron elegidos más por razones prácticas que científicas. Son fáciles de cultivar, se encuentran ya en los alimentos fermentados y pueden sobrevivir al viaje a través de una planta de envasado comercial y del estómago de un consumidor. «Pero la mayoría de ellas nunca surgieron del intestino humano, y les faltan los factores necesarios para vivir allí mucho tiempo», dice Jeff Gordon. Su equipo lo confirmó mediante el monitoreo de los microbios intestinales de voluntarios que tomaron dos veces al día yogur Activia durante siete semanas. Las bacterias del yogur no colonizaron el intestino de los voluntarios, ni modificaron la composición de sus microbiomas. Se trata del mismo problema que Herter y Kendall identificaron en los años veinte, y que Matthew Becker y otros observaron cuando trabajaban con probióticos para las ranas. Son como una brisa que sopla a través de dos ventanas abiertas.[16]

Habrá quien diga que esto no importa, que la brisa todavía puede mover o mecer objetos ligeros a lo largo de su camino. El equipo de Gordon vio algunos signos de esto: el yogur que estudiaron podía inducir a los microbios del intestino del ratón a activar genes para digerir los carbohidratos, aunque solo temporalmente. Más tarde, Wendy Garrett descubrió que una cepa de *Lactococcus lactis* puede ayudar a los ratones sin adherirse, o incluso sin mantenerse con vida. Cuando entra en el intestino del ratón, estalla, y al morir libera enzimas que pueden reducir una inflamación. Podrá ser un colonizador pobre, pero todavía capaz de hacer algún bien.

Y puede. Pero ¿lo hace? La misma palabra «probióticos» es ya una respuesta. La Organización Mundial de la Salud los define como «microorganismos vivos que, administrados en cantidades adecuadas, benefician al anfitrión». Son sanos *por definición*. Hay una larga sucesión de estudios que, a primera vista, parecen apoyar esta afirmación. Pero muchos de ellos se llevaron a cabo utilizando células aisladas o animales de laboratorio, y su relevancia para las personas no está clara. De los estudios realizados con humanos, muchos incluyeron un pequeño número de voluntarios, con resultados sesgados y estadísticas coyunturales.

Buscar en este tipo de investigaciones un estudio bien fundamentado es una tarea bastante tediosa. Por suerte, la Cochrane Collaboration —una respetada organización sin ánimo de lucro que revisa de forma metódica estudios médicos— ha hecho exactamente eso. Según sus informes, los probióticos pueden acortar episodios de diarrea infecciosa y reducir el riesgo de diarrea por tratamientos con antibióticos. También pueden salvar la vida a pacientes con enterocolitis necrotizante, una horrible enfermedad intestinal que afecta a niños prematuros. Y aquí termina la lista. Comparado con el bombo en torno a ellos, sus beneficios son modestos. Todavía no hay pruebas claras de que los probióticos ayuden a las personas con alergias, asma, eccema, obesidad, diabetes, los tipos más comunes de EII, autismo o cualquier otro trastorno en el que el microbioma haya estado implicado. Y todavía no está claro que los beneficios documentados *se deban a cambios en el microbioma*.[17]

Los organismos reguladores han tomado nota de estos problemas. Los probióticos suelen clasificarse como alimentos en lugar de como medicamentos. Esto significa que los fabricantes no se enfrentan a la intimidante panoplia de obstáculos regulatorios que las compañías farmacéuticas deben superar cuando desarrollan un medicamento. Pero eso también les impide decir que sus productos previenen o tratan una enfermedad específica, porque eso lo hace la medicina. Si cruzan esa línea, se enfrentan a represalias: en 2010, la Comisión Federal de Comercio de Estados Unidos demandó a Dannon (Danone en Europa) por afirmar que Activia puede «aliviar el estreñimiento pasajero», o ayudar a prevenir los resfriados y la gripe. Esto demuestra que el lenguaje en torno a los probióticos tiende a ser nebuloso hasta el punto de carecer de sentido, con marcas que hablan de «equilibrar el aparato digestivo» o «aumentar las defensas».

Pero esta publicidad ha encontrado oposición. En 2007, la Unión Europea pidió a las empresas de productos alimenticios y suplementos pruebas de la avalancha de afirmaciones exageradas vertidas en sus envases. Si quieren decir que sus productos hacen a los consumidores más sanos, o equilibrados o delgados, deberían ser capaces de probarlo. Las empresas lo intentaron, pero fueron poco convincentes. El equipo científico consultivo de la Unión Europea rechazó más del 90 por ciento de los miles de conclusiones que aquellas le presentaron, entre ellas *todas* las relativas a los probióticos. Y como la propia palabra connota un beneficio para la salud, en diciembre de 2014 la Unión Europea prohibió su uso en envases de alimentos y en la publicidad. Los defensores de los probióticos argumentaron que este rechazo ignoraba los estudios científicos, y tuvo un tremendo efecto en este campo, mientras que los escépticos consideraron que la Unión Europea estaba forzando con razón a la industria a moverse más y aportar pruebas sólidas de sus poco fundadas afirmaciones.[18]

Pero, a pesar de tanta publicidad, el *concepto* que hay detrás de los probióticos tiene solidez.[19] Conocidos los importantes papeles que las bacterias desempeñan en nuestros cuerpos, *debería* ser posible mejorar nuestra salud ingiriendo o introduciendo los microbios adecuados. Simplemente puede ocurrir que las cepas actualmente en uso no sean las adecuadas. Ellas constituyen una minúscula fracción de los microbios que viven con nosotros, y sus habilidades representan una pequeña parte de lo que el microbioma es capaz de hacer. En capítulos anteriores encontramos microbios más apropiados. Por ejemplo, la bacteria que afecta a la mucosidad, *Akkermansia muciniphila*, cuya presencia se correlaciona con un menor riesgo de obesidad y malnutrición. O el *Bacteroides fragilis*, que alienta el aspecto antiinflamatorio del sistema inmunitario. O la *Faecalibacterium prausnitzii*, otro microorganismo antiinflamatorio que es raro de ver en el intestino de personas con EII, y cuya llegada puede revertir los síntomas de esa enfermedad en ratones. Estos microbios podrían formar parte de los probióticos del futuro. Sus habilidades son significativas e impresionantes. Están bien adaptados a nuestros cuerpos. Algunos ya son abundantes —en adultos sanos, una de cada veinte bacterias intestinales es la *F. prausnitzii*—. Estos microorganismos no están en la lista D del microbioma humano como el *Lactobacillus*; son las estrellas del intestino. No son nada tímidos a la hora de colonizarlo.[20]

Por otra parte, la colonización efectiva conlleva, junto a un beneficio mayor, un riesgo también mayor. Hasta ahora, los probióticos han demostrado un notable grado de seguridad,[21] pero esto podría muy bien deberse a que su capacidad de arraigar en nuestros cuerpos es más bien pobre. ¿Qué pasaría si utilizáramos los residentes más comunes de nuestro intestino? Sabemos por estudios con animales que una dosis de microbios a una edad muy temprana puede tener efectos duraderos sobre la fisiología, el sistema inmunitario y hasta el comportamiento de un individuo. Y, como hemos visto, ningún microbio es intrínsecamente bueno; muchas especies, incluidas las que son elementos habituales del microbioma humano, como la *H. pylori*, lo mismo pueden tener un papel positivo que negativo. La *Akkermansia* ha figurado como una salvadora en muchos estudios, pero también parece ser más común en los casos de cáncer colorrectal. No son cosas que podamos utilizar a la ligera, sin un conocimiento suficiente de su manera de cambiar el microbioma y de las consecuenicas a largo plazo de esos cambios. Como en el caso de las ranas, los detalles importan.

Entre las diversas noticias en relación con los probióticos, también ha habido historias de éxitos. La más fascinante comenzó en Australia en la década de 1950. En aquel entonces, la agencia nacional de la ciencia de este país comenzó a buscar plantas tropicales que pudieran alimentar a su creciente población ganadera. Había una candidata particularmente prometedora: un arbusto centroamericano llamado *Leucaena*. Crecía con facilidad, toleraba muy bien el pastoreo y era abudante en proteínas. Por desgracia, también lo era en mimosina, una toxina cuyos subproductos causan bocio, pérdida de cabello, retardo en el crecimiento y, ocasionalmente, la muerte. Los científicos intentaron en vano cultivar una *Leucaena* sin este veneno. La planta en sí tenía un defecto mortal. Pero, en 1976, un científico del gobierno llamado Raymond Jones dio con la solución. Mientras se hallaba en Hawái para asistir a una conferencia, reparó en un aprisco lleno de cabras que comían grandes cantidades de *Leucaena* sin problemas aparentes. Sospechó que las cabras albergaban microbios desintoxicadores de la mimosina en la primera cámara de su aparato digestivo, la panza.

Tras varios vuelos largos, en unos transportando termos llenos de los fluidos de la panza de aquellos rumiantes, y en otros transportando cabras vivas, Jones finalmente demostró su hipótesis. A mediados de la década de 1980 introdujo bacterias de la panza de las cabras tolerantes en ganado australiano vulnerable, y observó que los receptores podían comer la *Leucaena* sin que nada les sucediera. Con aquellos microbios extraños en su estómago, animales que de otro modo habrían enfermado mortalmente con la *Leucaena*, podían hartarse de comer del nutritivo arbusto y ganar peso en un tiempo récord. Jones había hecho lo que los insectos de las judías cuando ingieren bacterias ambientales que descomponen insecticidas, o lo que las ratas del desierto conseguían cuando intercambiaban entre ellas microbios que desactivaban la creosota: había dotado a los animales con nuevos microbios que neutralizaban una amenaza química. Sus colegas terminaron identificando la bacteria específica que degradaba la mimosina en las cabras de Hawái, y la llamaron *Synergistes jonesii* en su honor. A partir de 1996, los agricultores han podido adquirir el microorganismo como parte de un «brebaje probiótico»: un cóctel industrialmente elaborado de fluidos de rumiantes ricos en microbios con el que rociar a sus rebaños. Al permitir que los agricultores alimenten sin preocupaciones a sus animales con *Leucaena*, este probiótico ha transformado la industria agropecuaria del norte de Australia.[22]

¿Por qué Jones triunfó cuando otros manipuladores de microbios experimentaron tanta frustración? Se podría responder que Jones trataba de resolver un problema simple. No se proponía curar la EII o frenar a un hongo asesino. Solo necesitaba desintoxicar una sustancia química. Y tuvo la suerte de que un solo microbio pudiera hacer el trabajo. Pero, incluso así, el éxito no estaba garantizado.

Tomemos el caso del oxalato. Se encuentra en la remolacha, los espárragos y el ruibarbo, entre otros vegetales. En altas concentraciones, hace que nuestro organismo deje de absorber el calcio, que se deposita formando un bulto duro. Esta es una de las maneras de formarse los cálculos renales. No podemos digerir el oxalato; solamente los microbios pueden hacerlo. Hay una especie —una bacteria intestinal llamada *Oxalobacter formigenes*— tan eficaz en esta tarea, que utiliza el oxalato como su única fuente de energía. A primera vista, esta situación parece idéntica al dilema de la *Leucaena*. Hay un compuesto químico (el oxalato), que causa un problema (cálculos renales), y un microbio *(Oxalobacter)*, capaz de descomponerlo. La solución sería entonces que las personas propensas a tener cálculos renales ingieran un probiótico con *Oxalobacter*. Por desgracia, tales probióticos, que existen, no son muy eficaces. ¿Por qué?[23]

Hay dos posibles respuestas, y ambas encierran importantes lecciones. En primer lugar, no basta con introducir bacterias en un animal y esperar lo mejor. Los microbios son seres vivos. Necesitan alimentarse. La *Oxalobacter* no consume más que oxalato, y las personas con cálculos renales suelen seguir un régimen libre de oxalato. Pueden ingerir la bacteria, pero al instante esta morirá de inanición.[24] En cambio, se recomienda a los ganaderos que alimenten sus rebaños con *Leucaena* durante al menos una semana antes de empaparlos con *Synergistes*. De esa manera, las bacterias introducidas en ellos tendrán suficiente alimento que digerir.

Las sustancias que alimentan de forma selectiva a los microbios beneficiosos se denominan prebióticos, un término que podría incluir al oxalato o a la *Leucaena*, pero que suele aplicarse a carbohidratos vegetales como la inulina, que, purificada y envasada, se comercializa como suplemento.[25] Estas sustancias pueden aumentar el número de microbios importantes, como el *F. prausnitzii* o la *Akkermansia*, y tal vez disminuir el apetito y reducir la inflamación. Que convenga tomarlas como suplementos es otra cuestión. Ya hemos visto que lo que comemos puede cambiar sustancialmente los microbios presentes en nuestro intestino, y prebióticos como la inulina abundan en cebollas, ajos, alcachofas, achicoria, plátanos y otros alimentos.

Los HMO, esos azúcares de la leche materna que alimentan a microbios, también se cuentan como prebióticos, puesto que alimentan al *B. infantis* y a otros microbios especializados. El pediatra Mark Underwood piensa que podrían ayudar a salvar la vida de algunas de las personas más vulnerables: los bebés prematuros. Underwood dirige una unidad de cuidados intensivos neonatales en la Universidad de California en Davis, donde su equipo puede cuidar hasta 48 prematuros al mismo tiempo. Los más prematuros nacen con solo 23 semanas, y los más livianos pesan solo medio kilo. Normalmente nacen por cesárea, se les trata con antibióticos y se les mantiene en un ambiente completamente esterilizado. Privados de los habituales microbios pioneros, crecen con un microbioma muy extraño: bajo en los habituales bifs y alto en patógenos oportunistas que se multiplican en su lugar. Esto es el colmo de la disbiosis, y con estas extrañas comunidades internas corren el riesgo de padecer una enfermedad intestinal a menudo fatal: la enterocolitis necrotizante (ECN). Muchos médicos han intentado prevenir la ECN suministrando probióticos a los bebés prematuros, y han tenido cierto éxito. Pero, después de hablar con especialistas como Bruce German y David Mills, Underwood cree que la prevención puede ser más eficaz si se suministra a los bebés una combinación de *B. infantis* y leche materna. «Los alimentos que nutren a estos microbios son tan importantes como los propios microbios, pues les permiten proliferar y colonizar un ambiente bastante hostil», explica. Ya ha realizado un pequeño estudio piloto en el que demuestra que el *B. infantis* coloniza con más eficacia a bebés prematuros cuando su comida favorita se encuentra en el menú.[26] Ahora lleva a cabo un ensayo clínico más amplio para comprobar si el probiótico *B. infantis*, combinado con prebióticos de la leche, puede ayudar a prevenir la ECN.

La segunda lección que extraemos de las historias del *Synergistes* y la *Oxalobacter* es que el trabajo en equipo es importante. Ninguna bacteria existe en un vacío. Especies diferentes forman con frecuencia redes complejas que se alimentan y se apoyan unas a otras de maneras codependientes. Incluso cuando parece que un solo microbio puede solventar un problema, puede que necesite un elenco de apoyo para mantenerse con vida. Tal vez sea esta la razón de que el probiótico *Synergistes* funcione tan bien, pues incluye muchos otros microbios estomacales. Y tal vez sea también la razón de que el probiótico *Oxalobacter* no funcione, pues no tiene compañeros de juego. Lo mismo cabe decir de otros microbios. Alguien podrá imaginar un sobre con una dosis de *F. prausnitzii* que cure la EII, o una cápsula de *Akkermansia* que lo haga adelgazar, pero yo no estaría tan seguro.

Así, tal vez un método más inteligente de utilizar probióticos sea crear una comunidad de microbios que funcione bien. En 2013, el científico japonés Kenya Honda encontró 17 cepas de clostridia capaces de reducir la inflamación intestinal, y, basándose en su trabajo, la compañía de Boston Vedanta BioSciences ha creado un cóctel multimicrobiano para tratar la EII.[27] Cuando este libro esté en la imprenta, la empresa comenzará a probar el nuevo probiótico en ensayos clínicos. ¿Funcionará? Quién sabe. Pero sin duda tiene más sentido reajustar un microbioma con un conjunto de microbios cooperantes que utilizar cualquier cepa solitaria. Después de todo, el método más eficaz para manipular el microbioma hace exactamente eso.

En 2008, Alexander Khoruts, gastroenterólogo de la Universidad de Minnesota, conoció a una mujer de sesenta y un años a quien llamaré Rebecca. Durante los ocho meses anteriores, había sufrido episodios de diarrea que la dejaban dependiente de pañales para adultos, postrada en una silla de ruedas y con 26 kilos de peso. El culpable era el *Clostridium difficile*, la bacteria informalmente conocida como *C-diff*. Su mala fama se debe a su persistencia, pues aunque a menudo sucumbe a los antibióticos, es capaz de rebrotar en una forma nueva y resistente. Es lo que le ocurrió con Rebecca: sus médicos la trataron con fármaco tras fármaco, ninguno de los cuales funcionaba. «Estaba en una situación desesperada», recuerda Khoruts. Había agotado todas las opciones.

Todas menos una. Rememorando sus días de estudiante en la facultad de medicina, Khoruts se acordó de haber aprendido una técnica llamada trasplante fecal de microbiota (TFM). Esta técnica consiste literalmente en lo que su nombre significa: los médicos toman heces de un donante con todos sus microbios y las introducen en el intestino de un paciente. Eso podría curar las infecciones por *C-diff*. La idea parecía repulsiva, extraña y poco convincente. Pero Rebecca no tenía escrúpulos. Solo quería —necesitaba— mejorar. Accedió al procedimiento. Su marido donó una muestra de heces, Khoruts la deshizo en una mezcladora y luego introdujo, mediante colonoscopia, un vaso de la suspensión en Rebecca.

Al día siguiente, su diarrea se había detenido. Al cabo de un mes, el *C-diff* había desaparecido. Aquella vez no reapareció. Rebecca se había curado, una curación completa, rápida y duradera.

El caso de Rebecca, aunque anecdótico, es también arquetípico. El mismo *leitmotiv* aparece en cientos de historias similares con TFM:

un paciente con *C-diff* no tratable, un médico desesperado y una recuperación milagrosa. En algunos casos, los médicos se han enterado de este procedimiento por sus pacientes.[28] Tal fue el caso de Elaine Petrof, de la Queen's University en Kingston, Ontario. En 2009 trataba sin éxito a una mujer con *C-diff*, cuando miembros de su familia aparecieron una y otra vez con un pequeño recipiente que contenía heces. «Pensé que estaban locos —recuerda—. Pero después de ver cómo esa mujer se deterioraba y que yo no podía hacer nada por ella, pensé: ¿qué tenemos que perder? Lo hicimos y, ver para creer, funcionó. De estar a las puertas de la muerte salió del hospital por su propio pie, con muy buen aspecto y casi curada.»

Los trasplantes fecales son ciertamente desagradables, tanto en el concepto como en la práctica; y alguien tiene que encargarse de la mezcladora.[29] Pero «a los pacientes no les preocupa este aspecto —dice Petrof—. Están dispuestos a intentar cualquier cosa. A menudo me cortan para preguntarme: ¿dónde firmo?» Los humanos somos raros en nuestra aversión a las heces. Muchos animales practican la coprofagia, y tragan excrementos de otros para adquirir microbios. De esta manera, abejorros y termitas propagan bacterias que actúan como un sistema inmunitario de toda la colonia para defenderla de parásitos y patógenos.[30] El TFM ofrece beneficios similares de una manera más aceptable, ya que excluye los paladares. En ella, las bacterias se administran por vía colonoscópica, mediante un enema o a través de un tubo introducido por la nariz que llega hasta el estómago o el intestino.

El procedimiento funciona conforme a los mismos principios que un probiótico, pero en lugar de añadir una sola cepa de bacterias, o 17 cepas, añade *todas las bacterias*. Es el *trasplante de un ecosistema*, un intento de reparar una comunidad inestable reemplazándola completamente, algo parecido a restaurar un césped invadido por diente de león. Khoruts demostró la eficacia de este proceso con muestras de las heces de Rebecca antes y después del trasplante.[31] Antes, su intestino era un desastre. La infección por *C-diff* había reestructurado por completo su microbioma, creando una comunidad que parecía «algo que no existe en la naturaleza, una galaxia diferente», dice Khoruts. Pero después, su microbioma era indistinguible del de su marido. Los microbios de él habían invadido su intestino disbiótico y lo habían restaurado. Era como si Khoruts hubiera hecho un trasplante de un órgano: reemplazó el microbioma intestinal enfermo y dañado de su paciente por otro nuevo y sano de su donante. El microbioma sería así el único órgano que puede ser reemplazado sin cirugía.

Los trasplantes fecales se han realizado de vez en cuando durante al menos 1.700 años. El registro más temprano se encuentra en un manual de emergencias médicas escrito en China en el siglo IV.[32] Los europeos empezaron a practicarlo mucho después: en 1697, un médico alemán recomendaba esta técnica en un libro con un título sin precedentes: *Heilsame Dreck-Apotheke* (*Farmacopea de inmundicias saludables*). Un cirujano norteamericano llamado Ben Eiseman lo descubrió en 1958, pero solo un año después quedó eclipsado con la introducción de la vancomicina, un antibiótico que funcionaba bastante bien contra el *C-diff*. Como Khoruts escribió una vez, el TFM «se redujo a un uso puramente anecdótico, del que se hicieron informes esporádicos cuya lectura fue objeto de diversión durante varias décadas». Pero nunca quedó olvidado por completo. En la última década, médicos intrépidos empezaron a usarlo, los hospitales reticentes a ofrecerlo y las historias de curaciones a acumularse.

Este proceso culminó en 2013, cuando un equipo holandés dirigido por Josbert Keller puso finalmente a prueba el TFM en un ensayo clínico aleatorio, la piedra de toque usada en medicina para separar los tratamientos genuinos de la charlatanería.[33] El equipo de Keller reclutó pacientes con infecciones recurrentes por *C-diff* y les asignó al azar un tratamiento con vancomicina o un TFM. En un principio se planeaba reclutar a 120 participantes, pero se quedaron en 42. Hasta ese momento, la vancomicina había curado solo al 27 por ciento de las personas que la habían recibido, mientras que el TFM había curado al 94 por ciento. Era tan evidente que el tratamiento de las heces era mucho mejor, que el hospital consideró poco ético seguir administrando el antibiótico. El ensayo se acortó, y a partir de entonces se practicó a *todos* los pacientes un TFM.

Una tasa de curaciones del 94 por ciento entre pacientes muy enfermos y sin efectos secundarios importantes es algo inaudito en medicina. Y mejor todavía: el TFM es increíblemente económico: la vancomicina es cara, pero las heces son gratis. Muchos escépticos vieron cómo aquel ensayo era suficiente para transformar un procedimiento considerado una excentricidad alternativa en un impresionante tratamiento preferencial, y lo que era un último recurso desesperado en la primera opción. Hay un dicho popular entre los médicos: no hay una medicina alternativa; si algo funciona, se llama medicina. La creciente aceptación del TFM entre los médicos convencionales ejemplifica esta idea. Khoruts lo usa ahora para curar a cientos de personas con *C-diff*. También lo hace Petrof. Ha habido miles de informes similares en todo el mundo.

Estos éxitos animaron a los médicos a emplear el TFM en pacientes con otras patologías. Si funcionaba tan bien contra el *C-diff*, ¿no se podría tratar también la EII devolviendo un ecosistema perturbado a un estado más tranquilo? No parece fácil. En la EII, las tasas de éxito son más bajas e inconsistentes, y los efectos secundarios y las recurrencias, más comunes.[34] ¿Y qué decir de otras enfermedades? ¿Pueden las heces de una persona delgada ayudar a una persona obesa a perder peso? Una vez más, no existe consenso al respecto. Algunos médicos han utilizado el TFM para tratar la obesidad, el síndrome del intestino irritable, enfermedades autoinmunes, problemas de salud mental y hasta el autismo, pero estas anécdotas no revelan si los pacientes se recuperaron debido al trasplante o por una remisión natural, cambios en el estilo de vida, el efecto placebo o alguna otra circunstancia. La única manera de separar los mitos anecdóticos de las realidades médicas es realizar ensayos clínicos, y varias docenas de ellos están ya en marcha. Por ejemplo, el mismo equipo que llevó a cabo el ensayo holandés con el *C-diff* seleccionó, también aleatoriamente, a 18 voluntarios obesos para recibir microbios de su propio intestino o de un donante delgado. Los integrantes del grupo que recibió los microbios de un donante delgado se volvieron más sensibles a la insulina —un signo de buena salud metabólica—, pero no perdieron peso.[35] Incluso con un TFM no es fácil reiniciar un ecosistema microbiano.

El *C-diff* es la excepción que confirma la regla.[36] La gente lo adquiere después de tomar antibióticos, y lo suele controlar tomando aún *más* antibióticos. Este bombardeo farmacológico masivo elimina muchas bacterias nativas del intestino. Cuando llegan los microbios de un donante a este terreno baldío, encuentran pocos competidores, y ciertamente pocos tan bien adaptados al intestino como ellos. Su colonización es fácil. Si hay una enfermedad que puede ser fácilmente tratada con un TFM, es la infección por *C-diff*, y no algo similar a la EII, en la que las bacterias de un donante tendrían que colonizar un ambiente hostil, inflamado, que ya está lleno de microbios autóctonos bien adaptados. Para dar una ventaja a estas comunidades trasplantadas, Khoruts se pregunta si los médicos necesitan condicionar los intestinos con antibióticos para dejar la pizarra limpia. Una alternativa sería imponer a los receptores una dieta prebiótica que ayude a los nuevos microbios a instalarse. En cualquier caso, «no se pueden introducir microbios en la gente y esperar conseguir un trasplante —dice Khoruts—. Creo que mucha gente pensó que el TFM era una bala mágica capaz de eliminar su problema particular sin reparar en las complejidades».

Incluso para tratar la infección por *C-diff*, el TFM no es algo sencillo. Las heces deben ser seleccionadas de manera rigurosa para evitar patógenos como los de la hepatitis o el VIH. Algunos médicos también rechazan a los donantes que tienen algún tipo de enfermedad relacionada con el microbioma, como alergias, enfermedades autoinmunes u obesidad. Este proceso, que lleva su tiempo, descarta a tanta gente, que puede resultar difícil encontrar donantes, y en algunos casos se ha llegado a congelar muestras de heces de donantes que han superado las pruebas.[37] La organización sin ánimo de lucro OpenBiome mantiene un banco de tales heces. Si los posibles donantes pasan una batería de pruebas, sus heces se filtran, se introducen en cápsulas y se congelan para su posterior envío a hospitales necesitados.[38] Khoruts presta un servicio similar en Minnesota. En 2011, cuando su primera paciente, Rebecca, volvió con un nuevo caso de *C-diff*, Khoruts la curó usando una muestra de heces congelada. En 2014, volvió una vez más, y esta vez Khoruts realizó un TFM dándole una cápsula. «Fue una paciente pionera más de una vez», dice.

El acto de tomar una cápsula de excremento congelado habla de lo inaudito del TFM. Parece una cápsula normal, pero es un producto poco caracterizado que sale del cuerpo de los voluntarios en lugar de la cinta transportadora de alguna factoría, y es diferente cada vez. Ante esta variabilidad, la Agencia de Alimentos y Medicamentos de Estados Unidos decidió en mayo de 2013 regular las heces como medicamento, con una norma que obligaba a los médicos a rellenar una extensa solicitud antes de realizar un TFM. Médicos y pacientes se quejaron diciendo que el largo proceso impediría que los pacientes recibieran a tiempo su tratamiento.[39] Seis semanas después, la Agencia anuló el procedimiento para los casos de *C-diff*, pero lo mantuvo para otras enfermedades. Algunos investigadores encuentran estas nuevas disposiciones reguladoras innecesarias y frustrantes. Otros creen que les dan un valioso respiro. El interés por los TFM ha aumentado de modo exponencial en los últimos años, y hay una creciente presión para extender esta técnica a toda clase de enfermedades.

El problema es que nadie conoce sus riesgos a largo plazo.[40] Los experimentos con animales han demostrado con claridad que los microbios trasplantados pueden hacer que los receptores tengan más probabilidades de desarrollar obesidad, EII, diabetes, problemas psiquiátricos, cardiopatías e incluso cáncer, y todavía no es posible predecir con exactitud si una comunidad microbiana en particular comporta esos riesgos. Tales preocupaciones podrían no importar a un paciente de setenta años con *C-diff* que quiere ser curado *cuanto antes*. Pero ¿qué decir de adultos jóvenes en la veintena, un sector demográfico en el que el *C-diff* es cada vez más común? ¿Y los niños? Emma Allen-Vercoe me comenta que ella ha oído decir a médicos y a padres que han intentado someter a sus hijos autistas al TFM: «Me da un miedo tremendo. Se trata de heces de adulto y de una población pediátrica. ¿Y si estamos haciendo que alguien tenga más tarde algo tan horrible como un cáncer colorrectal? Creo que esto es peligroso».

Los TFM son tan simples que cualquiera puede hacerlos en casa —y muchos los han hecho—. Ya hay en la red vídeos inspiradores y con instrucciones, así como extensas comunidades de partidarios del «hágalo usted mismo».[41] Seguro que este recurso ha ayudado a muchas personas con verdaderas necesidades rechazadas por médicos desdeñosos. Pero la facilidad de estos trasplantes también ha permitido que personas desinformadas actúen con su desinformación.[42] Y fuera de un laboratorio, donde es imposible detectar los patógenos de que puedan ser portadores los donantes, varias personas han presentado infecciones graves después de hacerse ellas mismas sus trasplantes. «Esto es el salvaje Oeste —dice Allen-Vercoe—. Cualquiera usa las heces de cualquiera.» Consciente de estos problemas, un grupo de líderes en el campo del microbioma instó recientemente a los investigadores a formalizar la técnica, recabar de manera sistemática datos de donantes y receptores y crear un sistema de información sobre efectos secundarios inesperados.[43]

Petrof está de acuerdo. «Creo que todo el mundo reconoce que las heces son un recurso temporal —afirma—. Deberíamos proponernos como objetivo último el uso de mezclas definidas.» Esto significa crear una comunidad específica de microbios que duplique los beneficios de las heces de un donante. Un TFM pero sin la F. Un sustituto de las heces. Un *sham-poo*.* Junto con Allen-Vercoe, Petrof encontró el donante más saludable que pudo: una mujer de cuarenta y un años que nunca había tomado antibióticos. Cultivó sus bacterias intestinales y excluyó las que mostraban signos de virulencia, toxicidad o resistencia a los antibióticos. Esto dejó una comunidad de 33 cepas que, en un ataque de fantasía, Petrof llamó RePOOPulate. Cuando probó la mezcla en dos pacientes con *C-diff*, ambos se recuperaron en unos días.[44]

Ese fue un pequeño estudio piloto, pero Petrof está convencida de que RePOOPulate representa el futuro del TFM; algunas compañías comerciales están desarrollando sus propias mezclas de microbios trasplantables. Podemos ver estas mezclas como un TFM recortado o como un probiótico trucado. Todas se componen de cepas bien definidas que pueden cocinarse una y otra vez de acuerdo con la misma receta estándar. Sin duda alguna, sostiene Petrof, eso es mejor que las comunidades mal caracterizadas y demasiado variables que existen en la heces reales.[45] Implantar tantas incógnitas en el intestino de un paciente es una apuesta. Por el contrario, RePOOPulate es un ejercicio de precisión. Sin embargo, estas comunidades sintéticas se encuentran con el mismo problema que los probióticos: ningún conjunto de bacterias tratará todos los males, ni aun a todas las personas con un mal particular. «No creemos que sea bueno tener un ecosistema para todos. No podemos poner un motor V8 en un Mini, porque probablemente mataría a alguien», dice Allen-Vercoe. Lo ideal es que exista una serie de RePOOPulates, a ser posible adaptados a diferentes enfermedades. En estas soluciones no es posible la talla única para todos. Necesitan ser personalizadas.

* Juego de palabras intraducible. *Sham* significa «falso», y *poo*, «heces»; al unir estas dos palabras, fonéticamente obtendremos «champú». *(N. del T.)*

Durante cientos de años, los médicos han utilizado la digoxina para tratar a las personas con defectos cardiacos. Este fármaco —versión modificada de una sustancia química que producen las plantas del genero *Digitalis*— hace que los latidos del corazón sean más vigorosos, lentos y regulares. O, al menos, eso es lo que suele hacer. En un paciente de cada diez, la digoxina no funciona. Su fracaso se debe a una bacteria intestinal llamada *Eggerthella lenta*, que inactiva el fármaco y lo hace médicamente inútil. Solo algunas cepas de *E. lenta* hacen esto. En 2013, Peter Turnbaugh demostró que solo dos de los genes de la bacteria distinguen las cepas problemáticas, que inactivan el fármaco, de las neutrales.[46] Cree que los médicos podrían utilizar la presencia de estos genes para guiar sus tratamientos. Si están ausentes del microbioma de un paciente, se les da digoxina. Si están presentes, el paciente necesita comer gran cantidad de proteínas, pues estas parecen impedir que los genes desarmen el fármaco.

Y esto es solo un caso. El microbioma afecta a muchos otros fármacos.[47] El ipilimumab, uno de los medicamentos más recientes para el tratamiento del cáncer, estimula el sistema inmunitario para que ataque a los tumores, pero solo lo hace si hay microbios intestinales que lo transporten. La sulfasalazina, utilizada para tratar la artritis reumatoide y la EII, solo funciona cuando los microbios intestinales la ponen en su estado activo. El irinotecan se usa para tratar el cáncer de colon, pero algunas bacterias lo transforman en una forma más tóxica, que tiene serios efectos secundarios. Incluso el paracetamol (acetaminofén), uno de los fármacos más conocidos del mundo, es más eficaz en algunas personas que en otras por los microbios que lo transportan. Una y otra vez vemos que las variaciones en nuestro microbioma pueden alterar de forma drástica la eficacia de nuestras medicinas, incluso de las que solo tienen un único compuesto quími mico inanimado como principio activo. Imagínese lo que puede suceder cuando tomamos un probiótico o nos hacemos un trasplante fecal, con el que recibimos una compleja serie de microorganismos poco conocidos y en constante evolución. Ellos son medicamentos *vivos*. Sus probabilidades de funcionar o fracasar dependerán del microbioma existente en el paciente, que varía con la edad, la geografía, la dieta, el género, los genes y otros factores que todavía no conocemos del todo. Estos efectos contextuales se han percibido en estudios realizados con moscas, peces y ratones; sería absurdo pensar que no harían lo propio en personas.[48]

Si esto es así, lo que necesitamos son transferencias microbianas *personalizadas.* No podemos esperar que las mismas cepas probióticas, o las mismas heces donadas sirvan para tratar una variedad de dolencias. El mejor método consistiría en personalizar los probióticos según las vacantes ecológicas en el cuerpo de un individuo, las peculiaridades de su sistema inmunitario o las enfermedades a las que esté genéticamente predispuesto.[49]

Los médicos deberán tratar de manera simultánea al paciente y a sus microbios. Si alguien con EII ha tomado un antiinflamatorio, su microbioma podría devolverlo al mismo estado inflamatorio. Si optó por los probióticos o un TFM, los nuevos microorganismos podrían no sobrevivir en su intestino inflamado. Si ha seguido una dieta prebiótica alta en fibra y carecía de microbios capaces de digerir la fibra, sus síntomas podrían empeorar. Las soluciones improvisadas repetidas no funcionarán. No arreglaremos un arrecife de coral descolorido, o un prado desnudo con solo introducir los animales o las plantas que debería haber allí; también necesitamos eliminar especies invasoras, o controlar la afluencia de nutrientes. Lo mismo hemos de hacer con nuestros cuerpos. *Todo el ecosistema* —anfitrión, microbios, nutrientes, todo— debe ser preparado conforme a un método multifactorial.

He aquí un caso clarificador: si alguien tiene el colesterol alto, los médicos podrán prescribirle medicamentos llamados estatinas, que bloquean la enzima humana implicada en la producción de colesterol. Pero Stanley Hazen ha demostrado que las bacterias intestinales también son buenas dianas. Las hay que pueden transformar nutrientes como la colina y la carnitina en un compuesto llamado TMAO, que ralentiza la descomposición del colesterol.[50] Si los niveles de TMAO aumentan, también lo hacen los depósitos grasos en nuestras arterias, lo que conduce a la aterosclerosis —un endurecimiento de las paredes arteriales— y a ciertos problemas cardiacos. El equipo de Hazen acaba de encontrar una sustancia capaz de detener este proceso evitando que las bacterias produzcan TMAO sin dañarlas.

Tal vez esta sustancia química, u otra parecida, ocupe un puesto al lado de las estatinas en las vitrinas médicas del mañana: dos medicamentos complementarios, uno enfocado a la mitad humana de la simbiosis y otro dirigido a la mitad microbiana.

Esto es solo una parte de todo el potencial de la medicina basada en el microbioma. Imaginemos el futuro transcurridos diez, veinte o quizá treinta años. Alguien acude a una consulta médica. Sufre ansiedad, y el médico le prescribe una bacteria que se ha demostrado que actúa sobre el sistema nervioso y reprime la ansiedad. Además, su colesterol está un poco alto, y el médico añade otro microbio que fabrica y secreta una sustancia química que baja el colesterol. Y también le ocurre que sus niveles de ácidos biliares secundarios en su intestino son inusualmente bajos, y lo hacen vulnerable a una infección por *C-diff*, lo mejor es entonces incluir una cepa que produzca esos ácidos. Su orina contiene moléculas que son signos de inflamación, y como tiene una predisposición genética a la EII, el médico añade un microorganismo que libera moléculas antiinflamatorias. El médico elige estas especies no solo por lo que pueden hacer, sino porque predice que interactuarán bien con su sistema inmunitario y con su microbioma. También podrá añadir un elenco de otras bacterias elegidas para apoyar el núcleo de la terapia, y sugiere algunos planes dietéticos que las nutran con eficacia. Y, ya para terminar, podrá recetarle una píldora probiótica a medida, un tratamiento diseñado para mejorar no ya cualquier viejo ecosistema microbiano, sino el *suyo* particular. Como me dijo el microbiólogo Patrice Cani, «en el futuro todo será a la carta».

Y en este futuro a la carta, no nos limitaremos a escoger las bacterias adecuadas. Algunos científicos están escogiendo los *genes* adecuados para combinarlos con *bacterias* artesanales. En vez de reclutar simplemente especies con las habilidades adecuadas, están manipulando los propios microbios para dotarlos de nuevas habilidades.[51]

En 2014, Pamela Silver, de la Facultad de Medicina de Harvard, dotó a la *E. coli*, el microbio mejor caracterizado, con un interruptor genético capaz de detectar un antibiótico llamado tetraciclina.[52] En presencia de este antibiótico, el interruptor salta y, cuando se dan las condiciones, activa un gen que hace que las bacterias tomen un color azul. Cuando Silver daba estas bacterias manipuladas a unos ratones de laboratorio, podía saber si los roedores habían tomado una dosis de tetraciclina sin más que recoger sus excrementos, cultivar los microbios que tenían dentro y comprobar su color. Había convertido a la *E. coli* en una minúscula reportera que observaba, recordaba e informaba sobre lo que acontecía en el intestino de los ratones.

Necesitamos estos reporteros porque el intestino sigue siendo una caja negra. Es un órgano de ocho metros y medio, y la forma más común de estudiarlo es analizar lo que finalmente sale de él. Es como caracterizar un río cribando sus aguas en su desembocadura. Las colonoscopias ofrecen una vista más detallada, pero son invasivas. Así que, en lugar de empujar un tubo por un extremo, ¿por qué no introducir bacterias como la *E. coli* de Silver por el otro? Cuando las recojamos, nos informarán al detalle de lo que encontraron durante su viaje. Olvidemos la tetraciclina: solo fue la prueba de un procedimiento. Silver quiere programar microbios para detectar toxinas, drogas, patógenos o sustancias químicas reveladoras que reflejen las primeras etapas de una enfermedad.

Su visión última es el diseño de bacterias que puedan detectar problemas en el cuerpo, y solucionarlos. Imaginemos una cepa de *E. coli* que detecte las moléculas —la firma— que deja la *Salmonella* y reaccione liberando antibióticos que matan de forma específica a este microbio. Además de mera reportera, sería también guarda forestal. Patrullando el intestino, podría impedir que los alimentos se envenenaran, permaneciendo inerte si no percibe amenazas, y entrando en acción si aparece la *Salmonella*. Se podría dar a los niños de países pobres, que suelen padecer enfermedades diarreicas. Y también a soldados desplegados en el extranjero. Y distribuirla en comunidades que sufran una epidemia.

Otros científicos están construyendo sus propios socorristas microbianos. Matthew Wook Chang ha programado *E. coli* para encontrar y destruir la *Pseudomonas aeruginosa*, una bacteria oportunista que infecta a personas con su sistema inmunitario debilitado. Cuando las bacterias manipuladas detectan a sus presas, nadan hacia ellas y lanzan dos armas: una enzima que destroza las comunidades de *P. Aeruginosa* y un antibiótico que ataca de manera específica los fragmentos vulnerables. Jim Collins también está programando para el MIT bacterias intestinales que destruyen patógenos. Sus microbios cazadores atacan a la *Shigella*, que causa disentería, y al *Vibrio cholerae*, causante del cólera.[53]

Silver, Chang y Collins son profesionales de la biología sintética, una joven disciplina que trata con la mentalidad de un ingeniero el mundo de la carne y las células. Su jerga es clínica y distante: tratan a los genes como «piezas» o «ladrillos» que se pueden ensamblar para formar «módulos» o «circuitos». Pero su espíritu es vibrante y creativo: el escritor científico Adam Rutherford los compara a los disc jockeys del hip-hop de los años setenta, que marcaron el inicio de un movimiento musical al mezclar *riffs* y *beats* en excitantes nuevas combinaciones.[54] De manera similar, los biólogos sintéticos mezclan genes para crear una nueva generación de probióticos.

«La aplicación de estos principios a una bacteria nos permite mucha más flexibilidad», explica el especialista en fibra Justin Sonnenburg. Una bacteria presente en la naturaleza podría ser buena en fermentación de fibra, o comunicándose con el sistema inmunitario, o fabricando neurotransmisores, pero es improbable que sobresalga en todo. Para cada nueva cualidad deseable, los científicos tienen que buscar nuevos microorganismos. O simplemente cargar los circuitos que deseen en un único microbio sintético. «Esperamos tener una lista de piezas, y que esta lista se convierta en un sistema de *plug and play* donde los resultados sean predecibles», afirma Sonnenburg.

Los biólogos sintéticos no se limitan a enviar microbios según los patógenos presentes. También pueden adiestrar sus creaciones para eliminar células cancerosas o para convertir toxinas en medicamentos. Algunos están tratando de fortalecer la capacidad natural de nuestro microbioma para producir antibióticos que controlen a otros microbios, o moléculas inmunitarias que repriman la inflamación crónica, o neurotransmisores que modifiquen nuestros estados de ánimo, o moléculas señalizadoras que influyan en nuestro apetito. Si esto nos parece una intromisión en la naturaleza, recordemos que ya hacemos todas estas cosas de una forma mucho más tosca al tragar pastillas como la Aspirina o el Prozac. Cuando lo hacemos, nuestros cuerpos se inundan con dosis fijas de fármacos. Por el contrario, los biólogos podrían programar una bacteria para que produzca los mismos fármacos en el sitio exacto donde hay un problema y en la dosis adecuada. Estos microbios pueden practicar la medicina con precisión milimétrica y sutileza de mililitro.[55]

Al menos en teoría. «Es fácil hacer funcionar los circuitos en la pizarra de nuestro despacho —dice Collins—. Pero la biología es muy desordenada y ruidosa. La ingeniería no es tan fácil como a veces se la presenta. El desafío es conseguir que los circuitos funcionen de la manera que nos gustaría en el ambiente estresante de un anfitrión.» Por ejemplo, se necesita energía para activar un gen, por lo que una bacteria sintética que está llena de complejos circuitos puede ser incapaz de competir con otras naturales de genomas más reducidos y ligeros.

Una solución, que Sonnenburg prefiere, para hacer más competitivas a las bacterias de diseño es introducir los circuitos genéticos sintéticos en una bacteria común en el intestino, como la *B-theta*, en lugar de la más familiar *E. coli*. Esta última es más fácil de manipular, pero también es una colonizadora intestinal pobre. La *B-theta*, en cambio, está en exquisita sintonía con el intestino y vive en él en gran número.[56] ¿Qué mejor candidato para el puesto de guarda del ecosistema humano? Jim Collins es más circunspecto. Dada la cantidad de cosas que todavía no entendemos sobre el microbioma, no da todo su crédito a la perspectiva de que los microbios diseñados mediante esta ingeniería puedan establecerse de forma permanente en nuestro cuerpo. Por eso se está centrando asimismo en la construcción de interruptores que obliguen a los microbios a autodestruirse si algo va mal o si abandonan a sus anfitriones. (El confinamiento es un gran problema que plantean estas bacterias, ya que podrían entrar en el medio ambiente cada vez que alguien descarga un inodoro.) Silver también trabaja con ahínco en las medidas de seguridad. Mediante una modificación del código genético de sus microbios sintéticos, espera levantar un cortafuegos biológico que les impida intercambiar ADN horizontalmente, como las bacterias acostumbran a hacer, con sus homólogos naturales. Además se propone crear *comunidades* sintéticas de microbios, equipos de, digamos, cinco especies que dependan unas de otras, de tal modo que si una de ellas muere, las demás la sigan.

No está claro que estas características satisfagan a las agencias reguladoras o a los consumidores.[57] Los organismos genéticamente modificados son siempre objeto de controversia, y si los probióticos y los trasplantes fecales nos han dicho algo, es que el mundo no sabe cómo lidiar con esta ola de medicamentos vivientes. La biología sintética solo aumentará esa tensión. Sin embargo, conviene señalar que ninguna de estas bacterias programadas es en realidad «sintética». Tienen habilidades extraordinarias y contienen genes que han sido modificados con nuevas combinaciones pero, en el fondo, siguen siendo *E. coli*, y *B-theta*, y otras caras conocidas con las que hemos convivido durtante millones de años. Son los mismos simbiontes con un toque moderno.

Lo que posiblemente sea aún más impresionante es la creación de una simbiosis completamente nueva, uniendo animales y microbios que nunca antes se encontraron. Un equipo de científicos se ha pasado más de dos decenios haciendo exactamente eso. Y los productos de su trabajo ya pueden encontrarse volando por el este de Australia.

Es el 4 de enero de 2011. En las primeras horas de una fresca mañana australiana, Scott O'Neill camina hacia un bungalow amarillo de un suburbio de Cairns.[58] Lleva gafas, una perilla, pantalones vaqueros y una camisa blanca con las palabras «Eliminate Dengue» estampadas en el bolsillo. Es el nombre y el objetivo de la organización que O'Neill creó: eliminar la fiebre del dengue en Cairns, en Australia y quizá finalmente en el mundo entero. Las herramientas con las que realizará esta hazaña se encuentran en el pequeño vaso de plástico que en ese momento tiene en la mano. Lo lleva hacia una casa que se halla al otro lado de una cerca. Pasa por un patio con flores y llega hasta donde hay una gran palmera. Su caminar es pausado y un tanto tímido. Este es un gran momento, y hay unas veinte personas que miran, graban y bromean. O'Neill se para y levanta la vista. «¿Estáis listos?», exclama. La multitud lo jalea. Ha esperado este momento bastante tiempo. O'Neill retira la tapa del vaso y unas docenas de mosquitos salen volando al aire de la mañana. «¡Salid ya, chicos!», dice un espectador.

Estos mosquitos pertenecen a la especie *Aedes aegypti*, un insecto blanco y negro que transmite el virus que causa la fiebre del dengue. Sus picaduras llegan a infectar a unos 400 millones de personas cada año. O'Neill nunca ha tenido el dengue, pero ha visto sufrirlo a otros. Conoce las fiebres, los dolores de cabeza, las erupciones y los intensos dolores articulares y musculares. Sabe que no hay vacuna ni tratamiento eficaz. La única forma de controlar el dengue es la prevención. Podemos matar mosquitos *Aedes* con insecticidas. Podemos impedirles que nos piquen usando repelentes o mosquiteras. Podemos eliminar las aguas estancadas en las que estos insectos se reproducen. Pero, a pesar de estas estrategias, la fiebre del dengue sigue siendo común, y cada vez más frecuente. Es necesaria una nueva solución, y O'Neill tiene una. Su plan es, por poco ortodoxo que suene, vencer la enfermedad liberando *aún más* mosquitos *Aedes* transmisores. Pero sus insectos son diferentes de los salvajes. Los ha cargado con una bacteria de la que ya hemos hablado mucho, el supersimbionte *Wolbachia*.[59]

O'Neill descubrió que la *Wolbachia* impide a los mosquitos *Aedes* portar los virus del dengue, transformándolos de vectores en insectos inofensivos. Naturalmente, sería imposible recoger todos los mosquitos salvajes y meterles un simbionte, pero O'Neill no necesitaba hacer eso. No tenía más que liberar en la naturaleza unos pocos insectos portadores de *Wolbachia* y esperar. Recordemos que esta bacteria es una maestra de la manipulación, con muchos trucos para propagarse en una población de insectos. El más común es el de la incompatibilidad citoplásmica, que hace a las hembras infectadas, que pasan el microbio a la siguiente generación, más capaces de poner huevos viables que sus compañeras no infectadas. Esta ventaja significa que la *Wolbachia* puede propagarse con rapidez por una zona, con el consiguiente descenso del dengue. El plan de O'Neill era liberar en la naturaleza suficientes mosquitos con carga de *Wolbachia* para crear una población totalmente resistente al dengue. En Cairns soltó los primeros. Fue la culminación de décadas de trabajo duro y obsesivo y frustración final. «Parece que haya ocupado toda mi vida», dice O'Neill.

Su investigación para convertir la *Wolbachia* en un luchadora contra el dengue comenzó en la década de 1980, y deambuló a lo largo de varios años perdidos, para acabar en un callejón sin salida.

Solo comenzó a obtener frutos en 1997, cuando se enteró de que existía una cepa de *Wolbachia* inusualmente virulenta que infectaba a moscas de la fruta. Esta cepa, conocida como «popcorn», se reproducía como una posesa en los músculos, los ojos y los cerebros de las moscas adultas, saturando sus neuronas hasta el punto de convertirlas en algo parecido a «una bolsa llena de palomitas», de ahí el nombre. Estas infecciones eran tan severas que podían reducir a la mitad la vida de una mosca. «En ese momento se me encendió la bombilla», explica O'Neill. Sabía que los virus del dengue tardan un tiempo en reproducirse dentro de los mosquitos, y aún más en alcanzar sus glándulas salivales, desde donde pueden saltar a un nuevo anfitrión. Esto significaba que solo los mosquitos viejos podían transmitir el dengue. Si O'Neill conseguía reducir a la mitad la vida de estos insectos, morirían antes de tener la oportunidad de transmitir el virus. Todo lo que necesitaba era introducir «popcorn» en el *Aedes*.

La *Wolbachia* infecta a muchos mosquitos, recordemos que fue originalmente descubierta en un mosquito *Culex* antes de que nadie supiera de su omnipresencia. Pero da la casualidad de que no toca a ninguno de los dos grupos que causan los mayores sufrimientos a los humanos: el mosquito *Anopheles*, que causa la malaria, y el *Aedes*, que causa la fiebre chikungunya, la fiebre amarilla y el dengue. O'Neill tenía que hacer de casamentero y crear una nueva simbiosis desde cero. Pero no podía simplemente inyectar *Wolbachia* en adultos; tenía que inyectarla en un huevo, para que así cada parte del insecto que saliera de él contuviese el microbio. Él y su equipo usarían el microscopio para intentar, siempre con la máxima delicadeza, pinchar ligeramente un huevo de mosquito con una aguja que le introdujera la *Wolbachia*. Lo hicieron cientos de miles de veces durante muchos años. Nunca funcionó. «Quemé las carreras de todos esos estudiantes, y me sentí tan frustrado que estuve dispuesto a renunciar a todo —cuenta O'Neill—. Pero tenía sobre mí la mancha de esta sádica acción. Un estudiante particularmente brillante entró en el laboratorio en 2004 y no pude evitarlo: le puse delante el viejo proyecto, y él mordió el anzuelo. Era Conor McMeniman, uno de los mejores estudiantes que he tenido. Hizo que funcionara.» Se necesitaron miles de intentos, pero McMeniman finalmente logró en 2006 infectar de manera estable un huevo, creando así un linaje de *Aedes* portador de la *Wolbachia*. A lo largo de nuestra historia hemos visto alianzas entre animales y microbios de millones de años de antigüedad. He aquí una que, en el momento en que escribo esto, tiene diez años.[60]

Pero, después de todo aquel trabajo, el equipo descubrió un defecto fatal en sus planes: la cepa «popcorn» era *demasiado* virulenta. Además de matar a las hembras de forma prematura, reducía la cantidad de huevos que estas ponían, así como la viabilidad de esos huevos, saboteando así sus propias posibilidades de pasar a la próxima generación de mosquitos. Unas simulaciones revelaron que, si aquello se produjera alguna vez en la naturaleza, no se extendería.[61] Era una noticia tremendamente mala.

Pero O'Neill pronto se dio cuenta de que nada de eso importaba. En 2008, dos grupos de investigadores descubrieron de forma independiente que la *Wolbachia* hacía a las moscas de la fruta resistentes al grupo de virus causantes del dengue, la fiebre amarilla, la fiebre del Nilo Occidental y otras enfermedades. Cuando O'Neill se enteró, inmediatamente pidió a su equipo que alimentara a sus mosquitos infectados de *Wolbachia* con sangre contaminada con virus del dengue. El virus no logró establecerse. Incluso cuando el equipo lo inyectó directamente en el intestino de los insectos, la *Wolbachia* detuvo su replicación. Esto lo cambió todo. El equipo no necesitaba la *Wolbachia* para acortar la vida de un mosquito. ¡Su mera presencia bastaría para evitar la propagación del dengue! Mejor aún: el equipo ya no necesitaba la cepa «popcorn». Otras cepas menos virulentas eran igual de protectoras y se propagarían con facilidad. «Tras años y años de rompernos la cabeza contra la pared, de pronto nos dábamos cuenta de que no la necesitábamos», dice O'Neill.[62]

El equipo cambió a una cepa diferente llamada wMel, la cual tenía un récord de propagación a través de poblaciones de insectos silvestres, pero era una compañera más tolerable que la «popcorn», sin nada de la reducción de la vida, la destrucción del cerebro y los efectos letales en los huevos que esta causaba. ¿Se propagaría? Para averiguarlo, el equipo de O'Neill construyó dos insectarios: unas urnas gigantes habitables que llenaron de mosquitos. Añadió por cada insecto no infectado dos portadores de wMel. También incluyó un improvisado porche para que los mosquitos se ocultaran debajo de él y una pila de toallas de gimnasio sudadas para atraerlos. Durante quince minutos al día, añadía algunos suculentos miembros del equipo para alimentar a los mosquitos infectados con *Wolbachia*. Cada pocos días, el equipo recogía los huevos de las urnas y comprobaba la presencia en ellos de *Wolbachia*. Observó que, al cabo de tres meses, cada larva de mosquito estaba infectada con wMel.[63] Todo indicaba que su gran idea funcionaría. Todo parecía decir: ¡adelante!

Y el equipo siguió. Desde 2006, mucho antes de que tuviera un mosquito con *Wolbachia*, había hablado con los residentes de dos suburbios de Cairns —Yorkeys Knob y Gordonvale— sobre sus planes.[64] «¡Hola! —dijeron— tenemos un plan para acabar con la fiebre del dengue. Sabemos que siempre les han dicho que maten a los mosquitos porque ellos son los que les hacen enfermar, pero ahora les agradeceríamos que nos dejaran soltar *más* mosquitos. No, no están genéticamente modificados, sino que los hemos cargado con un microbio que tiende a propagarse con rapidez. Además, los mosquitos *Aedes* no emigran muy lejos, así que, para que el plan funcione, soltaremos muchos de ellos, también en sus propiedades. Sí, probablemente les piquen. No, nadie ha hecho esto antes. ¿Están ustedes conmigo?»

Lo curioso es que lo estuvieron. Durante dos años, el equipo de Eliminate Dengue creó grupos de debate, organizó charlas en ayuntamientos y clubes locales, y eligió un centro de atención sanitaria donde la gente podía hacer preguntas. El equipo llamó a muchas puertas. «El proyecto requiere mucha confianza, y nos la ganamos, pero eso no sucedió de la noche a la mañana —relata O'Neill—. Fuimos muy auténticos en nuestra manera de escuchar a la gente. Cuando estaba preocupada, nos dirigíamos a ella. Incluso hicimos experimentos.» Por ejemplo, demostraron que la *Wolbachia* no podía infectar peces arañas y otros depredadores de los mosquitos, ni tampoco a los seres humanos que los mosquitos picaran. Poco a poco, hasta los escépticos les dieron su apoyo. «Un grupo local de voluntarios que moviliza a las personas para que ayuden a la comunidad cuando se producen inundaciones y ciclones, iba de puerta en puerta en nuestro nombre para que la gente liberase a los mosquitos de sus casas —cuenta O'Neill—. Aquello fue para mí un verdadero punto de inflexión.» En el año 2011, cuando los mosquitos estaban listos, el proyecto contaba con el apoyo del 87 por ciento de los residentes.

Todo comenzó una mañana de enero, con el vaso que O'Neill abrió ceremoniosamente. «Estábamos todos un poco aturdidos —recuerda O'Neill—. Habíamos trabajado en eso durante décadas. Muchos de nosotros estabamos allí para presenciar aquel acto, y también gente que había hecho un largo viaje.» El equipo marchó por las calles haciendo una pausa cada cuatro casas para soltar unas docenas de mosquitos. En dos meses, habían liberado unos 300.000, con una pausa solo para evitar un ciclón. Cada dos semanas, el equipo recogía mosquitos de los suburbios usando unas rejillas-trampa para someterlos al test de la *Wolbachia*. «La verdad es que funcionó mejor de lo esperado», cuenta O'Neill. En mayo, la *Wolbachia* se había instalado felizmente en el 80 por ciento de los mosquitos de Gordonvale, y en el 90 por ciento de los de Yorkeys Knob.[65] En apenas cuatro meses, los insectos a prueba de dengue reemplazaron por completo a los nativos. Por primera vez en la historia, los científicos habían transformado una población de insectos para impedirles propagar una enfermedad humana. Y lo hicieron mediante la simbiosis.

Sin embargo, la organización de O'Neill no se llama Transform Mosquitoes. Se llama Eliminate Dengue. ¿Hizo eso? Lo cierto es que no ha habido nuevos casos en los dos suburbios desde 2011, un signo, si no definitivo, sí alentador. Pero solo para empezar, ya que ninguna de las dos áreas era un punto caliente. Tampoco lo es Australia. O'Neill solo podrá cantar victoria cuando sus mosquitos repriman el dengue en los países donde es más frecuente, por lo que ahora está extendiendo su labor a Brasil, Colombia, Indonesia y Vietnam.[66] Cuando, en 2004, creó Eliminate Dengue, estaban él y los miembros del laboratorio. Ahora es un equipo internacional de científicos y trabajadores de la salud.

De vuelta en Australia, el equipo ha comenzado a dispersar sus mosquitos por la ciudad norteña de Townsville. Con unos 200.000 habitantes, el equipo no puede ir llamando a cada puerta. Utiliza la cobertura de los medios de comunicación, los grandes actos públicos y las iniciativas ciudadanas relacionadas con la ciencia, en las que gente de la población —incluso escolares— se ofrecen como voluntarios. También es demasiado engorroso liberar mosquitos adultos. En su lugar, el equipo entrega envases con huevos, agua y alimento a los residentes, que dejan crecer a los mosquitos en sus jardines.

«Queremos terminar en las grandes ciudades tropicales», explica O'Neill.

Cada nuevo lugar presenta sus propios desafíos. Por ejemplo, si en una ciudad hay un uso excesivo de insecticidas, es probable que los mosquitos sean parcialmente resistentes. Soltar en este ambiente mosquitos nacidos en Australia sería inútil: sucumbirían al veneno mucho antes de que transmitieran sus simbiontes. Por lo tanto, los mosquitos con *Wolbachia* necesitan ser al menos tan resistentes como los locales. El cruzamiento puede ayudar. En la etapa indonesia de Eliminate Dengue, los científicos cruzaron a los portadores de *Wolbachia* con mosquitos locales durante varias generaciones para que los insectos liberados estuvieran lo más cerca posible de los indígenas. Eso también les ayudaría a aparearse con más éxito. «Cada lugar es único —dice O'Neill—, pero vemos que la *Wolbachia* funciona bien en cada adaptación. Todo indica que sería posible extenderla de manera global. En dos o tres años, tendremos pruebas de sus efectos. Y en diez o quince años, habremos hecho una notable mella en el dengue.»

Los escépticos argumentarán que la evolución opone una contramedida a cada medida, una traba a cada avance. Los virus del dengue se volverán finalmente resitentes a la ola invasora de *Wolbachia*, y entonces empezarán a infectar de nuevo a los mosquitos. (Como dijo una vez el científico británico Leslie Orgel, «la evolución es más inteligente que tú».) Pero Elizabeth McGraw, miembro desde hace tiempo del equipo de Eliminte Dengue, es optimista. Su equipo ha demostrado que la *Wolbachia* protege contra las infecciones víricas de varias maneras. Acicatea el sistema inmunitario del mosquito. Asimismo compite por nutrientes como los ácidos grasos y el colesterol, que el virus del dengue necesita para reproducirse.[67] «Cuantos más mecanismos entren en juego, menos probable será esa resistencia —afirma—. Para un biólogo evolutivo, eso resulta sin duda alentador.»

O'Neill y McGraw también aducen que el espectro de la resistencia ronda a toda posible medida de control, como los insecticidas y las vacunas. A diferencia de estas otras soluciones, la *Wolbachia* está viva, y podría contraadaptarse a cualquier adaptación vírica. Además, es segura y económica. Aunque los insecticidas son tóxicos y es necesario utilizarlos de manera continua, los mosquitos portadores de

Wolbachia no tienen efectos secundarios y pueden persistir una vez liberados. «Una vez sueltos, siguen por ahí —dice O'Neill—. Estamos tratando de dejar el coste en dos o tres dólares por persona.»

O'Neill se maravilla de lo mucho que ha avanzado el estudio de la *Wolbachia*. «Nosotros estábamos integrados en un laboratorio bastante inocente que estudiaba la simbiosis —explica—. Era un área de la ciencia básica, pero de ella iba a salir algo maravilloso a la vez que práctico.» Además de frenar al virus del dengue, la *Wolbachia* impide a los mosquitos ser portadores de los virus chikungunya y zika, o de los parásitos del género *Plasmodium*, que causan malaria; un equipo de científicos chinos y norteamericanos ha fusionado con éxito el microbio con el mosquito *Anopheles*, que propaga la malaria.[68] Y aún más investigadores tratan de usar la *Wolbachia* para controlar las plagas de insectos como la mosca tse-tse, que transmite la enfermedad del sueño, y las chinches de cama, que impiden dormir por las noches. «Esto es solo parte de la nueva manera de entender la ecología microbiana de los organismos y su relación con la enfermedad», dice O'Neill.

En 1916, cien años antes de que este libro llegara por primera vez a las librerías, el científico ruso Iliá Méchnikov fallecía tras décadas ingiriendo los microbios de la leche agria. ¿Alguna vez imaginó que la idea de la que fue pionero sería el germen de una industria multimillonaria, cuyos productos, aunque de un valor que todavía se pone en duda, llenarían los estantes de los supermercados de todo el mundo? En 1923, el microbiólogo estadounidense Arthur Isaac Kendall publicó una nueva edición de su manual de bacteriología, en el que predijo que «llegaría el momento» en que se usarían las bacterias del intestino humano para curar enfermedades intestinales. ¿Alguna vez imaginó que se congelarían excrementos humanos y se enviarían a los hospitales para su trasplante a pacientes? En 1928, el bacteriólogo británico Frederick Griffith demostró que unas bacterias pueden adquirir características de otras, transformándose merced a un factor que más tarde se sabría que es el ADN. ¿Alguna vez imaginó que los científicos modificarían el material genético de los microbios de manera tan precisa y rutinaria que podrían programar las bacterias para cazar y destruir a su propio género? Y en 1936, el entomólogo Marshall Hertig decidió poner a una pequeña y oscura bacteria el nombre de su amigo Simeon Burt Wolbach, unos doce años después de que el dúo descubriera por primera vez el microbio en un mosquito bostoniano. ¿Alguna vez imaginó que la *Wolbachia* sería una de las bacterias con más éxito del planeta? ¿O que la estudiarían tantos científicos que llegarían a organizar una congreso semestral dedicado a la *Wolbachia* para compartir los resultados de sus estudios? ¿O que podría ser la clave para impedir que unos gusanos nematodos causaran ceguera o discapacidad a 150 millones de personas cada año? ¿O que un día los científicos implantarían la bacteria *dentro* de mosquitos en un esfuerzo mundial por controlar la fiebre del dengue y otras enfermedades?

Seguramente no. Durante la mayor parte de la historia humana, los microbios estuvieron ocultos a la vista, y solo eran conocidos por las enfermedades que causaban. Incluso después de que Leeuwenhoek empezara a verlos hace trescientos cincuenta años, permanecieron en la oscuridad. Cuando por fin adquirieron relevancia, se les consideró unos villanos que era necesario erradicar más que recibir como aliados. Y cuando los científicos observaron las bacterias que pululan en el intestino humano, o las que anidan dentro las células de los insectos, los descubrimientos fueron cuestionados y desechados. Solo recientemente los microbios han pasado de estar en los márgenes desatendidos de la biología a situarse en su centro de atención. Solo hace poco hemos aprendido lo suficiente sobre el mundo microbiano para comenzar a manipularlo. Nuestros intentos son todavía básicos y vacilantes, y nuestra confianza, a veces exagerada, pero el potencial es enorme. Por fin hemos empezado a usar todo lo que hemos aprendido desde que a Leeuwenhoek se le ocurriera estudiar el agua de un estanque para mejorar nuestras vidas.

10

El mundo de mañana

La casa en que me encuentro constituye una visión platónica del paraíso residencial de todos los norteamericanos. En el exterior hay una cerca de tablillas blancas, una mecedora en el porche y niños montados en bicicletas. En el interior hay más espacio del que Jack Gilbert y su esposa Kat sabrían emplear. Como yo, son británicos, y están acostumbrados a los espacios acogedores. También son afectuosos y gozan de buen humor: Jack es un torrente de energía, mientras que Kat es equilibrada y prudente. Uno de sus hijos, Dylan, está viendo dibujos animados, y el otro, Hayden, por razones que el conocerá mejor, trata de golpearme en el trasero. Me protejo apoyándome en la encimera de la cocina y sorbiendo una taza de té. Y mientras hago esto, también estoy expulsando de forma pasiva microbios por la taza, el mostrador y el resto de esta cocina bellamente amueblada.

Esto mismo también hacen los Gilbert. Como hemos visto, al igual que las hienas, los elefantes y los tejones, los seres humanos dejamos olores bacterianos en el aire que nos envuelve. Pero asimismo liberamos las propias bacterias. Todos nosotros sembramos constantemente el mundo con nuestros microbios. Cada vez que tocamos un objeto, dejamos una huella microbiana sobre él. Cada vez que caminamos, hablamos, nos rascamos, arrastramos los pies o estornudamos, emitimos una nube personalizada de microbios a nuestro alrededor.[1] Cada persona aerosoliza alrededor de 37 millones de bacterias por hora. Esto significa que nuestro microbioma no está confinado en nuestro cuerpo. De forma constante alcanza nuestro entorno. Cuando iba sentado en el coche de Gilbert antes de llegar a

277

su casa, dejé microbios por todo el asiento. Ahora que estoy reclinado contra la encimera de la cocina, dejo en ella la firma de mis bacterias personales. Albergo multitudes, sí, pero solo algunas; el resto lo extiendo por el mundo en una suerte de aura viviente.

Para analizar estas auras, los Gilbert tomaron recientemente muestras de interruptores de la luz, pomos de las puertas, encimeras de la cocina, suelos de dormitorios y sus propias manos, pies y narices.[2] Lo hicieron todos los días durante seis semanas. También reclutaron y enseñaron a hacer lo mismo a otras seis familias, sin excluir solteros y parejas. Los resultados de este estudio —el Proyecto Microbioma Doméstico— demostraron que cada hogar tiene un microbioma que en gran medida procede de las personas que lo habitan. Las bacterias de sus manos cubren los interruptores de la luz y los pomos de las puertas. Los microbios de sus pies cubren los suelos. Los microbios de su piel se quedan en las superficies de la cocina. Y todo esto sucede con una rapidez pasmosa. Tres de estos voluntarios se mudaron de casa durante el transcurso del estudio, y los nuevos habitantes de la misma adquirieron rápidamente el carácter microbiano de los antiguos, incluso cuando, como ocurrió en un caso, el antiguo espacio era una habitación de hotel. A las 24 horas de mudarnos a una nueva vivienda, la recubrimos de nuestros propios microbios, convirtiéndola en un reflejo de nosotros mismos. Cuando una persona nos invita a su casa y nos dice que nos «sintamos como en la nuestra», ni ella ni nosotros tenemos otra opción.

También intercambiamos microbios con las personas que viven en nuestra casa. El equipo de Gilbert observó que los compañeros de habitación comparten más microbios que las personas que viven aparte, y las parejas son aún más similares desde el punto de vista microbiano. («Todo lo que soy te lo doy a ti, y todo lo que tengo lo comparto contigo», prometen ciertos votos matrimoniales.) Y si hay un perro, esas conexiones se sobrecargan. «Los perros introducen en el interior bacterias del exterior, e incrementan el tráfico microbiano entre personas», dice Gilbert. Conociendo estos resultados, y también el trabajo de Susan Lynch, que demostró que el polvo que deja el perro contiene microbios supresores de alergias, los Gilbert adoptaron un perro. Es una mezcla de golden retriever, pastor escocés y pastor gigante de los Pirineos, de color blanco y beis rojizo, que responde al nombre de Capitán Beau Diggley. «Hemos visto el beneficio de incrementar la diversidad microbiana en los hogares, y queremos asegurarnos de que nuestros hijos tengan la capacidad de entrenar sus sistemas inmunitarios —explica Gilbert—. Hayden le puso el nombre; ¿de dónde sacaste ese nombre, Hayden?» «Me lo inventé», respondió.

Sea un perro o un ser humano, todos los animales viven en un mundo de microbios. Y cuando nos movemos por este mundo, cambiamos los microbios en él. Cuando viajé a Chicago para visitar a los Gilbert, dejé microbios de mi piel en su casa, en mi habitación de hotel, en algunos cafés, en varios taxis y en el asiento del avión. El bueno del Capitán Diggley es un conducto difuso que transporta los microbios del suelo y del agua de Naperville al hogar de los Gilbert. Un calamar hawaiano descarga al amanecer su luminiscente *Vibrio fischeri* en el agua circundante. Las hienas dejan grafitis microbianos en los tallos de las matas. Y todos nosotros de manera constante damos la bienvenida a microbios que se instalan en la superficie o en el interior de nuestros cuerpos, ya sea por inhalación, ingestión, roces, pisadas, lesiones o picaduras. Nuestros microbiomas tienen tentáculos de gran alcance que nos conectan con un mundo más amplio.

Gilbert quiere entender estas conexiones. Quiere hacer de oficial de fronteras de todo el cuerpo humano para detectar y saber qué microbios entran en él (y su lugar de origen) y qué otros salen (y su lugar de destino). Pero los humanos hacen su trabajo muy difícil. Interactuamos con tantos objetos, personas y lugares diferentes, que rastrear los caminos de cualquier bacteria acaba siendo una pesadilla. «Soy ecologista; quiero tratar al ser humano como una isla —dice—. Pero no estoy autorizado en un sentido literal. Propuse a una institución seleccionar a unas cuantas personas y encerrarlas en un espacio durante seis semanas, y su comisión evaluadora dijo que no.»

Por eso se volvió hacia los delfines.

«¿Cuántas muestras desea?», pregunta el veterinario Bernie Maciol. «¿Cuántas ha obtenido?», pregunta Gilbert. «Tres.» «¿Puede hacer réplicas de estas? ¿Y algunas más de otro sitio de la piel? ¿Qué tal de la axila? Bueno, no de la axila. De lo que sea eso. ¿A qué llamaríamos la axila de un delfín?»[3]

Estamos en la exhibición de delfines del Shedd Aquarium, un gran estanque dominado por rocas y árboles artificiales. Jessica, una entrenadora en traje de neopreno negro y azul, se zambulle y golpea la superficie del agua con una mano. Un delfín blanco del Pacífico llamado Sagu acude. Es un hermoso animal con una piel que parece un dibujo al carbón difuminado. También es obediente: cuando Jessica muestra las palmas de sus manos hacia abajo y las vuelve de lado, Sagu se da la vuelta y expone su vientre blanco lechoso. Maciol se acerca, frota la axila de Sagu con un algodón, lo introduce en un tubo con cierre hermético y se lo pasa a Gilbert. Ella hace lo mismo con otros dos delfines, Kri y Piquet, que nadan con parsimonia junto a sus respectivos entrenadores.

«Obtendremos muestras del espiráculo, de las heces y de la piel —me explica Jessica—. Para el espiráculo, haré que su cabeza descanse en mi mano, pondré una placa de agar sobre el orificio y le daré al delfín un golpecito para que haga una espiración forzada. Para la muestra fecal, le haré darse la vuelta, le insertaré un pequeño catéter de goma y la extraeré. No hay restos de excremento por aquí.»

Este Proyecto Microbioma de Acuario ofrece a Gilbert lo que no puede obtener en su casa de Naperville o en cualquiera de las otras casas en las que ha obtenido muestras, una suerte de omnisciencia. Aquí hay animales cuyo ambiente es perfectamente conocido. Todo lo relativo al agua —temperatura, salinidad, contenido químico— se puede medir, algo que se hace de forma regular. Aquí, Gilbert puede analizar el microbioma de los cuerpos de los delfines, del agua, de sus comidas, de los estanques, de los entrenadores, de los cuidadores y del aire, y lo ha hecho una vez al día durante seis semanas. «Son animales reales con sus propios microbios reales viviendo en un ambiente real, y hemos catalogado todas las interacciones microbianas con ese ambiente», dice. Y eso debería darle una visión sin precedentes de las conexiones entre los microbios del cuerpo de un animal y los del mundo a su alrededor.

El acuario está realizando varios proyectos de este tipo para mejorar la vida de sus especies.[4] Bill Van Bonn, vicepresidente y responsable de salud animal del Shedd, me dice que todo el suministro de agua, que es de unos 11 millones de litros, se usa en el oceanario principal para mantener un circuito vital que lo limpie y filtre cada tres horas. «¿Se da cuenta de la cantidad de energía que se necesita para mover toda esa agua? ¿Y por qué lo hacemos con tanta frecuencia? Porque necesitamos que el agua esté lo más limpia que se pueda imaginar —dice en un tono teatralmente fervoroso—. Pero cuando la devolvemos, y esto lo hacemos con la mitad, ¿qué sucede? Pues nada, que la química del agua y la salud de los animales mejoran.»

Van Bonn sospecha que este intenso régimen de limpieza y saneamiento se ha llevado demasiado lejos. Ha terminado despojando de microbios el ambiente del acuario, impidiendo que se establezcan comunidades diversas y maduras y ofreciendo a especies débiles o nocivas la oportunidad de explotarlo. ¿Nos resulta esto familiar? Esto es exactamente lo que hacen los antibióticos en los intestinos de los pacientes hospitalizados. Ellos despojan a un ecosistema de sus microbios nativos y permiten que patógenos competidores, como el *C-diff*, se instalen en su lugar. En ambos sitios, la esterilización constituye una maldición, no un objetivo, ya que un ecosistema diverso es mejor que uno empobrecido. Estos principios son los mismos, hablemos del intestino humano o de un acuario, o incluso de una habitación de hospital.

«Soy el doctor Jack Gilbert, y *esto* es un hospital», dice Jack Gilbert, haciendo gestos con el pulgar ante el enorme hospital que hay detrás de él.

Nos hallamos en el Centro de Cuidados e Investigación de la Universidad de Chicago, un edificio nuevo y reluciente que parece un gigantesco teatro de ópera, con superficies grises, anaranjadas y negras. Gilbert está delante de él haciendo repetidas tomas para un vídeo promocional. No estoy convencido de que el micrófono del camarógrafo obtenga algún audio decente con el viento que sopla implacable sobre Chicago. Estoy más convencido de que Gilbert pasa mucho frío. Y estoy totalmente convencido de que, en efecto, ese edificio es un hospital.

Poco antes de su inauguración en febrero de 2013, un estudiante de Gilbert, Simon Lax, condujo a un equipo de investigadores por los pasillos vacíos portando bolsas llenas de bastoncillos y con un plan. Frotaron diez habitaciones de pacientes y dos dependencias de enfermería distribuidas en dos plantas: una para pacientes de corta estancia que se recuperan de una cirugía electiva, y otra para los pacientes de larga estancia, como los que tienen cáncer o los receptores de trasplantes. Pero en ninguna de las habitaciones había todavía seres humanos. Sus únicos residentes eran los microbios que recogió el equipo de Lax. Este frotó suelos impolutos, relucientes barandillas de camas, brillantes grifos y sábanas perfectamente dobladas. Recogió muestras de interruptores de la luz, pomos de las puertas, conductos de ventilación, teléfonos, teclados y muchos otros objetos. Por último, equipó las habitaciones con aparatos que medían la luz, la temperatura, la humedad y la presión, monitores de dióxido de carbono que indicaban de forma automática si una habitación estaba ocupada y sensores de infrarrojos que sonaban cuando entraba y salía gente. Después de la gran inauguración, el equipo continuó su trabajo, recogiendo muestras semanales de las habitaciones y de los pacientes alojados en ellas.[5]

Así como otros han catalogado el microbioma en desarrollo de un recién nacido, Gilbert ha catalogado por primera vez el microbioma en desarrollo de un edificio recién construido. Su equipo está ahora ocupado en un análisis de los datos para averiguar de qué modo la presencia de seres humanos ha cambiado el carácter microbiano del edificio y si los microbios ambientales han pasado a los ocupantes. En ningún otro lugar son estas cuestiones tan importantes como en un hospital. Allí, el flujo de microbios puede significar la vida o la muerte, *multitud* de muertes. En el mundo desarrollado, del 5 al 10 por ciento de las personas que ingresan en hospitales o acuden a otras instituciones sanitarias, contraen algún tipo de infección durante su estancia, es decir, enferman en lugares destinados a curarlas. En Estados Unidos, esto supone alrededor de 1,7 millones de infecciones y 90.000 muertes al año. ¿Dónde están los patógenos que causan estas infecciones? ¿En el agua? ¿En el sistema de ventilación? ¿En equipos contaminados? ¿En el personal del hospital? Gilbert se propone averiguarlo. Ahora que dispone del inmenso conjunto de datos que su equipo ha recabado, debería poder trazar los movimientos de los gérmenes patógenos de, por ejemplo, un interruptor de la luz a la mano de un doctor, y de esta a la barandilla de la cama de un paciente. Y también encontrar maneras de restringir esa circulación microbiana que amenaza la vida de los pacientes.

Este no es un problema nuevo. Desde la década de 1860, cuando Joseph Lister utilizó técnicas de esterilización en su hospital, los usos de la asepsia han ayudado a frenar la propagación de patógenos. Medidas sencillas como el lavado de manos sin duda han salvado innumerables vidas. Pero, así como nos hemos excedido en el uso de antibióticos, que tomamos cuando son innecesarios, o de desinfectantes antibacterianos, con los que llegamos a embadurnarnos, también hemos ido demasiado lejos en la limpieza de nuestros edificios, incluso de nuestros hospitales. Por ejemplo, un hospital estadounidense gastó recientemente unos 700.000 dólares en la instalación de suelos impregnados con sustancias antibacterianas, a pesar de no tener pruebas de que estas medidas funcionen. Incluso podrían empeorar las cosas. Al igual que en el recinto de los delfines y en el intestino humano, tal vez el afán de esterilizar nuestros hospitales haya creado disbiosis en los microbiomas de nuestros edificios. Al eliminar las bacterias inocuas que de otro modo impedirían el crecimiento de patógenos, tal vez, sin darnos cuenta, hayamos creado un ecosistema más peligroso.

«Queremos que entren microbios que sean benignos o que no interactúen mucho y solo pueblen superficies —añade Sean Gibbons, otro de los estudiantes de Gilbert—. La diversidad es buena.» Y la asepsia, cuando se lleva demasiado lejos, puede hacer desaparecer la diversidad. Esto lo demostró Gibbons estudiando aseos públicos.[6] Observó que los aseos completamente lavados son colonizados en primer lugar por microbios fecales lanzados al aire por el agua que sale de la cisterna. Estas especies son luego superadas por una amplia variedad de microbios de la piel, pero una vez que se limpia de nuevo el inodoro, las comunidades vuelven al punto de partida. Y esta es la ironía: aseos que se limpian con demasiada frecuencia tienen más probabilidades de estar cubiertos de bacterias fecales.

Jessica Green, una ingeniero convertida en ecóloga que vive en Oregón, detectó un patrón similar entre los microbios que flotan en las habitaciones con aire acondicionado de un hospital.[7] «Supuse que la comunidad microbiana del aire interior sería un subconjunto del aire exterior —dice—. Pero me sorprendió que viéramos poco o ningún solapamiento entre los dos.» El aire de fuera estaba lleno de microbios inofensivos de plantas y suelos. El interior contenía un número desproporcionado de potenciales patógenos que normal-mente son raros o están ausentes en el exterior, pero que han sido lanzados por la boca y la piel de los ingresados en el hospital. Los pacientes se estaban cociendo en sus propio jugo microbiano. Y la mejor manera de arreglar esto era la más simple de todas: abrir una ventana.

Es lo que propuso hace unos 150 años la legendaria salvadora de vidas Florence Nightingale. No tenía conocimiento suficiente del microbioma, pero durante la guerra de Crimea notó que los pacientes se recuperaban más fácilmente de las infecciones si abría una ventana. «Que entre siempre aire de fuera, y de las ventanas por donde llegue el aire más fresco», escribió. Esto tiene perfecto sentido para un ecólogo: el aire fresco aporta microbios ambientales inofensivos que ocupan espacio y excluyen a los patógenos. Pero la idea de invitar de forma deliberada a los microbios a entrar en una habitación contradice de un modo flagrante nuestras ideas sobre el modo en que deben funcionar los hospitales. «El modelo con que se trabaja, en hospitales y también en muchos edificios diferentes, es mantener fuera el aire exterior», explica Green. Es una actitud tan arraigada, que cuando hizo su estudio tuvo que convencer al hospital para que le permitiera forzar la apertura de algunas ventanas, que estaban cerradas con pernos.

En lugar de excluir a los microbios de nuestros edificios y espacios públicos, tal vez sea la hora de extenderles la alfombra de bienvenida. Ya lo hemos hecho a ciegas e involuntariamente. En 2014, el equipo de Green visitó un nuevo y reluciente edificio universitario llamado Lillis Hall, donde recogió muestras de polvo de 300 espacios entre aulas, oficinas, aseos y demás. Demostró que muchas características del diseño del edificio influían en los microbios del polvo, entre ellas el tamaño de las habitaciones, la conexión entre ellas, la frecuencia de su ocupación y el modo de ventilarlas. Casi todas las opciones de diseño arquitectónico afectan a la ecología microbiana de los edificios, lo cual puede afectar a nuestra ecología microbiana. O, como dijo Winston Churchill: «Diseñamos nuestros edificios, y después nuestros edificios nos diseñan a nosotros». Y podemos controlar este proceso, dice Green, a través de lo que ella llama «diseño bioinformado». Es decir, podemos configurar nuestros edificios para seleccionar los microbios con los que convivir. Como siempre ocurre, existen paralelismos con el mundo que podemos ver: plantando hileras de flores silvestres en los bordes de sus campos, los agricultores pueden aumentar el número de insectos polinizadores. Green espera idear trucos arquitectónicos similares que pueden aumentar la diversidad de microbios beneficiosos. «En esta misma década, los arquitectos podrán implementar nuestros hallazgos en su trabajo diario», sostiene.[8]

Jack Gilbert está de acuerdo, y tiene planes aún más ambiciosos: quiere sembrar edificios con bacterias. No lo hará usando aerosoles ni recubrimientos especiales para las paredes. Los microbios entrarán en los edificios dentro de pequeñas esferas de plástico creadas por la ingeniero Ramille Shah. Usará impresoras tridimensionales para producir unas bolas que contienen multitud de microscópicos recovecos y rendijas. Gilbert los impregnará de bacterias útiles, como las que digieren fibra y la clostridia, reductora de las inflamaciones, además de nutrientes para ellas. Estas bacterias pueden saltar a cualquier persona que interactúe con las esferas. Gilbert está probando este sistema con ratones libres de gérmenes. Quiere ver si las bacterias son estables en las esferas, si realmente pasan a los roedores que juegan con esas bolas, si duran en sus nuevos anfitriones y si pueden curar a los roedores de enfermedades inflamatorias. Si esto funciona, Gilbert tiene la intención de probar las esferas microbianas en bloques de oficinas o salas de hospitales. Se las imagina en las cunas de las unidades de cuidados intensivos neonatales, para que los niños estén «constantemente expuestos a un rico ecosistema microbiano que hemos diseñado para que resulte beneficioso —Y añade—: También quiero crear juguetes imprimibles en 3-D. Puede imaginarse a los pequeños jugando con ellos».

Estas esferas son de hecho una forma diferente de administrar probióticos, una forma de introducir microbios beneficiosos no a través de yogures o TFM, sino a través del entorno de un animal. «No quiero poner los microbios en su comida y empujarlos hacia abajo por sus fauces —dice—. Quiero que los microbios interactúen con sus membranas nasales, sus bocas y sus manos. Quiero que experimenten ese microbioma de una manera más natural.»

«Voy a llamarlas biobolas —añade—. O tal vez microbolas.»

Le digo que no puede llamarlas microbolas. Con una risita reconoce que tengo razón.

«Esta mano que ve aquí estrechó ayer la de la campeona del mundo de squash. Obtuve su microbioma y hoy se lo paso a usted», dice Luke Leung mientras estrecha la mano de Gilbert.

«¿Será ahora mi mano realmente buena en el squash?», se pregunta Gilbert. «Solo la mano derecha —dice Leung—. Y perdona, si eres zurdo.»

Leung es un arquitecto cuya impresionante cartera de contratos incluye el de la construcción del edificio más alto del mundo, el Burj Khalifa, en Dubai. Desde que conoció a Gilbert es también un fanático del microbioma. Igualmente lo es Karen Weigert, directora general de sostenibilidad de Chicago. Los cuatro nos encontramos en un elegante restaurante entre ejecutivos trajeados y con una vista al lago Michigan. «Pensarán que todo esto no está vivo —dice Gilbert, señalando con el dedo los impecables interiores, el techo abovedado, y los rascacielos asomando afuera—. Pero está vivo. Es un organismo que vive y respira. Las bacterias son las principales cosas que hay aquí.»

Gilbert ha venido para hablar con Leung y Weigert sobre la forma de implementar sus ideas a una escala mucho mayor. Quiere aplicar los principios que ha deducido de sus proyectos de viviendas, acuarios y hospitales para configurar los microbiomas de ciudades enteras, empezando por Chicago. Leung es un socio ideal. En varios de sus edificios ha rediseñado el sistema de ventilación para que el aire corra a través de una pared de plantas, que no solo agrada a la vista, sino que además filtra el aire. Para él, la idea de Gilbert de colocar en las paredes las esferas microbianas —que le he sugerido llame *baccy balls*— tiene perfecto sentido. Weigert también está entusiasmada con las bacterias en la arquitectura, y le pregunta a Gilbert si las bolas funcionarían en viviendas baratas tanto como en impresionantes rascacielos. Sí, le contesta. Él quiere hacerlas lo más baratas posible, y desde luego más que una vistosa pared de plantas.

Tranquilizada, Weigert cambia de conversación y habla del perenne problema que tiene Chicago con las inundaciones. El sistema de alcantarillado se atasca mucho, y probablemente lo haga cada vez más con el cambio climático global. «¿Hay algo que podamos hacer para contener las inundaciones, o los efectos posteriores, como el moho?», pregunta. «En realidad lo hay», dice Gilbert. Ha estado trabajando con L'Oréal en un proyecto diferente: la identificación de bacterias que puedan impedir la formación de caspa y la dermatitis evitando que los hongos germinen en el cuero cabelludo. Estos microbios podrían constituir la base de champús probióticos anticaspa. Pero también podrían usarse para crear «microhumedales» que impidan que las casas inundadas sean invadidas por el moho. Si una casa se inunda, los hongos prosperarán con el agua, pero también habrán de enfrentarse a una floración de microbios antifúngicos. «Así se tendría un control automático integrado», explica Gilbert.

«¿Es verdad todo esto? ¿En qué punto está con ello?», pregunta Weigert.

«Tenemos los agentes de control de los hongos, y ahora tratamos de ver cómo implantarlos en plásticos —dice Gilbert—. Probablemente tengamos dentro de dos o tres años algo que nos parezca aceptable instalar en casa de alguien, de alguien que no sea un colega. Y quizá dentro de tres o cuatro años tengamos algo fiable que podamos lanzar al mercado.»

Bromeo sobre la costumbre que tienen los científicos de predecir, cargados de optimismo, que dentro de cinco años su trabajo tendrá una aplicación efectiva.

Gilbert se ríe. «Bueno, he dicho tres o cuatro, así que yo soy aún más optimista.»

Así es Leung. «Hemos sido bastante buenos matando bacterias, pero queremos revitalizar esa relación —dice—. Queremos entender cómo las bacterias pueden ayudarnos en el ambiente creado por nosotros.»

Y como diseñador, le pregunto cuándo cree que podremos construir realmente edificios con esta idea en la mente.

Hace una pausa. «Digamos que dentro de cinco años.»

Manipular los microbiomas de edificios y ciudades es solo el principio en las ambiciones de Gilbert. Además de las iniciativas en hospitales y acuarios, está estudiando los microbiomas de un gimnasio local y de un residencia universitaria. El Proyecto Microbioma Doméstico reveló que hasta cierto punto es posible rastrear los microbios que deja la gente, por lo que él y Rob Knight —los dos son amigos íntimos— están pensando en aplicaciones forenses. Él estudia los microbiomas presentes en una planta de tratamiento de aguas residuales, en terrenos inundables, en aguas contaminadas con petróleo en el golfo de México, en praderas, en una unidad de cuidados intensivos neonatales y en uvas de vino merlot. Busca microbios que puedan evitar la caspa, además de a los causantes de las alergias a la leche de vaca y a los que podrían estar implicados en el autismo. Busca microbios del polvo que podrían explicar por qué dos diferentes sectas religiosas norteamericanas —los amish y los hutterite— tienen tasas tan sumamente diferentes de asma y alergias. Estudia los cambios que experimentan los microbios intestinales a lo largo del día y si esos cambios conllevan riesgo de engordar. Analiza muestras procedentes de varias docenas de babuinos salvajes para ver si las hembras que sean mejores criadoras tienen algo distintivo en sus microbiomas.

Por último, junto con Knight y Janet Jansson, coordina el Proyecto Microbiomas de la Tierra, un plan sumamente ambicioso para hacer un inventario completo de los microbios del planeta.[9] El equipo está contactando con personas que trabajan en océanos, praderas y terrenos inundables con el fin de persuadirlas de que compartan sus muestras y datos. Su objetivo último es predecir los tipos de microbios que viven en un ecosistema dado a partir de factores básicos como la temperatura, la vegetación, la velocidad del viento y la cantidad de luz solar. Y predecir cómo esas especies responderían a los cambios ambientales, como el desbordamiento de un río o el paso de la noche al día. Todos estos objetivos parecen demasiado ambiciosos; algunos dirán que inalcanzables. Pero Gilbert y sus colegas están decididos. Recientemente han solicitado a la Casa Blanca el lanzamiento de una Iniciativa del Microbioma Unificado, un proyecto coordinado para disponer de mejores herramientas que faciliten el estudio del microbioma e incentivar la cooperación entre científicos de diferentes campos.[10]

Es hora de pensar a lo grande. Es el momento de persuadir a las familias de que permitan obtener muestras de sus casas, ahora que los encargados de mantener los acuarios están tan interesados en la vida invisible de sus aguas, ya que poseen delfines carismáticos, ahora que los hospitales están considerando seriamente *añadir* microbios a las paredes en vez de eliminarlos, y arquitectos y funcionarios son capaces de hablar de trasplantes fecales durante una costosa comida de tres platos. Es el comienzo de una nueva era, en la que la gente estará por fin dispuesta a abrazar el mundo microbiano.

Cuando, al comienzo de este libro, caminaba por el zoológico de San Diego con Rob Knight, me sorprendió lo diferente que me parecía todo con los microbios en la mente. Cada visitante, cada cuidador y cada animal me parecía un mundo con piernas, un ecosistema móvil que interactuaba con otros, en gran parte ignorante de sus multitudes internas. Cuando conduzco por Chicago con Jack Gilbert, experimento el mismo cambio vertiginoso de perspectiva. Veo el vientre microbiano de la ciudad, el rico manto de vida que lo cubre y que ráfagas de viento, corrientes de agua y sacos móviles de carne desplaza. Veo amigos que se dan la mano y preguntan: «¿Qué tal estás?», y el intercambio de organismos vivos que en ese momento se produce. Veo personas caminando por la calle que dejan nubes de sí mismas a modo de estelas. Veo las decisiones con las que hemos moldeado sin darnos cuenta el mundo microbiano a nuestro alrededor: la opción de construir con hormigón en vez de ladrillo, la apertura de una ventana y la hora a que un portero friega los suelos cada día. Y veo en el asiento del conductor a un tipo que sabe de esos ríos de vida microscópica y que además lo cautivan en vez de repelerlo. Él sabe que la mayoría de los microbios no tienen por qué infundir temor ni ser destruidos, sino estimados, admirados y estudiados.

Este es el punto de vista desde el cual he contado todas las historias de este libro, desde el largo proyecto de décadas para eliminar totalmente la *Wolbachia* de los nematodos hasta la investigación incesante para averiguar cómo la leche nutre las bacterias de un bebé; desde las intrépidas expediciones a profundos respiraderos oceánicos hasta los intentos, más sosegados, de descubrir los secretos simbióticos de los humildes áfidos. Todos estos esfuerzos fueron alentados por la curiosidad, el asombro y la alegría de la exploración. Era el deseo inextinguible e insaciable de saber más sobre la naturaleza y nuestro lugar en ella lo que movió a Van Leeuwenhoek a examinar una gota de agua a través de alguno de sus magníficos microscopios hechos a mano y abrir un mundo de cuya existencia nadie sabía. Y ese mismo deseo —ese espíritu de descubrimiento— está hoy muy vivo.

Cuando escribía este capítulo, asistí a una conferencia sobre simbiosis animal-microbio con la participación de muchas de las personas mencionadas en estas páginas. Durante la pausa del almuerzo, el «rey de los simbiontes» japonés Takema Fukatsu desapareció en el bosque circundante y regresó con varios escarabajos tortuga dorada, pequeñas criaturas redondeadas con un precioso caparazón que parece de oro metálico. Más tarde, aquella misma noche, el encantador de avispas lobo Martin Kaltenpoth me contó entusiasmado cómo había visto a uno de los escarabajos de Fukatsu cambiar de color dorado a rojo. ¿Quién sabe qué simbiontes llevan, o cómo bacterias y escarabajos han cambiado unos la vida de los otros? Y en la última jornada, mientras todo el mundo esperaba un autocar, el experto en áfidos Lee Henry se apartó del grupo principal para regresar cinco minutos después con un tubo lleno de áfidos que había tomado de un arbusto que crecía cerca del centro de congresos. Esa especie en particular —me dijo— había domesticado completamente a la *Hamiltonella*, el simbionte que de vez en cuando y a tiempo parcial protege a los áfidos de las avispas parasitarias. ¿Cómo? ¿Cuándo? ¿Por qué? A Henry le entusiasmaba la idea de descubrirlo.

Examinar este mundo es como mirar en el grano de arena de William Blake. Cuando empezamos a conocer nuestros microbiomas, nuestros simbiontes, nuestros ecosistemas interiores, nuestras asombrosas multitudes, cada observación encierra alguna oportunidad de descubrir algo. Cada arbusto inofensivo cuenta increíbles historias. Cada parte del mundo está llena de alianzas que se han mantenido durante cientos de millones de años, y que han afectado a toda la flora y la fauna que conocemos.

Vemos cuán abundantes y vitales son los microbios. Vemos cómo conforman nuestros órganos, nos protegen de venenos y enfermedades, descomponen nuestros alimentos, mantienen nuestra salud, calibran nuestro sistema inmunitario, guían nuestro comportamiento y bombardean nuestros genomas con sus genes. Vemos el largo camino que los animales deben recorrer hasta conseguir mantener a sus multitudes bajo control con recursos que van desde los gestores de ecosistemas del sistema inmunitario hasta los azúcares en la leche materna que alimentan a bacterias. Vemos qué sucede cuando esas medidas desaparecen: arrecifes descoloridos, intestinos inflamados y cuerpos obesos. Vemos, a la inversa, las recompensas de una relación armoniosa: las oportunidades ecológicas que nos ofrece y el ritmo acelerado con que podemos aprovecharlas. Vemos cómo podemos empezar a controlar esas multitudes para nuestro propio beneficio, trasplantar comunidades enteras de un individuo a otro, forjar y romper simbiosis a voluntad y hasta diseñar nuevos tipos de microbios. Y descubrimos la secreta, invisible y maravillosa biología que hay detrás de los gusanos sin vísceras que prosperan en un Edén abisal, de las cochinillas que succionan los jugos de las plantas, de los corales que construyen poderosos arrecifes, de las pequeñas hidras urticantes que se aferran a la vegetación acuática, de los escarabajos que acaban con bosques, del adorable calamar que crea sus propios espectáculos de luces, del pangolín abrazado a la cintura del cuidador de un zoológico y de los mosquitos vueltos contra la enfermedad revoloteando en un luminoso amanecer australiano.

Notas

Prólogo. Una visita al zoo

1. En este libro, los términos «microbiota» y «microbioma» son intercambiables. Algunos científicos arguyen que microbiota se refiere a los organismos como tales, mientras que microbioma, a sus genes colectivos. Pero uno de los primeros usos del término microbioma, que se remonta al año 1988, hacía referencia a los grupos de *microbios* que viven en un lugar determinado. Esta definición persiste en la actualidad y subraya la parte «bioma», que se refiere a una comunidad, más que la terminación «oma», que se refiere al mundo de los genomas.

2. Esta imagen la utilizó por primera vez el ecólogo Clair Folsome; *Microbes*, en *The Biosphere Catalogue*, Fort Worth, Texas, Synergistic Press, 1985.

3. Esponjas: R.W. Thacker y C.J. Freeman, «Sponge-microbe symbioses», en *Advances in Marine Biology*, Filadelfia, Elsevier, 2012, pp. 57-111, placozoos: comunicación personal de Nicole Dubilier y Margaret McFall-Ngai.

4. Costello, *et al.*, «Bacterial community variation in human body habitats across space and time», *Science*, 326 (2009), pp. 1.694-1.697.

5. Existen abundantes y buenas obras generales acerca de la importancia de los microbios para la vida animal, pero «Animals in a bacterial world, a new imperative for the life sciences» (McFall-Ngai *et al.*, *Proc. Natl. Acad. Sci.*, 110, 2013, pp. 3.229-3.236), sobresale como una de las mejores.

1. Islas vivientes

1. Cuando era niño, vi a sir David Attenborough usar este marco temporal en su serie pionera *Life on Earth*, y desde entonces se ha quedado conmigo.

2. La otra mitad proviene de las plantas terrestres, que llevan a cabo la fotosíntesis utilizando bacterias domesticadas (los cloroplastos), con lo que, en la práctica, todo el oxígeno que respiramos procede de las bacterias.

3. Se estima que en cada individuo humano habitan 100 billones de microbios, la mayoría de los cuales se hallan en sus intestinos. En comparación, la Vía Láctea contiene entre 100.000 millones y 400.000 millones de estrellas.

4. McMaster, «How Did Life Begin?», <http:www.pbs.org/wgbn/nova/evolution/how-did-life-begin.html>, 2004.

5. Está claro que las mitocondrias evolucionaron a partir de una antigua bacteria que se fusionó con una célula huésped, pero que este acontecimiento fuese el origen de las eucariotas o tan solo uno de los muchos hitos en su evolución, sigue siendo objeto de acalorados debates entre los científicos. En mi opinión, los defensores de la primera idea han reunido un abrumador conjunto de pruebas a favor de su teoría. He escrito con más detalle sobre sus argumentos en la revista online *Nautilus* (Yong, «The unique merger that made you (and Ewe, and Yew)», <http://nautil.us/issue/10/mergers-acquisitions/the-unique-merger-that-made-you-and-ewe-and-yew>, 2014), y puede leerse un análisis aún más detallado en el libro de Nick Lane, *The Vital Question* (N. Lane, *The Vital Question: Why Is Life the Way It Is?*, Londres, Profile Books, 2015).

6. El tamaño no es prerrequisito para tener un microbioma: algunos eucariotas unicelulares también portan bacterias en sus células y sobre ellas, aunque sus comunidades son, lógicamente, más pequeñas que las nuestras.

7. Judah Rosner califica de «completa falsedad» la proporción de 10 a 1, que proviene de un microbiólogo llamado Thomas Luckey (Rosner, «Ten times more microbial cells than body cells in humans?», *Microbe*, 9, 47, 2014). En 1972, Luckey estimó, con escasos datos, que en un gramo de contenido intestinal (fluidos o heces) hay 100.000 millones de microbios, y 1.000 gramos de estos contenidos en un adulto medio, dando un total de 100 billones de microbios. Luego el eminente microbiólogo Dwayne Savage aceptó esta cifra y la comparó con los 10 billones de células del cuerpo humano, una cifra sacada de un libro de texto, que tampoco tiene pruebas que la respalden.

8. McFall-Ngai, «Adaptive immunity: care for the community», *Nature*, 445 (2007), p. 153.

9. Li *et al.*, «An integrated catalog of reference genes in the human gut microbiome», *Nat. Biotechnol*, 32 (2014), pp. 834-841.

10. Abubillas: Soler *et al.*, «Symbiotic association between hoopoes and antibiotic-producing bacteria that live in their uropygial gland», *Funct. Ecol.*, 22 (2008), pp. 864-871; hormigas cortadoras de hoja: Cafaro *et al.*, «Specificity in the symbiotic association between fungus-growing ants and protective *Pseudonocardia* bacteria», *Proc. R. Soc. B Biol. Sci.*, 278 (2011), pp. 1.814-1.822; escarabajo de la patata de Colorado: Chau *et al.*, «On the origins and biosynthesis of tetrodotoxin», *Aquat. Toxicol. Amst. Neth.*, 104 (2011), pp. 61-72; pez globo: Chung *et al.*, «Herbivore exploits orally secreted bacteria to suppress plant defenses», *Proc. Natl. Acad. Sci. U. S. A.*, 110 (2013), pp. 15.728-15.733; pez cardenal: Dunlap y Nakamura, «Functional morphology of the luminescence system of Siphamia versicolor (Perciformes: *Apogonidae*), a bacterially luminous coral reef fish», *J. Morphol.*, 272 (2011), pp. 897-909; hormiga león: Yoshida *et al.*, «Protein function: chaperonin turned insect toxin», *Nature*, 411 (2001), p. 44; nematodos: Herbert y Goodrich-Blair, «Friend and foe: the two faces of *Xenorhabdus nematophila*», *Nat. Rev. Microbiol.*, 5 (2007), pp. 634-646.

11. Estos mismos microbios brillantes penetraban en las heridas de los soldados durante la Guerra Civil americana y las desinfectaban; las tropas llamaban a esta misteriosa luz protectora el «brillo del ángel».

12. Gilbert y Neufeld, «Life in a world without microbes», *PLoS Biol.*, 12 (2014), e1002020.

13. Para más detalles sobre la vida de Wallace, véase <http://wallace-fund.info/>.

14. *The Song of the Dodo* relata magistralmente las aventuras de Wallace y de Darwin (Quammen, *The Song of the Dodo: Island Biogeography in an Age of Extinction*, Nueva York, Scribner, 1997).

15. Wallace, «On the law which has regulated the introduction of new Species», *Ann. Mag. Nat. Hist.*, 16 (1855), pp. 184-196.

16. O'Malley, «What did Darwin say about microbes, and how did microbiology respond?», *Trends Microbiol.*, 17 (2009), pp. 341-347.

17. Este concepto y la naturaleza ecológica del microbioma están muy bien explicados en los siguientes artículos: Dethlefsen *et al.*, «An ecological and evolutionary perspective on human-microbe mutualism and disease», *Nature*, 449 (2007), pp. 811-818; Ley *et al.*, «Ecological and evolutionary forces shaping microbial diversity in the human intestine», *Cell*, 124 (2006),

pp. 837-848, y Relman, «The human microbiome: ecosystem resilience and health», *Nutr. Rev.*, 70 (2012), S2-S9.

18. Huttenhower *et al.*, «Structure, function and diversity of the healthy human microbiome», *Nature*, 486 (2012), pp. 207-214.

19. Fierer *et al.*, «The influence of sex, handedness, and washing on the diversity of hand surface bacteria», *Proc. Natl. Acad. Sci. U.S.A.*, 105 (2008), pp. 17.994-17.999.

20. Varios investigadores han examinado los microbiomas cambiantes de bebés, incluidos los suyos propios; Fredrik Bäckhed lo hizo muy recientemente (con mucho detalle) analizando muestras de 98 bebés durante su primer año de vida (Bäckhed *et al.*, «Dynamics and stabilization of the human gut microbiome during the first year of life», *Cell Host Microbe*, 17, 2015, pp. 690-703). Tanya Yatsunenko y Jeff Gordon también llevaron a cabo un estudio pionero en tres países distintos, en los cuales mostraron cómo cambian los microbios de un niño durante sus tres primeros años de vida (Yatsunenko *et al.*, «Human gut microbiome viewed across age and geography», *Nature*, 486, 7402, 2012, pp. 222-227).

21. Jeremiah Faith y Jeff Gordon demostraron que la mayoría de las cepas intestinales permanecen durante décadas: aumentando o decreciendo, pero siempre manteniendo su presencia (Faith *et al.*, «The long-term stability of the human gut microbiota», *Science*, 341, 2013, doi: 10.1126/science.1237439). Otros equipos de investigadores han demostrado que el microbioma es increíblemente dinámico en escalas de tiempo más reducidas (Caporaso *et al.*, «Moving pictures of the human microbiome», *Genome Biol.*, 12, 2011, R50; David *et al.*, «Diet rapidly and reproducibly alters the human gut microbiome», *Nature*, 505, 2013, pp. 559-563, ; Thaiss *et al.*, «Transkingdom control of microbiota diurnal oscillations promotes metabolic homeostasis», *Cell*, 159, 2014, pp. 514-529).

22. Quammen, 1997, p. 29, *op. cit.*.

23. Knight hizo este trabajo junto con Peter Dorrestein (Bouslimani *et al.*, «Molecular cartography of the human skin surface in 3D», *Proc. Natl. Acad. Sci. U.S.A.*, 112, 2015, E2120-E2129).

24. Frederic Delsuc dirigió este estudio (Delsuc *et al.*, «Convergence of gut microbiomes in myrmecophagous mammals», *Mol. Ecol.*, 23, 2014, pp. 1.301-1.317).

25. Scott Gilbert, biólogo del desarrollo, ha bregado durante años con este problema aparentemente trivial (Gilbert *et al.*, «A symbiotic view of life: we have never been individuals», *Q. Rev. Biol.*, 87 2012, pp. 325-341).

26. Relman, «"Til death do us part": coming to terms with symbiotic relationships», *Foreword. Nat. Rev. Microbiol.*, 6 (2008), pp. 721-724.

2. Los que aprendieron a mirar

1. Más detalles sobre la vida de Leeuwenhoek pueden encontrarse en la web de Douglas Anderson «Lens on Leeuwenhoek» (<http://lenson-leeuwenhoek.net/>) y en dos biografías: *Antony Van Leeuwenhoek and His «Little Animals»* (Dobell, Nueva York, Dover Publications, 1932), *The Cleere Observer. A Biography of Antoni Van Leeuwenhoek* (Payne, Londres, Macmillan, 1970). También se debate sobre su influencia en los artículos de Douglas Anderson (Anderson, «Still going strong: Leeuwenhoek at eighty», *Antonie Van Leeuwenhoek*, 106, 2014, pp. 3-26) y Nick Lane (Lane, «The unseen world: reflections on Leeuwenhoek (1677) "Concerning little animals"» *Philos. Trans. R. Soc. B Biol. Sci.*, 370, 2015, doi: 10.1098/rstb. 2014, 0344), que ya he citado. No existe una forma común de escribir el nombre de este personaje, y utilizo la misma que eligió Dobell.

2. Leeuwenhoek, «More Observations from Mr. Leewenhoek, in a Letter of Sept. 7, 1674. sent to the Publisher», *Phil Trans*, 12 (1674), pp. 178-182.

3. Se refería a los ácaros del queso, las criaturas más pequeñas entonces conocidas.

4. Hay cierta controversia al respecto. En la década de 1650, dos décadas antes de que Leeuwenhoek examinase el agua, el estudioso alemán Anthanasius Kircher estudió la sangre de víctimas de la peste y describió «corpúsculos venenosos», cada uno de los cuales cambiaba a «un pequeño gusano invisible». Sus descripciones son vagas, pero es muy probable que estuviera describiendo glóbulos rojos o restos de tejido muerto en lugar de la bacteria *Yersinia pestis*, causante de la peste.

5. Leeuwenhoeck, «Observation, communicated to the publisher by Mr. Antony van Leeuwenhoek, in a Dutch letter of the 9 Octob. 1676 here English'd: concerning little animals by him observed in rain-well-sea and snow water; as also in water wherein pepper had lain infused», *Phil. Trans.*, 12 (1677), pp. 821-831.

6. Dobell, 1932, p. 325, *op. cit.*

7. Alexander Abbott escribió: «En todo el trabajo de Leeuwenhoek hay una notoria ausencia de especulación. Sus aportaciones se distinguen por su carácter puramente objetivo» (Abbott, *The Principles of Bacteriology*, Filadelfia, Lea Bros & Co., 1894, p. 15).

8. La historia de Pasteur, de Koch y de otros contemporáneos suyos se halla contada con lucidez en *Microbe Hunters* (Kruif, Boston, Houghton Mifflin Harcourt, 2002).

9. Dubos, *Mirage of Health: Utopias, Progress, and Biological Change*, New Brunswick, NJ, Rutgers University Press, 1987, p. 64.

10. Chung y Ferris, «Martinus Willem Beijerinck», *ASM News*, 62 (1996), pp. 539-543.

11. Hiss y Zinsser, *A Text-book of Bacteriology: a Practical Treatise for Students and Practitioners of Medicine*, Nueva York y Londres, D. Appleton & Co., 1910.

12. El libro de Sapp *Evolution by Association: A History of Symbiosis* (Nueva York, Oxford University Press, 1994, pp 3-14) constituye la historia más completa de la investigación sobre simbiosis publicada hasta la fecha —una obra histórica imprescindible.

13. *Ibid.*, pp. 6-9. El término lo acuñó Albert Frank en 1877; Anton de Bary es más famoso a este respecto, aunque no empezó a utilizarlo hasta un año después.

14. Buchner, *Endosymbiosis of Animals with Plant Microorganisms*, Nueva York, Interscience Publishers/John Wiley, 1965, pp. 23-24.

15. Kendall, *Civilization and the Microbe*, Boston, Houghton Mifflin, 1923.

16. Citado en Zimmer, «Microcosm: E-coli and The New Science of Life, Londres, William Heinemann, 2008.

17. Muchas de sus observaciones fueron correctas, pero otras no tanto, como la de que los mamíferos árticos estaban libres de bacterias (Kendall, 1923, *op. cit.*).

18. Kendall, «Some observations on the study of the intestinal bacteria», *J. Biol. Chem.*, 6 (1909), pp. 499-507.

19. Kendall, *Bacteriology, General, Pathological and Intestinal*, Filadelfia y Nueva York, Lea & Febiger, 1921.

20. Metchnikov expuso sus ideas en una conferencia pública (véase The Wilde Lecture, «The Wilde Medal and Lecture of the Manchester Literary and Philosophical Society», *Br. Med. J.*, 1, 1901, pp. 1.027-1.028); su carácter dostoievskiano aparece descrito en Kruif, 2002, *op. cit.* y su influencia, en Dubos, *Man Adapting*, New Haven y Londres, Yale University Press, 1965, pp. 120-121.

21. Bulloch, *The History of Bacteriology*, Oxford, Oxford University Press, 1938.

22. Funke Sangodeyi es uno de los pocos historiadores que ha consi-

derado esta fase en la historia de la ecología microbiana, y por esta razón es muy recomendable conocer su tesis (Sangodeyi, «The Making of the Microbial Body, 1900s-2012.», Harvard University, 2014).

23. Robert Hungate, perteneciente a la cuarta generación de la Escuela de Delft, se sintió intrigado por los microbios intestinales de animales que se alimentan de vegetales, como las termitas y las vacas. Ideó una manera de revestir el interior de un tubo de ensayo con agar-agar y desalojar todo el oxígeno empleando dióxido de carbono. Mediante este «método del tubo rodante», los bacteriólogos consiguieron por fin cultivar los microbios anaerobios dominantes en los intestinos de los animales y en los nuestros (Chung y Bryant, «Robert E. Hungate: pioneer of anaerobic microbial ecology», *Anaerobe*, 3, 1997, pp. 213-217).

24. Siguiendo el ejemplo de Leeuwenhoek, el odontólogo americano Joseph Appleton observó las bacterias bucales. Entre las décadas de 1920-1950, él y otros vieron cómo estas comunidades cambiaban durante las enfermedades orales, y cómo influían en ellas la saliva, la comida, la edad o las estaciones. Los microbios bucales demostraron ser más tratables que los intestinales: eran más fáciles de recoger con bastoncillos, y toleraban el oxígeno. Con sus estudios, Appleton contribuyó a transformar la odontología —una parte marginada de la medicina— en una verdadera ciencia, en vez de una mera profesión técnica (Sangodeyi, 2014, *op. cit.* pp. 88-103).

25. Rosebury, *Microorganisms Indigenous to Man*, Nueva York, McGraw-Hill, 1962.

26. Rosebury también escribió el primer libro divulgativo sobre el microbiota humano: el best seller *Life on Man*, Nueva York, Viking Press, publicado en 1969.

27. Dwayne Savage ofrece una estimable relación de todos los trabajos que siguieron (Savage, «Microbial biota of the human intestine: a tribute to some pioneering scientists», *Curr. Issues Intest. Microbiol.*, 2, 2001, pp. 1-15).

28. En la excelente biografía que ha escrito S. Moberg encontramos muchos aspectos interesantes de la vida de René Dubos (Moberg, *René Dubos, Friend of the Good Earth: Microbiologist, Medical Scientist, Environmentalist*, Washington, DC, ASM Press, 2005).

29. Dubos, 1987, *op. cit.* p. 62.

30. Dubos, 1965, *op. cit.* pp. 110-146.

31. La cita procede de una entrevista para el *New York Times* (Blakeslee, «Microbial life's steadfast champion», *New York Times*, 1996). Sobre los brillantes resultados del innovador trabajo de Woese, véase John Archibald, *One Plus One Equals One Symbiosis and the Evolution of Complex Life*, Oxford,

Oxford University Press, 2014, y Jan Sapp, *The New Foundations of Evolution On the Tree of Life*, Oxford y Nueva York, Oxford University Press, 2009.

32. Esta idea no era de Woese. Francis Crick, uno de los codescubridores de la doble hélice del ADN, había propuesto una estrategia similar en 1958, mientras que Linus Pauling y Emil Zuckerkandl propusieron en 1965 utilizar moléculas como «documentos de historia evolutiva».

33. El investigador posdoctoral George Fox fue colaborador de Woese y coautor de su icónico artículo (Woese y Fox, «Phylogenetic structure of the prokaryotic domain: the primary kingdoms», *Proc. Natl. Acad. Sci. U. S. A.*, 74, 1977, pp. 5.088-5.090).

34. Morell, «Microbial biology: microbiology's scarred revolutionary», *Science*, 276 (1997), pp. 699-702.

35. Este enfoque, conocido como filogenética molecular, ha escindido en el árbol de la vida a muchos grupos antes unidos sobre la base de rasgos físicos engañosos, y unido organismos que son realmente similares pese a todas las apariencias. También demostró sin sombra de duda que las mitocondrias —esas fábricas productoras de energía con forma de judía que se encuentran en todas las células complejas— fueron antes bacterias. Estas estructuras tenían sus propios genes, que eran muy similares a los genes bacterianos. Lo mismo ocurría con los cloroplastos, que permiten a las plantas servirse de la energía solar en la fotosíntesis.

36. Para el estudio de Yellowstone: Stahl *et al.*, «Characterization of a Yellowstone hot spring microbial community by 5S RRNA sequences», *Appl. Environ. Microbiol.*, 49 (1985), pp. 1.379-1.384. Pace había aplicado la misma técnica a las bacterias presentes en gusanos de las profundidades marinas; sus resultados se publicaron un año antes, pero no descubrió ninguna especie nueva.

37. Para el estudio del plancton de océano Pacífico: Schmidt *et al.*, «Analysis of a marine picoplankton community by 16S RRNA gene cloning and sequencing», *J. Bacteriol.*, 173 (1991), pp. 4.371-4.378; para el reciente estudio del acuífero de Colorado: Brown *et al.*, «Unusual biology across a group comprising more than 15% of domain bacteria», *Nature*, 523 (2015), pp. 208-211.

38. Pace *et al.*, «The analysis of natural microbial populations by ribosomal RNA Sequences», en *Advances in Microbial Ecology*, K. C. Marshall, ed., Nueva York, Springer US, 1986, pp. 1-55.

39. Handelsman, «Metagenomics and microbial communities», en *Encyclopedia of Life Sciences*, Chichester, Reino Unido, John Wiley & Sons, 2007; National Research Council (US) Committee on Metagenomics, *The*

New Science of Metagenomics: *Revealing the Secrets of Our Microbial Planet*, Washington, DC, National Academies Press (US), 2007.

40. Kroes *et al.*, «Bacterial diversity within the human subgingival crevice», *Proc. Natl. Acad. Sci.*, 96 (1999), pp. 14.547-14.552.

41. Eckburg, «Diversity of the human intestinal microbial flora», *Science*, 308 (2005), pp.1.635-1.638.

42. Los primeros estudios críticos del laboratorio de Jeff Gordon se incluyen en Bäckhed *et al.*, «The gut microbiota as an environmental factor that regulates fat storage», *Proc. Natl. Acad. Sci. U. S. A.*, 101 (2004), pp. 15.718-15.723; Stappenbeck *et al.*, «Developmental regulation of intestinal angiogenesis by indigenous microbes via Paneth cells», *Proc. Natl. Acad. Sci. U. S. A.*, 99 (2002), pp. 15.451-15.455, y Turnbaugh *et al.*, «An obesity-associated gut microbiome with increased capacity for energy harvest», *Nature*, 444 (2006), pp. 1.027-1.131.

43. En diciembre de 2007, los Institutos Nacionales de Salud estadounidenses lanzaron el Proyecto Microbioma, una iniciativa para caracterizar, durante cinco años, los microbios de la nariz, la boca, la piel, el intestino y los genitales de 242 voluntarios sanos. Con 115 millones de dólares estadounidenses detrás, el proyecto consumió el tiempo de alrededor de 200 científicos, y produjo «el catálogo más extenso de organismos y genes pertenecientes a nuestros microbiomas». Un año después se lanzó en Europa un programa similar llamado MetaHIT, centrado en el intestino y financiado con unos 22 millones de euros. Hubo otros proyectos en China, Japón, Australia y Singapur. Todos estos proyectos vienen documentados en Mullard «Microbiology: the inside story», *Nature*, 453 (2008), pp. 578-580.

44. He escrito sobre mi visita a Micropia para el *New Yorker* (Yong, «A visit to Amsterdam's Microbe Museum», *New Yorker*, 2015).

3. CONFORMADORES DE CUERPOS

1. Esta escena se recoge en una reseña de McFall-Ngai que escribí en *Nature* (Yong, «Microbiology: here's looking at you, squid», *Nature*, 517, 2015, pp. 262-264).

2. El trabajo de McFall-Ngai con la sepia: McFall-Ngai, «Divining the essence of symbiosis: insights from the Squid-Vibrio Model», *PLoS Biol.*, 12 (2014), e1001783. El estudio sobre el papel de los cilios en el reclutamiento de *V. fischeri* no había sido publicado en el momento en que escribo esta nota. La terraformación que se produce cuando las *V. fischeri* tocan la

sepia lo reveló la investigadora posdoctoral Natacha Kremer en 2013 (Kremer *et al.*, «Initial symbiont contact orchestrates host-organ-wide transcriptional changes that prime tissue colonization», *Cell Host Microbe*, 14, 2013, pp. 183-194). Lo que sucede después de que las *V. fischeri* alcancen las criptas lo detallaron McFall-Ngai y Ruby en 1991 (McFall-Ngai y Ruby, «Symbiont recognition and subsequent morphogenesis as early events in an animal-bacterial mutualism», *Science*, 254 1991, pp. 1.491-1.494). McFall-Ngai fue quien sostuvo por primera vez (en 1994) que las *V. fischeri* intervienen en el desarrollo de la sepia (Montgomery y McFall-Ngai, «Bacterial symbionts induce host organ morphogenesis during early postembryonic development of the squid Euprymna scolopes», *Dev. Camb. Engl.*, 120, 1994, pp. 1.719-1.729). Los MAMP fueron identificados por Tanya Koropatnick y otros en 2004 (Koropatnick *et al.*, «Microbial factor-mediated development in a host-bacterial mutualism», *Science*, 306, 2004, pp. 1.186-1.188).

3. Karen Guillemin demostró que las vísceras del pez cebra solo maduran cuando la superficie del pez está expuesta a los microbios y a las moléculas LPS (Bates *et al.*, «Distinct signals from the microbiota promote different aspects of zebrafish gut differentiation», *Dev. Biol.*, 297, 2006, pp. 374-386). Y Gerard Eberl observó que el PGN favorece el desarrollo intestinal del ratón (Bouskra *et al.*, «Lymphoid tissue genesis induced by commensals through NOD1 regulates intestinal homeostasis», *Nature*, 456, 2008, pp. 507-510). La influencia de los microbios en el desarrollo animal se explica en Cheesman y Guillemin, «We know you are in there: conversing with the indigenous gut microbiota», *Res. Microbiol.*, 158 (2007), pp. 2-9, y Fraune y Bosch, «Why bacteria matter in animal development and evolution», *BioEssays*, 32 (2010), pp. 571-580.

4. Coon *et al.*, «Mosquitoes rely on their gut microbiota for development», *Mol. Ecol.*, 23 (2014), pp. 2.727-2.739.

5. Rosebury, 1969, p. 66, *op. cit.*

6. Fraune y Bosch, 2010, *op. cit.*; Sommer y Bäckhed, «The gut microbiota-masters of host development and physiology», *Nat. Rev. Microbiol.*, 11 (2013), pp. 227-238; Stappenbeck *et al.*, 2002, *op. cit.*

7. Hooper, «Molecular analysis of commensal host-microbial relationships in the intestine», *Science*, 291 (2001), pp. 881-884.

8. El trabajo de Hooper indujo a John Rawls a llevar a cabo el mismo experimento con peces cebra libres de gérmenes, en los que encontró un conjunto de genes, en gran parte contiguos, que eran activados por microbios (Rawls *et al.*, «Gnotobiotic zebrafish reveal evolutionarily conserved

responses to the gut microbiota», *Proc. Natl. Acad. Sci. U. S. A.*, 101, 2004, pp. 4.596-4.601).

9. Gilbert *et al.*, 2012, *op. cit.*

10. Las bacterias son en su mayoría unicelulares, pero como siempre ocurre en biología, hay excepciones. Bajo determinadas condiciones, el *Myxococcus xanthus* forma colonias cooperativas predatorias, compuestas de millones de células que se mueven, se desarrollan y cazan como si fuesen una sola.

11. Alegado y King, «Bacterial influences on animal origins», Cold Spring Harb. *Perspect. Biol.*, 6 (2014), a016162-a016162.

12. El gran biólogo alemán Ernst Haeckel imaginaba los animales más primitivos como esferas huecas de células que se alimentaban de bacterias. Llamó a esta hipotética colonia *blastaea*, y, como era su costumbre, la dibujó. Su dibujo se parece de manera asombrosa a las rosetas de coanos que el hijo de King esbozó en su libreta.

13. Como se describe en Alegado *et al.*, «A bacterial sulfonolipid triggers multicelular development in the closest living relatives of animals», *Elife*, 1 (2012), e00013; el nombre significa «devorador frío de Machipongo».

14. Ver Hadfield, «Biofilms and marine invertebrate larvae: what bacteria produce that larvae use to choose settlement sites», *Annu. Rev. Mar. Sci.*, 3 (2011), pp. 453-470.

15. Leroi, *The Lagoon: How Aristotle Invented Science*, Nueva York, Viking Books, 2014, p. 227.

16. Hadfield tardó casi una década en averiguar *cómo* las bacterias desencadenan la transformación de los gusanos. La respuesta a esta cuestión encierra una sorprendente violencia. Junto con Nick Shikuma, y en el Instituto de Tecnología de California, Hadfield observó que el *P-luteo* produce unas toxinas llamadas bacteriocinas, que utiliza para hacer la guerra contra otros microbios (Shikuma *et al.*, «Marine tubeworm metamorphosis induced by arrays of bacterial phage tail-Like structures», *Science*, 343, 2014, pp. 529-533). Cada uno es una máquina microscópica dotada de un resorte que abre agujeros en otras células para ocasionar en ellas fugas fatales. Un centenar de ellos se funden en un gran cúmulo con forma de cúpula y todos sus extremos peligrosos apuntando hacia fuera. Estas cúpulas cubren las biopelículas de *P-luteo* como minas terrestres. Hadfield cree que cuando una larva de gusano toca una de estas minas, de repente —¡bum!— «una de sus células recibe una gran cantidad de agujeros perforados en ella». Eso podría ser suficiente para desencadenar una señal nerviosa que le dice al gusano que es hora de crecer.

17. Hadfield, 2011, *op. cit.*; Sneed *et al.*, «The chemical cue tetrabromopyrrole from a biofilm bacterium induces settlement of multiple Caribbean corals», *Proc. R. Soc. B Biol. Sci.*, 281 (2014), 20133086; Wahl *et al.*, «The second skin: ecological role of epibiotic biofilms on marine organisms», *Front. Microbiol.*, 3 (2012), doi: 10.3389/fmicb.2012.00292.

18. Gruber-Vodicka *et al.*, «*Paracatenula*, an ancient symbiosis between thiotrophic Alphaproteobacteria and catenulid flatworms», *Proc. Natl. Acad. Sci.*, 108 (2011), pp. 12.078-12.083; los resultados de la regeneración aún no se han publicado.

19. Sacks, «A General Feeling of Disorder», *N. Y. Rev. Books*, 2015.

20. Diversos estudios han demostrado que hay microbios que influyen en el almacenamiento de grasa (Bäckhed *et al.*, 2004, *op. cit.*), en el mantenimiento de la barrera hematoencefálica (Braniste *et al.*, «The gut microbiota influences blood-brain barrier permeability in mice», *Sci. Transl. Med.*, 6, 2014, 263ra158) y en la regeneración ósea (Sjögren *et al.*, «The gut microbiota regulates bone mass in mice», *J. Bone Miner. Res. Off. J. Am. Soc. Bone Miner. Res.*, 27, 2012, pp. 1.357-1.367); para otras investigaciones relevantes, véase la información contenida en Fraune y Bosch, 2010, *op. cit.*

21. Rosebury, 1969, p. 67, *op. cit.*

22. Y no cualquier viejo microbioma. Dennis Kasper ha demostrado que un ratón libre de gérmenes desarrollará un sistema inmune robusto y vigoroso si recibe un conjunto normal de microbios de ratón, pero no si el que recibe es de un ser humano o incluso el de una rata (Chung *et al.*, «Gut immune maturation depends on colonization with a host-specific microbiota», *Cell*, 149, 2012, pp. 1.578-1.593). Esto indica que hay conjuntos específicos de microbios que han coevolucionado con sus anfitriones para mantener la salud de estos mediante la creación de sistemas inmunitarios robustos. Incluso los virus desempeñan aquí un papel. Cuando Ken Cadwell infectó a los ratones libres de gérmenes con una cepa de norovirus relacionada con la que frecuentemente afecta a los pasajeros de cruceros con episodios de vómitos, vio que los roedores producían más leucocitos de varios tipos. El virus se comportaba igual que un microbioma rico en bacterias (Kernbauer *et al.*, «An enteric virus can replace the beneficial function of commensal bacteria», *Nature*, 516, 2014, pp. 94-98).

23. Las conexiones entre el sistema inmunitario y el microbioma vienen minuciosamente explicadas en Belkaid y Hand, «Role of the microbiota in immunity and inflammation», *Cell*, 157 (2014), pp. 121-141; Hooper *et al.*, «Interactions between the microbiota and the immune system», *Science*, 336 (2012), pp. 1.268-1.273; Lee y Mazmanian, «Has the

microbiota played a critical role in the evolution of the adaptive immune system?», *Science*, 330 (2010), pp. 1.768-1.773, y Selosse *et al.*, «Microbial priming of plant and animal immunity: symbionts as developmental signals», *Trends Microbiol.*, 22 (2014), pp. 607-613. La importancia de los microbios en la primera etapa de la vida quedó demostrada en Olszak *et al.*, «Microbial exposure during early life has persistent effects on natural killer T cell function», *Science*, 336 (2012), pp. 489-493.

24. Dan Littman y Kenya Honda demostraron que las bacterias filamentosas segmentadas (SFB) pueden inducir la producción de células inmunitarias proinflamatorias (Ivanov *et al.*, «Induction of intestinal Th17 cells by segmented filamentous bacteria», *Cell*, 139, 2009, pp. 485-498). Honda también demostró que las bacterias clostridia pueden inducir la producción de células antiinflamatorias (Atarashi *et al.*, «Induction of colonic regulatory T cells by indigenous *Clostridium* species», *Science*, 331, 2011, pp. 337-341).

25. Para hacernos una idea de lo importante que es, basta con que recordemos lo que hace el VIH: este virus es tan temido precisamente porque destruye los linfocitos T, dejando al organismo incapaz de dar una respuesta inmunitaria incluso a los gérmenes patógenos menos virulentos.

26. El estudio original de Mazmanian sobre el *B-frag* y el PSA se publicó en Mazmanian *et al.*, «An immunomodulatory molecule of symbiotic bacteria directs maturation of the host immune system», *Cell*, 122 (2005), pp. 107-118; la colaboración de una investigadora que antes trabajaba en el laboratorio, June Round, fue esencial en el trabajo posterior, recogido en Mazmanian *et al.*, «A microbial symbiosis factor prevents intestinal inflammatory disease», *Nature*, 453 (2008), pp. 620-625, y en Round y Mazmanian, «Inducible Foxp3+ regulatory T-cell development by a commensal bacterium of the intestinal microbiota», *Proc. Natl. Acad. Sci. U.S.A.*, 107 (2010), pp. 12.204-12.209.

27. El *B-frag* no se encuentra en todos los intestinos. Afortunadamente, es solo uno de una legión de microbios con propiedades similares. Wendy Garrett demostró que muchos de ellos actúan produciendo los mismos compuestos químicos, como ácidos grasos de cadena corta (SCFA), que pueden estimular las ramas antiinflamatorias del sistema inmunitario (Smith *et al.*, «The microbial metabolites, short-chain fatty acids, regulate colonic Treg cell homeostasis, *Science*, 341 2013, pp. 569-573).

28. En teoría. En la realidad, todavía no sabemos lo que hacen la mayoría de estos genes, pero estas lagunas de nuestro conocimiento terminarán llenándose.

29. Sobre la importancia de los metabolitos microbianos: Dorrestein *et al.*, «Finding the missing links among metabolites, microbes, and the host», *Immunity*, 40 (2014), pp. 824-832, Nicholson *et al.*, «Host-gut microbiota metabolic interactions», *Science*, 336 (2012), pp. 1.262-1.267, y Sharon *et al.*, «Specialized metabolites from the microbiome in health and disease. *Cell Metab.*, 20 (2014), pp. 719-730.

30. La orina de leopardo también huele a palomitas de maíz. Si conducimos un vehículo por la sabana africana y nos llega este penetrante olor mantecoso, hemos de andar precavidos.

31. Theis *et al.*, «Symbiotic bacteria appear to mediate hyena social odors», *Proc. Natl. Acad. Sci.*, 110 (2013), pp. 19.832-19.837.

32. Algunas investigaciones sobre las glándulas generadoras de olores: Archie y Theis, «Animal behaviour meets microbial ecology», *Anim. Behav.*, 82 (2011), pp. 425-436; Ezenwa y Williams, «Microbes and animal olfactory communication: where do we go from here?», *BioEssays*, 36 (2014), pp. 847-854; el olor en gemelos idénticos: Roberts *et al.*, «Body Odor Similarity in Noncohabiting Twins», *Chem. Senses*, 30 (2005), pp. 651-656; y los estudios sobre la langosta, la cucaracha y los insectos del mezquite son: Becerra *et al.*, «*Wolbachia*-free heteropterans do not produce defensive chemicals or alarm pheromones», *J. Chem. Ecol.*, 41 (2015), pp. 593-601; Dillon *et al.*, «Pheromones: exploitation of gut bacteria in the locust», *Nature*, 403 (2000), p. 851; y Wada-Katsumata *et al.*, «Gut bacteria mediate aggregation in the German cockroach», *Proc. Natl. Acad. Sci*, 112 (2015), doi: 10.1073/pnas.1504031112.

33. Lee *et al.*, «Maternal hospitalization with infection during pregnancy and risk of autism spectrum disorders», *Brain. Behav. Immun.*, 44 (2015), pp. 100-105; Malkova *et al.*, «Maternal immune activation yields offspring displaying mouse versions of the three core symptoms of autism», *Brain. Behav. Immun.*, 26 (2012), pp. 607-616.

34. Este trabajo lo dirigió la investigadora posdoctoral Elaine Hsiao (Hsiao *et al.*, «Microbiota modulate behavioral and physiological abnormalities associated with neurodevelopmental disorders», *Cell*, 155, 2013, pp. 1.451-1.463.

35. Willingham, «Autism, immunity, inflammation, and the *New York Times*», <http://www.emilywillinghamphd.com/2012/08/autism-immunity-inflamation-and-new.html>, 2012.

36. Mazmanian presentó este trabajo, realizado junto con el investigador posdoctoral Gil Sharon, en una conferencia reciente; todavía no se ha publicado.

37. El propio Beaumont relató este caso (Beaumont, *Experiments and Observations on the Gastric Juice, and the Physiology of Digestion*, Edinburgh, Maclachlan & Stewart, 1838), también referido en su biografía (Roberts, «William Beaumont, the man and the opportunity», en *Clinical Methods: The History, Physical, and Laboratory Examinations*, H. K. Walker, W. D. Hall, y J. W. Hurst, eds., Boston, Butterworths, 1990).

38. A pesar de su herida, St. Martin sobrevivió veintisiete años a Beaumont, que murió a consecuencia de un resbalón sobre el hielo.

39. Hay abundantes revisiones sobre este tema, más incluso que verdaderos artículos de investigación; he aquí una selección: Collins *et al.*, «The interplay between the intestinal microbiota and the brain», *Nat. Rev. Microbiol.*, 10 (2012), pp. 735-742; Cryan y Dinan, «Mind-altering microorganisms: the impact of the gut microbiota on brain and behaviour», *Nat. Rev. Neurosci.*, 13 (2012), pp. 701-712; Mayer *et al.*, «Gut/brain axis and the microbiota», *J. Clin. Invest.*, 125 (2015), pp. 926-938; Stilling *et al.*, «The brain's Geppetto-microbes as puppeteers of neural function and behaviour?», *J. Neurovirol.*, 1 (2016), doi: 10.3389/fcimb.2014.00147. Uno de los estudios pioneros se realizó en 1998, cuando Mark Lyte infectó ratones con *Campylobacter jejuni,* una bacteria que causa intoxicación alimentaria. Utilizó una dosis tan pequeña que los ratones ni siquiera dieron una respuesta inmunitaria y mucho menos enfermaron, pero se volvieron más inquietos (Lyte *et al.*, «Anxiogenic effect of subclinical bacterial infection in mice in the absence of overt immune activation», *Physiol. Behav.*, 65, 1988, pp. 63-68). En 2004, otro equipo, este japonés, demostró que los roedores libres de gérmenes respondían de forma más intensa a situaciones estresantes (Sudo *et al.*, «Postnatal microbial colonization programs the hypothalamic-pituitary-adrenal system for stress response in mice», *J. Physiol.*, 558, 2004, pp. 263-275).

40. De esta avalancha de artículos en 2011 cabe destacar los trabajos de Jane Foster (Neufeld *et al.*, «Reduced anxiety-like behavior and central neurochemical change in germ-free mice: behavior in germ-free mice», *Neurogastroenterol. Motil.*, 23, 2011, pp. 255-e119), Sven Petterson (Heijtz *et al.*, «Normal gut microbiota modulates brain development and behavior», *Proc. Natl. Acad. Sci.*, 108, 2011, pp. 3.047-3.052), Stephen Collins (Bercik *et al.*, «The intestinal microbiota affect central levels of brain-derived neurotropic factor and behavior in mice», *Gastroenterology*, 141, 2011, pp. 599-609.e3) y John Cryan, Ted Dinan y John Bienenstock (Bravo *et al.*, «Ingestion of Lactobacillus strain regulates emotional behavior and central GABA receptor expression in a mouse via the vagus nerve», *Proc. Natl. Acad. Sci.*, 108, 2011, pp. 16.050-16.055).

41. Bravo *et al.*, 2011, *ibid.*

42. John Bienenstock dirigió este trabajo. La cepa JB-1 de *L. rhamnosus* procedía de su laboratorio —de ahí el nombre—, e inspiró confianza a sus colegas irlandeses cuando repitió todos sus experimentos de Canadá empleando un grupo diferente de ratones y técnicas ligeramente distintas. Obtuvo los mismos resultados. Así fue como el equipo supo que había encontrado realmente algo. «Dijimos: ¡Dios mío, esto es magnífico! —me contó—. Porque la mayoría de estos condenados experimentos pierde solidez cuando se va de laboratorio en laboratorio.»

43. Unos microbios pueden producir neurotransmisores directamente, y otros pueden persuadir a nuestras células intestinales para que los produzcan en profusión. A menudo se piensa que estas sustancias son exclusivas del *cerebro*, pero la mitad por lo menos de la dopamina de nuestro organismo se halla en el intestino, como también se encuentra allí presente el 90 por ciento de nuestra serotonina (Asano *et al.*, «Critical role of gut microbiota in the production of biologically active, free catecholamines in the gut lumen of mice», *AJP Gastrointest. Liver Physiol.*, 303, 2012, G1288-G1295).

44. Tillisch *et al.*, «Consumption of fermented milk product with probiotic modulates brain activity», *Gastroenterology*, 144, 2013, pp. 1.394-1.401.e4.

45. Los resultados aún no se han publicado.

46. Un equipo estadounidense tomó microbios de ratones sometidos a una dieta rica en grasas y los trasplantó al intestino de ratones criados con una alimentación normal. Los receptores se volvieron más ansiosos, y su memoria se debilitó (Bruce-Keller *et al.*, «Obese-type gut microbiota induce neurobehavioral changes in the absence of obesity», *Biol. Psychiatry*, 77, 2015, pp. 607-615).

47. Esta idea la ha propuesto Joe Alcock (Alcock *et al.*, «Is eating behavior manipulated by the gastrointestinal microbiota? Evolutionary pressures and potential mechanisms», *BioEssays*, 36, 2014, pp. 940-949).

48. He hablado de estos parásitos controladores de mentes en mi *TED talk* (Yong, «Zombie roaches and other parasite tales», <https://www.ted.com/talks/ed_yong_suicidal_wasps_ zombie_roaches_and_other_tales_of_parasites? language=en>, 2014).

49. El *T. gondii* puede también afectar al comportamiento humano: algunos científicos han sugerido que las personas infectadas acusan cambios de personalidad, corren mayor riesgo de sufrir accidentes de tráfico y es más probable que desarrollen esquizofrenia.

4. Términos y condiciones aplicables

1. La historia del trabajo de Wolbach y Hertig se detalla en Kozek y Rao, «The Discovery of *Wolbachia* in arthropods and nematodes-a historical perspective», en *Wolbachia: A Bug's Life in another Bug*, A. Hoerauf y R.U. Rao, eds., Basel, Karger, 2007, pp. 1-14.

2. Sobre las avispas de Stouthamer: Schilthuizen y Stouthamer, «Horizontal transmission of parthenogenesis-inducing microbes in Trichogramma wasps», *Proc. R. Soc. Lond. B Biol. Sci.*, 264 (1997), pp. 361-366; sobre las cochinillas de Rigaud: Rigaud y Juchault, Heredity-Abstract of article: «Genetic control of the vertical transmission of a cytoplasmic sex factor in *Armadillidium vulgare Latr.* (Crustacea, Oniscidea)», *Heredity*, 68 (1992), pp. 47-52; sobre las mariposas de Hurst: Hornett *et al.*, «Rapidly shifting sex ratio across a species range», *Curr. Biol.*, 19 (2009), pp. 1.628-1.631; resúmenes de todos estos hallazgos: Werren *et al.*, «*Wolbachia*: master manipulators of invertebrate biology», *Nat. Rev. Microbiol.*, 6 (2008), pp. 741-751, y LePage y Bordenstein, «*Wolbachia*: can we save lives with a great pandemic?», *Trends Parasitol.*, 29 (2013), pp. 385-393.

3. Un estudio anterior puso la cifra en el 66 por ciento (Hilgenboecker *et al.*, «How many species are infected with *Wolbachia*? - a statistical analysis of current data: Wolbachia infection rates», *FEMS Microbiol. Lett.*, 281, 2008, pp. 215-220), pero otro más reciente la puso en un más modesto 40 por ciento (Zug y Hammerstein, «Still a host of hosts for *Wolbachia*: analysis of recent data suggests that 40% of terrestrial arthropod species are infected», *PLoS ONE*, 7, 2012, e38544).

4. Es probable que haya bacterias marinas más comunes. Una de ellas —la llamada *Prochlorococcus*— es tan común que un mililitro de agua de la superficie oceánica podría contener 100.000 de ellas. Todas juntas producen alrededor del 20 por ciento del oxígeno atmosférico. De cada cinco veces que respiramos, todo el oxígeno que entra en nosotros una de ellas proviene de esta bacteria. Pero solo esto sería tema para otro libro.

5. Sobre los nemátodos: Taylor *et al.*, «*Wolbachia* filarial interactions: *Wolbachia* filarial cellular and molecular interactions», *Cell. Microbiol.*, 15 (2013), pp. 520-526; sobre las moscas y los mosquitos: Moreira *et al.*, «A *Wolbachia* symbiont in Aedes aegypti limits infection with dengue, chikungunya, and plasmodium», *Cell*, 139 (2009), pp. 1.268-1.278; sobre las chinches de cama: Hosokawa *et al.*, «*Wolbachia* as a bacteriocyte-associated nutritional mutualist», *Proc. Natl. Acad. Sci.*, 107 (2010), pp. 769-774; sobre el minero de hoja de álamo: Kaiser *et al.*, «Plant green-island phenotype

induced by leaf-miners is mediated by bacterial symbionts», *Proc. R. Soc. B Biol. Sci.*, 277 (2010), pp. 2.311-2.319; sobre la avispa: Pannebakker *et al.*, «Parasitic inhibition of cell death facilitates simbiosis», *Proc. Natl. Acad. Sci.*, 104 (2007), pp. 213-215. La razón de la dependencia de la avispa es perversa. Como todos los animales, la avispa tiene programas de autodestrucción que matan sus propias células si se dañan o son cancerosas. La *Wolbachia* obstaculiza estos programas, por lo que la avispa los ha compensado haciéndolos inusitadamente sensibles. Si eliminamos la *Wolbachia*, la avispa destruye por error tejidos que necesitan sus propios huevos. Ha estado durante tanto tiempo luchando contra el microbio, que ha llegado a depender de él. La *Wolbachia* no le proporciona ningún beneficio, pero los dos están atados uno al otro.

6. Tal como se describen en Dale y Moran, «Molecular interactions between bacterial symbionts and their hosts», *Cell*, 126 (2006), pp. 453-465; Douglas, «Conflict, cheats and the persistence of symbioses», *New Phytol.*, 177 (2008), pp. 849-858; Kiers y West, «Evolving new organisms via simbiosis», *Science*, 348 (2015), pp. 392-394, y McFall-Ngai, «The development of cooperative associations between animals and bacteria: establishing detente among domains», *Integr. Comp. Biol.*, 38 (1998), pp. 593-608.

7. Blaser, «*Helicobacter pylori* and esophageal disease: wake-up call?», *Gastroenterology*, 139 (2010), pp. 1.819-1.822.

8. Broderick *et al.*, «Midgut bacteria required for Bacillus thuringiensis insecticidal activity» *Proc. Natl. Acad. Sci.*, 103 (2006), pp. 15.196-15.199.

9. Theodor Rosebury odiaba el término «oportunista». «El nombre establece una analogía, los microbios que comparten los vicios humanos —escribió—. Todos los microbios, todos los seres vivos, responden de alguna manera a los cambios en su situación. Todos los grados y las clases posibles transforman a los microbios inofensivos en dañinos.» Acuñó otro término —*anfibiosis*— para las asociaciones naturales que son útiles en unos contextos y perjudiciales en otros. Es un buen término —incluso hermoso—, pero quizá innecesario, ya que muchas (si no la mayoría) de las asociaciones son así.

10. Zhang *et al.*, «Circulating mitochondrial DAMPs cause inflammatory responses to injury», *Nature*, 464 (2010), pp. 104-107.

11. Sobre la mosca cernidora: Leroy *et al.*, «Microorganisms from aphid honeydew attract and enhance the efficacy of natural enemies», *Nat. Commun.* 2, 348 (2011); sobre los mosquitos: Verhulst *et al.*, «Composition of human skin microbiota affects attractiveness to malaria mosquitoes», *PLoS ONE*, 6 (2011), e28991.

12. Sobre la polio: Kuss *et al.*, «Intestinal microbiota promote enteric virus replication and systemic pathogenesis», *Science*, 334 (2011), pp. 249-252. Otro virus, llamado MMTV, que causa cáncer de mama en ratones, utiliza moléculas bacterianas como falsos carnets de identidad, que muestra al sistema inmunitario para que este les permita acceder intactas al intestino (Kane et al., «Successful transmission of a retrovirus depends on the commensal microbiota», *Science*, 334, 2011, pp. 245-249).

13. Wells *et al.*, *The Science of Life*, Londres, Cassell, 1930.

14. Sobre los bufágidos: Weeks, «Red-billed oxpeckers: vampires or tickbirds?», *Behav. Ecol.*, 11 (2000), pp. 154-160; sobre el lábrido: Bshary, «Biting cleaner fish use altruism to deceive image-scoring client reef fish», *Proc. Biol. Sci.*, 269 (2002), pp. 2.087-2.093; sobre las hormigas y las acacias: Heil *et al.*, «Partner manipulation stabilises a horizontally transmitted mutualism», *Ecol. Lett.*, 17 (2014), pp. 185-192.

15. Kiers dijo esto en un congreso; sus opiniones al respecto vienen recogidas en West *et al.*, «Major evolutionary transitions in individuality», *Proc. Natl. Acad. Sci. U. S. A.*, 112 (2015), pp. 10.112-10.119.

16. McFall-Ngai me cuenta que estos calamares son excepcionalmente hábiles en deshacerse de los simbiontes oscuros. Son capaces de detectar en sus criptas los escasos mutantes carentes de luminiscencia, y desalojarlos.

17. Véase al respecto Bevins y Salzman, «The potter's wheel: the host's role in sculpting its microbiota», *Cell. Mol. Life Sci.*, 68 (2011), pp. 3.675-3.685.

18. Sobre el ácido estomacal: Beasley *et al.*, «The evolution of stomach acidity and its relevance to the human microbiome», *PloS One*, 10 (2015), e0134116; sobre las hormigas y el ácido fórmico: entrevista con Heike Feldhaar.

19. Sobre las chinches: Ohbayashi *et al.*, «Insect's intestinal organ for symbiont sorting», *Proc. Natl. Acad. Sci.*, 112 (2015), E5179-E5188; sobre los bacteriocitos: Stoll *et al.*, «Bacteriocyte dynamics during development of a holometabolous insect, the carpenter ant Camponotus floridanus», *BMC Microbiol.*, 10 (2010), p. 308.

20. Esto ocurre en los gorgojos, que utilizan un compuesto químico antimicrobiano para detener la reproducción de bacterias en sus células; si hacemos que dejen de producir ese compuesto, las bacterias se multiplican, escapan y se extienden desbocadas por el cuerpo del insecto (Login y Heddi, «Insect immune system maintains long-term resident bacteria through a local response», *J. Insect Physiol.*, 59 (2013), pp. 232-239.

21. Abdelaziz Heddi descubrió esta capacidad del gorgojo: véase Vig-

neron *et al.*, «Insects recycle endosymbionts when the benefit is over», *Curr. Biol.*, 24 (2014), pp. 2.267-2.273. Muchos otros animales, incluidos diversos insectos, almejas, gusanos y mamíferos herbívoros pueden digerir sus microbios para obtener nutrición adicional. Este aspecto de la simbiosis ha sido poco estudiado. Los científicos a menudo suponen que los microbios obtienen algo de sus relaciones con los animales, ya se trate de nutrientes, protección o entornos estables, pero tales beneficios rara vez se demuestran. En un provocativo artículo titulado «The symbiont side of symbiosis: do microbes really benefit?», Justine García y Nicole Gerardo han escrito: «En los casos donde no hay evidencia de algún beneficio, los simbiontes parecen más prisioneros u organismos cultivados que socios iguales» (García y Gerardo, «The symbiont side of symbiosis: do microbes really benefit?» *Front. Microbiol.*, 5, 2014, doi: 10.3389/fmicb.2014.00510).

22. Entrevista con Rohwer.

23. Barr *et al.*, «Bacteriophage adhering to mucus provide a non-host-derived immunity», *Proc. Natl. Acad. Sci.*, 110 (2013), pp. 10.771-10.776.

24. Debo hacer constar que esta no es sino una de las *muchas* teorías acerca de los orígenes del sistema inmunitario.

25. Vaishnava *et al.*, «Paneth cells directly sense gut commensals and maintain homeostasis at the intestinal host-microbial interface», *Proc. Natl. Acad. Sci.*, 105 (2008), pp. 20.858-20.863.

26. El más importante de estos anticuerpos es la llamada inmunoglobulina A, o IgA. El intestino lo produce en una cantidad absurda, alrededor de una cucharadita todos los días. Pero no solo hay una versión producida en masa de IgA. También hay una especie de molécula artesanal que se presenta en una infinita variedad de formas sutilmente diferentes, cada una diseñada para reconocer y neutralizar a un microbio diferente. Tomando muestras de los microbios en la zona desmilitarizada, las células inmunitarias del intestino son capaces de fabricar una amplia gama de IgA a medida dirigidas contra las especies más comunes. También liberan estos anticuerpos en la mucosa, que se acumulan sobre los microbios locales creando una capa inmovilizadora. Este sistema es tan eficaz que alrededor de la mitad de las bacterias de nuestro intestino se hallan inmovilizadas dentro de estas camisas de fuerza de IgA. A medida que la comunidad de microbios cambia, también lo hace el sistema de IgA lanzado para detenerlos. Es un sistema maravillosamente flexible y adaptable.

27. Belkaid y Hand, 2014, *op. cit.*; Hooper *et al.*, 2012, *op. cit.*; Maynard *et al.*, «Reciprocal interactions of the intestinal microbiota and immune system», *Nature*, 489 (2012), pp. 231-241.

28. Hooper *et al.*, «Angiogenins: a new class of microbicidal proteins involved in innate immunity», *Nat. Immunol.*, 4 (2003), pp. 269-273.

29. Esta hipótesis fue enunciada por vez primera en McFall-Ngai, 2007, *op. cit.* Pero hay en ella ciertas lagunas; por ejemplo, si tan importante es el sistema inmunitario de los vertebrados para controlar su complejo microbioma, ¿cómo es que los corales y las esponjas, con sistemas inmunitarios mucho más simples, albergan tan extensas comunidades?

30. Elahi *et al.*, «Immunosuppressive CD71+ erythroid cells compromise neonatal host defence against infection», *Nature*, 504 (2013), pp. 158-162.

31. Rogier *et al.*, «Secretory antibodies in breast milk promote long-term intestinal homeostasis by regulating the gut microbiota and host gene expression», *Proc. Natl. Acad. Sci.*, 111 (2014), pp. 3.074-3.079.

32. Bode, «Human milk oligosaccharides: every baby needs a sugar mama», *Glycobiology*, 22 (2012), pp. 1.147-1.162; Chichlowski *et al.*, «The influence of milk oligosaccharides on microbiota of infants: opportunities for formulas», *Annu. Rev. Food Sci. Technol.*, 2 (2011), pp. 331-351; Sela y Mills, «The marriage of nutrigenomics with the microbiome: the case of infant-associated bifidobacteria and milk», *Am. J. Clin. Nutr.*, 99 (2014), pp. 697S-703S.

33. Kunz, «Historical aspects of human milk oligosaccharides», *Adv. Nutr. Int. Rev. J.*, 3 (2012), pp. 430S - 439S.

34. En el equipo figuraban el propio German, el microbiólogo David Mills, el químico Carlito Lebrilla y la bromatóloga Daniela Barile.

35. Robert Ward dirigió este trabajo (Ward *et al.*, «In vitro fermentation of breast milk oligosaccharides by *Bifidobacterium infantis* and *Lactobacillus gasseri*», *Appl. Environ. Microbiol.* 72, 2006, pp. 4.497-4.499), y David Sela la secuenciación del genoma (Sela *et al.*, «The genome sequence of *Bifidobacterium longum subsp. infantis* reveals adaptations for milk utilization within the infant microbiome», *Proc. Natl. Acad. Sci.*, 105, 2008, pp. 18.964-18.969).

36. Esto puede tener efectos sorprendentes: en un estudio realizado en Bangladesh, el equipo de Mills observó que niños colonizados por grandes cantidades de *B. infantis* responden mejor a las vacunas contra la polio y el tétanos.

37. Mills me dice que la *B. infantis* no es siempre *B. infantis*. No son pocos los que la confunden y dan ese nombre a otros microbios muy diferentes. Una de estas cepas de «*B. infantis*» puede encontrarse en los yogures de los comercios, pero Mills usa *esta* cepa como control negativo en sus experimentos. Su comportamiento se parece bien poco al del especialista lácteo que él estudia.

38. David Newburg ha dirigido la mayoría de estos estudios (Newburg *et al.*, «Human milk glycans protect infants against enteric pathogens», *Annu. Rev. Nutr.*, 25, 2005, pp. 37-58), y Lars Bode el estudio sobre el VIH (Bode *et al.*, «Human milk oligosaccharide concentration and risk of postnatal transmission of HIV through breastfeeding», *Am. J. Clin. Nutr.*, 96, 2012, pp. 831-839).

39. También podría ser una manera de *manipular* las madres a sus bebés. Está en el interés del bebé monopolizar tanto como sea posible la atención de su madre, y la evolución ha dado a los bebés muchas maneras de hacerlo: llorar, arrimarse y resultar adorable. Pero una madre tiene que dividir su cuidado entre muchos niños, presentes y futuros. Si ella se esfuerza demasiado con uno solo, podría no tener suficiente energía para criar más. Así que la evolución debe dotar a las madres con contramedidas, y la bióloga evolutiva Katie Hinde sospecha que la leche es una de ellas. Alimenta microbios específicos y, como hemos visto en el capítulo anterior, algunos microbios pueden determinar el comportamiento de su anfitrión. Al alterar el contenido de HMO de su leche materna, tal vez una madre pueda (involuntariamente) elegir la manipulación mental de microbios que influyan en su bebé de maneras beneficiosas para él. Por ejemplo, si el bebé está menos nervioso, podría llegar a ser independiente antes, dejando a la madre concentrarse en otros niños.

40. Sobre la importancia de los glicanos: Marcobal *et al.*, «*Bacteroides* in the infant gut consume milk oligosaccharides via mucusutilization pathways», *Cell Host Microbe*, 10 (2011), pp. 507-514, y Martens *et al.*, «The devil lies in the details: how variations in polysaccharide fine-structure impact the physiology and evolution of gut microbes», *J. Mol. Biol.*, 426 (2014), pp. 3.851-3.865; sobre la fucosa y los ratones enfermos: Pickard *et al.*, «Rapid fucosylation of intestinal epithelium sustains host-commensal symbiosis in sickness», *Nature*, 514 (2014), pp. 638-641.

41. Fischbach y Sonnenburg, «Eating for two: how metabolism establishes interspecies interactions in the gut», *Cell Host Microbe* 10, 336-347 (2011); Koropatkin *et al.*, «How glycan metabolism shapes the human gut microbiota», *Nat. Rev. Microbiol.* 10, 323-335 (2012); Schluter y Foster, «The evolution of mutualism in gut microbiota via host epithelial selection», *PLoS Biol.*, 10 (2012), e1001424.

42. Kiers y West, 2015, *op. cit.*; Wernegreen, «Endosymbiosis: lessons in conflict resolution», *PLoS Biol.*, 2 (2004), e68.

43. Los genes que permiten a sus propietarios sentir los ambientes cambiantes y adaptarse a ellos desaparecen pronto. Después de todo, estos

microbios ya no tienen que bregar con los caprichos del tiempo, la temperatura o los alimentos que les toquen. En los cómodos límites de las células
de un insecto pueden instalarse durante millones de años de constancia.
También tienden a perder los genes dedicados a reparar o reorganizar su
ADN, pues ya no los precisan para arreglar nada en las secuencias que les
quedan.

44. McCutcheon y Moran, «Extreme genome reduction in symbiotic
bacteria», *Nat. Rev. Microbiol.*, 10 (2011), pp. 13-26; Russell *et al.*, «A veritable menagerie of heritable bacteria from ants, butterflies, and beyond:
broad molecular surveys and a systematic review», *PLoS ONE*, 7 (2012),
e51027; Bennett y Moran, «Small, smaller, smallest: the origins and evolution of ancient dual symbioses in a phloem-feeding insect», *Genome Biol.
Evol.*, 5 (2013), pp. 1.675-1.688.

45. Se debate sobre si son o no dos especies separadas; es un caso tan
extraño que no pueden aplicárseles las definiciones tradicionales.

46. Matthew Campbell, James van Leuven y Piotr Lukasik han dirigido este estudio (Campbell *et al.*, «Genome expansion via lineage splitting
and genome reduction in the cicada endosymbiont *Hodgkinia*», *Proc. Natl.
Acad. Sci.*, 112 (2015), pp. 10.192-10.199; Van Leuven et al., «Sympatric
speciation in a bacterial endosymbiont results in two genomes with the
functionality of one», *Cell*, 158 (2014), pp. 1.270-1.280; los resultados con
la cigarra chilena aún no se han publicado.

47. Bennett y Moran, «Heritable symbiosis: the advantages and perils of
an evolutionary rabbit hole», *Proc. Natl. Acad. Sci.*, 112 (2015), pp. 10.169-
10.176.

5. EN LA SALUD Y EN LA ENFERMEDAD

1. Rohwer escribió sobre la expedición a las islas de la Línea en *Coral
Reefs in the Microbial Seas* (Rohwer and Youle, «*Coral Reefs in the Microbial
Seas*, Estados Unidos, Plaid Press, 2010), una lectura muy detallada y a menudo hilarante. Fuera de los experimentos referidos más abajo, otros detalles de esta sección pueden encontrarse en este libro.

2. El modelo de Rohwer en relación con la muerte de los arrecifes de
coral se describe en Barott y Rohwer, «Unseen players shape benthic competition on coral reefs», *Trends Microbiol.*, 20 (2012), pp. 621-628; el trabajo
de Lisa Dinsdale sobre los microbios de los corales se publicó en Dinsdale *et
al.*, «Microbial ecology of four coral atolls in the Northern Line Islands»,

PLoS ONE, 3 (2008), e1584; el experimento de Jennifer Smith con las algas carnosas se detalla en Smith *et al.*, «Indirect effects of algae on coral: algae-mediated, microbe-induced coral mortality», *Ecol. Lett.*, 9 (2006), pp. 835-845; Rebecca Vega Thurber dirigió el estudio de los virus de los corales: Thurber *et al.*, «Metagenomic analysis indicates that stressors induce production of herpes-like viruses in the coral Porites compressa», *Proc. Natl. Acad. Sci.K*, 105 (2008), pp. 18.413-18.418, y «Metagenomic analysis of stressed coral holobionts», *Environ. Microbiol.*, 11 (2009), pp. 2.148-2.163; Linda Kelly dirigió el estudio sobre los corales negros: Kelly *et al.*, «Black reefs: iron-induced phase shifts on coral reefs», *ISME J.*, 6 (2012), pp. 638-649; Tracy McDole dirigió el estudio sobre el desarrollo de la microbialización: McDole *et al.*, «Assessing coral reefs on a Pacific-wide scale using the microbialization score», *PLoS ONE*, 7 (2012), e43233.

3. Cuando el cómico estadounidense Stephen Colbert habló en su show de este experimento con los virus, preguntó: «Quién ha jodido los corales?».

4. Existen enfermedades de los corales causadas por un solo microbio; por ejemplo, la viruela blanca es obra de la *Serratia marascens*, una bacteria hallada en los suelos y en aguas residuales. Pero estos ejemplos no son más que la excepción a la regla.

5. Sobre el concepto de disbiosis, véase Bäckhed·*et al.*, «Defining a healthy human gut microbiome: current concepts, future directions, and clinical applications», *Cell Host Microbe*, 12 (2012), pp. 611-622; Blumberg y Powrie, «Microbiota, disease, and back to health: a metastable journey», *Sci. Transl. Med.*, 4 (2012), 137rv7-rv137rv7; Cho y Blaser, «The human microbiome: at the interface of health and disease», *Nat. Rev. Genet.*, 13 (2012), pp. 260-270; Dethlefsen *et al.*, 2007, *op. cit.*, y Ley *et al.*, 2006, *op. cit.* A menudo se atribuye erróneamente este término al excéntrico biólogo ruso Iliá Méchnikov, pero ya se usaba décadas antes.

6. Entre los ex alumnos de la lista estelar de Jeff Gordon encontramos muchos que figuran en partes de este libro, como Justin Sonnenburg, Ruth Ley, Lora Hooper y John Rawls. Rob Knight lleva mucho tiempo colaborando. Sarkis Mazmanian dice que entró en el que ahora es su campo gracias a una opinión que Gordon manifestó en 2001, «antes de que el microbioma fuese el microbioma».

7. La instalación está al cuidado de David O'Donnell y Maria Karlsson, que han estado con Gordon desde 1989, y Justin Serugo, un refugiado de la República Democrática del Congo que trabajaba como conserje en la universidad antes de formar parte del equipo. Estoy agradecido a todos ellos por mostrármela en detalle.

8. En los años cuarenta, el microbiólogo James Reyniers y el ingeniero Philip Trexler idearon formas de producción en masa de roedores libres de gérmenes (Kirk, «"Life in a germ-free world": isolating life from the laboratory animal to the bubble boy», *Bull. Hist. Med.*, 86, 2012, pp. 237-275). Extraían úteros de hembras preñadas, los bañaban en desinfectantes, los trasladaban a las cámaras de aislamiento, extraían los fetos y los criaban artificialmente. De esta manera obtuvieron ratones, ratas y cobayas libres de gérmenes antes de hacer lo propio con cerdos, gatos, perros e incluso monos. La técnica daba resultado, pero las primeras cámaras de aislamiento, con su frío acero, gruesas manoplas y pequeñas ventanas de visualización, eran poco prácticas, y su coste, prohibitivo. En 1957, Trexler ideó un modelo de plástico con guantes de goma similares a los del laboratorio de Gordon. Era más fácil de usar, y costaba diez veces menos fabricarlos.

9. Fred Bäckhed dirigió este estudio (Bäckhed *et al.*, 2004, *op. cit.*).

10. Los vínculos entre el microbioma y la obesidad se exponen en Zhao, «The gut microbiota and obesity: from correlation to causality», *Nat. Rev. Microbiol.*, 11 (2013), pp. 639-647, y en Harley y Karp, «Obesity and the gut microbiome: striving for causality», *Mol. Metab.*, 1 (2012), pp. 21-31. El primer estudio que demostró que los humanos y los ratones obesos tienen comunidades en su intestino lo dirigió Ruth Ley (Ley *et al.*, «Obesity alters gut microbial ecology», *Proc. Natl. Acad. Sci. U. S. A.*, 102, 2005, pp. 11.070-11.075), y Peter Turnbaugh realizó experimentos de trasplante de microbios de personas obesas a ratones libres de gérmenes (Turnbaugh *et al.*, 2006, *op. cit.*).

11. Patrice Cani dirigió el estudio de la *Akkermansia* junto con Willem de Vos, que la descubrió (Everard *et al.*, «Cross-talk between *Akkermansia muciniphila* and intestinal epithelium controls diet-induced obesity», *Proc. Natl. Acad. Sci*, 110, 2013, pp. 9.066-9.071), y Lee Kaplan dirigió el estudio sobre la cirugía de *bypass* (Liou *et al.*, «Conserved shifts in the gut microbiota due to gastric bypass reduce host weight and adiposity», *Sci. Transl. Med.*, 5, 2013, 178ra41).

12. Ridaura *et al.*, «Gut microbiota from twins discordant for obesity modulate metabolism in mice», *Science*, 341 (2013), 1241214.

13. Michelle Smith y Tanya Yatsunenko dirigieron este estudio; Mark Manary e Indi Trehan también participaron en él (Smith *et al.*, «Gut microbiomes of Malawian twin pairs discordant for kwashiorkor», *Science*, 339, 2013, pp. 548-554).

14. Como dijo en una ocasión el gran ecólogo Bob Paine, «las perturbaciones compuestas producen sorpresas ecológicas». Hablaba de parques

nacionales, islas y estuarios. También podría haber hablado de nuestros cuerpos (Paine *et al.*, «Compounded perturbations yield ecological surprises», *Ecosystems*, 1, 1998, pp. 535-545).

15. La interacción entre el microbioma y el sistema inmunitario se describe en Belkaid y Hand, 2014, *op. cit.*; Honda y Littman, «The microbiome in infectious disease and inflammation», *Annu. Rev. Immunol.*, 30 (2012), pp. 759-795; Round y Mazmanian, «The gut microbiota shapes intestinal immune responses during health and disease», *Nat. Rev. Immunol.*, 9 (2009), pp. 313-323.

16. Hay cientos de artículos sobre la enfermedad inflamatoria intestinal y su relación con el microbioma, pero recomiendo los siguientes, todos de especialistas eminentes en este campo: Dalal y Chang, «The microbial basis of inflammatory bowel diseases», *J. Clin. Invest.*, 124 (2014), pp. 4.190-4.196; Huttenhower *et al.*, «Inflammatory bowel disease as a model for translating the microbiome», *Immunity*, 40 (2014), pp. 843-854; Manichanh *et al.*, «The gut microbiota in IBD», *Nat. Rev. Gastroenterol. Hepatol.*, 9 (2012), pp. 599-608; Shanahan, «The microbiota in inflammatory bowel disease: friend, bystander, and sometime-villain», *Nutr. Rev.*, 70 (2012), S31-S37; Wlodarska *et al.*, «An integrative view of microbiome-host interactions in inflammatory bowel diseases», *Cell Host Microbe*, 17 (2015), pp. 577-591. Véanse también los estudios de Wendy Garrett sobre el modo en que la inmunidad afecta al microbioma (Garrett *et al.*, «Communicable ulcerative colitis induced by T-bet deficiency in the innate immune system», *Cell*, 131, 2007, pp. 33-45, y «Enterobacteriaceae act in concert with the gut microbiota to induce spontaneous and maternally transmitted colitis», *Cell Host Microbe*, 8, 2010, pp. 292-300, y los siguientes artículos sobre los cambios en el microbioma que acompañan a la EII: Morgan *et al.*, «Dysfunction of the intestinal microbiome in inflammatory bowel disease and treatment», *Genome Biol.*, 13 (2012), R79; Ott *et al.*, «Reduction in diversity of the colonic mucosa associated bacterial microflora in patients with active inflammatory bowel disease», *Gut*, 53 (2004), pp. 685-693; Sokol *et al.*, «*Faecalibacterium prausnitzii* is an anti-inflammatory commensal bacterium identified by gut microbiota analysis of Crohn disease patients», *Proc. Natl. Acad. Sci*, 105 (2008).

17. Dirk Gevers dirigió este estudio, que es uno de los más completos en la búsqueda de relaciones entre el microbioma y la EII (Gevers *et al.*, «The treatment-naive microbiome in new-onset Crohn's Disease», *Cell Host Microbe*, 15, 2014, pp. 382-392).

18. Cadwell *et al.*, «Virus-plus-susceptibility gene interaction deter-

mines Crohn's Disease gene Atg16L1 phenotypes in intestine», *Cell*, 141 (2010), pp. 1.135-1.145.

19. Berer *et al.*, «Commensal microbiota and myelin autoantigen cooperate to trigger autoimmune demyelination», *Nature*, 479 (2011), pp. 538-541; Blumberg y Powrie, 2012, *op. cit.*; Fujimura y Lynch, «Microbiota in allergy and asthma and the emerging relationship with the gut microbiome», *Cell Host Microbe*, 17 (2015), pp. 592-602; Kostic *et al.*, «The dynamics of the human infant gut microbiome in development and in progression toward Type 1 Diabetes», *Cell Host Microbe*, 17 (2015), pp. 260-273; Wu *et al.*, «Linking microbiota to human diseases: a systems biology perspective», *Trends Endocrinol. Metab.*, 26 (2015), pp. 758-770.

20. El artículo de Gerrard: Gerrard *et al.*, «Serum IgE levels in white and Metis communities in Saskatchewan», *Ann. Allergy*, 37 (1976), pp. 91-100; la investigación de Strachan: Strachan, «Hay fever, hygiene, and household size», *BMJ*, 299 (1989), pp. 1.259-1.260; a veces se considera erróneamente a Strachan el padre de la hipótesis de la higiene, pero en Strachan, 2015 (Re «The "hygiene hypothesis" for allergic disease is a misnomer», *BMJ*, 349, 2015, g5267), el propio Strachan niega ser el padre de ese *enfant terrible*, y cita a muchos autores que le precedieron; también aclara que la elección del término «se debe más a una tendencia aliterativa que a alguna pretensión mía de anunciar un nuevo paradigma científico».

21. Arrieta *et al.*, «Early infancy microbial and metabolic alterations affect risk of childhood asthma», *Sci. Transl. Med.*, 7 (2015), 307ra152; Brown *et al.*, «A fresh look at the higiene hypothesis: how intestinal microbial exposure drives immune effector responses in atopic disease», *Semin. Immunol.*, 25 (2013), pp. 378-387; Stefka *et al.*, «Commensal bacteria protect against food allergen sensitization», *Proc. Natl. Acad. Sci.*, 111 (2014), pp. 13.145-13.150.

22. Fue Graham Rook quien empezó a emplear la expresión «viejos amigos» (Rook *et al.*, «Microbial "Old Friends", immunoregulation and stress resilience», *Evol. Med. Public Health* 2013, pp. 46-64).

23. Fujimura *et al.*, «House dust exposure mediates gut microbiome *Lactobacillus* enrichment and airway immune defense against allergens and virus infection», *Proc. Natl. Acad. Sci.*, 111 (2014), pp. 805-810; esta diferencia en la cantidad de microbios puede deberse a que los perros son más grandes que los gatos y pasan más tiempo fuera de casa.

24. El estudio de Domínguez-Bello se publicó en Domínguez-Bello *et al.*, «Delivery mode shapes the acquisition and structure of the initial microbiota across multiple body habitats in newborns», *Proc. Natl. Acad.*

Sci., 107 (2010), pp. 11.971-11.975; los estudios epidemiológicos que demuestran los vínculos entre cesáreas y enfermedades posteriores se recogen en Darmasseelane *et al.*, «Mode of delivery and offspring body mass index, overweight and obesity in adult life: a systematic review and meta-analysis», *PloS One*, 9 (2014), e87896, y Huang *et al.*, «Is elective Cesarean section associated with a higher risk of asthma? A meta-analysis», *J. Asthma Off. J. Assoc. Care Asthma*, 52 (2015), pp. 16-25.

25. Eugene Chang ha demostrado la influencia de las grasas saturadas (Devkota *et al.*, «Dietary-fat-induced taurocholic acid promotes pathobiont expansion and colitis in ll10−/− mice», *Nature*, 487, 2012, pp. 104-108), y Andrew Gewirtz ha estudiado esos dos aditivos (Chassaing *et al.*, «Dietary emulsifiers impact the mouse gut microbiota promoting colitis and metabolic syndrome», *Nature*, 519, 2015, pp. 92-96).

26. Las aventuras de Burkitt se relatan en Altman, «Dr. Denis Burkitt is dead at 82; thesis changed diets of millions», *New York Times* (1993); sus ideas sobre la fibra se citan en Sonnenburg y Sonnenburg, *The Good Gut: Taking Control of Your Weight, Your Mood, and Your Long-Term Health*, Nueva York, The Penguin Press, 2015, p. 119.

27. Wendy Garrett y otros demostraron que las bacterias que digieren fibra producen SCFA (Furusawa *et al.*, «Commensal microbe-derived butyrate induces the differentiation of colonic regulatory T cells», *Nature*, 504, 2013, pp. 446-450; Smith *et al.*, 2013, *op. cit.*); Mahesh Desai demostró que, sin fibra, las bacterias intestinales devoran la capa mucosa, y presentó los resultados de su trabajo, aún no publicados, en un congreso.

28. Justin y Erica Sonnenburg demostraron que la carencia de fibra provoca extinciones en el intestino (Sonnenburg *et al.*, «Diet-induced extinctions in the gut microbiota compound over generations», *Nature*, 529, 2016, pp. 212-215) y recalcaron los beneficios de la fibra (Sonnenburg y Sonnenburg, «Starving our microbial self: the deleterious consequences of a diet deficient in microbiota-accessible carbohydrates», *Cell Metab.*, 20, 2014, pp. 779-786).

29. Varios estudios del microbioma se han centrado en poblaciones rurales, entre ellos los recogidos en los artículos pioneros de Carlotta de Filippo y Tanya Yatsunenko (De Filippo *et al.*, «Impact of diet in shaping gut microbiota revealed by a comparative study in children from Europe and rural Africa», *Proc. Natl. Acad. Sci.*, 107, 2010, pp. 14.691-14.696; Yatsunenko *et al.*, 2012, *op. cit.*).

30. American Chemical Society, «Alexander Fleming Discovery and Development of Penicillin», <http://www.acs.org/content/acs/en/educa

tion/whatischemistry/landmarks/flemingpenicillin.html#alexander-flem
ing-penicillin>, 1999.

31. Los efectos de los antibióticos sobre el microbioma se detallan en
Cox y Blaser, «Antibiotics in early life and obesity», *Nat. Rev. Endocrinol.*,
11 (2014), pp. 182-190, que también contiene estimaciones sobre las dosis
de antibióticos que toman los niños; los principales estudios que explican
cómo afectan los antibióticos al microbioma son: Dethlefsen y Relman,
«Incomplete recovery and individualized responses of the human distal gut
microbiota to repeated antibiotic perturbation», *Proc. Natl. Acad. Sci.*, 108
(2011), pp. 4.554-4.561; Dethlefsen *et al.*, «The pervasive effects of an antibiotic on the human gut microbiota, as revealed by deep 16S rRNA sequencing», *PLoS Biol.*, 6 (2008), e280; Jakobsson *et al.*, «Short-term antibiotic treatment has differing long-term impacts on the human throat and
gut microbiome», *PLoS ONE*, 5 (2010), e9836; Jernberg *et al.*, «Long-term
impacts of antibiotic exposure on the human intestinal microbiota», *Microbiology*, 156 (2010), pp. 3.216-3.223; Schubert *et al.*, «Antibiotic-induced
alterations of the murine gut microbiota and subsequent effects on colonization resistance against *Clostridium difficile*», *mBio*, 6 (2015) e00974-15.

32. Esto se descubrió en los años sesenta, cuando los científicos demostraron que las heces de ratones podían detener la multiplicación de la
Salmonella, pero no si antes habían sido tratados con antibióticos (Bohnhoff *et al.*, «Resistance of the mouse's intestinal tract to experimental *Salmonella* infection», *J. Exp. Med.*, 120, 1964, pp. 817-828).

33. Katherine Lemon usa esta analogía en Lemon *et al.*, «Microbio-
ta-targeted therapies: an ecological perspective», *Sci. Transl. Med.*, 4 (2012),
137rv5-rv137rv5.

34. Blaser hizo sus primeros experimentos con antibióticos causantes
de obesidad junto con su colega Ilseung Cho (Cho *et al.*, «Antibiotics in
early life alter the murine colonic microbiome and adiposity», *Nature*, 488,
2012, pp. 621-626); el segundo estudio lo dirigió Laura Cox (Cox *et al.*,
«Altering the intestinal microbiota during a critical developmental window
has lasting metabolic consequences», *Cell*, 158, 2014, pp. 705-721); su estudio epidemiológico lo dirigió Leonardo Trasande (Trasande *et al.*, «Infant
antibiotic exposures and early-life body mass», *Int. J. Obes.*, 37, 2013,
pp. 16-23).

35. Marshall dijo esto en Twitter, y Marshall es el científico que confirmó que la bacteria *H. pylori* causa gastritis al ingerirla él mismo.

36. La historia de Maryn McKenna sobre el futuro posantibióticos
(McKenna, «Imagining the Post-Antibiotics Future», <https://medium.

com/@fernnews/imagining-the-post-antibiotics-future-892b57499e77>, 2013) y su libro *Superbug* (McKenna, *Superbug: The Fatal Menace of MRSA*, Nueva York, Free Press, 2010), son lecturas imprescindibles acerca de este tema.

37. Rosebury, 1969, p. 11, *op. cit.*

38. Los estudios de Blaser sobre la *H. pylori*: Blaser, «An endangered species in the stomach», *Sci. Am.*, 2005; sus preocupaciones por la desaparición de esta bacteria: Blaser, 2010, *op. cit.* y Blaser y Falkow, «What are the consequences of the disappearing human microbiota?» *Nat. Rev. Microbiol.*, 7 (2009), pp. 887-894; la larga historia de la *H. pylori* y la humanidad: Linz *et al.*, «An African origin for the intimate association between humans and *Helicobacter pylori*», *Nature*, 445 (2007), pp. 915-918; la opinión publicada en *Lancet*: Graham, «The only good *Helicobacter pylori* is a dead *Helicobacter pylori*», *Lancet*, 350 (1997), pp. 70-71; respuesta del autor, p. 72; la *H. pylori* no afecta al índice de mortalidad: Chen *et al.*, «Association between *Helicobacter pylori* and mortality in the NHANES III study», *Gut*, 62 (2013), pp. 1.262-1.269.

39. Este estudio lo dirigió Zack Lewis.

40. Estudios realizados sobre los microbiomas de aldeanos y cazadores-recolectores: Clemente *et al.*, «The microbiome of uncontacted Amerindians», *Sci. Adv.*, 1 (2015), e1500183; Gomez *et al.*, «Ecological and evolutionary adaptations shape the gut microbiome of BaAka African rainforest hunter-gatherers», *bioRxiv* (2015), 019232; Martínez *et al.*, «The gut microbiota of rural Papua New Guineans: composition, diversity patterns, and ecological processes», *Cell Rep.*, 11 (2015), pp. 527-538; Obregon-Tito *et al.*, «Subsistence strategies in traditional societies distinguish gut microbiomes», *Nat. Commun.*, 6 (2015), p. 6.505; Schnorr *et al.*, «Gut microbiome of the Hadza hunter-gatherers», *Nat. Commun.*, 5 (2014), p. 3.654; un estudio sobre microbiomas de heces fosilizadas: Tito *et al.*, «Insights from "Characterizing Extinct Human Gut Microbiomes"», *PLoS ONE*, 7 (2012), e51146.

41. Le Chatelier *et al.*, «Richness of human gut microbiome correlates with metabolic markers», *Nature*, 500 (2013), pp. 541-546.

42. En Camerún, las personas infectadas por una ameba parasitaria llamada *Entamoeba* tienen mayor variedad de bacterias intestinales, especialmente si son portadoras de gusanos parásitos. La bacteria podría estar creando aberturas para los parásitos, o los parásitos aumentarían de alguna manera la diversidad bacteriana; sea como fuere, estamos ante un caso en el que la supuestamente deseable diversidad propia de una población rural indica la presencia de algo indeseable (Gómez *et al.*, 2015, *op. cit.*).

43. Moeller *et al.*, «Rapid changes in the gut microbiome during human evolution», *Proc. Natl. Acad. Sci. U. S. A.*, 111 (2014), pp. 16.431-16.435.

44. Blaser, *Missing Microbes: How the Overuse of Antibiotics Is Fueling Our Modern Plagues*, Nueva York, Henry Holt & Co, 2014, p. 6.

45. Eisen, «Overselling the microbiome award: Time Magazine & Martin Blaser for "antibiotics are extinguishing our microbiome"», <http://phylogenomics.blogspot.co.uk/2014/05/ overselling- microbiome-award-time.html>, 2014.

46. Mukherjee, *The Emperor of All Maladies*, Londres, Fourth Estate, 2011, pp. 349-356. [Hay trad. cast.: *El emperador de todos los males*, 2014, Debate, Barcelona.]

47. Hay tantos artículos científicos que relacionan el microbioma intestinal con esta o aquella enfermedad, que Elizabeth Bik, incansable cronista de la nueva investigación del microbioma, inició un sarcástico *hashtag* en Twitter llamado #gutmicrobiomeandrandomthing. Entre sus entradas destacan las tituladas «Gut Microbiome and Always Ending up Standing in the Slowest Line at the Cash Register», «Gut Microbiota and the Art of Motorcycle Maintenance» y «Gut Microbiome and the Prisoner of Azkaban».

48. *The Allium*, «New Salmonella diet achieves "amazing" weight-loss for microbiologist», 2014.

49. Sobre la disbiosis, Fergus Shanahan recomienda a sus colegas científicos «recordar las palabras de George Orwell: "el descuido de nuestro lenguaje hace más fácil tener ideas insensatas". Las ideas imprecisas pueden brotar cuando los médicos quedan cautivos de los errores de nomenclatura y la terminología imprecisa. Los neologismos deben usarse con precaución; a menudo son innecesarios o dan por supuesta un entendimiento donde no existe». (Shanahan y Quigley, «Manipulation of the microbiota for treatment of IBS and IBD-challenges and controversies», *Gastroenterology*, 146, 2014, pp. 1.554-1.563).

50. Expuse este argumento en un artículo que escribí para el *New York Times* sobre la naturaleza contextual del microbioma (Yong, «There is no "healthy" microbiome», *N. Y. Times*, 2014).

51. Ruth Ley y Omry Koren realizaron este estudio (Koren *et al.*, «Host remodeling of the gut microbiome and metabolic changes during pregnancy», *Cell*, 150, 2012, pp. 470-480).

52. Los estudios sobre las comunidades vaginales estuvieron dirigidos por Larry Forney y Jacques Ravel (Gajer *et al.*, «Temporal dynamics of the

human vaginal microbiota», *Sci. Transl. Med.*, 4, 2012, 132ra52-ra132ra52; Ma *et al.*, «Vaginal microbiome: rethinking health and disease», *Annu. Rev. Microbiol.*, 66, 2012, pp. 371-389); las de otras partes del cuerpo fueron analizadas por Pat Schloss (Ding y Schloss, «Dynamics and associations of microbial community types across the human body», *Nature*, 509, 2014, pp. 357-360).

53. Katherine Pollard dirigió uno de los estudios, y Rob Knight el otro (Finucane *et al.*, «A taxonomic signature of obesity in the microbiome? Getting to the guts of the matter», *PLoS ONE*, 9, 2014, e84689; Walters *et al.*, «Meta-analyses of human gut microbes associated with obesity and IBD», *FEBS Lett.*, 588, 2014, pp. 4.223-4.233).

54. Susannah Salter y Alan Walker demostraron que los kits de extracción, que permiten obtener el ADN de bastoncillos y muestras y lo preparan para la secuenciación, se hallan casi siempre contaminados con niveles bajos de ADN microbiano (Salter *et al.*, «Reagent and laboratory contamination can critically impact sequence-based microbiome analyses», *BMC Biol.*, 12, 2014, p. 87).

55. Por ejemplo, Pat Schloss creó un programa capaz de examinar un determinado microbioma y predecir lo vulnerable que fue a la colonización por *C-diff* (Schubert *et al.*, 2015, *op. cit.*).

56. Algunos científicos han intentado responder a estas preguntas examinando sus propios microbios. Eric Alm y Lawrence David del MIT lo hicieron a diario durante un año. Cuando David recogió en Bangkok una muestra de la conocida como diarrea del viajero, pudo observar que su comunidad intestinal pasaba por un periodo de agitación antes de retornar a la normalidad. Y cuando Alm recogió *Salmonella* después de una desafortunada visita a un restaurante, vio cómo el germen dominaba rápidamente su intestino y cómo la comunidad cambió a un estado diferente una vez recuperó la salud (David *et al.*, «Host lifestyle affects human microbiota on daily timescales», *Genome Biol.*, 15, 2014, R89).

57. Sathish Subramanian dirigió este trabajo (Subramanian *et al.*, «Persistent gut microbiota immaturity in malnourished Bangladeshi children», *Nature*, 510, 2014, pp. 417-421).

58. Andrew Kau dirigió también este estudio junto con Planer (Kau *et al.*, «Functional characterization of IgA-targeted bacterial taxa from undernourished Malawian children that produce diet-dependent enteropathy», *Sci. Transl. Med.*, 7, 2015, 276ra24-ra276ra24).

59. Redford *et al.*, «Conservation and the microbiome: editorial» *Conserv. Biol.*, 26 (2012), pp. 195-197.

6. El largo vals

1. Sobre el caso de Fritz: University of Utah, 2012; la primera caracterización de la HS se debió a Adam Clayton: Clayton *et al.*, «A novel human-infection-derived bacterium provides insights into the evolutionary origins of mutualistic insect-bacterial symbioses», *PLoS Genet.*, 8 (2012), e1002990; sobre el segundo caso aún no se ha publicado nada.

2. A diferencia del manzano silvestre de Fritz, el que hirió al niño sigue vivo, por lo que Dale planea examinarlo y tomar de él una muestra de la cepa HS en su estado natural. Luego podrá realizar un «experimento de elevado riesgo y elevada recompensa»: inyectar HS en insectos y comprobar si es posible establecer artificialmente una nueva simbiosis.

3. Dale puede afirmarlo porque estas versiones —una, por ejemplo, la de la mosca tsé-tsé, y otra, la de los gorgojos— han perdido genes *diferentes* del conjunto que posee la cepa HS. Estas versiones evolucionaron a partir de microbios ancestrales parecidos a la HS que fueron domesticados de forma independiente.

4. Sobre la transmisión sexual en los áfidos: Moran y Dunbar, «Sexual acquisition of beneficial symbionts in aphids», *Proc. Natl. Acad. Sci.*, 103 (2006), pp. 12.803-12.806; sobre el canibalismo en las cochinillas: Le Clec'h *et al.*, «Cannibalism and predation as paths for horizontal passage of *Wolbachia* between terrestrial isopods», *PLoS ONE*, 8 (2013), e60232; sobre las estelas de insectos: Caspi-Fluger *et al.*, «Horizontal transmission of the insect symbiont *Rickettsia* is plant-mediated», *Proc. R. Soc. B Biol. Sci.*, 279 (2012), pp. 1.791-1.796; sobre lo que los humanos ingieren: Lang *et al.*, «The microbes we eat: abundance and taxonomy of microbes consumed in a day's worth of meals for three diet types», *PeerJ*, 2 (2014), e659; sobre las avispas como agujas contaminadas: Gehrer y Vorburger, «Parasitoids as vectors of facultative bacterial endosymbionts in aphids», *Biol. Lett.*, 8 (2012), pp. 613-615.

5. John Jaenike tomó ácaros que succionan la sangre de una especie de mosca de la fruta y los pasó a una segunda especie. Y, efectivamente, esta otra especie de mosca adquirió microbios que solo se encontraban en la primera (Jaenike *et al.*, «Interspecific transmission of endosymbiotic *Spiroplasma* by mites», *Biol. Lett.*, 3 (2007), pp. 23-25).

6. De los orígenes de nuevas simbiosis tratan Sachs *et al.*, «Evolutionary transitions in bacterial simbiosis», *Proc. Natl. Acad. Sci.*, 108 (2011), pp. 10.800-10.807, y Walter y Ley, «The human gut microbiome: ecology and recent evolutionary changes», *Annu. Rev. Microbiol.*, 65 (2011), pp. 411-429.

7. Kaltenpoth *et al.*, «Symbiotic bacteria protect wasp larvae from fungal infestation», *Curr. Biol.*, 15 (2005), pp. 475-479.

8. Funkhouser y Bordenstein, «Mom knows best: the universality of maternal microbial transmission», *PLoS Biol.*, 11 (2013), e1001631; Zilber-Rosenberg y Rosenberg, «Role of microorganisms in the evolution of animals and plants: the hologenome theory of evolution», *FEMS Microbiol. Rev.*, 32 (2008), pp. 723-735.

9. Una vez le pregunté a Fukatsu cómo elegía sus temas de estudio. Hizo una pausa, señaló una mancha imaginaria en el aire, y dijo: «¡Ah! ¡Interesante!», y luego sonrió. Cuando le hice la misma pregunta a Martin Kaltenpoth, dijo: «Encuentro una especie que Takema no está estudiando, y luego le digo que estoy trabajando en ella». Sus artículos sobre la chinche apestosa se encuentran en Hosokawa *et al.*, «Symbiont acquisition alters behaviour of stinkbug nymphs», *Biol. Lett.*, 4 (2008), pp. 45-48; Kaiwa *et al.*, «Symbiont-supplemented maternal investment underpinning host's ecological adaptation», *Curr. Biol.*, 24 (2014), pp. 2.465-2.470, y Hosokawa *et al.*, «Mothers never miss the moment: a fine-tuned mechanism for vertical symbiont transmission in a subsocial insect», *Anim. Behav.*, 83 (2012), pp. 293-300.

10. Pais *et al.*, «The obligate mutualist *Wigglesworthia glossinidia* influences reproduction, digestion, and immunity processes of its host, the tsetse fly», *Appl. Environ. Microbiol.*, 74 (2008), pp. 5.965-5.974.

11. Osawa *et al.*, «Microbiological studies of the intestinal microflora of the Koala, *Phascolarctos-Cinereus* .2. Pap, a special maternal feces consumed by juvenile koalas», *Aust. J. Zool.*, 41 (1993), pp. 611-620.

12. Por decir lo menos. Cuando pregunté a diversos científicos que estudian el microbioma qué hallazgos les suscitaban más escepticismo, muchos me contestaron que precisamente esos resultados.

13. Muchos animales submarinos liberan a sus simbiontes en el agua circundante, de modo que las larvas y las crías tienen un suministro adecuado a su alrededor. El calamar hawaiano lo hace todos los días al amanecer. Las sanguijuelas medicinales desprenden cada pocos días de su intestino mucosidades ricas en microbios, que son atraídas por las mucosidades que dejan otras sanguijuelas (Ott *et al.*, «Characterization of shed medicinal leech mucus reveals a diverse microbiota», *Front. Microbiol.*, 5, 2015, doi: 10.3389/fmicb.2014.00757). Algunos gusanos nematodos matan insectos vomitando multitud de bacterias tóxicas en su torrente sanguíneo; sus larvas, que se desarrollan dentro de los insectos muertos, absorben luego a los simbiontes asesinos para su propio uso (Herbert y Goodrich-Blair, 2007, *op. cit.*).

14. Sobre los humanos que comparten casa: Lax *et al.*, «Longitudinal analysis of microbial interaction between humans and the indoor environment», *Science*, 345 (2014), pp. 1.048-1.052; sobre los sociables babuinos: Tung *et al.*, «Social networks predict gut microbiome composition in wild baboons», *eLife*, 4 (2015); sobre las jugadoras de *roller derby*: Meadow *et al.*, «Significant changes in the skin microbiome mediated by the sport of roller derby», *PeerJ*, 1 (2013), e53.

15. La idea de Lombardo, desarrollada en Lombardo, «Access to mutualistic endosymbiotic microbes: an underappreciated benefit of group living», *Behav. Ecol. Sociobiol.*, 62 (2008), pp. 479-497, es solo una hipótesis, pero una hipótesis que hace predicciones verificables. Si está en lo cierto, los animales que obtienen microbios del medio (como los calamares) o los heredan de manera automática (como los áfidos) es más probable que sean solitarios. Y los que obtienen microbios de sus congéneres, como termitas, es más probable que formen parte de un sistema social más complejo que los ponga regularmente en estrecho contacto con sus coetáneos. Para probar esto, los científicos necesitarían confeccionar árboles genealógicos de diferentes grupos de animales con miembros tanto sociales como solitarios, como las chinches de Fukatsu, para ver si la evolución de las asociaciones microbianas precede sistemáticamente a la evolución de los grandes grupos. Que yo sepa, nadie ha hecho esto todavía.

16. El primer experimento de Fraune se describe en Fraune y Bosch, «Long-term maintenance of species-specific bacterial microbiota in the basal metazoan *Hydra*», *Proc. Natl. Acad. Sci.*, 104 (2007), pp. 13.146-13.151; los estudios posteriores que describen cómo la hidra selecciona los microbios adecuados son: Franzenburg *et al.*, «Distinct antimicrobial peptide expression determines host species-specific bacterial associations», *Proc. Natl. Acad. Sci.*, 110 (2013), E3730-E3738, y Fraune *et al.*, «Disturbing epithelial homeostasis in the metazoan *Hydra* leads to drastic changes in associated microbiota», *Environ. Microbiol.*, 11 (2009), pp. 2.361-2.369), y «Why bacteria matter in animal development and evolution», *BioEssays*, 32 (2010), pp. 571-580; para una síntesis del trabajo de Bosch con la hidra, véase Bosch, «What *Hydra* has to say about the role and origin of symbiotic interactions», *Biol. Bull.*, 223 (2012), pp. 78-84.

17. Bevins y Salzman, 2011, *op. cit.*; Ley *et al.*, 2006, *op. cit.*; Spor *et al.*, «Unravelling the effects of the environment and host genotype on the gut microbiome», *Nat. Rev. Microbiol.*, 9 (2011), pp. 279-290.

18. Sobre las ballenas y los delfines: entrevista con Amy Apprill; sobre las avispas lobo: Kaltenpoth *et al.*, «Partner choice and fidelity stabilize co-

evolution in a Cretaceous-age defensive simbiosis», *Proc. Natl. Acad. Sci.*, 111 (2014), pp. 6359-6364.

19. Sobre los simbiontes de la abeja: Kwong y Moran, «Evolution of host specialization in gut microbes: the bee gut as a model», *Gut Microbes*, 6 (2015), pp. 214-220; sobre el *Lactobacillus reuteri*: Frese *et al.*, «The evolution of host specialization in the vertebrate gut symbiont *Lactobacillus reuteri*», *PLoS Genet.*, 7 (2011), e1001314; sobre los experimentos de intercambio de Rawls: Rawls *et al.*, «Reciprocal gut microbiota transplants from zebrafish and mice to germ-free recipients reveal host habitat selection», *Cell*, 127 (2006), pp. 423-433.

20. Por ejemplo, Andrew Benson identificó en el genoma del ratón 18 regiones que determinan la abundancia de los microbios intestinales más comunes. Algunas de estas regiones influyen en los niveles de especies microbianas concretas, mientras que otras controlan grupos enteros (Benson *et al.*, «Individuality in gut microbiota composition is a complex polygenic trait shaped by multiple environmental and host genetic factors», *Proc. Natl. Acad. Sci.*, 107, 2010, pp. 18.933-18.938).

21. Se publicó con su apellido de casada, Lynn Sagan (Sagan, «On the origin of mitosing cells», *J. Theor. Biol.*, 14, 1967, pp. 255-274).

22. Margulis y Fester, *Symbiosis as a Source of Evolutionary Innovation: Speciation and Morphogenesis*, Cambridge, Mass, The MIT Press (1991).

23. El concepto de hologenoma fue concebido por primera vez en los años ochenta por un biotecnólogo llamado Richard Jefferson, aunque nunca llegó a publicarlo (Jefferson, «The hologenome theory of evolution-Science as Social Enterprise», <http://blogs.cambia.org/raj/ 2010/ 11/16/the-hologenome-theory-of-evolution/>, 2010). Presentó la teoría en un congreso celebrado en 1994, trece años antes de que a los Rosenberg se les ocurriera de forma independiente la misma idea y el mismo nombre.

24. Hird *et al.*, «Sampling locality is more detectable than taxonomy or ecology in the gut microbiota of the brood-parasitic Brown-headed Cowbird *(Molothrus ater)*», *PeerJ*, 2 (2014), e321.

25. Existe un ejemplo: Ruth Ley demostró que los genes humanos no dictan la composición general de nuestro microbioma, pero influyen de manera poderosa en la presencia de grupos específicos. La bacteria más hereditaria de nuestro cuerpo es una especie recientemente descubierta y poco conocida llamada *Christensenella* (Goodrich *et al.*, «Human genetics shape the gut microbiome», *Cell*, 159, 2014, pp. 789-799). Algunas personas la tienen y otras no, y alrededor del 40 por ciento de esa variación viene de nuestros genes. Esta enigmática especie es común durante la infancia, y

más prevalente en personas con un peso saludable, y a menudo se la encuentra junto con una gran red de microbios. Podría ser una especie clave: una especie relativamente rara, pero ecológicamente potente.

26. Los Rosenberg proponen la idea del hologenoma en Rosenberg *et al.*, «The hologenome theory of evolution contains Lamarckian aspects within a Darwinian framework», *Environ. Microbiol.*, 11 (2009), pp. 2.959-2.962, y Zilber-Rosenberg y Rosenberg, 2008, *op. cit.*; Seth Bordenstein y Kevin Theis la desarrollan en Bordenstein y Theis, «Host biology in light of the microbiome: ten principles of holobionts and hologenomes», *PLoS Biol.*, 13 (2015), e1002226; Nancy Moran y David Sloan la analizan en Moran y Sloan, «The Hologenome Concept: helpful or hollow?» *PLoS Biol.*, 13 (2015), e1002311.

27. El experimento de Diane Dodd se describe en Dodd, «Reproductive isolation as a consequence of adaptive divergence in *Drosophila pseudoobscura*», *Evolution*, 43 (1989), pp. 1.308-1.311; el posterior de Rosenberg, dirigido por Gil Sharon, en Sharon *et al.*, «Commensal bacteria play a role in mating preference of *Drosophila melanogaster*», *Proc. Natl. Acad. Sci.*, 107 (2010), pp. 20.051-20.056.

28. Wallin: Wallin, *Symbionticism and the Origin of Species*, Baltimore, Williams & Wilkins Co, 1927; Margulis y Sagan: Margulis y Sagan, *Acquiring Genomes: A Theory of the Origin of Species*, Nueva York, Perseus Books Group, 2002.

29. Sobre el primer experimento con Werren: Bordenstein *et al.*, «*Wolbachia*-induced incompatibility precedes other hybrid incompatibilities in *Nasonia*», *Nature*, 409 (2001), pp. 707-710; sobre el segundo, realizado junto con Robert Brucker: Brucker y Bordenstein, «The hologenomic basis of speciation: gut bacteria cause hybrid lethality in the genus *Nasonia*», *Science*, 341 (2013), pp. 667-669.

30. Brucker y Bordenstein, «Response to Comment on "The hologenomic basis of speciation: gut bacteria cause hybrid lethality in the genus Nasonia"», *Science*, 345 (2014), pp. 1.011-1.011; Chandler y Turelli, «Comment on "The hologenomic basis of speciation: gut bacteria cause hybrid lethality in the genus Nasonia"», *Science*, 345 (2014), pp. 1.011-1.011.

7. El éxito mutuamente asegurado

1. Sapp, «Paul Buchner (1886-1978) and hereditary symbiosis in insects», *Int. Microbiol.*, 5 (2002), pp. 145-150.

2. René Dubos, el bacteriólogo descubridor de antibióticos de quien he hablado en el capítulo 2, llamó la atención sobre el libro de Buchner a los editores científicos norteamericanos. Fue uno de los escasos momentos en que el estudio de los simbiontes de insectos se juntó con el de los microbios de los humanos.

3. Moran llevó a cabo su primer estudio sobre la *Buchnera* junto con el bacteriólogo Paul Baumann (Baumann *et al.*, «Mutualistic associations of aphids and prokaryotes: biology of the genus Buchnera», *Appl. Environ. Microbiol.*, 61, 1995, pp. 1-7). Ambos tienen ahora simbiontes con el nombre de cada uno. *Baumannia* es el que se halló en la chicharrita de alas cristalinas, y *Moranella* el de la cochinilla de los cítricos, de la que hablaré más adelante.

4. Nováková *et al.*, «Reconstructing the phylogeny of aphids (*Hemiptera: Aphididae*) using DNA of the obligate symbiont *Buchnera aphidicola*», *Mol. Phylogenet. Evol.*, 68 (2013), pp. 42-54.

5. Douglas, «Phloem-sap feeding by animals: problems and solutions», *J. Exp. Bot.*, 57 (2006), pp. 747-754; Feldhaar, «Bacterial symbionts as mediators of ecologically important traits of insect hosts», *Ecol. Entomol.*, 36 (2011), pp. 533-543.

6. Por ejemplo, la *Buchnera* puede llevar a cabo todas las reacciones químicas para producir los aminoácidos isoleucina o metionina, excepto la final. Corresponde al áfido conducirlos a la línea de meta. Angela Douglas, Nancy Moran y otros han descrito estas rutas con exquisito detalle (Russell *et al.*, «Shared metabolic pathways in a coevolved insect-bacterial simbiosis», *Appl. Environ. Microbiol.*, 79, 2013, pp. 6.117-6.123; Wilson *et al.*, «Genomic insight into the amino acid relations of the pea aphid, *Acyrthosiphon pisum*, with its symbiotic bacterium *Buchnera aphidicola*», *Insect Mol. Biol.*, 19, supl. 2, 2010, pp. 249-258).

7. Resulta curioso que diferentes linajes de hemípteros desarrollaron independientemente la capacidad de succionar savia del floema. Otros insectos no lo hicieron, aunque también tenían simbiontes que pudieron actuar como suplementos dietarios. ¿Por qué entonces los hemípteros? ¿Por qué no otros? Esto es un misterio.

8. Wernegreen, 2004, *op. cit.*

9. La *Blochmannia* está estrechamente emparentada con la *Buchnera*, y esto puede no ser una coincidencia. Muchas hormigas carpinteras crían áfidos igual que los ganaderos humanos, y los protegen de los depredadores. A cambio, los áfidos alimentan a las hormigas con un fluido azucarado de desecho llamado mielada. Y, con él, reciben los simbiontes de áfidos. Jennifer Wernegreen cree

que la *Blochmannia* es un descendiente de algún simbionte que salió de la parte trasera de un áfido, terminó en una hormiga criadora de áfidos y se quedó allí (Wernegreen *et al.*, «One nutritional symbiosis begat another: phylogenetic evidence that the ant tribe Camponotini acquired *Blochmannia* by tending sap-feeding insects», *BMC Evol. Biol.*, 9, 2009, p. 292).

10. Se puede encontrar un relato de la historia de la grieta de las Galápagos en el Smithsonian National Museum of Natural History, 2010, y especialmente en *Mapping the Deep*, de Robert Kunzig (Kunzig, *Mapping the Deep: The Extraordinary Story of Ocean Science*, Nueva York, W.W. Norton & Co, 2000), que también detalla el trabajo sobre la *Riftia* de Jones y Cavanaugh.

11. Cavanaugh publicó sus ideas en 1981 (Cavanaugh *et al.*, «Prokaryotic cells in the hydrothermal vent tube worm *Riftia pachyptila Jones*: possible chemoautotrophic symbionts», *Science*, 213, 1981, pp. 340-342), pero luego le llevó años de trabajo confirmar que las bacterias actuaban como ella imaginaba. Otros científicos habían especulado sobre los microbios quimiosintéticos, pero Cavanaugh fue la primera en demostrar que existen y que forman asociaciones con animales. Siendo estudiante de posgrado, había descubierto una forma totalmente nueva de vida que, de manera sorprendente, además era común. Su trabajo con la *Riftia* se detalla en Stewart y Cavanaugh, «Symbiosis of thioautotrophic bacteria with *Riftia pachyptila*», *Prog. Mol. Subcell. Biol.*, 41 (2006), pp. 197-225.

12. Dubilier *et al.*, «Symbiotic diversity in marine animals: the art of harnessing chemosynthesis», *Nat. Rev. Microbiol.*, 6 (2008), pp. 725-740.

13. Sobre el descubrimiento por Dubilier de los dos simbiontes del *Olavius*: Dubilier *et al.*, «Endosymbiotic sulphate-reducing and sulphide-oxidizing bacteria in an oligochaete worm», *Nature*, 411 (2001), pp. 298-302; luego descubrió tres más: Blazejak *et al.*, «Coexistence of bacte-rial sulfide oxidizers, sulfate reducers, and spirochetes in a gutless worm (*Oligochaeta*) from the Peru Margin», *Appl. Environ. Microbiol.*, 71 (2005), pp. 1.553-1.561.

14. Ley *et al.*, «Evolution of mammals and their gut microbes», *Science*, 320 (2008), pp. 1.647-1.651.

15. Otra excepción: el lince ibérico, un gato europeo con un penacho de pelos en sus orejas, totalmente carnívoro, pero con un número inesperado de genes de digestión de plantas en su intestino. Es posible que su microbioma se haya adaptado para digerir no solo los conejos que caza, sino también la materia vegetal en el intestino de los conejos (Alcaide *et al.*, «Gene sets for utilization of primary and secondary nutrition supplies in the distal gut of endangered Iberian Lynx», *PLoS ONE*, 7, 2012, e51521).

16. Sobre la proporción de energía que los mamíferos obtienen de los microbios: Bergman, «Energy contributions of volatile fatty acids from the gastrointestinal tract in various species», *Physiol. Rev.*, 70 (1990), pp. 567-590; sobre los sistemas de digestión de los mamíferos: Karasov *et al.*, «Ecological physiology of diet and digestive systems», *Annu. Rev. Physiol.*, 73 (2011), pp. 69-93, y Stevens y Hume, «Contributions of microbes in vertebrate gastrointestinal tract to production and conservation of nutrients», *Physiol. Rev.*, 78 (1998), pp. 393-427.

17. Las ballenas constituyen un interesante caso aparte. Se alimentan de diminutos crustáceos, peces y hasta de otros mamíferos. Sin embargo, evolucionaron a partir de herbívoros semejantes a los ciervos, y han conservado la gran multicámara anterior de sus antepasados Ahora utilizan esta fermentadora para procesar tejidos animales, que, como Jon Sanders descubrió, las dejan con un microbioma intestinal diferente de cualquier otro de los animales terrestres, sean carnívoros o herbívoros (Sanders *et al.*, «Baleen whales host a unique gut microbiome with similarities to both carnivores and herbivores», *Nat. Commun.*, 6, 2015, p. 8.285).

18. El hoacín, un pájaro sudamericano del tamaño de un pollo y con una cara azul, ojos rojos, plumas anaranjadas y cresta aserrada, también posee una fermentadora anterior. Se alimenta sobre todo de hojas, que digiere en el buche, una parte agrandada de su garganta. María Gloria Domínguez-Bello demostró que las bacterias del buche son más parecidas a las del estómago de una vaca que a las que se encuentran más abajo en el intestino del pájaro (Godoy-Vitorino *et al.*, «Comparative analyses of foregut and hindgut bacterial communities in hoatzins and cows», *ISME J.*, 6, 2012, pp. 531-541). No es así sorprendente que los hoacines apesten a estiércol de vaca.

19. Ley *et al.*, «Worlds within worlds: evolution of the vertebrate gut microbiota», *Nat. Rev. Microbiol.*, 6 (2008), pp. 776-788.

20. El perezoso de tres dedos es una excepción que confirma la regla: come principalmente las hojas de un árbol particular, y por eso tiene un microbioma intestinal muy restringido para ser un herbívoro (Dill-McFarland *et al.*, «Diet specialization selects for an unusual and simplified gut microbiota in two- and three-toed sloths», *Environ. Microbiol.*, 509, 2015, pp. 357-360).

21. Hongoh, «Toward the functional analysis of uncultivable, symbiotic microorganisms in the termite gut», *Cell. Mol. Life Sci.*, 68 (2011), pp. 1.311-1.325.

22. Esta diferencia engañó a algunos de los primeros biólogos. Alfred E. Emerson vio que las termitas más avanzadas carecían de los protistas que

prosperaban en las termitas inferiores, y dedujo que los microbios simbióticos *impidieron* a los animales evolucionar hacia «funciones sociales superiores». Si hubiera sabido más sobre las bacterias, habría cambiado de parecer.

23. Michael Poulsen dirigió este estudio (Poulsen *et al.*, «Complementary symbiont contributions to plant decomposition in a fungus-farming termite», *Proc. Natl. Acad. Sci.*, 111, 2014, pp. 14.500-14.505).

24. Amato *et al.*, «The gut microbiota appears to compensate for seasonal diet variation in the wild black howler monkey *(Alouatta pigra)*», *Microb. Ecol.*, 69 (2015), pp. 434-443.

25. David *et al.*, 2013, *op. cit.*

26. Chu *et al.*, «Gut bacteria facilitate adaptation to crop rotation in the western corn rootworm», *Proc. Natl. Acad. Sci.*, 110 (2013), pp. 11.917-11.922.

27. W. J. Freeland y Daniel Janzen hicieron esta afirmación: «Es posible que pequeñas cantidades de un alimento tóxico […] dé lugar a una selección de especies o cepas de bacterias capaces de vivir con la toxina y degradarla» (Freeland y Janzen, «Strategies in herbivory by mammals: the role of plant secondary compounds», *Am. Nat.*, 108, 1974, pp. 269-289).

28. Kohl *et al.*, «Gut microbes of mammalian herbivores facilitate intake of plant toxins», *Ecol. Lett.*, 17 (2014), pp. 1238-1246.

29. Esto parece ser algo en lo que las ratas cambalacheras son muy buenas. Denise Dearing, que dirigió el trabajo de Kohl, descubrió una historia similar en otra especie (la rata cambalachera de garganta blanca) que vive en un desierto diferente (el de la Baja Sonora), está especializada en una planta diferente (el cactus), y tolera una toxina distinta (el oxalato). Los microbios desintoxicadores fueron también los protagonistas de la historia, y al trasplantarlos en el laboratorio a ratas inocentes, Dearing pudo asimismo convertirlas en devoradoras de cactus (Miller *et al.*, «The gastrointestinal tract of the white-throated woodrat *(Neotoma albigula)* harbors distinct consortia of oxalate-degrading bacteria», *Appl. Environ. Microbiol.*, 80, 2014, pp. 1.595-1.601).

30. Renos y líquenes: Sundset *et al.*, «Microbial degradation of usnic acid in the reindeer rumen», *Naturwissenschaften*, 97 (2010), pp. 273-278; descomposición del tanino: Osawa *et al.*, 1993, *op. cit.*; escarabajos perforadores de las semillas del café: Ceja-Navarro *et al.*, «Gut microbiota mediate caffeine detoxification in the primary insect pest of coffee», *Nat. Commun.*, 6 (2015), p. 7.618.

31. Six, «The Bark Beetle holobiont: why microbes matter», *J. Chem. Ecol.*, 39 (2013), pp. 989-1.002.

32. Adams *et al.*, «Mountain pine beetles colonizing historical and naive host trees are associated with a bacterial community highly enriched in genes contributing to terpene metabolism», *Appl. Environ. Microbiol.*, 79 (2013), pp. 3.468-3.475; Boone *et al.*, «Bacteria associated with a tree-killing insect reduce concentrations of plant defense compounds», *J. Chem. Ecol.*, 39 (2013), pp. 1.003-1.006.

33. En contraste con los ejemplos de este capítulo, los microbios pueden también constreñir a sus anfitriones. Los simbiontes de insectos tienden a ser más sensibles a las altas temperaturas que sus anfitriones, por lo que su número se desploma cuando el tiempo es caluroso, incluso Buchner se dio cuenta de esto. Ello restringe los lugares donde sus anfitriones pueden prosperar y puede conducir a una «debacle del mutualismo» en un mundo que sufra un calentamiento (Wernegreen, «Mutualism meltdown in insects: bacteria constrain thermal adaptation», *Curr. Opin. Microbiol.*, 15, 2012, pp. 255-262). Los camarones oceánicos —los «monos del mar» de los acuarios infantiles— poseen bacterias intestinales que les ayudan a digerir las algas, pero, como estos microbios particulares aman el medio salado, los camarones son forzados a vivir en aguas más saladas de las que normalmente preferirían (Nougué *et al.*, «Niche limits of symbiotic gut microbiota constrain the salinity tolerance of brine shrimp», *Am. Nat.*, 186, 2015, pp. 390-403). Los microbios también pueden imponer restricciones dietéticas. Imagínese que un insecto empieza a comer una planta que produce grandes cantidades de un determinado nutriente esencial. Su simbionte no necesita suministrarle ese nutriente, por lo que rápidamente pierde los genes capaces de hacerlo. El anfitrión no necesita compensar esas pérdidas. Todo marcha sobre ruedas. Luego, la planta empieza a morir. Ahora, el insecto solo tiene dos opciones: puede encontrar otra planta que produzca el mismo nutriente o adquirir un nuevo microbio como suplemento. Si no puede hacer ni lo uno ni lo otro, el insecto se verá en un apuro.

34. Wybouw *et al.*, «A gene horizontally transferred from bacteria protects arthropods from host plant cyanide poisoning», *eLife*, 3 (2014).

8. La evolución en «allegro»

1. Ochman *et al.*, «Lateral gene transfer and the nature of bacterial innovation», *Nature*, 405 (2000), pp. 299-304.

2. Se trata de un experimento clásico realizado en 1928 por el bacteriólogo británico Frederick Griffith.

3. El descubrimiento de Avery fue uno de los más importantes de la genética moderna, porque, contra la concepción convencional, indicaba que el ADN era el material de los genes. La mayoría de los científicos creía que los genes estaban hechos de proteínas, que pueden adquirir un número infinito de formas distintas, y que el ADN, con sus cuatro ladrillos repetitivos, era aburrido y no merecía ninguna atención. Avery demostró lo contrario. Él puso de muchas maneras los cimientos para los descubrimientos posteriores que consolidarían el estatus del ADN como la molécula más importante de la vida (Cobb, «Oswald T. Avery, the unsung hero of genetic science», *The Guardian*, 2013).

4. Este fue un descubrimiento trascendental, por el que Lederberg recibió el premio Nobel en 1958, a la temprana edad de treinta y tres años.

5. Boto, «Horizontal gene transfer in the acquisition of novel traits by metazoans», *Proc. R. Soc. B Biol. Sci.*, 281 (2014), doi: 10.1098/rspb.2013.2450; Keeling y Palmer, «Horizontal gene transfer in eukaryotic evolution», *Nat. Rev. Genet.*, 9 (2008), pp. 605-618.

6. Hehemann *et al.*, «Transfer of carbohydrate-active enzymes from marine bacteria to Japanese gut microbiota», *Nature*, 464 (2010), pp. 908-912; el nombre de *Zobellia* recuerda al microbiólogo marino Claude E. ZoBell.

7. Paul Portier, un muy denostado defensor de la simbiosis de principios del siglo XX, argumentó que con nuestras comidas tragamos mitocondrias frescas y otros simbiontes que revitalizan los viejos dentro de nuestros cuerpos fusionándose con ellos. No es exactamente así, pero ¡qué cerca estuvo!

8. Datos no publicados.

9. Smillie *et al.*, «Ecology drives a global network of gene exchange connecting the human microbiome», *Nature*, 480 (2011), pp. 241-244.

10. Excluyo aquí a las mitocondrias; miles de millones de años antes de que evolucionaran los animales, ellas dejaron de ser bacterias de vida libre.

11. Respecto al Proyecto Genoma Humano: Lander *et al.*, «Initial sequencing and analysis of the human genome», *Nature*, 409 (2001), pp. 860-921; la refutación vino de Jonathan Eisen y Steven Salzberg: Salzberg, «Microbial genes in the human genome: lateral transfer or gene loss?», *Science*, 292 (2001), pp. 1.903-1.906.

12. Sobre el ADN de *Wolbachia* en la *Drosophila*: Salzberg *et al.*, «Serendipitous discovery of Wolbachia genomes in multiple Drosophila species», *Genome Biol.*, 6 (2005), R23; sobre el ADN de *Wolbachia* en otros animales: Hotopp *et al.*, «Widespread lateral gene transfer from intracellular

bacteria to multicellular eukaryotes», *Science*, 317 (2007), pp. 1.753-1.756; sobre el genoma completo de *Wolbachia* en la *D. ananassae*: Hotopp *et al.*, 2007, *ibid*.

13. Todavía se le hacen a este mensaje oídos sordos. Cuando los científicos secuencian genomas de animales, depuran de manera deliberada sus resultados de cualquier cosa bacteriana, en la suposición de que sus secuencias son contaminantes. El genoma del áfido de guisante contiene genes de *Buchnera* transferidos horizontalmente, pero estos han sido omitidos en la versión introducida en bases de datos online. La mosca *D. ananassae* tiene un genoma entero de *Wolbachia*, pero nadie podrá decirlo examinando el genoma públicamente disponible —se han eliminado esas secuencias—. Este implacable método tiene sentido porque la contaminación *es* un auténtico problema. Pero también alimenta la funesta idea de que las secuencias bacterianas son necesariamente extrañas y deben ser desechadas para que no contaminen la pureza del genoma de un animal. «Un argumento circular se instala allí donde los proyectos de secuenciación de genomas quitan todas las secuencias bacterianas porque en los animales no se da THG de bacterias, y el examen de estos mismos genomas para la THG refuerza la idea de que la THG de bacterias a animales no tiene lugar», escribió Dunning-Hotopp (Dunning-Hotopp *et al.*, «Horizontal gene transfer between bacteria and animals», *Trends Genet.*, 27, 2011, pp. 157-163).

14. Una bacteria en un intestino podría ser capaz de transferir sus genes a una de las células intestinales, pero una vez que esta célula muere, el ADN bacteriano va con ella. El gen podría formar parte de *un* genoma humano, pero nunca *del* genoma humano. En 2013, Dunning-Hotopp demostró que estas uniones de corta duración son sorprendentemente comunes (Riley *et al.*, «Bacteria-human somatic cell lateral gene transfer is enriched in cancer samples», *PLoS Comput. Biol.*, 9, 2013, e1003107). Analizó cientos de genomas humanos que habían sido secuenciados a partir de células del cuerpo —de los riñones, de la piel o del hígado, ninguna de las cuales pasa a la descendencia—. Encontró restos de ADN bacteriano en alrededor de un tercio de ellas. Eran muy comunes en células cancerosas; un resultado intrigante con implicaciones poco claras. Puede ser que los tumores se hallen especialmente expuestos a las intrusiones genéticas, o que los genes bacterianos ayuden a transformar las células sanas en cancerosas.

15. Etienne Danchin ha realizado gran parte de este estudio (Danchin y Rosso, «Lateral gene transfers have polished animal genomes: lessons from nematodes», *Front. Cell. Infect. Microbiol.*, 2, 2012, doi: 10.3389/fcimb.2012. 00027; Danchin *et al.*, «Multiple lateral gene transfers and duplications have

promoted plant parasitism ability in nematodes», *Proc. Natl. Acad. Sci.*, 107, 2010, pp. 17.651-17.656).

16. Acuna *et al.*, «Adaptive horizontal transfer of a bacterial gene to an invasive insect pest of coffee», *Proc. Natl. Acad. Sci.*, 109 (2012), pp. 4.197-4.202.

17. Varios científicos han colaborado en esta investigación, entre ellos Jean-Michel Drezen, Michael Strand y Gaelen Burke: Bezier *et al.*, «Polydnaviruses of braconid wasps derive from an ancestral nudivirus», *Science*, 323 (2009), pp. 926-930; Herniou *et al.*, «When parasitic wasps hijacked viruses: genomic and functional evolution of polydnaviruses», *Philos. Trans. R. Soc. Lond. B Biol. Sci.*, 368 (2013), 20130051; Strand y Burke, «Polydnaviruses as symbionts and gene delivery systems», *PLoS Pathog.*, 8 (2012), e1002757.

18. En realidad, esto sucedió en dos ocasiones. Un linaje diferente de avispas, las icneumónidas, domesticó de forma independiente un linaje diferente de virus, que hoy usan de una manera similar a la de las bracónidas con los bracovirus (Strand y Burke, 2012, *ibid*).

19. De forma paralela al ejemplo de los genes *tae* (Chou *et al.*, «Transferred interbacterial antagonism genes augment eukaryotic innate immune function», *Nature*, 518, 2014, pp. 98-101), Seth Bordenstein reveló un caso similar en otro gen productor de antibióticos que, al parecer, salta entre reinos (Metcalf *et al.*, «Antibacterial gene transfer across the tree of life», *eLife*, 3, 2014).

20. Existe otro ejemplo de esta configuración: una bacteria encontró un camino *dentro* de las mitocondrias de las garrapatas, donde ahora reside; ha recibido el nombre de *Midichloria*, como los muy maldecidos simbiontes del universo en la *Guerra de las galaxias*, que conectan a sus propietarios con «la Fuerza».

21. McCutcheon presenta a estos microbios disminuidos como organismos «enigmáticos en cuanto a su clasificación biológica» (McCutcheon, «Genome evolution: a bacterium with a Napoleon Complex», *Curr. Biol.*, 23, 2013, R657-R659). Obviamente son bacterias, y todavía poseen sus genomas distintivos. Pero no pueden sobrevivir solas, y algunas (como la *Moranella*) ni siquiera pueden definir sus propios límites. Son casi como las mitocondrias o los cloroplastos. Esas estructuras se denominan orgánulos u organelos, pero, para McCutcheon, los orgánulos solo son simbiontes *in extremis*, la culminación de un largo proceso de pérdida y reubicación genéticas, que entrelaza de forma indisoluble animales y bacterias.

22. Este estudio lo dirigió el estudiante de posgrado Filip Husnik (Husnik *et al.*, «Horizontal gene transfer from diverse bacteria to an insect

genome enables a tripartite nested mealybug simbiosis», *Cell*, 153, 2013, pp. 1.567-1.578).

23. Podemos recordar el peptidoglicano como uno de los MAMP que controlan el desarrollo del calamar de Margaret McFall-Ngai.

24. ¡Y esto puede ser aún más extraño! En otras especies de cochinilla, la *Moranella* ha sido reemplazada por otros simbiontes. Todos estos, como la *Moranella*, están emparentados con la HS, la bacteria que entró en la mano de Thomas Fritz y, posteriormente, Colin Dale identificó.

25. Ambos trabajaron también con la experta en parasitoides Molly Hunter.

26. *Hamiltonella* por Bill Hamilton, el legendario biólogo evolucionista que formó a Moran.

27. Sobre el descubrimiento de la *Hamiltonella*: Oliver *et al.*, «Variation in resistance to parasitism in aphids is due to symbionts not host genotype», *Proc. Natl. Acad. Sci. U. S. A.*, 102 (2005), pp. 12.795-12.800; sobre el descubrimiento del fago de la *Hamiltonella*: Moran *et al.*, «The players in a mutualistic symbiosis: insects, bacteria, viruses, and virulence genes», *Proc. Natl. Acad. Sci. U.S.A.*, 102 (2005), pp. 16.919-16.926; sobre la naturaleza flexible de la *simbiosis* áfido/*Hamiltonella*: Oliver *et al.*, «Population dynamics of defensive symbionts in aphids», *Proc. R. Soc. B Biol. Sci.*, 275 (2008), pp. 293-299.

28. Moran y Dunbar, 2006, *op. cit.*

29. Jiggins y Hurst, «Rapid insect evolution by symbiont transfer», *Science*, 332 (2011), pp. 185-186.

30. Sobre el insecto japonés de las judías dirigió un estudio el gurú de los simbiontes Takema Fukatsu: Kikuchi *et al.*, «Symbiont-mediated insecticide resistance», *Proc. Natl. Acad. Sci.*, 109 (2012), pp. 8.618-8.622; sobre los muchos simbiontes secundarios de los áfidos: Russell *et al.*, «Uncovering symbiont-driven genetic diversity across North American pea aphids», *Mol. Ecol.*, 22 (2013), pp. 2.045-2.059; sobre los simbiontes secundarios y el éxito de los áfidos: Henry *et al.*, «Horizontally transmitted symbionts and host colonization of ecological niches», *Curr. Biol.*, 23 (2013), pp. 1.713-1.717.

31. Jaenike ve en el *Spiroplasma* el secreto del éxito de las moscas: Jaenike *et al.*, «Adaptation via symbiosis: recent spread of a *Drosophila* defensive symbiont», *Science*, 329 (2010), pp. 212-215; sobre la rápida propagación del simbionte: Cockburn *et al.*, «Dynamics of the continent-wide spread of a *Drosophila* defensive symbiont», *Ecol. Lett.*, 16 (2013), pp. 609-616.

32. Molly Hunter descubrió esta propagación: Himler *et al.*, «Rapid spread of a bacterial symbiont in an invasive whitefly is driven by fitness benefits and female bias», *Science*, 332 (2011), pp. 254-256.

33. Incluso podrían ser capaces de predecir las asociaciones del futuro. Hace unos años, Jaenike demostró que el *Spiroplasma* podría proteger a otras especies de mosca de la fruta además de la que estudió. Una de estas no tiene todavía ningún defensor bacteriano, pero también es presa de los nematodos esterilizantes. Cuando Jaenike juntó de manera artificial esta mosca con el *Spiroplasma* en su laboratorio, vio que podía reproducirse de nuevo (Haselkorn *et al.*, «Infectious adaptation: potential host range of a defensive endosymbiont in *Drosophila*: host range of *Spiroplasma* in *Drosophila*», *Evolution*, 67, 2013, pp. 934-945). En el medio salvaje, y por alguna razón, esta alianza no se ha producido todavía, pero es tan beneficiosa para la mosca que casi seguro se establecerá. Y una vez establecida, la mosca seguramente prosperará.

9. Microbios a la carta

1. De las filariasis, y de los nematodos portadores de *Wolbachia* que las causan, tratan Taylor *et al.*, «Lymphatic filariasis and onchocerciasis», *Lancet*, 376 (2010), pp. 1.175-1.185, y Slatko *et al.*, «The *Wolbachia* endosymbiont as an anti-filarial nematode target», *Symbiosis*, 51 (2010), pp. 55-65.

2. Sobre las estructuras parecidas a bacterias observadas en nematodos filariales: Kozek, «Transovarially-transmitted intracellular microorganisms in adult and larval stages of Brugia malayi», *J. Parasitol.*, 63 (1977), pp. 992-1.000; Mclaren *et al.*, «Micro-organisms in filarial larvae (Nematoda)», *Trans. R. Soc. Trop. Med. Hyg.*, 69 (1975), pp. 509-514; sobre la identificación de las bacterias como *Wolbachia*: Taylor y Hoerauf, «*Wolbachia* bacteria of filarial nematodes», *Parasitol. Today*, 15 (1999), pp. 437-442.

3. Achim Hoerauf, colega de Taylor, codirigió estos ensayos (Hoerauf *et al.*, «Endosymbiotic bacteria in worms as targets for a novel chemotherapy in filariasis», *Lancet*, 355, 2000, pp. 1.242-1.243; *Idem*, «Depletion of *Wolbachia* endobacteria in *Onchocerca* volvulus by doxycycline and micro-filaridermia after ivermectin treatment», *Lancet*, 357, 2001, pp. 1.415-1.416; Taylor *et al.*, «Macrofilaricidal activity after doxycycline treatment of *Wuchereria bancrofti*: a double-blind, randomised placebo-controlled trial», *Lancet*, 365, 2005, pp. 2.116-2.121).

4. La doxiciclina también tenía otros beneficios. En algunas partes de África central es difícil tratar a las personas con ceguera de los ríos por ser igualmente portadoras de un segundo nematodo filarial llamado *loa loa*, también llamado «gusano del ojo». Si se mata a la especie que causa la ce-

guera del río, los gusanos de los ojos también mueren, y *sus* larvas son tan grandes que pueden obstruir vasos sanguíneos y causar daño cerebral. Pero, como el gusano de los ojos no tiene *Wolbachia*, la doxiciclina no le hará daño. Esta droga puede atacar a los parásitos que están detrás de la ceguera del río sin infligir daños colaterales serios.

5. Sobre la estrategia del consorcio A·WOL: Johnston *et al.*, «Overcoming the challenges of drug discovery for neglected tropical diseases: the A·WoL experience», *J. Biomol. Screen.*, 19 (2014), pp. 335-343; Taylor *et al.*, «Anti-*Wolbachia* drug discovery and development: safe macrofilaricides for onchocerciasis and lymphatic filariasis», *Parasitology*, 141 (2014), pp. 119-127; los resultados de la minociclina aún no se han publicado.

6. Voronin *et al.*, «Autophagy regulates *Wolbachia* populations across diverse symbiotic associations», *Proc. Natl. Acad. Sci.*, 109 (2012), E1638-E1646.

7. Rosebury, 1962, p. 352, *op. cit.*

8. Sobre el declive de los anfibios: Hof *et al.*, «Additive threats from pathogens, climate and land-use change for global amphibian diversity», *Nature*, 480 (2011), pp. 516-519; sobre el *Bd*: Kilpatrick *et al.*, «The ecology and impact of chytridiomycosis: an emerging disease of amphibians», *Trends Ecol. Evol.*, 25 (2010), pp. 109-118; Amphibian Ark, «Chytrid fungus - causing global amphibian mass extinction», <http:\\www.amphibianark.org/the-crisis/chytrid-fungus/>, 2012.

9. Eskew y Todd, «Parallels in amphibian and bat declines from pathogenic fungi», *Emerg. Infect. Dis.*, 19 (2013), pp. 379-385; Martel *et al.*, «*Batrachochytrium salamandrivorans* sp. nov. causes lethal chytridiomycosis in amphibians», *Proc. Natl. Acad. Sci.*, 110 (2013), pp. 15.325-15.329.

10. Harris *et al.*, «Amphibian pathogen *Batrachochytrium dendrobatidis* is inhibited by the cutaneous bacteria of amphibian species», *EcoHealth*, 3 (2006), pp. 53-56.

11. Sobre el descubrimiento de la población de ranas del Conness: Woodhams *et al.*, «Symbiotic bacteria contribute to innate immune defenses of the threatened mountain yellow-legged frog, Rana muscosa», *Biol. Conserv.*, 138 (2007), pp. 390-398; sobre la protección contra el *Tb* que ejerce la *J-liv* en el laboratorio: Harris *et al.*, «Skin microbes on frogs prevent morbidity and mortality caused by a lethal skin fungus», *ISME J.*, 3 (2009), pp. 818-824. Los resultados de las pruebas de campo con la *J-liv* aún no se han publicado.

12. El trabajo de Becker con la rana dorada se explica en Becker *et al.*, «Composition of symbiotic bacteria predicts survival in Panamanian golden

frogs infected with a lethal fungus», *Proc. R. Soc. B Biol. Sci.*, 282 (2015), doi: 10.1098/rspb.2014.2881; sobre la diversidad de bacterias en la piel de las ranas: Walke *et al.*, «Amphibian skin may select for rare environmental microbes», *ISME J.*, 8 (2014), pp. 2.207-2.217; sobre el proyecto Madagascar junto con Molly Bletz: Bletz *et al.*, «Mitigating amphibian chytridiomycosis with bioaugmentation: characteristics of effective probiotics and strategies for their selection and use», *Ecol. Lett.*, 16 (2013), pp. 807-820; sobre el modo en que la metamorfosis cambia el microbioma, que describe el trabajo dirigido por Valerie McKenzie: Kueneman *et al.*, «The amphibian skin-associated microbiome across species, space and life history stages», *Mol. Ecol.*, 23 (2014), pp. 1.238-1.250.

13. Valerie McKenzie y Rob Knight han desarrollado un método para predecir la resistencia de una rana al *Bd* basado en su sistema inmunitario, la mucosidad depositada en su piel y su microbioma (Woodhams *et al.*, «Interacting symbionts and immunity in the amphibian skin mucosome predict disease risk and probiotic effectiveness», *PLoS ONE*, 9, 2014, e96375).

14. Kendall, 1923, p. 167, *op. cit.*

15. Una historia de la investigación de los probióticos es el libro de Anukam y Reid, «Probiotics: 100 years (1907-2007) after Elie Metchnikoff's observation», en *Communicating Current Research and Educational Topics and Trends in Applied Microbiology* (FORMATEX), 2007.

16. Sobre el destino de los microbios ingeridos: Derrien y van Hylckama Vlieg, «Fate, activity, and impact of ingested bacteria within the human gut microbiota», *Trends Microbiol.*, 23 (2015), pp. 354-366; sobre el estudio por Jeff Gordon del yogur Activia, dirigido por Nathan McNulty: McNulty *et al.*, «The impact of a consortium of fermented milk strains on the gut microbiome of gnotobiotic mice and monozygotic twins», *Sci. Transl. Med.*, 3 (2011), 106ra106; sobre los experimentos de Wendy Garrett: Ballal *et al.*, «Host lysozyme-mediated lysis of *Lactococcus lactis* facilitates delivery of colitis-attenuating superoxide dismutase to inflamed colons», *Proc. Natl. Acad. Sci.*, 112 (2015), pp. 7.803-7.808.

17. Sobre la definición de los probióticos: Hill *et al.*, «Expert consensus document: The International Scientific Association for Probiotics and Prebiotics consensus statement on the scope and appropriate use of the term probiotic», *Nat. Rev. Gastroenterol. Hepatol.*, 11 (2014), pp. 506-514; sobre las investigaciones con probióticos: Slashinski *et al.*, «"Snake-oil", "quack medicine", and "industrially cultured organisms": biovalue and the commercialization of human microbiome research», *BMC Med. Ethics*, 13

(2012), p. 28, y McFarland, «Use of probiotics to correct dysbiosis of normal microbiota following disease or disruptive events: a systematic review», *BMJ Open*, 4 (2014), e005047; dictámenes de Cochrane: AlFaleh y Anabrees, «Probiotics for prevention of necrotizing enterocolitis in preterm infants», en *Cochrane Database of Systematic Reviews*, The Cochrane Collaboration, Chichester, Reino Unido: John Wiley & Sons, 2014; Allen *et al.*, «Probiotics for treating acute infectious diarrhoea», en *Cochrane Database of Systematic Reviews*, The Cochrane Collaboration, Chichester, Reino Unido, John Wiley & Sons, 2010; Goldenberg *et al.*, «Probiotics for the prevention of Clostridium difficile-associated diarrhea in adults and children», en *Cochrane Database of Systematic Reviews*, The Cochrane Collaboration, ed., Chichester, Reino Unido, John Wiley & Sons, 2013.

18. Katan, «Why the European Food Safety Authority was right to reject health claims for probiotics», *Benef. Microbes*, 3 (2012), pp. 85-89; *Nature*, «Culture shock», *Nature*, 493 (2013), pp. 133-134; Reid, «Opinion paper: Quo vadis - EFSA?», *Benef. Microbes*, 2 (2011), pp. 177-181.

19. Ciorba, «A gastroenterologist's guide to probiotics», *Clin. Gastroenterol. Hepatol.*, 10 (2012), pp. 960-968; Gareau *et al.*, «Probiotics and the gut microbiota in intestinal health and disease», *Nat. Rev. Gastroenterol. Hepatol.*, 7 (2010), pp. 503-514; Gerritsen *et al.*, «Intestinal microbiota in human health and disease: the impact of probiotics», *Genes Nutr.*, 6 (2011), pp. 209-240; Petschow *et al.*, «Probiotics, prebiotics, and the host microbiome: the science of translation», *Ann. N. Y. Acad. Sci.*, 1.306 (2013), pp. 1-17; Shanahan, «Probiotics in perspective», *Gastroenterology*, 139 (2010), pp. 1.808-1.812.

20. La mayor parte de la investigación sobre probióticos se centró en el intestino, pero el término también podría incluir cualquier producto que contenga microbios beneficiosos —cremas para la piel, champús o enjuagues bucales—. Todos estos productos se están desarrollando activamente.

21. Un grado excelente, pero no totalmente sin tacha. Grupos benignos como *Lactobacillus* y *Bifidobacterium* han causado algunos raros casos de envenenamiento de la sangre. Y en un infame ensayo clínico holandés, pacientes con pancreatitis aguda tenían *más* probabilidades de morir si tomaban probióticos que si tomaban un placebo (Gareau *et al.*, 2010, *op. cit.*). En términos generales, estos productos son seguros, pero los médicos podrían pensárselo dos veces antes de dárselos a pacientes gravemente enfermos o con deficiencias inmunitarias.

22. La historia de Raymond Jones y la bacteria *Synergistes* se recoge en Aung, *Feeding of Leucaena Mimosine on Small Ruminants: Investigation on the Control of its Toxicity in Small Ruminants*, Gotinga, Cuvillier Verlag, 2007;

CSIROpedia, Leucaena toxicity solution; *New York Times*, «*Science watch*: *miracle plant tested as cattle fodder*» (1985); y el trasplante de microbios de rumiantes en Jones y Megarrity, «Successful transfer of DHP-degrading bacteria from Hawaiian goats to Australian ruminants to overcome the toxicity of Leucaena», *Aust. Vet. J.*, 63 (1986), pp. 259-262; la *Synergistes jonesii* se describe, ya con ese nombre, en Allison *et al.*, «Synergistes jonesii, gen. nov., sp.nov.: a rumen bacterium that degrades toxic pyridinediols», *Syst. Appl. Microbiol.*, 15 (1992), pp. 522-529.

23. Ellis *et al.*, «Analysis of commercial kidney stone probiotic supplements», *Urology*, 85 (2015), pp. 517-521.

24. Entrevista con Denise Dearing; la rata cambalachera de garganta blanca de sus experimentos también usa la *Oxalobacter* para desintoxicar el oxalato del cactus que come.

25. Bindels *et al.*, «Towards a more comprehensive concept for prebiotics», *Nat. Rev. Gastroenterol. Hepatol.*, 12 (2015), pp. 303-310; Delzenne *et al.*, «Gut microbiota and metabolic disorders: how prebiotic can work?» *Br. J. Nutr.*, 109 (2013), S81-S85.

26. Underwood *et al.*, «A randomized placebo-controlled comparison of 2 prebiotic/probiotic combinations in preterm infants: impact on weight gain, intestinal microbiota, and fecal short-chain fatty acids», *J. Pediatr. Gastroenterol. Nutr.*, 48 (2009), pp. 216-225.

27. El trabajo de Kenya Honda se expone en Atarashi *et al.*, «Treg induction by a rationally selected mixture of Clostridia strains from the human microbiota», *Nature*, 500 (2013), pp. 232-236; sobre el ensayo clínico: Schmidt, «The startup bugs», *Nat. Biotechnol.*, 31 (2013), pp. 279-281.

28. Algunas publicaciones sobre el TFM: Aroniadis y Brandt, «Intestinal microbiota and the efficacy of fecal microbiota transplantation in gastrointestinal disease», *Gastroenterol. Hepatol.*, 10 (2014), pp. 230-237; Khoruts, «Faecal microbiota transplantation in 2013: developing human gut microbiota as a class of therapeutics», *Nat. Rev. Gastroenterol. Hepatol.*, 11 (2013), pp. 79-80; Petrof y Khoruts, «From stool transplants to next-generation microbiota therapeutics», *Gastroenterology*, 146 (2014), pp. 1.573-1.582; más popular es la de Nelson, «Medicine's dirty secret», <http://mosaicscience.com/story/medicine%E2%80%99s-dirty-secret>, 2014.

29. El equipo de Petrof utiliza ahora un nuevo sistema con materiales desechables: un contenedor fijado al asiento del WC y unos filtros de café.

30. Koch y Schmid-Hempel, «Socially transmitted gut microbiota protect bumble bees against an intestinal parasite», *Proc. Natl. Acad. Sci.*, 108 (2011), pp. 19.288-19.292.

31. Hamilton *et al.*, «High-throughput DNA sequence analysis reveals stable engraftment of gut microbiota following transplantation of previously frozen fecal bacteria», *Gut Microbes*, 4 (2013), pp. 125-135.

32. Zhang *et al.*, «Should we standardize the 1,700-year-old fecal microbiota transplantation?», *Am. J. Gastroenterol.*, 107 (2012), pp. 1.755-1.755.

33. Van Nood *et al.*, «Duodenal infusion of donor feces for recurrent *Clostridium difficile*», *N. Engl. J. Med.*, 368 (2013), pp. 407-415.

34. Sobre el TFM y la EII: Anderson *et al.*, «Systematic review: faecal microbiota transplantation in the management of inflammatory bowel disease», *Aliment. Pharmacol. Ther.*, 36 (2012), pp. 503-516; sobre el ensayo TFM/obesidad: Vrieze *et al.* «Transfer of intestinal microbiota from lean donors increases insulin sensitivity in individuals with metabolic síndrome», *Gastroenterology*, 143 (2012), pp. 913-916.e7.

35. Este resultado era predecible. Recordemos el experimento de Vanessa Ridaura y Jeff Gordon, en el que microbios intestinales de ratones delgados eran trasplantados a ratones obesos, y estos solo perdían peso cuando además seguían una dieta sana.

36. Petrof y Khoruts, 2014, *op. cit.*

37. Las heces congeladas funcionan tan bien como las frescas: Youngster *et al.*, «Oral, capsulized, frozen fecal microbiota transplantation for relapsing *Clostridium difficile* infection», *JAMA*, 312 (2014), p. 1.772; el trabajo de OpenBiome se describe en Eakin, «The excrement experiment», *New Yorker*, 2014.

38. El microbiólogo Stanley Falkow fue la primera persona que hizo un TFM empleando cápsulas, y esto fue en 1957. En aquel momento, su hospital estaba acosado por una cepa virulenta de estafilococos, y todos los pacientes tuvieron que tomar antibióticos preventivos antes de cada operación. Desafortunadamente, estos también aniquilaron sus bacterias intestinales, dejándolos con diarrea e indigestión. Consciente de lo que estaba sucediendo, Falkow pidió a los nuevos pacientes traer con ellos una muestra de sus heces. Luego introdujo las muestras en cápsulas y pidió a los pacientes que las tomaran tras recuperarse de la cirugía. «El gerente del hospital descubrió esta operación —escribió más tarde Falkow—. Se me enfrentó y exclamó: "Falkow, ¿es cierto que has alimentado a los pacientes con mierda?". Respondí: "Sí, yo había participado en un estudio clínico en el que los pacientes debían ingerir sus propias heces".» Fue despedido, pero dos días después lo contrataron de nuevo (Falkow, «Fecal Transplants in the "Good Old Days"». <http://schaechter.asmblog.org/schaechter/2013/05/fecal-transplants-in-the-good-old-days. Html>, 2013).

39. Smith *et al.*, «How to regulate faecal transplants», *Nature*, 506 (2014), pp. 290-291.

40. Recientemente, un equipo informó de un caso de aumento de peso después de un TFM, pero no estaba claro que el procedimiento fuese la causa de ese aumento (Alang y Kelly, «Weight gain after fecal microbiota transplantation», *Open Forum Infect. Dis.*, 2, 2015, ofv004-ofv004).

41. The Power of Poop (thepowerofpoop.com) recoge historias de trasplantadores aficionados y campañas para que los médicos se tomen en serio este procedimiento.

42. Cuando escribía este capítulo, una desconocida me envió un correo electrónico preguntándome si necesitaba un TFM porque había estado tomando soda de dieta. Conste aquí que mi respuesta fue no.

43. Entre los signatarios figuran personas que ya hemos mencionado, como Jeff Gordon, Rob Knight y Martin Blaser: Hecht *et al.*, «What is the value of a food and drug administration investigational new drug application for fecal microbiota transplantation to treat *Clostridium difficile* infection?», *Clin. Gastroenterol. Hepatol. Off. Clin. Pract. J. Am. Gastroenterol. Assoc.K*, 12 (2014), pp. 289-291.

44. RePOOPulate: Petrof *et al.*, «Stool substitute transplant therapy for the eradication of *Clostridium difficile* infection: "RePOOPulating" the gut», *Microbiome*, 1 (2013); otros estudios que crearon cócteles definidos de microbios: Buffie *et al.*, «Precision microbiome reconstitution restores bile acid mediated resistance to *Clostridium difficile*», *Nature*, 517 (2014), pp. 205-208; Lawley *et al.*, «Targeted restoration of the intestinal microbiota with a simple, defined bacteriotherapy resolves relapsing *Clostridium difficile* disease in mice», *PLoS Pathog.*, 8 (2012), e1002995.

45. Khoruts no está de acuerdo con esto. «El espectro completo de microbios obtenido de donantes ha sido diseñado de una manera natural y tiene unos antecedentes de seguridad en el anfitrión original —dice—. Sería difícil mejorarlo con algún tipo de síntesis.» Si él mismo necesitase un trasplante, se lo haría al modo tradicional.

46. Haiser *et al.*, «Predicting and manipulating cardiac drug inactivation by the human gut bacterium *Eggerthella lenta*», *Science*, 341 (2013), pp. 295-298.

47. Carmody y Turnbaugh, «Host-microbial interactions in the metabolism of therapeutic and diet-derived xenobiotics», *J. Clin. Invest.*, 124 (2014), pp. 4173-4181; Clayton *et al.*, «Pharmacometabonomic identification of a significant host-microbiome metabolic interaction affecting human drug metabolism», *Proc. Natl. Acad. Sci. U.S.A.*, 106 (2009), pp. 14.728-

14.733; Vétizou *et al.*, «Anticancer immunotherapy by CTLA-4 blockade relies on the gut microbiota», *Science*, 350 (2015), pp. 1.079-1.084.

48. Dobson *et al.*, «Host genetic determinants of microbiota-dependent nutrition revealed by genome-wide analysis of *Drosophila melanogaster*», *Nat. Commun.*, 6 (2015), p. 6312; Smith *et al.*, «Dietary input of microbes and host genetic variation shape among-population differences in stickleback gut microbiota», *ISME J.*, 9 (2015), pp. 2.515-2.526.

49. Haiser y Turnbaugh, «Is it time for a metagenomic basis of therapeutics?», *Science*, 336 (2012), pp. 1.253-1.255; Holmes *et al.*, «Therapeutic modulation of microbiota-host metabolic interactions», *Sci. Transl. Med.*, 4 (2012), 137rv6; Lemon *et al.*, 2012, *op. cit.*; Sonnenburg y Fischbach, «Community health care: therapeutic opportunities in the human microbiome», *Sci. Transl. Med.*, 3 (2011), 78ps12.

50. El trabajo de Hazen sobre el TMAO se revisa en: Tang y Hazen, «The contributory role of gut microbiota in cardiovascular disease», *J. Clin. Invest.*, 124 (2014), pp. 4.204-4.211; sobre el descubrimiento por el equipo de un compuesto químico que impide a las bacterias producir TMAO: Wang *et al.*, «Non-lethal inhibition of gut microbial trimethylamine production for the treatment of aterosclerosis», *Cell*, 163 (2015), pp. 1.585-1.595.

51. He escrito sobre estos probióticos de diseño para *New Scientist* en 2015 (Yong, «Bugs on patrol», *New Sci.*, 226, 2015, pp. 40-43).

52. Kotula *et al.*, «Programmable bacteria detect and record an environmental signal in the mammalian gut», *Proc. Natl. Acad. Sci.*, 111 (2014), pp. 4.838-4.843.

53. Sobre el trabajo de Chang con la *E. coli*: Saeidi *et al.*, «Engineering microbes to sense and eradicate *Pseudomonas aeruginosa*, a human pathogen», *Mol. Syst. Biol.*, 7 (2011), p. 521. Jim Collins es cofundador de una empresa llamada Synlogic que podrá colocar estos microbios en el mercado, y piensa que lo hará pocos años después de realizar sus primeros ensayos clínicos.

54. Rutherford, *Creation: The Origin of Life / The Future of Life*, Londres, Penguin, 2013.

55. Claesen y Fischbach, «Synthetic microbes as drug delivery systems», *ACS Synth. Biol.* 4(2015), pp. 358-364; Sonnenburg y Fischbach, 2011, *op. cit.*

56. Timothy Lu publicó el primer artículo sobre la programación de la *B-theta* (Mimee *et al.*, «Programming a human commensal bacterium, *Bacteroides thetaiotaomicron*, to sense and respond to stimuli in the murine gut microbiota», *Cell Syst.*, 1, 2015, pp. 62-71); el grupo de Sonnenburg no está muy atrás.

57. Olle, «Medicines from microbiota», *Nat. Biotechnol.*, 31 (2013), pp. 309-315.

58. Iturbe-Ormaetxe *et al.*, «*Wolbachia* and the biological control of mosquito-borne disease», *EMBO Rep.*, 12 (2011), pp. 508-518; LePage y Bordenstein, 2013, *op. cit.*

59. Su idea original era transformar genéticamente la *Wolbachia*, dotarla con genes que produjeran anticuerpos contra el dengue. Si eso funcionaba, la bacteria podría propagarse rápidamente por una población, como suele hacerlo, con sus anticuerpos bloqueadores del dengue. Pero la ingeniería genética con la *Wolbachia* no fue fácil; O'Neill renunció seis años después, y nadie ha logrado nada desde entonces.

60. La primera mención de la cepa «popcorn» se encuentra en Min y Benzer, «*Wolbachia*, normally a symbiont of *Drosophila*, can be virulent, causing degeneration and early death», *Proc. Natl. Acad. Sci. U.S.A.*, 94 (1997), pp. 10.792-10.796; sobre la infección estable de huevos con *Wolbachia* que logró Conor McMeniman: McMeniman *et al.*, «Stable introduction of a life-shortening *Wolbachia* infection into the mosquito *Aedes aegypti*», *Science*, 323 (2009), pp. 141-144.

61. Las simulaciones las realizó Michael Turelli en la Universidad de California en Davis (Bull y Turelli, «*Wolbachia* versus dengue: evolutionary forecasts», *Evol. Med. Public Health*, 1, 2013, pp. 197-201), y posteriormente las confirmó en un ensayo de campo. Cuando el equipo soltó los mosquitos portadores de la cepa «popcorn» en una pequeña isla de Vietnam, ni los insectos ni sus simbiontes lograron establecerse allí.

62. Karyn Johnson y Luis Teixeira demuestran que la *Wolbachia* hace a las moscas resistentes a los virus: Hedges *et al.*, «*Wolbachia* and virus protection in insects», *Science*, 322 (2008), p. 702; Teixeira *et al.*, «The bacterial symbiont *Wolbachia* induces resistance to RNA viral infections in *Drosophila melanogaster*», *PLoS Biol.*, 6 (2008), e1000002; el equipo de O'Neill, con Luciano Moreira en él, demuestra que lo mismo sucede en los mosquitos: Moreira *et al.* (2009), *op. cit.*

63. Tom Walker cargaba la cepa wMel en los huevos del *Aedes*, mientras que Ary Hoffmann y Scott Ritchie codirigían los ensayos con O'Neill (Walker *et al.*, «The wMel *Wolbachia* strain blocks dengue and invades caged *Aedes aegypti* populations», *Nature*, 476, 2011, pp. 450-453).

64. O'Neill sabía lo que podía ocurrir si los científicos ignoraban las comunidades locales. En 1969, científicos de la Organización Mundial de la Salud viajaron a la India con el fin de ensayar nuevas técnicas para controlar los mosquitos, incluidas la modificación genética, la irradiación y

la *Wolbachia* para tratar de controlar las poblaciones de mosquitos (*Nature*, 1975). El proyecto era secreto, y la gente se volvía suspicaz. Los periódicos comenzaron a acusar a los científicos, algunos estadounidenses, de utilizar la India como banco de pruebas para experimentos que eran demasiado peligrosos para ser efectuados en suelo estadounidense, e incluso de desarrollar armas biológicas. El equipo respondió, pero no dio una verdadera respuesta. «Fue una pesadilla en cuanto a relaciones públicas», dice O'Neill. Los miembros del equipo «fueron expulsados del país, y la polémica hizo de la modificación genética de los mosquitos un tema tabú durante veinte años». O'Neill no quería cometer el mismo error.

65. Hoffmann *et al.*, «Successful establishment of *Wolbachia* in *Aedes* populations to suppress dengue transmission», *Nature*, 476 (2011), pp. 454-457.

66. Sobre los proyectos de «Eliminate Dengue»: <www.eliminatedengue.com>; O'Neill y Kate Retzki me hablaron del proyecto Townsville, y Bekti Andari y Ana Cristina Patino Taborda me hablaron de los proyectos de Indonesia y Colombia.

67. Chrostek *et al.*, «*Wolbachia* variants induce differential protection to viruses in *Drosophila melanogaster*: a phenotypic and phylogenomic analysis», *PLoS Genet.*, 9 (2013), e1003896; McGraw y O'Neill, «Beyond insecticides: new thinking on an ancient problem», *Nat. Rev. Microbiol.*, 11 (2013), pp. 181-193.

68. Sobre la adición de *Wolbachia* a los mosquitos *Anopheles*: Bian *et al.*, «*Wolbachia* invades *Anopheles stephensi* populations and induces refractoriness to *Plasmodium* infection», *Science*, 340 (2013), 748-751; sobre el uso de la *Wolbachia* para controlar otras plagas de insectos: Doudoumis *et al.*, «*Tsetse-Wolbachia* symbiosis: comes of age and has great potential for pest and disease control», *J. Invertebr. Pathol.*, 112 (2013), S94-S103. Ciertas bacterias intestinales de mosquitos también pueden bloquear los parásitos del género *Plasmodium*, y pueden administrarse a los insectos como un probiótico antimalaria: Hughes *et al.*, «Native microbiome impedes vertical transmission of *Wolbachia* in *Anopheles* mosquitoes», *Proc. Natl. Acad. Sci.*, 111 (2014), pp. 12.498-12.503.

10. El mundo de mañana

1. Sobre nuestra nube microbiana: Meadow *et al.*, «Humans differ in their personal microbial Cloud», *PeerJ*, 3 (2015), e1.258; para unas estimaciones de las bacterias aerosolizadas: Qian *et al.*, «Size-resolved emission

rates of airborne bacteria and fungi in an occupied classroom: size-resolved bioaerosol emission rates», *Indoor Air*, 22 (2012), pp. 339-351.

2. Lax *et al.*, 2014, *op. cit.*

3. Que conste que se le llama axila.

4. Van Bonn *et al.*, «Aquarium microbiome response to ninety-percent system water change: clues to microbiome management», *Zoo Biol.*, 34 (2015), pp. 360-367.

5. Sobre el Proyecto Microbioma Hospitalario: Westwood *et al.*, «The Hospital Microbiome Project: meeting report for the UK science and innovation network UK-USA workshop "Beating the superbugs: hospital microbiome studies for tackling antimicrobial resistance"», 14 de octubre de 2013, *Stand. Genomic Sci.*, 9 (2014), p. 12; sobre los microbios y las infecciones del hospital: Lax y Gilbert, «Hospital-associated microbiota and implications for nosocomial infections», *Trends Mol. Med.*, 21 (2015), pp. 427-432.

6. Gibbons *et al.*, «Ecological succession and viability of human-associated microbiota on restroom surfaces», *Appl. Environ. Microbiol.*, 81 (2015), pp. 765-773.

7. Sobre el trabajo de Green y las ventanas del hospital: Kembel *et al.*, «Architectural design influences the diversity and structure of the built environment microbiome», *ISME J.*, 6 (2012), pp. 1.469-1.479; los textos de Florence Nightingale se encuentran en Nightingale, *Notes on Nursing: What It Is, and What It Is Not*, Nueva York, D. Appleton & Co, 1859.

8. Sobre el microbioma de los interiores: Adams *et al.*, «Microbiota of the indoor environment: a meta-analysis», *Microbiome*, 3 (2015), doi: 10.1186/s40168-015-0108-3; sobre el trabajo de Jessica Green en el Lillis Hall: Kembel *et al.*, «Architectural design drives the biogeography of indoor bacterial communities», *PLoS ONE*, 9 (2014), e87093; el *TED talk* de Green y la idea del diseño bioinformado se recogen en: Green, «Are we filtering the wrong microbes? TED» <https://www.ted.com/talks/jessica_green_are_we_filtering_the_wrong_microbes>, 2011, y Green «Can bioinformed design promote healthy indoor ecosystems?» *Indoor Air*, 24 (2014), pp. 113-115.

9. Gilbert *et al.*, «Meeting Report: The Terabase Metagenomics Workshop and the Vision of an Earth Microbiome Project», *Stand. Genomic Sci.*, 3 (2010), pp. 243-248; Jansson y Prosser, «Microbiology: the life beneath our feet», *Nature*, 494 (2013), pp. 40-41; Svoboda, «How Soil Microbes Affect the Environment», <http://www.quantamagazine.org/20150616-soil-microbes-bacteria-climate-change/>, 2015.

10. Alivisatos *et al.*, «A unified initiative to harness Earth's microbiomes», *Science*, 350 (2015), pp. 507-508.

Bibliografía

ABBOTT, A.C., *The Principles of Bacteriology*, Filadelfia, Lea Bros & Co, 1894.

ACUNA, R., Padilla, B.E., Florez-Ramos, C.P., Rubio, J.D., Herrera, J.C., Benavides, P., Lee, S-J., Yeats, T.H., Egan, A.N., Doyle, J.J., *et al.*, «Adaptive horizontal transfer of a bacterial gene to an invasive insect pest of coffee», *Proc. Natl. Acad. Sci.*, 109 (2012), pp. 4.197-4.202.

ADAMS, A.S., Aylward, F.O., Adams, S.M., Erbilgin, N., Aukema, B.H., Currie, C.R., Suen, G., y Raffa, K.F., «Mountain pine beetles colonizing historical and naive host trees are associated with a bacterial community highly enriched in genes contributing to terpene metabolism», *Appl. Environ. Microbiol.*, 79 (2013), pp. 3.468-3.475.

ADAMS, R.I., Bateman, A.C., Bik, H.M., y Meadow, J.F., «Microbiota of the indoor environment: a meta-analysis», *Microbiome*, 3 (2015), doi: 10.1186/s40168-015-0108-3.

ALANG, N., y Kelly, C.R., «Weight gain after fecal microbiota transplantation», *Open Forum Infect. Dis.*, 2 (2015), ofv004-ofv004.

ALCAIDE, M., Messina, E., Richter, M., Bargiela, R., Peplies, J., Huws, S.A., Newbold, C.J., Golyshin, P.N., Simón, M.A., López, G., *et al.*, «Gene sets for utilization of primary and secondary nutrition supplies in the distal gut of endangered Iberian lynx», *PLoS ONE*, 7 (2012), e51521.

ALCOCK, J., Maley, C.C., y Aktipis, C.A., «Is eating behavior manipulated by the gastrointestinal microbiota? Evolutionary pressures and potential mechanisms», *BioEssays*, 36 (2014), pp. 940-949..

ALEGADO, R.A., y King, N., «Bacterial influences on animal origins», *Cold Spring Harb. Perspect. Biol.*, 6 (2014), a016162-a016162.

ALEGADO, R.A., Brown, L.W., Cao, S., Dermenjian, R.K., Zuzow, R.,

Fairclough, S.R., Clardy, J., y King, N., «A bacterial sulfonolipid triggers multicellular development in the closest living relatives of animals», *Elife*, 1 (2012), e00013.

ALFALEH, K., y Anabrees, J., «Probiotics for prevention of necrotizing enterocolitis in preterm infants», en *Cochrane Database of Systematic Reviews*, The Cochrane Collaboration, Chichester, Reino Unido, John Wiley & Sons, 2014.

ALIVISATOS, A.P., Blaser, M.J., Brodie, E.L., Chun, M., Dangl, J.L., Donohue, T.J., Dorrestein, P.C., Gilbert, J.A., Green, J.L., Jansson, J.K., *et al.*, «A unified initiative to harness Earth's microbiomes», *Science*, 350 (2015), pp. 507-508.

ALLEN, S.J., Martínez, E.G., Gregorio, G.V., y Dans, L.F., «Probiotics for treating acute infectious diarrhea», en *Cochrane Database of Systematic Reviews*, The Cochrane Collaboration, Chichester, Reino Unido, John Wiley & Sons, 2010.

ALLISON, M.J., Mayberry, W.R., Mcsweeney, C.S., y Stahl, D.A., «*Synergistes jonesii, gen. nov., sp.nov.*: a rumen bacterium that degrades toxic pyridinediols», *Syst. Appl. Microbiol.*, 15 (1992), pp. 522-529.

The Allium, «New *Salmonella* diet achieves 'amazing' weight-loss for microbiologist», 2014.

ALTMAN, L.K., «Dr. Denis Burkitt is dead at 82; thesis changed diets of millions», *New York Times* (abril de 1993).

AMATO, K.R., Leigh, S.R., Kent, A., Mackie, R.I., Yeoman, C.J., Stumpf, R.M., Wilson, B.A., Nelson, K.E., White, B.A., y Garber, P.A., «The gut microbiota appears to compensate for seasonal diet variation in the wild black howler monkey (*Alouatta pigra*)», *Microb. Ecol.*, 69 (2015), pp. 434-443.

American Chemical Society, «Alexander Fleming Discovery and Development of Penicillin», <http://www.acs.org/content/acs/en/education/whatischemistry/landmarks/flemingpenicillin.html#alexander-fleming-penicillin>, 1999.

Amphibian Ark, «Chytrid fungus - causing global amphibian mass extinction», <http:\\www.amphibianark.org/the-crisis/chytrid-fungus/>, 2012.

ANDERSON, D., «Still going strong: Leeuwenhoek at eighty», *Antonie Van Leeuwenhoek*, 106 (2014), pp. 3-26.

ANDERSON, J.L., Edney, R.J., y Whelan, K., «Systematic review: faecal microbiota transplantation in the management of inflammatory bowel disease», *Aliment. Pharmacol. Ther.*, 36 (2012), pp. 503-516.

ANUKAM, K.C., y Reid, G., «Probiotics: 100 years (1907-2007) after Elie Metchnikoff's observation», en *Communicating Current Research and Educational Topics and Trends in Applied Microbiology* (FORMATEX), 2007.

ARCHIBALD. J., *One Plus One Equals One: Symbiosis and the Evolution of Complex Life*, Oxford, Oxford University Press, 2014.

ARCHIE, E.A., y Theis, K.R., «Animal behaviour meets microbial ecology», *Anim. Behav.*, 82 (2011), pp. 425-436.

ARONIADIS, O.C., y Brandt, L.J., «Intestinal microbiota and the efficacy of fecal microbiota transplantation in gastrointestinal disease», *Gastroenterol. Hepatol.*, 10 (2014), pp. 230-237.

ARRIETA, M-C., Stiemsma, L.T., Dimitriu, P.A., Thorson, L., Russell, S., Yurist-Doutsch, S., Kuzeljevic, B., Gold, M.J., Britton, H.M., Lefebvre, D.L., *et al.*, «Early infancy microbial and metabolic alterations affect risk of childhood asthma», *Sci. Transl. Med.*, 7 (2015), 307ra152.

ASANO, Y., Hiramoto, T., Nishino, R., Aiba, Y., Kimura, T., Yoshihara, K., Koga, Y., y Sudo, N., «Critical role of gut microbiota in the production of biologically active, free catecholamines in the gut lumen of mice», *AJP Gastrointest. Liver Physiol.*, 303 (2012), G1288-G1295.

ATARASHI, K., Tanoue, T., Oshima, T., Imaoka, A., Kuwahara, T., Momose, Y., Cheng, G., Yamasaki, S., Saito, T., Ohba, Y., *et al.*, «Induction of colonic regulatory T cells by indigenous *Clostridium* species», *Science*, 331 (2011), pp. 337-341.

ATARASHI, K., Tanoue, T., Oshima, K., Suda, W., Nagano, Y., Nishikawa, H., Fukuda, S., Saito, T., Narushima, S., Hase, K., *et al.*, «Treg induction by a rationally selected mixture of Clostridia strains from the human microbiota», *Nature*, 500 (2013), pp. 232-236.

AUNG, A. *Feeding of Leucaena Mimosine on Small Ruminants: Investigation on the Control of its Toxicity in Small Ruminants*, Gotinga, Cuvillier Verlag, 2007.

BÄCKHED, F., Ding, H., Wang, T., Hooper, L.V., Koh, G.Y., Nagy, A., Semenkovich, C.F., y Gordon, J.I., «The gut microbiota as an environmental factor that regulates fat storage», *Proc. Natl. Acad. Sci. U.S.A.*, 101 (2004), pp. 15.718-15.723

BÄCKHED, F., Fraser, C.M., Ringel, Y., Sanders, M.E., Sartor, R.B., Sherman, P.M., Versalovic, J., Young, V., y Finlay, B.B., «Defining a healthy human gut microbiome: current concepts, future directions, and clinical applications», *Cell Host Microbe*, 12 (2012), pp. 611-622.

BÄCKHED, F., Roswall, J., Peng, Y., Feng, Q., Jia, H., Kovatcheva-Datchary,

P., Li, Y., Xia, Y., Xie, H., Zhong, H., *et al.*, «Dynamics and stabilization of the human gut microbiome during the first year of life», *Cell Host Microbe*, 17 (2015), pp. 690-703.

BALLAL, S.A., Veiga, P., Fenn, K., Michaud, M., Kim, J.H., Gallini, C.A., Glickman, J.N., Quéré, G., Garault, P., Béal, C., *et al.*, «Host lysozyme-mediated lysis of *Lactococcus lactis* facilitates delivery of colitis-attenuating superoxide dismutase to inflamed colons», *Proc. Natl. Acad. Sci.*, 112 (2015), pp. 7.803-7.808.

BAROTT, K.L., y Rohwer, F.L., «Unseen players shape benthic competition on coral reefs», *Trends Microbiol.*, 20 (2012), pp. 621-628.

BARR, J.J., Auro, R., Furlan, M., Whiteson, K.L., Erb, M.L., Pogliano, J., Stotland, A., Wolkowicz, R., Cutting, A.S., y Doran, K.S., «Bacteriophage adhering to mucus provide a non-host-derived immunity», *Proc. Natl. Acad. Sci.*, 110 (2013), pp. 10.771-10.776.

BATES, J.M., Mittge, E., Kuhlman, J., Baden, K.N., Cheesman, S.E., y Guillemin, K., «Distinct signals from the microbiota promote different aspects of zebrafish gut differentiation», *Dev. Biol.*, 297 (2006), pp. 374-386.

BAUMANN, P., Lai, C., Baumann, L., Rouhbakhsh, D., Moran, N.A., y Clark, M.A., «Mutualistic associations of aphids and prokaryotes: biology of the genus *Buchnera*», *Appl. Environ. Microbiol.*, 61 (1995), pp. 1-7.

BBC (23 de enero de 2015), *The 25 biggest turning points in Earth's history*.

BEASLEY, D.E., Koltz, A.M., Lambert, J.E., Fierer, N., y Dunn, R.R., «The evolution of stomach acidity and its relevance to the human microbiome», *PloS One*, 10 (2015), e0134116.

BEAUMONT, W., *Experiments and Observations on the Gastric Juice, and the Physiology of Digestion*, Edimburgo, Maclachlan & Stewart, 1838.

BECERRA, J.X., Venable, G.X., y Saeidi, V., «*Wolbachia*-free heteropterans do not produce defensive chemicals or alarm pheromones», *J. Chem. Ecol.*, 41 (2015), pp. 593-601.

BECKER, M.H., Walke, J.B., Cikanek, S., Savage, A.E., Mattheus, N., Santiago, C.N., Minbiole, K.P.C., Harris, R.N., Belden, L.K., y Gratwicke, B., «Composition of symbiotic bacteria predicts survival in Panamanian golden frogs infected with a lethal fungus», *Proc. R. Soc. B Biol. Sci.*, 282 (2015), doi: 10.1098/rspb.2014.2881.

BELKAID, Y., y Hand, T.W., «Role of the microbiota in immunity and inflammation», *Cell*, 157 (2014), pp. 121-141.

BENNETT, G.M., y Moran, N.A., «Small, smaller, smallest: the origins and evolution of ancient dual symbioses in a phloem-feeding insect», *Genome Biol. Evol.*, 5 (2013), pp. 1.675-1.688.

BENNETT, G.M., y Moran, N.A., «Heritable symbiosis: the advantages and perils of an evolutionary rabbit hole», *Proc. Natl. Acad. Sci.*, 112 (2015), pp. 10.169-10.176.

BENSON, A.K., Kelly, S.A., Legge, R., Ma, F., Low, S.J., Kim, J., Zhang, M., Oh, P.L., Nehrenberg, D., Hua, K., *et al.*, «Individuality in gut microbiota composition is a complex polygenic trait shaped by multiple environmental and host genetic factors», *Proc. Natl. Acad. Sci.*, 107 (2010), pp. 18.933-18.938.

BERCIK, P., Denou, E., Collins, J., Jackson, W., Lu, J., Jury, J., Deng, Y., Blennerhassett, P., Macri, J., McCoy, K.D., *et al.*, «The intestinal microbiota affect central levels of brain-derived neurotropic factor and behavior in mice», *Gastroenterology*, 141 (2011), pp. 599-609.e3.

BERER, K., Mues, M., Koutrolos, M., Rasbi, Z.A., Boziki, M., Johner, C., Wekerle, H., y Krishnamoorthy, G., «Commensal microbiota and myelin autoantigen cooperate to trigger autoimmune demyelination», *Nature*, 479 (2011), pp. 538-541.

BERGMAN, E.N., «Energy contributions of volatile fatty acids from the gastrointestinal tract in various species», *Physiol. Rev.*, 70 (1990), pp. 567-590.

BEVINS, C.L., y Salzman, N.H., «The potter's wheel: the host's role in sculpting its microbiota», *Cell. Mol. Life Sci.*, 68 (2011), pp. 3.675-3.685.

BEZIER, A., Annaheim, M., Herbiniere, J., Wetterwald, C., Gyapay, G., Bernard-Samain, S., Wincker, P., Roditi, I., Heller, M., Belghazi, M., *et al.*, «Polydnaviruses of braconid wasps derive from an ancestral nudivirus», *Science*, 323 (2009), pp. 926-930.

BIAN, G., Joshi, D., Dong, Y., Lu, P., Zhou, G., Pan, X., Xu, Y., Dimopoulos, G., y Xi, Z., «*Wolbachia* invades *Anopheles stephensi* populations and induces refractoriness to Plasmodium infection», *Science*, 340 (2013), pp. 748-751.

BINDELS, L.B., Delzenne, N.M., Cani, P.D., y Walter, J., «Towards a more comprehensive concept for prebiotics», *Nat. Rev. Gastroenterol. Hepatol.*, 12 (2015), pp. 303-310.

BLAKESLEE, S., «Microbial life's steadfast champion», *New York Times* (15 de octubre de 1996).

BLASER, M., «An endangered species in the stomach», *Sci. Am* (1 de febrero de 2005).

—, «*Helicobacter pylori* and esophageal disease: wake-up call?», *Gastroenterology*, 139 (2010), pp. 1.819-1.822.

—, *Missing Microbes: How the Overuse of Antibiotics Is Fueling Our Modern Plagues*, Nueva York, Henry Holt & Co., 2014.

BLASER, M., y Falkow, S., «What are the consequences of the disappearing human microbiota?», *Nat. Rev. Microbiol.*, 7 (2009), pp. 887-894.

BLAZEJAK, A., Erseus, C., Amann, R., y Dubilier, N., «Coexistence of bacterial sulfide oxidizers, sulfate reducers, and spirochetes in a gutless worm (*Oligochaeta*) from the Peru Margin», *Appl. Environ. Microbiol.*, 71 (2005), pp. 1.553-1.561.

BLETZ, M.C., Loudon, A.H., Becker, M.H., Bell, S.C., Woodhams, D.C., Minbiole, K.P.C., y Harris, R.N., «Mitigating amphibian chytridiomycosis with bioaugmentation: characteristics of effective probiotics and strategies for their selection and use», *Ecol. Lett.*, 16 (2013), 807-820.

BLUMBERG, R., y Powrie, F., «Microbiota, disease, and back to health: a metastable journey», *Sci. Transl. Med.*, 4 (2012), 137rv7-rv137rv7.

BODE, L., «Human milk oligosaccharides: every baby needs a sugar mama», *Glycobiology*, 22 (2012), pp. 1.147-1.162.

BODE, L., Kuhn, L., Kim, H-Y., Hsiao, L., Nissan, C., Sinkala, M., Kankasa, C., Mwiya, M., Thea, D.M. Y Aldrovandi, G.M., «Human milk oligosaccharide concentration and risk of postnatal transmission of HIV through breastfeeding», *Am. J. Clin. Nutr.*, 96 (2012), pp. 831-839.

BOHNHOFF, M., Miller, C.P., y Martin, W.R., «Resistance of the mouse's intestinal tract to experimental *Salmonella* infection», *J. Exp. Med.*, 120 (1964), pp. 817-828.

BOONE, C.K., Keefover-Ring, K., Mapes, A.C., Adams, A.S., Bohlmann, J., y Raffa, K.F., «Bacteria associated with a tree-killing insect reduce concentrations of plant defense compounds», *J. Chem. Ecol.*, 39 (2013), pp. 1.003-1.006.

BORDENSTEIN, S.R., y Theis, K.R., «Host biology in light of the microbiome: ten principles of holobionts and hologenomes», *PLoS Biol.*, 13 (2015), e1002226.

BORDENSTEIN, S.R., O'Hara, F.P., y Werren, J.H., «*Wolbachia*-induced incompatibility precedes other hybrid incompatibilities in *Nasonia*», *Nature*, 409 (2001), pp. 707-710.

BOSCH, T.C., «What *Hydra* has to say about the role and origin of symbiotic interactions», *Biol. Bull.*, 223 (2012), pp. 78-84.

BOTO, L., «Horizontal gene transfer in the acquisition of novel traits by metazoans», *Proc. R. Soc. B Biol. Sci.*, 281, doi: 10.1098/rspb.2013.2450 (2014).

Bouskra, D., Brézillon, C., Bérard, M., Werts, C., Varona, R., Boneca, I.G., y Eberl, G., «Lymphoid tissue genesis induced by commensals through NOD1 regulates intestinal homeostasis», *Nature*, 456 (2008), pp. 507-510.

Bouslimani, A., Porto, C., Rath, C.M., Wang, M., Guo, Y., Gonzalez, A., Berg-Lyon, D., Ackermann, G., Moeller Christensen, G.J., Nakatsuji, T., *et al.*, «Molecular cartography of the human skin surface in 3D», *Proc. Natl. Acad. Sci. U.S.A.*, 112 (2015), E2120-E2129.

Braniste, V., Al-Asmakh, M., Kowal, C., Anuar, F., Abbaspour, A., Tóth, M., Korecka, A., Bakocevic, N., Ng, L.G., Kundu, P., *et al.*, «The gut microbiota influences blood-brain barrier permeability in mice», *Sci. Transl. Med.*, 6 (2014), 263ra158.

Bravo, J.A., Forsythe, P., Chew, M.V., Escaravage, E., Savignac, H.M., Dinan, T.G., Bienenstock, J., y Cryan, J.F., «Ingestion of *Lactobacillus* strain regulates emotional behavior and central GABA receptor expression in a mouse via the vagus nerve», *Proc. Natl. Acad. Sci.*, 108 (2011), pp. 16.050-16.055.

Broderick, N.A., Raffa, K.F., y Handelsman, J., «Midgut bacteria required for *Bacillus thuringiensis* insecticidal activity», *Proc. Natl. Acad. Sci.*, 103 (2006), pp. 15.196-15.199.

Brown, C.T., Hug, L.A., Thomas, B.C., Sharon, I., Castelle, C.J., Singh, A., Wilkins, M.J., Wrighton, K.C., Williams, K.H., y Banfield, J.F., «Unusual biology across a group comprising more than 15% of domain bacteria», *Nature*, 523 (2015), pp. 208-211.

Brown, E.M., Arrieta, M-C., y Finlay, B.B., «A fresh look at the hygiene hypothesis: how intestinal microbial exposure drives immune effector responses in atopic disease», *Semin. Immunol.*, 25 (2013), pp. 378-387.

Bruce-Keller, A.J., Salbaum, J.M., Luo, M., Blanchard, E., Taylor, C.M., Welsh, D.A., y Berthoud, H-R., «Obese-type gut microbiota induce neurobehavioral changes in the absence of obesity», *Biol. Psychiatry*, 77 (2015), pp. 607-615.

Brucker, R.M., y Bordenstein, S.R., «The hologenomic basis of speciation: gut bacteria cause hybrid lethality in the genus *Nasonia*», *Science*, 341 (2013), pp. 667-669.

—, Response to Comment on «The hologenomic basis of speciation: gut bacteria cause hybrid lethality in the genus *Nasonia*», *Science*, 345 (2014), p. 1.011.

Bshary, R., «Biting cleaner fish use altruism to deceive image-scoring client reef fish», *Proc. Biol. Sci.*, 269 (2022), pp. 2.087-2.093.

BUCHNER, P., *Endosymbiosis of Animals with Plant Microorganisms*, Nueva York, Interscience Publishers / John Wiley, 1965.

BUFFIE, C.G., Bucci, V., Stein, R.R., McKenney, P.T., Ling, L., Gobourne, A., No, D., Liu, H., Kinnebrew, M., Viale, A., *et al.*, «Precision microbiome reconstitution restores bile acid mediated resistance to *Clostridium difficile*», *Nature*, 517 (2014), pp. 205-208.

BULL, J.J., y Turelli, M., «*Wolbachia* versus dengue: evolutionary forecasts», *Evol. Med. Public Health*, 1 (2013), pp. 197-201.

BULLOCH, W., *The History of Bacteriology*, Oxford, Oxford University Press, 1938.

CADWELL, K., Patel, K.K., Maloney, N.S., Liu, T-C., Ng, A.C.Y., Storer, C.E., Head, R.D., Xavier, R., Stappenbeck, T.S., y Virgin, H.W., «Virus-plussusceptibility gene interaction determines Crohn's Disease gene Atg16L1 phenotypes in intestine», *Cell*, 141 (2010), pp. 1.135-1.145.

CAFARO, M.J., Poulsen, M., Little, A.E.F., Price, S.L., Gerardo, N.M., Wong, B., Stuart, A.E., Larget, B., Abbot, P., y Currie, C.R., «Specificity in the symbiotic association between fungus-growing ants and protective *Pseudonocardia* bacteria», *Proc. R. Soc. B Biol. Sci.*, 278 (2011), pp. 1.814-1.822.

CAMPBELL, M.A., Leuven, J.T.V., Meister, R.C., Carey, K.M., Simon, C., y McCutcheon, J.P., «Genome expansion via lineage splitting and genome reduction in the cicada endosymbiont *Hodgkinia*», *Proc. Natl. Acad. Sci.* 112 (2015), pp. 10.192-10.199.

CAPORASO, J.G., Lauber, C.L., Costello, E.K., Berg-Lyons, D., Gonzalez, A., Stombaugh, J., Knights, D., Gajer, P., Ravel, J., y Fierer, N., «Moving pictures of the human microbiome», *Genome Biol.*, 12 (2011), R50.

CARMODY, R.N., y Turnbaugh, P.J., «Host-microbial interactions in the metabolism of therapeutic and diet-derived xenobiotics», *J. Clin. Invest.*, 124 (2014), pp. 4.173-4.181.

CASPI-FLUGER, A., Inbar, M., Mozes-Daube, N., Katzir, N., Portnoy, V., Belausov, E., Hunter, M.S., y Zchori-Fein, E., «Horizontal transmission of the insect symbiont *Rickettsia* is plant-mediated», *Proc. R. Soc. B Biol. Sci.*, 279 (2012), pp. 1.791-1.796.

CAVANAUGH, C.M., Gardiner, S.L., Jones, M.L., Jannasch, H.W., y Waterbury, J.B., «Prokaryotic cells in the hydrothermal vent tube worm *Riftia pachyptila Jones*: possible chemoautotrophic symbionts», *Science*, 213 (1981), pp. 340-342.

CEJA-NAVARRO, J.A., Vega, F.E., Karaoz, U., Hao, Z., Jenkins, S., Lim, H.C., Kosina, P., Infante, F., Northen, T.R., y Brodie, E.L., «Gut microbiota mediate caffeine detoxification in the primary insect pest of coffee», *Nat. Commun.*, 6 (2015), pp. 7.618.

CHANDLER, J.A., y Turelli, M., Comment on «The hologenomic basis of speciation: gut bacteria cause hybrid lethality in the genus *Nasonia*», *Science*, 345 (2014), pp. 1.011-1.011.

CHASSAING, B., Koren, O., Goodrich, J.K., Poole, A.C., Srinivasan, S., Ley, R.E., y Gewirtz, A.T., «Dietary emulsifiers impact the mouse gut microbiota promoting colitis and metabolic syndrome», *Nature*, 519 (2015), pp. 92-96.

CHAU, R., Kalaitzis, J.A., y Neilan, B.A., «On the origins and biosynthesis of tetrodotoxin», *Aquat. Toxicol. Amst. Neth.*, 104 (2011), pp. 61-72.

CHEESMAN, S.E., y Guillemin, K., «We know you are in there: conversing with the indigenous gut microbiota», *Res. Microbiol.*, 158 (2007), pp. 2-9.

CHEN, Y., Segers, S., y Blaser, M.J., «Association between *Helicobacter pylori* and mortality in the NHANES III study», *Gut*, 62 (2013), pp. 1.262-1.269.

CHICHLOWSKI, M., German, J.B., Lebrilla, C.B., y Mills, D.A., «The influence of milk oligosaccharides on microbiota of infants: opportunities for formulas», *Annu. Rev. Food Sci. Technol.*, 2 (2011), pp. 331-351.

CHO, I., y Blaser, M.J., «The human microbiome: at the interface of health and disease», *Nat. Rev. Genet.*, 13 (2012), pp. 260-270.

CHO, I., Yamanishi, S., Cox, L., Methé, B.A., Zavadil, J., Li, K., Gao, Z., Mahana, D., Raju, K., Teitler, I., *et al.*, «Antibiotics in early life alter the murine colonic microbiome and adiposity», *Nature*, 488 (2012), pp. 621-626.

CHOU, S., Daugherty, M.D., Peterson, S.B., Biboy, J., Yang, Y., Jutras, B.L., Fritz-Laylin, L.K., Ferrin, M.A., Harding, B.N., Jacobs-Wagner, C., *et al.*, «Transferred interbacterial antagonism genes augment eukaryotic innate immune function», *Nature*, 518 (2014), pp. 98-101.

CHROSTEK, E., Marialva, M.S.P., Esteves, S.S., Weinert, L.A., Martinez, J., Jiggins, F.M., y Teixeira, L. (2013) «*Wolbachia* variants induce differential protection to viruses in *Drosophila melanogaster*: a phenotypic and phylogenomic analysis», *PLoS Genet.*, 9 (2013), e1003896.

CHU, C-C., Spencer, J.L., Curzi, M.J., Zavala, J.A., y Seufferheld, M.J., «Gut bacteria facilitate adaptation to crop rotation in the western corn rootworm», *Proc. Natl. Acad. Sci.*, 110 (2013), pp. 11.917-11.922.

CHUNG, K-T., y Bryant, M.P., «Robert E. Hungate: pioneer of anaerobic microbial ecology», *Anaerobe*, 3 (1997), pp. 213-217.

CHUNG, K-T., y Ferris, D.H., «Martinus Willem Beijerinck», *ASM News*, 62 (1996), pp. 539-543.

CHUNG, H., Pamp, S.J., Hill, J.A., Surana, N.K., Edelman, S.M., Troy, E.B., Reading, N.C., Villablanca, E.J., Wang, S., Mora, J.R., *et al.*, «Gut immune maturation depends on colonization with a host-specific microbiota», *Cell*, 149 (2012), pp. 1.578-1.593.

CHUNG, S.H., Rosa, C., Scully, E.D., Peiffer, M., Tooker, J.F., Hoover, K., Luthe, D.S., y Felton, G.W., «Herbivore exploits orally secreted bacteria to suppress plant defenses», *Proc. Natl. Acad. Sci. U.S.A.*, 110 (2013), pp. 15.728-15.733.

CIORBA, M.A., «A gastroenterologist's guide to probiotics», *Clin. Gastroenterol. Hepatol.*, 10 (2012) pp. 960-968.

CLAESEN, J., y Fischbach, M.A., «Synthetic microbes as drug delivery systems», *ACS Synth. Biol.*, 4 (2015), pp. 358-364.

CLAYTON, A.L., Oakeson, K.F., Gutin, M., Pontes, A., Dunn, D.M., Von Niederhausern, A.C., Weiss, R.B., Fisher, M., y Dale, C., «A novel human-infectionderived bacterium provides insights into the evolutionary origins of mutualistic insect-bacterial symbioses», *PLoS Genet.*, 8 (2012), e1002990.

CLAYTON, T.A., Baker, D., Lindon, J.C., Everett, J.R., y Nicholson, J.K., «Pharmacometabonomic identification of a significant host-microbiome metabolic interaction affecting human drug metabolism», *Proc. Natl. Acad. Sci. U.S.A.*, 106 (2009), pp. 14.728-14.733.

CLEMENTE, J.C., Pehrsson, E.C., Blaser, M.J., Sandhu, K., Gao, Z., Wang, B., Magris, M., Hidalgo, G., Contreras, M., Noya-Alarcon, O., *et al.*, «The microbiome of uncontacted Amerindians», *Sci. Adv.*, 1 (2015), e1500183.

COBB, M. (3 junio de 2013), «Oswald T. Avery, the unsung hero of genetic science», *The Guardian*.

COCKBURN, S.N., Haselkorn, T.S., Hamilton, P.T., Landzberg, E., Jaenike, J., y Perlman, S.J., «Dynamics of the continent-wide spread of a *Drosophila* defensive symbiont», *Ecol. Lett.*, 16 (2013), pp. 609-616.

COLLINS, S.M., Surette, M., y Bercik, P., «The interplay between the intestinal microbiota and the brain», *Nat. Rev. Microbiol.*, 10 (2012), pp. 735-742.

COON, K.L., Vogel, K.J., Brown, M.R., y Strand, M.R., «Mosquitoes rely on their gut microbiota for development», *Mol. Ecol.*, 23 (2014), pp. 2.727-2.739.

COSTELLO, E.K., Lauber, C.L., Hamady, M., Fierer, N., Gordon, J.I., y Knight, R., «Bacterial community variation in human body habitats across space and time», *Science*, 326 (2009), pp. 1.694-1.697.

Cox, L.M., y Blaser, M.J., «Antibiotics in early life and obesity», *Nat. Rev. Endocrinol.*, 11 (2014), pp. 182-190.

Cox, L.M., Yamanishi, S., Sohn, J., Alekseyenko, A.V., Leung, J.M., Cho, I., Kim, S.G., Li, H., Gao, Z., Mahana, D., *et al.*, «Altering the intestinal microbiota during a critical developmental window has lasting metabolic consequences», *Cell*, 158 (2014), pp. 705-721 (2014).

CRYAN, J.F., y Dinan, T.G., «Mind-altering microorganisms: the impact of the gut microbiota on brain and behavior», *Nat. Rev. Neurosci.*, 13 (2012), pp. 701-712.

CSIROPEDIA *Leucaena* toxicity solution.

DALAL, S.R., y Chang, E.B., «The microbial basis of inflammatory bowel diseases», *J. Clin. Invest.*, 124 (2014), pp. 4.190-4.196.

DALE, C., y Moran, N.A., «Molecular interactions between bacterial symbionts and their hosts», *Cell*, 126 (2006), pp. 453-465.

DANCHIN, E.G.J., y Rosso, M-N., «Lateral gene transfers have polished animal genomes: lessons from nematodes», *Front. Cell. Infect. Microbiol.*, 2 (2012), doi: 10.3389/fcimb.2012.00027.

DANCHIN, E.G.J., Rosso, M-N., Vieira, P., De Almeida-Engler, J., Coutinho, P.M., Henrissat, B., y Abad, P., «Multiple lateral gene transfers and duplications have promoted plant parasitism ability in nematodes», *Proc. Natl. Acad. Sci.*, 107 (2010), pp. 17.651-17.656.

DARMASSEELANE, K., Hyde, M.J., Santhakumaran, S., Gale, C., y Modi, N., «Mode of delivery and offspring body mass index, overweight and obesity in adult life: a systematic review and meta-analysis», *PloS One*, 9 (2014), e87896.

DAVID, L.A., Maurice, C.F., Carmody, R.N., Gootenberg, D.B., Button, J.E., Wolfe, B.E., Ling, A.V., Devlin, A.S., Varma, Y., Fischbach, M.A., *et al.*, «Diet rapidly and reproducibly alters the human gut microbiome», *Nature*, 505 (2013), pp. 559-563.

DAVID, L.A., Materna, A.C., Friedman, J., Campos-Baptista, M.I., Blackburn, M.C., Perrotta, A., Erdman, S.E., y Alm, E.J., «Host lifestyle affects human microbiota on daily timescales», *Genome Biol.*, 15 (2014), R89.

DAWKINS, Richard, *The Extended Phenotype*, Oxford, Oxford University Press, 1982. [Hay trad. cast.: *El fenotipo extendido*, Madrid, Capitán Swing, 2017.]

De Filippo, C., Cavalieri, D., Di Paola, M., Ramazzotti, M., Poullet, J.B., Massart, S., Collini, S., Pieraccini, G., y Lionetti, P., «Impact of diet in shaping gut microbiota revealed by a comparative study in children from Europe and rural Africa», *Proc. Natl. Acad. Sci.*, 107 (2010), pp. 14.691-14.696.

Delsuc, F., Metcalf, J.L., Wegener Parfrey, L., Song, S.J., González, A., y Knight, R., «Convergence of gut microbiomes in myrmecophagous mammals», *Mol. Ecol.*, 23 (2014), pp. 1.301-1.317.

Delzenne, N.M., Neyrinck, A.M., y Cani, P.D., «Gut microbiota and metabolic disorders: how prebiotic can work?», *Br. J. Nutr.*, 109 (2013) S81-S85.

Derrien, M., y Van Hylckama Vlieg, J.E.T., «Fate, activity, and impact of ingested bacteria within the human gut microbiota», *Trends Microbiol.*, 23 (2015), pp. 354-366.

Dethlefsen, L., y Relman, D.A., «Incomplete recovery and individualized responses of the human distal gut microbiota to repeated antibiotic perturbation», *Proc. Natl. Acad. Sci.*, 108 (2011), pp. 4.554-4.561.

Dethlefsen, L., McFall-Ngai, M., y Relman, D.A., «An ecological and evolutionary perspective on human-microbe mutualism and disease», *Nature*, 449 (2007), pp. 811-818.

Dethlefsen, L., Huse, S., Sogin, M.L., y Relman, D.A., «The pervasive effects of an antibiotic on the human gut microbiota, as revealed by deep 16S rRNA sequencing», *PLoS Biol.*, 6 (2008), e280.

Devkota, S., Wang, Y., Musch, M.W., Leone, V., Fehlner-Peach, H., Nadimpalli, A., Antonopoulos, D.A., Jabri, B., y Chang, E.B., «Dietary-fat-induced taurocholic acid promotes pathobiont expansion and colitis in ll10−/− mice», *Nature*, 487 (2012), pp. 104-108.

Dill-McFarland, K.A., Weimer, P.J., Pauli, J.N., Peery, M.Z., y Suen, G., «Diet specialization selects for an unusual and simplified gut microbiota in two- and three-toed sloths», *Environ. Microbiol.*, 509 (2015), pp. 357-360.

Dillon, R.J., Vennard, C.T., y Charnley, A.K., «Pheromones: exploitation of gut bacteria in the locust», *Nature*, 403 (2000), pp. 851.

Ding, T., y Schloss, P.D., «Dynamics and associations of microbial community types across the human body», *Nature*, 509 (2014), pp. 357-360.

Dinsdale, E.A., Pantos, O., Smriga, S., Edwards, R.A., Angly, F., Wegley, L., Hatay, M., Hall, D., Brown, E., Haynes, M., *et al.*, «Microbial ecology of four coral atolls in the Northern Line Islands», *PLoS ONE*, 3 (2008), e1584.

DOBELL, C., Antony Van Leeuwenhoek and His «Little Animals», Nueva York, Dover Publications, 1932.

DOBSON, A.J., Chaston, J.M., Newell, P.D., Donahue, L., Hermann, S.L., Sannino, D.R., Westmiller, S., Wong, A.C-N., Clark, A.G., Lazzaro, B.P. et al., «Host genetic determinants of microbiota-dependent nutrition revealed by genome-wide analysis of Drosophila melanogaster», Nat. Commun., 6 (2015), p. 6.312.

DODD, D.M.B., «Reproductive isolation as a consequence of adaptive divergence in Drosophila pseudoobscura», Evolution, 43 (1989), pp. 1.308-1.311.

DOMÍNGUEZ-BELLO, M.G., Costello, E.K., Contreras, M., Magris, M., Hidalgo, G., Fierer, N., y Knight, R., «Delivery mode shapes the acquisition and structure of the initial microbiota across multiple body habitats in newborns», Proc. Natl. Acad. Sci., 107 (2010), pp. 11.971-11.975.

DORRESTEIN, P.C., Mazmanian, S.K., y Knight, R., «Finding the missing links among metabolites, microbes, and the host», Immunity, 40 (2014), pp. 824-832.

DOUDOUMIS, V., Alam, U., Aksoy, E., Abd-Alla, A.M.M., Tsiamis, G., Brelsfoard, C., Aksoy, S., y Bourtzis, K., «Tsetse-Wolbachia symbiosis: comes of age and has great potential for pest and disease control», J. Invertebr. Pathol., 112 (2013), S94-S103.

DOUGLAS, A.E., «Phloem-sap feeding by animals: problems and solutions», J. Exp. Bot., 57 (2006), pp. 747-754.

—, «Conflict, cheats and the persistence of symbioses», New Phytol., 177 (2008), pp. 849-858.

DUBILIER, N., Mülders, C., Ferdelman, T., De Beer, D., Pernthaler, A., Klein, M., Wagner, M., Erséus, C., Thiermann, F., Krieger, J., et al., «Endosymbiotic sulphate-reducing and sulphide-oxidizing bacteria in an oligochaete worm», Nature, 411 (2001), pp. 298-302.

DUBILIER, N., Bergin, C., y Lott, C., «Symbiotic diversity in marine animals: the art of harnessing chemosynthesis», Nat. Rev. Microbiol., 6 (2008), pp. 725-740.

DUBOS, R.J., Man Adapting, New Haven y Londres, Yale University Press, 1965.

—, Mirage of Health: Utopias, Progress, and Biological Change, New Brunswick, NJ, Rutgers University Press, 1987.

DUNLAP, P.V., y Nakamura, M., «Functional morphology of the luminescence system of Siphamia versicolor (Perciformes: Apogonidae), a bacterially luminous coral reef fish», J. Morphol., 272 (2011), pp. 897-909.

DUNNING-HOTOPP, J.C., «Horizontal gene transfer between bacteria and animals», *Trends Genet.* 27 (2011), pp. 157-163.

EAKIN, E., «The excrement experiment», *New Yorker* (1 de diciembre de 2014).

ECKBURG, P.B., «Diversity of the human intestinal microbial flora», *Science*, 308 (2005), pp. 1.635-1.638.

EISEN, J., «Overselling the microbiome award: *Time* Magazine & Martin Blaser for "antibiotics are extinguishing our microbiome"», <http://phylogenomics.blogspot.co.uk/2014/05/overselling-microbiome-awardtime.html>, 2014.

ELAHI, S., Ertelt, J.M., Kinder, J.M., Jiang, T.T., Zhang, X., Xin, L., Chaturvedi, V., Strong, B.S., Qualls, J.E., Steinbrecher, K.A., *et al.*, «Immunosuppressive CD71+ erythroid cells compromise neonatal host defence against infection», *Nature*, 504 (2013), pp. 158-162.

ELLIS, M.L., Shaw, K.J., Jackson, S.B., Daniel, S.L., y Knight, J., «Analysis of commercial kidney stone probiotic supplements», *Urology*, 85 (2015), pp. 517-521.

ESKEW, E.A., y Todd, B.D., «Parallels in amphibian and bat declines from pathogenic fungi», *Emerg. Infect. Dis.*, 19 (2013), pp. 379-385.

EVERARD, A., Belzer, C., Geurts, L., Ouwerkerk, J.P., Druart, C., Bindels, L.B., Guiot, Y., Derrien, M., Muccioli, G.G., Delzenne, N.M., *et al.*, «Cross-talk between *Akkermansia muciniphila* and intestinal epithelium controls dietinduced obesity», *Proc. Natl. Acad. Sci*, 110 (2013), pp. 9.066-9.071.

EZENWA, V.O., y Williams, A.E., «Microbes and animal olfactory communication: where do we go from here?», *BioEssays*, 36 (2014), pp. 847-854.

FAITH, J.J., Guruge, J.L., Charbonneau, M., Subramanian, S., Seedorf, H., Goodman, A.L., Clemente, J.C., Knight, R., Heath, A.C., y Leibel, R.L., «The long-term stability of the human gut microbiota», *Science*, 341 (2013), doi: 10.1126/science.1237439.

FALKOW, S., «Fecal Transplants in the "Good Old Days"», <http://schaechter.asmblog.org/schaechter/2013/05/fecal-transplants-in-the-good-old-days.html>, 2013.

FELDHAAR, H., «Bacterial symbionts as mediators of ecologically important traits of insect hosts», *Ecol. Entomol.*, 36 (2011), pp. 533-543.

FIERER, N., Hamady, M., Lauber, C.L., y Knight, R., «The influence of sex, handedness, and washing on the diversity of hand surface bacteria», *Proc. Natl. Acad. Sci. U.S.A.*, 105 (2008), pp. 17.994-17.999.

FINUCANE, M.M., Sharpton, T.J., Laurent, T.J., y Pollard, K.S., «A taxonomic signature of obesity in the microbiome? Getting to the guts of the
matter», *PLoS ONE*, 9 (2014), e84689.

FISCHBACH, M.A., y Sonnenburg, J.L., «Eating for two: how metabolism
establishes interspecies interactions in the gut», *Cell Host Microbe*, 10
(2011), pp. 336-347.

FOLSOME, C., *Microbes*, en *The Biosphere Catalogue*, Fort Worth, Texas, Synergistic Press, 1985.

FRANZENBURG, S., Walter, J., Kunzel, S., Wang, J., Baines, J.F., Bosch,
T.C.G., y Fraune, S., «Distinct antimicrobial peptide expression determines host speciesspecific bacterial associations», *Proc. Natl. Acad. Sci.*,
110 (2013), E3730-E3738.

FRAUNE, S., y Bosch, T.C., «Long-term maintenance of species-specific
bacterial microbiota in the basal metazoan *Hydra*», *Proc. Natl. Acad.
Sci.*, 104 (2007), pp. 13.146-13.151.

FRAUNE, S., y Bosch, T.C.G., «Why bacteria matter in animal development
and evolution», *BioEssays*, 32 (2010), pp. 571-580.

FRAUNE, S., Abe, Y., y Bosch, T.C.G., «Disturbing epithelial homeostasis in
the metazoan *Hydra* leads to drastic changes in associated microbiota»,
Environ. Microbiol., 11 (2009), 2.361-2.369.

FRAUNE, S., Augustin, R., Anton-Erxleben, F., Wittlieb, J., Gelhaus, C.,
Klimovich, V.B., Samoilovich, M.P., y Bosch, T.C.G. «In an early
branching metazoan, bacterial colonization of the embryo is contro-
lled by maternal antimicrobial peptides», *Proc. Natl. Acad. Sci.*, 107
(2010), pp. 18.067-18.072.

FREELAND, W.J., y Janzen, D.H., «Strategies in herbivory by mammals: the role
of plant secondary compounds», *Am. Nat.*, 108 (1974), pp. 269-289.

FRESE, S.A., Benson, A.K., Tannock, G.W., Loach, D.M., Kim, J., Zhang,
M., Oh, P.L., Heng, N.C.K., Patil, P.B., Juge, N., *et al.*, «The evolution
of host specialization in the vertebrate gut symbiont *Lactobacillus reuteri*», *PLoS Genet.*, 7 (2011), e1001314.

FUJIMURA, K.E., y Lynch, S.V., «Microbiota in allergy and asthma and the
emerging relationship with the gut microbiome», *Cell Host Microbe*, 17
(2015), pp. 592-602.

FUJIMURA, K.E., Demoor, T., Rauch, M., Faruqi, A.A., Jang, S., Johnson,
C.C., Boushey, H.A., Zoratti, E., Ownby, D., Lukacs, N.W., *et al.*,
«House dust exposure mediates gut microbiome *Lactobacillus* enrichment and airway immune defense against allergens and virus infection», *Proc. Natl. Acad. Sci.*, 111 (2014) pp. 805-810.

FUNKHOUSER, L.J., y Bordenstein, S.R., «Mom knows best: the universality of maternal microbial transmission», *PLoS Biol.*, 11 (2013), e1001631.

FURUSAWA, Y., Obata, Y., Fukuda, S., Endo, T.A., Nakato, G., Takahashi, D., Nakanishi, Y., Uetake, C., Kato, K., Kato, T., *et al.* (2013), «Commensal microbe-derived butyrate induces the differentiation of colonic regulatory T cells», *Nature*, 504 (2013), pp. 446-450.

GAJER, P., Brotman, R.M., Bai, G., Sakamoto, J., Schutte, U.M.E., Zhong, X., Koenig, S.S.K., Fu, L., Ma, Z., Zhou, X., *et al.*, «Temporal dynamics of the human vaginal microbiota», *Sci. Transl. Med.*, 4 (2012), 132ra52-ra132ra52.

GARCIA, J.R., y Gerardo, N.M., «The symbiont side of symbiosis: do microbes really benefit?», *Front. Microbiol.*, 5 (2014), doi: 10.3389/fmicb.2014.00510.

GAREAU, M.G., Sherman, P.M., y Walker, W.A., «Probiotics and the gut microbiota in intestinal health and disease», *Nat. Rev. Gastroenterol. Hepatol.*, 7 (2010), pp. 503-514.

GARRETT, W.S., Lord, G.M., Punit, S., Lugo-Villarino, G., Mazmanian, S.K., Ito, S., Glickman, J.N., y Glimcher, L.H., «Communicable ulcerative colitis induced by T-bet deficiency in the innate immune system», *Cell*, 131 (2007), pp. 33-45.

GARRETT, W.S., Gallini, C.A., Yatsunenko, T., Michaud, M., DuBois, A., Delaney, M.L., Punit, S., Karlsson, M., Bry, L., Glickman, J.N., *et al.*, «Enterobacteriaceae act in concert with the gut microbiota to induce spontaneous and maternally transmitted colitis», *Cell Host Microbe*, 8 (2010), pp. 292-300.

GEHRER, L., y Vorburger, C., «Parasitoids as vectors of facultative bacterial endosymbionts in aphids», *Biol. Lett.*, 8 (2012), pp. 613-615.

GERRARD, J.W., Geddes, C.A., Reggin, P.L., Gerrard, C.D., y Horne, S., «Serum IgE levels in white and Metis communities in Saskatchewan», *Ann. Allergy*, 37 (1976), pp. 91-100.

GERRITSEN, J., Smidt, H., Rijkers, G.T., y Vos, W.M., «Intestinal microbiota in human health and disease: the impact of probiotics», *Genes Nutr.*, 6 (2011), pp. 209-240.

GEVERS, D., Kugathasan, S., Denson, L.A., Vázquez-Baeza, Y., Van Treuren, W., Ren, B., Schwager, E., Knights, D., Song, S.J., Yassour, M., *et al.*, «The treatment-naive microbiome in new-onset Crohn's Disease», *Cell Host Microbe*, 15 (2014), pp. 382-392.

GIBBONS, S.M., Schwartz, T., Fouquier, J., Mitchell, M., Sangwan, N., Gilbert, J.A., y Kelley, S.T., «Ecological succession and viability of humanassociated microbiota on restroom surfaces», *Appl. Environ. Microbiol.*, 81 (2015), pp. 765-773.

GILBERT, J.A., y Neufeld, J.D., «Life in a world without microbes», *PLoS Biol.*, 12 (2014), e1002020.

GILBERT, J.A., Meyer, F., Antonopoulos, D., Balaji, P., Brown, C.T., Desai, N., Eisen, J.A., Evers, D., Field, D., *et al.*, «Meeting Report: The Terabase Metagenomics Workshop and the Vision of an Earth Microbiome Project», *Stand. Genomic Sci.*, 3 (2010), pp. 243-248.

GILBERT, S.F., Sapp, J., y Tauber, A.I., «A symbiotic view of life: we have never been individuals», *Q. Rev. Biol.*, 87 (2012), pp. 325-341.

GODOY-VITORINO, F., Goldfarb, K.C., Karaoz, U., Leal, S., García-Amado, M.A., Hugenholtz, P., Tringe, S.G., Brodie, E.L., y Domínguez-Bello, M.G., «Comparative analyses of foregut and hindgut bacterial communities in hoatzins and cows», *ISME J.*, 6 (2012), pp. 531-541.

GOLDENBERG, J.Z., Ma, S.S., Saxton, J.D., Martzen, M.R., Vandvik, P.O., Thorlund, K., Guyatt, G.H., y Johnston, B.C., «Probiotics for the prevention of *Clostridium difficile*-associated diarrhea in adults and children», en *Cochrane Database of Systematic Reviews, The Cochrane Collaboration*, ed., Chichester, Reino Unido, John Wiley & Sons, 2013.

GOMEZ, A., Petrzelkova, K., Yeoman, C.J., Burns, M.B., Amato, K.R., Vlckova, K., Modry, D., Todd, A., Robbinson, C.A.J., Remis, M., *et al.*, «Ecological and evolutionary adaptations shape the gut microbiome of BaAka African rainforest hunter-gatherers», *bioRxiv* (2015), 019232.

GOODRICH, J.K., Waters, J.L., Poole, A.C., Sutter, J.L., Koren, O., Blekhman, R., Beaumont, M., Van Treuren, W., Knight, R., Bell, J.T., *et al.*, «Human genetics shape the gut microbiome», *Cell*, 159 (2014), pp. 789-799.

GRAHAM, D.Y., «The only good *Helicobacter pylori* is a dead *Helicobacter pylori*», *Lancet*, 350 (1997), pp. 70-71; respuesta del autor, p. 72.

GREEN, J., Are we filtering the wrong microbes? TED, <https://www.ted.com/talks/jessica_green_are_we_filtering_the_wrong_microbes>, 2011.

GREEN, J.L., «Can bioinformed design promote healthy indoor ecosystems?», *Indoor Air*, 24 (2014), pp. 113-115.

GRUBER-VODICKA, H.R., Dirks, U., Leisch, N., Baranyi, C., Stoecker, K., Bulgheresi, S., Heindl, N.R., Horn, M., Lott, C., Loy, A., *et al.*, «*Paracatenula*, an ancient symbiosis between thiotrophic *Alphaproteobacteria* and catenulid flatworms», *Proc. Natl. Acad. Sci.*, 108 (2011), pp. 12.078-12.083.

HADFIELD, M.G., «Biofilms and marine invertebrate larvae: what bacteria produce that larvae use to choose settlement sites», *Annu. Rev. Mar. Sci.*, 3 (2011), pp. 453-470.

HAISER, H.J., y Turnbaugh, P.J., «Is it time for a metagenomic basis of therapeutics?», *Science*, 336 (2012), pp. 1.253-1.255.

HAISER, H.J., Gootenberg, D.B., Chatman, K., Sirasani, G., Balskus, E.P., y Turnbaugh, P.J., «Predicting and manipulating cardiac drug inactivation by the human gut bacterium *Eggerthella lenta*», *Science*, 341 (2013), pp. 295-298.

HAMILTON, M.J., Weingarden, A.R., Unno, T., Khoruts, A., y Sadowsky, M.J., «High-throughput DNA sequence analysis reveals stable engraftment of gut microbiota following transplantation of previously frozen fecal bacteria», *Gut Microbes*, 4 (2013), pp. 125-135.

HANDELSMAN, J., «Metagenomics and microbial communities», en *Encyclopedia of Life Sciences*, Chichester, Reino Unido, John Wiley & Sons, 2007.

HARLEY, I.T.W., y Karp, C.L. «Obesity and the gut microbiome: striving for causality», *Mol. Metab.*, 1 (2012), pp. 21-31.

HARRIS, R.N., James, T.Y., Lauer, A., Simon, M.A., y Patel, A. (2006), «Amphibian pathogen *Batrachochytrium dendrobatidis* is inhibited by the cutaneous bacteria of amphibian species», *EcoHealth*, 3 (2006), pp. 53-56.

HARRIS, R.N., Brucker, R.M., Walke, J.B., Becker, M.H., Schwantes, C.R., Flaherty, D.C., Lam, B.A., Woodhams, D.C., Briggs, C.J., Vredenburg, V.T., *et al.*, «Skin microbes on frogs prevent morbidity and mortality caused by a lethal skin fungus», *ISME J.*, 3 (2009), pp. 818-824.

HASELKORN, T.S., Cockburn, S.N., Hamilton, P.T., Perlman, S.J., y Jaenike, J., «Infectious adaptation: potential host range of a defensive endosymbiont in *Drosophila*: host range of *Spiroplasma* in *Drosophila*», *Evolution*, 67 (2013), pp. 934-945.

HECHT, G.A., Blaser, M.J., Gordon, J., Kaplan, L.M., Knight, R., Laine, L., Peek, R., Sanders, M.E., Sartor, B., Wu, G.D., *et al.*, «What is the value of a food and drug administration investigational new drug application for fecal microbiota transplantation to treat *Clostridium difficile* infection?», *Clin. Gastroenterol. Hepatol. Off. Clin. Pract. J. Am. Gastroenterol. Assoc.*, 12 (2014), pp. 289-291.

HEDGES, L.M., Brownlie, J.C., O'Neill, S.L., y Johnson, K.N., «Wolbachia and virus protection in insects», *Science*, 322 (2008), pp. 702.

HEHEMANN, J-H., Correc, G., Barbeyron, T., Helbert, W., Czjzek, M., y Michel, G., «Transfer of carbohydrate-active enzymes from marine bacteria to Japanese gut microbiota», *Nature*, 464 (2010), pp. 908-912.

HEIJTZ, R.D., Wang, S., Anuar, F., Qian, Y., Bjorkholm, B., Samuelsson, A., Hibberd, M.L., Forssberg, H., y Pettersson, S., «Normal gut microbiota modulates brain development and behavior», *Proc. Natl. Acad. Sci.*, 108 (2011), pp. 3.047-3.052.

HEIL, M., Barajas-Barron, A., Orona-Tamayo, D., Wielsch, N., y Svatos, A., «Partner manipulation stabilises a horizontally transmitted mutualism», *Ecol. Lett.*, 17 (2014), pp. 185-192.

HENRY, L.M., Peccoud, J., Simon, J-C., Hadfield, J.D., Maiden, M.J.C., Ferrari, J., y Godfray, H.C.J., «Horizontally transmitted symbionts and host colonization of ecological niches», *Curr. Biol.*, 23 (2013), pp. 1.713-1.717.

HERBERT, E.E., y Goodrich-Blair, H., «Friend and foe: the two faces of *Xenorhabdus nematophila*», *Nat. Rev. Microbiol.*, 5 (2007), pp. 634-646.

HERNIOU, E.A., Huguet, E., Thézé, J., Bézier, A., Periquet, G., y Drezen, J-M., «When parasitic wasps hijacked viruses: genomic and functional evolution of polydnaviruses», *Philos. Trans. R. Soc. Lond. B Biol. Sci.*, 368 (2013), 20130051.

HILGENBOECKER, K., Hammerstein, P., Schlattmann, P., Telschow, A., y Werren, J.H., «How many species are infected with *Wolbachia*? - a statistical analysis of current data: *Wolbachia* infection rates», *FEMS Microbiol. Lett.*, 281 (2008), pp. 215-220.

HILL, C., Guarner, F., Reid, G., Gibson, G.R., Merenstein, D.J., Pot, B., Morelli, L., Canani, R.B., Flint, H.J., Salminen, S., *et al.*, «Expert consensus document: The International Scientific Association for Probiotics and Prebiotics consensus statement on the scope and appropriate use of the term probiotic», *Nat. Rev. Gastroenterol. Hepatol.*, 11 (2014), pp. 506-514.

HIMLER, A.G., Adachi-Hagimori, T., Bergen, J.E., Kozuch, A., Kelly, S.E., Tabashnik, B.E., Chiel, E., Duckworth, V.E., Dennehy, T.J., Zchori-Fein, E., *et al.*, «Rapid spread of a bacterial symbiont in an invasive whitefly is driven by fitness benefits and female bias», *Science*, 332 (2011), pp. 254-256.

HIRD, S.M., Carstens, B.C., Cardiff, S.W., Dittmann, D.L., y Brumfield, R.T., «Sampling locality is more detectable than taxonomy or ecology in the gut microbiota of the brood-parasitic Brown-headed Cowbird (*Molothrus ater*)», *PeerJ*, 2 (2014), e321.

HISS, P.H., y Zinsser, H., A *Text-book of Bacteriology: a Practical Treatise for Students and Practitioners of Medicine*, Nueva York y Londres, D. Appleton & Co, 1910.

HOERAUF, A., Volkmann, L., Hamelmann, C., Adjei, O., Autenrieth, I.B., Fleischer, B., y Büttner, D.W., «Endosymbiotic bacteria in worms as targets for a novel chemotherapy in filariasis», *Lancet*, 355 (2000), pp. 1.242-1.243.

HOERAUF, A., Mand, S., Adjei, O., Fleischer, B., y Büttner, D.W., «Depletion of *Wolbachia* endobacteria in *Onchocerca volvulus* by doxycycline and microfilaridermia after ivermectin treatment», *Lancet*, 357 (2001), pp. 1.415-1.416.

HOF, C., Araújo, M.B., Jetz, W., y Rahbek, C., «Additive threats from pathogens, climate and land-use change for global amphibian diversity», *Nature*, 480 (2011), pp. 516-519.

HOFFMANN, A.A., Montgomery, B.L., Popovici, J., Iturbe-Ormaetxe, I., Johnson, P.H., Muzzi, F., Greenfield, M., Durkan, M., Leong, Y.S., Dong, Y., *et al.*, «Successful establishment of *Wolbachia* in *Aedes* populations to suppress dengue transmission», *Nature*, 476 (2011), pp. 454-457.

HOLMES, E., Kinross, J., Gibson, G., Burcelin, R., Jia, W., Pettersson, S., y Nicholson, J., «Therapeutic modulation of microbiota–host metabolic interactions», *Sci. Transl. Med.* 4 (2012), 137rv6.

HONDA, K., y Littman, D.R., «The Microbiome in Infectious Disease and Inflammation», *Annu. Rev. Immunol.*, 30 (2012), pp. 759-795.

HONGOH, Y., «Toward the functional analysis of uncultivable, symbiotic microorganisms in the termite gut», *Cell. Mol. Life Sci.*, 68 (2011), pp. 1.311-1.325.

HOOPER, L.V., «Molecular analysis of commensal host-microbial relationships in the intestine», *Science*, 291 (2001), pp. 881-884.

HOOPER, L.V., Stappenbeck, T.S., Hong, C.V., y Gordon, J.I., «Angiogenins: a new class of microbicidal proteins involved in innate immunity», *Nat. Immunol.*, 4 (2003), pp. 269-273.

HOOPER, L.V., Littman, D.R., y Macpherson, A.J., «Interactions between the microbiota and the immune system», *Science*, 336 (2012), pp. 1.268-1.273.

HORNETT, E.A., Charlat, S., Wedell, N., Jiggins, C.D., y Hurst, G.D.D., «Rapidly shifting sex ratio across a species range», *Curr. Biol.*, 19 (2009), pp. 1.628-1.631.

HOSOKAWA, T., Kikuchi, Y., Shimada, M., y Fukatsu, T., «Symbiont acquisition alters behaviour of stinkbug nymphs», *Biol. Lett.*, 4 (2008) pp. 45-48.

Hosokawa, T., Koga, R., Kikuchi, Y., Meng, X.-Y., y Fukatsu, T., «*Wolbachia* as a bacteriocyte-associated nutritional mutualist», *Proc. Natl. Acad. Sci.*, 107 (2010), pp. 769-774.

Hosokawa, T., Hironaka, M., Mukai, H., Inadomi, K., Suzuki, N., y Fukatsu, T., «Mothers never miss the moment: a fine-tuned mechanism for vertical symbiont transmission in a subsocial insect», *Anim. Behav.*, 83 (2012), pp. 293-300.

Hotopp, J.C.D., Clark, M.E., Oliveira, D.C.S.G., Foster, J.M., Fischer, P., Torres, M.C.M., Giebel, J.D., Kumar, N., Ishmael, N., Wang, S., *et al.*, «Widespread lateral gene transfer from intracellular bacteria to multicellular eukaryotes», *Science*, 317 (2007), pp. 1.753-1.756.

Hsiao, E.Y., McBride, S.W., Hsien, S., Sharon, G., Hyde, E.R., McCue, T., Codelli, J.A., Chow, J., Reisman, S.E., Petrosino, J.F., *et al.*, «Microbiota modulate behavioral and physiological abnormalities associated with neurodevelopmental disorders», *Cell*, 155 (2013), pp. 1.451-1.463.

Huang, L., Chen, Q., Zhao, Y., Wang, W., Fang, F., y Bao, Y., «Is elective Cesarean section associated with a higher risk of asthma? A meta-analysis», *J. Asthma Off. J. Assoc. Care Asthma*, 52 (2015), pp. 16-25.

Hughes, G.L., Dodson, B.L., Johnson, R.M., Murdock, C.C., Tsujimoto, H., Suzuki, Y., Patt, A.A., Cui, L., Nossa, C.W., Barry, R.M., *et al.*, «Native microbiome impedes vertical transmission of *Wolbachia* in *Anopheles* mosquitoes», *Proc. Natl. Acad. Sci.*, 111 (2014), pp. 12.498-12.503.

Husnik, F., Nikoh, N., Koga, R., Ross, L., Duncan, R.P., Fujie, M., Tanaka, M., Satoh, N., Bachtrog, D., Wilson, A.C.C. *et al.*, «Horizontal gene transfer from diverse bacteria to an insect genome enables a tripartite nested mealybug symbiosis», *Cell*, 153 (2013), pp. 1.567-1.578.

Huttenhower, C., Gevers, D., Knight, R., Abubucker, S., Badger, J.H., Chinwalla, A.T., Creasy, H.H., Earl, A.M., FitzGerald, M.G., Fulton, R.S., *et al.*, «Structure, function and diversity of the healthy human microbiome», *Nature*, 486 (2012), pp. 207-214.

Huttenhower, C., Kostic, A.D., y Xavier, R.J., «Inflammatory bowel disease as a model for translating the microbiome», *Immunity*, 40 (2014), pp. 843-854.

Iturbe-Ormaetxe, I., Walker, T., y O'Neill, S.L., «*Wolbachia* and the biological control of mosquito-borne disease», *EMBO Rep.*, 12 (2011), pp. 508-518.

Ivanov, I.I., Atarashi, K., Manel, N., Brodie, E.L., Shima, T., Karaoz, U.,

Wei, D., Goldfarb, K.C., Santee, C.A., Lynch, S.V., *et al.*, «Induction of intestinal Th17 cells by segmented filamentous bacteria», *Cell*, 139 (2009), pp. 485-498.

JAENIKE, J., Polak, M., Fiskin, A., Helou, M., y Minhas, M., «Interspecific transmission of endosymbiotic *Spiroplasma* by mites», *Biol. Lett.*, 3 (2007), pp. 23-25.

JAENIKE, J., Unckless, R., Cockburn, S.N., Boelio, L.M., y Perlman, S.J., «Adaptation via symbiosis: recent spread of a *Drosophila* defensive symbiont», *Science*, 329 (2010), pp. 212-215.

JAKOBSSON, H.E., Jernberg, C., Andersson, A.F., Sjölund-Karlsson, M., Jansson, J.K., y Engstrand, L., «Short-term antibiotic treatment has differing long-term impacts on the human throat and gut microbiome», *PLoS ONE*, 5 (2010), e9836.

JANSSON, J.K., y Prosser, J.I., «Microbiology: the life beneath our feet», *Nature*, 494 (2013), pp. 40-41.

JEFFERSON, R., «The hologenome theory of evolution-Science as Social Enterprise», <http://blogs.cambia.org/ raj/ 2010/11/16/the-hologenome-theoryof-evolution/>, 2010.

JERNBERG, C., Lofmark, S., Edlund, C., y Jansson, J.K., «Long-term impacts of antibiotic exposure on the human intestinal microbiota», *Microbiology*, 156 (2010), pp. 3.216-3.223.

JIGGINS, F.M., y Hurst, G.D.D., «Rapid insect evolution by symbiont transfer», *Science*, 332 (2011), pp. 185-186.

JOHNSTON, K.L., Ford, L., y Taylor, M.J., «Overcoming the challenges of drug discovery for neglected tropical diseases: the A·WoL experience», *J. Biomol. Screen.*, 19 (2014), pp. 335-343.

JONES, R.J., y Megarrity, R.G., «Successful transfer of DHP-degrading bacteria from Hawaiian goats to Australian ruminants to overcome the toxicity of *Leucaena*», *Aust. Vet. J.*, 63 (1986), pp. 259-262.

KAISER, W., Huguet, E., Casas, J., Commin, C., y Giron, D., «Plant greenisland phenotype induced by leaf-miners is mediated by bacterial symbionts», *Proc. R. Soc. B Biol. Sci.*, 277 (2010), pp. 2.311-2.319.

KAIWA, N., Hosokawa, T., Nikoh, N., Tanahashi, M., Moriyama, M., Meng, X-Y., Maeda, T., Yamaguchi, K., Shigenobu, S., Ito, M., *et al.*, «Symbiontsupplemented maternal investment underpinning host's ecological adaptation», *Curr. Biol.*, 24 (2014), pp. 2.465-2.470.

KALTENPOTH, M., Göttler, W., Herzner, G., y Strohm, E., «Symbiotic bacteria protect wasp larvae from fungal infestation», *Curr. Biol.*, 15 (2005), pp. 475-479.

KALTENPOTH, M., Roeser-Mueller, K., Koehler, S., Peterson, A., Nechitaylo, T.Y., Stubblefield, J.W., Herzner, G., Seger, J., y Strohm, E., «Partner choice and fidelity stabilize coevolution in a Cretaceous-age defensive symbiosis», *Proc. Natl. Acad. Sci.*, 111 (2014), pp. 6.359-6.364.

KANE, M., Case, L.K., Kopaskie, K., Kozlova, A., MacDearmid, C., Chervonsky, A.V., y Golovkina, T.V., «Successful transmission of a retrovirus depends on the commensal microbiota», *Science*, 334 (2011), pp. 245-249.

KARASOV, W.H., Martínez del Río, C., y Caviedes-Vidal, E., «Ecological physiology of diet and digestive systems», *Annu. Rev. Physiol.*, 73 (2011), pp. 69-93.

KATAN, M.B., «Why the European Food Safety Authority was right to reject health claims for probiotics», *Benef. Microbes*, 3 (2012), pp. 85-89.

KAU, A.L., Planer, J.D., Liu, J., Rao, S., Yatsunenko, T., Trehan, I., Manary, M.J., Liu, T-C., Stappenbeck, T.S., Maleta, K.M., *et al.*, «Functional characterization of IgA-targeted bacterial taxa from undernourished Malawian children that produce diet-dependent enteropathy», *Sci. Transl. Med.*, 7 (2015), 276ra24-ra276ra24.

KEELING, P.J., y Palmer, J.D., «Horizontal gene transfer in eukaryotic evolution», *Nat. Rev. Genet.*, 9 (2008), pp. 605-618.

KELLY, L.W., Barott, K.L., Dinsdale, E., Friedlander, A.M., Nosrat, B., Obura, D., Sala, E., Sandin, S.A., Smith, J.E., y Vermeij, M.J., «Black reefs: iron-induced phase shifts on coral reefs», *ISME J.*, 6 (2012), pp. 638-649.

KEMBEL, S.W., Jones, E., Kline, J., Northcutt, D., Stenson, J., Womack, A.M., Bohannan, B.J., Brown, G.Z., y Green, J.L., «Architectural design influences the diversity and structure of the built environment microbiome», *ISME J.*, 6 (2012), pp. 1.469-1.479.

KEMBEL, S.W., Meadow, J.F., O'Connor, T.K., Mhuireach, G., Northcutt, D., Kline, J., Moriyama, M., Brown, G.Z., Bohannan, B.J.M., y Green, J.L., «Architectural design drives the biogeography of indoor bacterial communities», *PLoS ONE*, 9 (2014), e87093.

KENDALL, A.I., «Some observations on the study of the intestinal bacteria», *J. Biol. Chem.*, 6 (1909), pp. 499-507.

—, *Bacteriology, General, Pathological and Intestinal*, Filadelfia y Nueva York, Lea & Febiger, 1921.

—, *Civilization and the Microbe*, Boston, Houghton Mifflin, 1923.

KERNBAUER, E., Ding, Y., y Cadwell, K., «An enteric virus can replace the beneficial function of commensal bacteria», *Nature*, 516 (2014), pp. 94-98.

KHORUTS, A., «Faecal microbiota transplantation in 2013: developing human gut microbiota as a class of therapeutics», *Nat. Rev. Gastroenterol. Hepatol.*, 11 (2013), pp. 79-80.

KIERS, E.T., y West, S.A. «Evolving new organisms via symbiosis», *Science*, 348 (2015), pp. 392-394.

KIKUCHI, Y., Hayatsu, M., Hosokawa, T., Nagayama, A., Tago, K., y Fukatsu, T., «Symbiont-mediated insecticide resistance», *Proc. Natl. Acad. Sci.*, 109 (2012), pp. 8.618-8.622.

KILPATRICK, A.M., Briggs, C.J., y Daszak, P., «The ecology and impact of chytridiomycosis: an emerging disease of amphibians», *Trends Ecol. Evol.*, 25 (2010), pp. 109-118.

KIRK, R.G. (2012), «"Life in a germ-free world" : isolating life from the laboratory animal to the bubble boy», *Bull. Hist. Med.*, 86 (2012), pp. 237-275.

KOCH, H., y Schmid-Hempel, P., «Socially transmitted gut microbiota protect bumble bees against an intestinal parasite», *Proc. Natl. Acad. Sci.*, 108 (2011), pp. 19.288-19.292.

KOHL, K.D., Weiss, R.B., Cox, J., Dale, C., y Denise Dearing, M., «Gut microbes of mammalian herbivores facilitate intake of plant toxins», *Ecol. Lett.*, 17 (2014), pp. 1.238-1.246.

KOREN, O., Goodrich, J.K., Cullender, T.C., Spor, A., Laitinen, K., Kling Bäckhed, H., González, A., Werner, J.J., Angenent, L.T., Knight, R., *et al.*, «Host remodeling of the gut microbiome and metabolic changes during pregnancy», *Cell*, 150 (2012), pp. 470-480.

KOROPATKIN, N.M., Cameron, E.A., y Martens, E.C., «How glycan metabolism shapes the human gut microbiota», *Nat. Rev. Microbiol.*, 10 (2012), pp. 323-335.

KOROPATNICK, T.A., Engle, J.T., Apicella, M.A., Stabb, E.V., Goldman, W.E., y McFall-Ngai, M.J., «Microbial factor-mediated development in a host-bacterial mutualism», *Science*, 306 (2004), pp. 1.186-1.188.

KOSTIC, A.D., Gevers, D., Siljander, H., Vatanen, T., Hyötyläinen, T., Hämäläinen, A-M., Peet, A., Tillmann, V., Pöhö, P., Mattila, I., *et al.*, «The dynamics of the human infant gut microbiome in development and in progression toward Type 1 Diabetes», *Cell Host Microbe*, 17 (2015), pp. 260-273.

KOTULA, J.W., Kerns, S.J., Shaket, L.A., Siraj, L., Collins, J.J., Way, J.C., y Silver, P.A., «Programmable bacteria detect and record an environmental signal in the mammalian gut», *Proc. Natl. Acad. Sci.*, 111 (2014), pp. 4.838-4.843.

Kozek, W.J., «Transovarially-transmitted intracellular microorganisms in adult and larval stages of *Brugia malayi*», *J. Parasitol.*, 63 (1977), pp. 992-1.000.

Kozek, W.J., y Rao, R.U., «The Discovery of *Wolbachia* in arthropods and nematodes –a historical perspective», en *Wolbachia: A Bug's Life in another Bug*, A. Hoerauf y R.U. Rao, eds., Basilea, Karger, 2007, pp. 1-14.

Kremer, N., Philipp, E.E.R., Carpentier, M-C., Brennan, C.A., Kraemer, L., Altura, M.A., Augustin, R., Häsler, R., Heath-Heckman, E.A.C., Peyer, S.M., *et al.*, «Initial symbiont contact orchestrates host-organ-wide transcriptional changes that prime tissue colonization», *Cell Host Microbe*, 14 (2013), pp. 183-194.

Kroes, I., Lepp, P.W., y Relman, D.A., «Bacterial diversity within the human subgingival crevice», *Proc. Natl. Acad. Sci.*, 96 (1999), pp. 14.547-14.552.

Kruif, P.D., *Microbe Hunters*, Boston, Houghton Mifflin Harcourt, 2002.

Kueneman, J.G., Parfrey, L.W., Woodhams, D.C., Archer, H.M., Knight, R., y McKenzie, V.J., «The amphibian skin-associated microbiome across species, space and life history stages», *Mol. Ecol.*, 23 (2014), pp. 1.238-1.250.

Kunz, C., «Historical aspects of human milk oligosaccharides», *Adv. Nutr. Int. Rev. J.*, 3 (2012), pp. 430S-439S.

Kunzig, R., *Mapping the Deep: The Extraordinary Story of Ocean Science*, Nueva York, W. W. Norton & Co, 2000.

Kuss, S.K., Best, G.T., Etheredge, C.A., Pruijssers, A.J., Frierson, J.M., Hooper, L.V., Dermody, T.S., y Pfeiffer, J.K., «Intestinal microbiota promote enteric virus replication and systemic pathogenesis», *Science*, 334 (2011), pp. 249-252.

Kwong, W.K., y Moran, N.A., «Evolution of host specialization in gut microbes: the bee gut as a model», *Gut Microbes*, 6 (2015), pp. 214-220.

Lander, E.S., Linton, L.M., Birren, B., Nusbaum, C., Zody, M.C., Baldwin, J., Devon, K., Dewar, K., Doyle, M., FitzHugh, W., *et al.*, «Initial sequencing and analysis of the human genome», *Nature*, 409 (2001), pp. 860-921.

Lane, N., *The Vital Question: Why Is Life the Way It Is?*, Londres, Profile Books, 2015.

—, «The unseen world: reflections on Leeuwenhoek (1677) "Concerning little animals"» *Philos. Trans. R. Soc. B Biol. Sci.*, 370 (2015), doi: 10.1098/rstb. 2014. 0344.

Lang, J.M., Eisen, J.A., y Zivkovic, A.M. «The microbes we eat: abundance and taxonomy of microbes consumed in a day's worth of meals for three diet types», *PeerJ*, 2 (2014), e659.

LAWLEY, T.D., Clare, S., Walker, A.W., Stares, M.D., Connor, T.R., Raisen, C., Goulding, D., Rad, R., Schreiber, F., Brandt, C., *et al.*, «Targeted restoration of the intestinal microbiota with a simple, defined bacteriotherapy resolves relapsing *Clostridium difficile* disease in mice», *PLoS Pathog.*, 8 (2012), e1002995.

LAX, S., y Gilbert, J.A., «Hospital-associated microbiota and implications for nosocomial infections», *Trends Mol. Med.*, 21 (2015), pp. 427-432.

LAX, S., Smith, D.P., Hampton-Marcell, J., Owens, S.M., Handley, K.M., Scott, N.M., Gibbons, S.M., Larsen, P., Shogan, B.D., Weiss, S., *et al.*, «Longitudinal analysis of microbial interaction between humans and the indoor environment», *Science*, 345 (2014), pp. 1.048-1.052.

LE Chatelier, E., Nielsen, T., Qin, J., Prifti, E., Hildebrand, F., Falony, G., Almeida, M., Arumugam, M., Batto, J-M., Kennedy, S., *et al.*, «Richness of human gut microbiome correlates with metabolic markers», *Nature*, 500 (2013), pp. 541-546.

LE Clec'h, W., Chevalier, F.D., Genty, L., Bertaux, J., Bouchon, D., y Sicard, M., «Cannibalism and predation as paths for horizontal passage of *Wolbachia* between terrestrial isopods», *PLoS ONE*, 8 (2013), e60232.

LEE, Y.K., y Mazmanian, S.K., «Has the microbiota played a critical role in the evolution of the adaptive immune system?», *Science*, 330 (2010), pp. 1.768-1.773.

LEE, B.K., Magnusson, C., Gardner, R.M., Blomström, A., Newschaffer, C.J., Burstyn, I., Karlsson, H., y Dalman, C., «Maternal hospitalization with infection during pregnancy and risk of autism spectrum disorders», *Brain. Behav. Immun.*, 44 (2015), pp. 100-105.

LEEUWENHOEK, A. van., «Observation, communicated to the publisher by Mr. Antony van Leeuwenhoek, in a Dutch letter of the 9 Octob. 1676 here English'd: concerning little animals by him observed in rain-well-sea and snow water; as also in water wherein pepper had lain infused», *Phil. Trans.*, 12 (1677), pp. 821-831.

—, «More Observations from Mr. Leeuwenhoek, in a Letter of Sept. 7, 1674, sent to the Publisher», *Phil Trans*, 12 (1674), pp. 178-182.

LEMON, K.P., Armitage, G.C., Relman, D.A., y Fischbach, M.A., «Microbiotatargeted therapies: an ecological perspective», *Sci. Transl. Med.*, 4 (2012), 137rv5-rv137rv5.

LEPAGE, D., y Bordenstein, S.R., «*Wolbachia*: can we save lives with a great pandemic?», *Trends Parasitol.*, 29 (2013), pp. 385-393.

LEROI, A.M., *The Lagoon: How Aristotle Invented Science*, Nueva York, Viking Books, 2014.

LEROY, P.D., Sabri, A., Heuskin, S., Thonart, P., Lognay, G., Verheggen, F.J., Francis, F., Brostaux, Y., Felton, G.W., y Haubruge, E., «Microorganisms from aphid honeydew attract and enhance the efficacy of natural enemies», *Nat. Commun.*, 2 (2011), pp. 348.

LEY, R.E., Bäckhed, F., Turnbaugh, P., Lozupone, C.A., Knight, R.D., y Gordon, J.I., «Obesity alters gut microbial ecology», *Proc. Natl. Acad. Sci. U.S.A.*, 102 (2005), pp. 11.070-11.075.

LEY, R.E., Peterson, D.A., y Gordon, J.I., «Ecological and evolutionary forces shaping microbial diversity in the human intestine», *Cell*, 124 (2006), pp. 837-848.

LEY, R.E., Hamady, M., Lozupone, C., Turnbaugh, P.J., Ramey, R.R., Bircher, J.S., Schlegel, M.L., Tucker, T.A., Schrenzel, M.D., Knight, R., *et al.*, «Evolution of mammals and their gut microbes», *Science*, 320 (2008), pp. 1.647-1.651.

LEY, R.E., Lozupone, C.A., Hamady, M., Knight, R., y Gordon, J.I., «Worlds within worlds: evolution of the vertebrate gut microbiota», *Nat. Rev. Microbiol.*, 6 (2008), pp. 776-788.

LI, J., Jia, H., Cai, X., Zhong, H., Feng, Q., Sunagawa, S., Arumugam, M., Kultima, J.R., Prifti, E., Nielsen, T., *et al.*, «An integrated catalog of reference genes in the human gut microbiome», *Nat. Biotechnol.*, 32 (2014), pp. 834-841.

LINZ, B., Balloux, F., Moodley, Y., Manica, A., Liu, H., Roumagnac, P., Falush, D., Stamer, C., Prugnolle, F., Van der Merwe, S.W., *et al.*, «An African origin for the intimate association between humans and *Helicobacter pylori*», *Nature*, 445 (2007), pp. 915-918.

LIOU, A.P., Paziuk, M., Luevano, J.-M., Machineni, S., Turnbaugh, P.J., y Kaplan, L.M., «Conserved shifts in the gut microbiota due to gastric bypass reduce host weight and adiposity», *Sci. Transl. Med.*, 5 (2013), 178ra41.

LOGIN, F.H., y Heddi, A., «Insect immune system maintains long-term resident bacteria through a local response», *J. Insect Physiol.*, 59 (2013), pp. 232 239.

LOMBARDO, M.P., «Access to mutualistic endosymbiotic microbes: an underappreciated benefit of group living», *Behav. Ecol. Sociobiol.*, 62 (2008), pp. 479-497.

LYTE, M., Varcoe, J.J., y Bailey, M.T., «Anxiogenic effect of subclinical bacterial infection in mice in the absence of overt immune activation», *Physiol. Behav.*, 65 (1998), pp. 63-68.

MA, B., Forney, L.J., y Ravel, J., «Vaginal microbiome: rethinking health and disease», *Annu. Rev. Microbiol.*, 66 (2012), pp. 371-389.

MALKOVA, N.V., Yu, C.Z., Hsiao, E.Y., Moore, M.J., y Patterson, P.H., «Maternal immune activation yields offspring displaying mouse versions of the three core symptoms of autism», *Brain. Behav. Immun.*, 26 (2012), pp. 607-616.

MANICHANH, C., Borruel, N., Casellas, F., y Guarner, F., «The gut microbiota in IBD», *Nat. Rev. Gastroenterol. Hepatol.*, 9 (2012), pp. 599-608.

MARCOBAL, A., Barboza, M., Sonnenburg, E.D., Pudlo, N., Martens, E.C., Desai, P., Lebrilla, C.B., Weimer, B.C., Mills, D.A., German, J.B., *et al.*, «*Bacteroides* in the infant gut consume milk oligosaccharides via mucusutilization pathways», *Cell Host Microbe*, 10 (2011), pp. 507-514.

MARGULIS, L., y Fester, R., *Symbiosis as a Source of Evolutionary Innovation: Speciation and Morphogenesis*, Cambridge, Mass, The MIT Press, 1991.

MARGULIS, L., y Sagan, D., *Acquiring Genomes: A Theory of the Origin of Species*, Nueva York, Perseus Books Group, 2002.

MARTEL, A., Sluijs, A.S. Der, Blooi, M., Bert, W., Ducatelle, R., Fisher, M.C., Woeltjes, A., Bosman, W., Chiers, K., Bossuyt, F., *et al.*, «*Batrachochytrium salamandrivorans sp. nov.* causes lethal chytridiomycosis in amphibians», *Proc. Natl. Acad. Sci.*, 110 (2013), pp. 15.325-15.329.

MARTENS, E.C., Kelly, A.G., Tauzin, A.S., y Brumer, H., «The devil lies in the details: how variations in polysaccharide fine-structure impact the physiology and evolution of gut microbes», *J. Mol. Biol.*, 426 (2014), pp. 3.851-3.865.

MARTÍNEZ, I., Stegen, J.C., Maldonado-Gómez, M.X., Eren, A.M., Siba, P.M., Greenhill, A.R., y Walter, J., «The gut microbiota of rural Papua New Guineans: composition, diversity patterns, and ecological processes», *Cell Rep.*, 11 (2015), pp. 527-538.

MAYER, E.A., Tillisch, K., y Gupta, A. «Gut/brain axis and the microbiota», *J. Clin. Invest.*, 125 (2015), pp. 926-938.

MAYNARD, C.L., Elson, C.O., Hatton, R.D., y Weaver, C.T., «Reciprocal interactions of the intestinal microbiota and immune system», *Nature*, 489 (2012), pp. 231-241.

MAZMANIAN, S.K., Liu, C.H., Tzianabos, A.O., y Kasper, D.L., «An immunomodulatory molecule of symbiotic bacteria directs maturation of the host immune system», *Cell*, 122 (2005), pp. 107-118.

MAZMANIAN, S.K., Round, J.L., y Kasper, D.L., «A microbial symbiosis factor prevents intestinal inflammatory disease», *Nature*, 453 (2008), pp. 620-625.

McCutcheon, J.P., «Genome evolution: a bacterium with a Napoleon Complex», *Curr. Biol.*, 23 (2013), R657-R659.

McCutcheon, J.P., y Moran, N.A., «Extreme genome reduction in symbiotic bacteria», *Nat. Rev. Microbiol.*, 10 (2011), pp. 13-26.

McDole, T., Nulton, J., Barott, K.L., Felts, B., Hand, C., Hatay, M., Lee, H., Nadon, M.O., Nosrat, B., Salamon, P., et al., «Assessing coral reefs on a Pacificwide scale using the microbialization score», *PLoS ONE*, 7 (2012), e43233.

McFall-Ngai, M.J., «The development of cooperative associations between animals and bacteria: establishing detente among domains», *Integr. Comp. Biol.*, 38 (1998), pp. 593-608.

McFall-Ngai, M., «Adaptive immunity: care for the community», *Nature*, 445 (2007), p. 153.

—, «Divining the essence of symbiosis: insights from the Squid-Vibrio Model», *PLoS Biol.*, 12 (2014), e1001783.

McFall-Ngai, M.J., y Ruby, E.G., «Symbiont recognition and subsequent morphogenesis as early events in an animal-bacterial mutualism», *Science*, 254 (1991), pp. 1.491-1.494.

McFall-Ngai, M., Hadfield, M.G., Bosch, T.C., Carey, H.V., Domazet-Lošo, T., Douglas, A.E., Dubilier, N., Eberl, G., Fukami, T., y Gilbert, S.F., «Animals in a bacterial world, a new imperative for the life sciences», *Proc. Natl. Acad. Sci.*, 110 (2013), pp. 3.229-3.236.

McFarland, L.V., «Use of probiotics to correct dysbiosis of normal microbiota following disease or disruptive events: a systematic review», *BMJ Open*, 4 (2014), e005047.

McGraw, E.A., y O'Neill, S.L., «Beyond insecticides: new thinking on an ancient problem», *Nat. Rev. Microbiol.*, 11 (2013), pp. 181-193.

McKenna, M., *Superbug: The Fatal Menace of MRSA*, Nueva York, Free Press, 2010.

McKenna, M., «Imagining the Post-Antibiotics Future», <https://medium.com/@fernnews/imagining-the-post-antibiotics-future-892b57499e77>, 2013.

McLaren, D.J., Worms, M.J., Laurence, B.R., y Simpson, M.G., «Microorganisms in filarial larvae (*Nematoda*)», *Trans. R. Soc. Trop. Med. Hyg.*, 69 (1975), pp. 509-514.

McMaster, J., «How Did Life Begin?», <http:www.pbs.org/wgbn/nova/evolution/how-did-life-begin.html>, 2004.

McMeniman, C.J., Lane, R.V., Cass, B.N., Fong, A.W.C., Sidhu, M., Wang, Y-F., y O'Neill, S.L., «Stable introduction of a life-shortening

Wolbachia infection into the mosquito *Aedes aegypti»*, *Science*, 323 (2009), pp. 141-144.

McNulty, N.P., Yatsunenko, T., Hsiao, A., Faith, J.J., Muegge, B.D., Goodman, A.L., Henrissat, B., Oozeer, R., Cools-Portier, S., Gobert, G., *et al.*, «The impact of a consortium of fermented milk strains on the gut microbiome of gnotobiotic mice and monozygotic twins», *Sci. Transl. Med.*, 3 (2011), 106ra106.

Meadow, J.F., Bateman, A.C., Herkert, K.M., O'Connor, T.K., y Green, J.L., «Significant changes in the skin microbiome mediated by the sport of roller derby», *PeerJ*, 1 (2013), e53.

Meadow, J.F., Altrichter, A.E., Bateman, A.C., Stenson, J., Brown, G.Z., Green, J.L., y Bohannan, B.J.M., «Humans differ in their personal microbial cloud», *PeerJ*, 3 (2015), e1258.

Metcalf, J.A., Funkhouser-Jones, L.J., Brileya, K., Reysenbach, A-L., y Bordenstein, S.R., «Antibacterial gene transfer across the tree of life», *eLife*, 3 (2014).

Miller, A.W., Kohl, K.D., y Dearing, M.D., «The gastrointestinal tract of the white-throated woodrat (*Neotoma albigula*) harbors distinct consortia of oxalate-degrading bacteria», *Appl. Environ. Microbiol.*, 80 (2014), pp. 1.595-1.601.

Mimee, M., Tucker, A.C., Voigt, C.A., y Lu, T.K., «Programming a human commensal bacterium, *Bacteroides thetaiotaomicron*, to sense and respond to stimuli in the murine gut microbiota», *Cell Syst.*, 1 (2015), pp. 62-71.

Min, K.-T., y Benzer, S., «*Wolbachia*, normally a symbiont of *Drosophila*, can be virulent, causing degeneration and early death», *Proc. Natl. Acad. Sci. U.S.A.*, 94 (1997), pp. 10.792-10.796.

Moberg, S. *René Dubos, Friend of the Good Earth: Microbiologist, Medical Scientist, Environmentalist*, Washington, DC, ASM Press, 2005.

Moeller, A.H., Li, Y., Mpoudi Ngole, E., Ahuka-Mundeke, S., Lonsdorf, E.V., Pusey, A.E., Peeters, M., Hahn, B.H., y Ochman, H., «Rapid changes in the gut microbiome during human evolution», *Proc. Natl. Acad. Sci. U.S.A.*, 111 (2014), pp. 16.431-16.435.

Montgomery, M.K., y McFall-Ngai, M., «Bacterial symbionts induce host organ morphogenesis during early postembryonic development of the squid *Euprymna scolopes*», *Dev. Camb. Engl.*, 120 (1994), pp. 1.719-1.729.

Moran, N.A., y Dunbar, H.E., «Sexual acquisition of beneficial symbionts in aphids», *Proc. Natl. Acad. Sci.*, 103 (2006), pp. 12.803-12.806.

MORAN, N.A., y Sloan, D.B., «The Hologenome Concept: helpful or hollow?» *PLoS Biol.*, 13 (2015), e1002311.

MORAN, N.A., Degnan, P.H., Santos, S.R., Dunbar, H.E., y Ochman, H., «The players in a mutualistic symbiosis: insects, bacteria, viruses, and virulence genes», *Proc. Natl. Acad. Sci. U.S.A.*, 102 (2005), pp. 16.919-16.926.

MOREIRA, L.A., Iturbe-Ormaetxe, I., Jeffery, J.A., Lu, G., Pyke, A.T., Hedges, L.M., Rocha, B.C., Hall-Mendelin, S., Day, A., Riegler, M., *et al.*, «A *Wolbachia* symbiont in *Aedes aegypti* limits infection with dengue, chikungunya, and plasmodium», *Cell*, 139 (2009), pp. 1.268-1.278.

MORELL, V., «Microbial biology: microbiology's scarred revolutionary», *Science*, 276 (1997), pp. 699-702.

MORGAN, X.C., Tickle, T.L., Sokol, H., Gevers, D., Devaney, K.L., Ward, D.V., Reyes, J.A., Shah, S.A., LeLeiko, N., Snapper, S.B., *et al.*, «Dysfunction of the intestinal microbiome in inflammatory bowel disease and treatment», *Genome Biol.*, 13 (2012), R79.

MUKHERJEE, S., *The Emperor of All Maladies*, Londres, Fourth Estate, 2011. [Hay trad. cast.: *El emperador de todos los males*, 2014, Barcelona, Debate.]

MULLARD, A., «Microbiology: the inside story», *Naturek*, 453 (2008), pp. 578-580.

NATIONAL Research Council (US) Committee on Metagenomics, *The New Science of Metagenomics: Revealing the Secrets of Our Microbial Planet*, Washington, DC, National Academies Press (US), 2007.

Nature, «Oh, New Delhi; oh, Geneva», *Nature*, 256 (1975), pp. 355-357.

Nature, «Culture shock», *Nature*, 493 (2013), pp. 133-134.

NELSON, B., «Medicine's dirty secret», <http://mosaicscience.com/story/medicine%E2%80%99s-dirty-secret>, 2014.

NEUFELD, K.M., Kang, N., Bienenstock, J., y Foster, J.A., «Reduced anxietylike behavior and central neurochemical change in germ-free mice: behavior in germ-free mice», *Neurogastroenterol. Motil.*, 23 (2011), pp. 255-e119.

NEWBURG, D.S., Ruiz-Palacios, G.M., y Morrow, A.L., «Human milk glycans protect infants against enteric pathogens», *Annu. Rev. Nutr.*, 25 (2005), pp. 37-58.

New York Times, «Science watch: miracle plant tested as cattle fodder», 12 de febrero de 1985.

NICHOLSON, J.K., Holmes, E., Kinross, J., Burcelin, R., Gibson, G., Jia, W., y Pettersson, S., «Host-Gut Microbiota Metabolic Interactions», *Science*, 336 (2012), pp. 1.262-1.267.

NIGHTINGALE, F., *Notes on Nursing: What It Is, and What It Is Not*, Nueva York, D. Appleton & Co., 1859.

NOUGUÉ, O., Gallet, R., Chevin, L-M., y Lenormand, T., «Niche limits of symbiotic gut microbiota constrain the salinity tolerance of brine shrimp», *Am. Nat.*, 186 (2015), pp. 390-403.

NOVÁKOVÁ, E., Hypša, V., Klein, J., Foottit, R.G., Von Dohlen, C.D., y Moran, N.A., «Reconstructing the phylogeny of aphids (*Hemiptera: Aphididae*) using DNA of the obligate symbiont *Buchnera aphidicola*», *Mol. Phylogenet. Evol.*, 68 (2013), pp. 42-54.

OBREGON-TITO, A.J., Tito, R.Y., Metcalf, J., Sankaranarayanan, K., Clemente, J.C., Ursell, L.K., Zech Xu, Z., Van Treuren, W., Knight, R., Gaffney, P.M., *et al.*, «Subsistence strategies in traditional societies distinguish gut microbiomes», *Nat. Commun.*, 6 (2015), p. 6.505.

OCHMAN, H., Lawrence, J.G., y Groisman, E.A., «Lateral gene transfer and the nature of bacterial innovation», *Nature*, 405 (2000), pp. 299-304.

OHBAYASHI, T., Takeshita, K., Kitagawa, W., Nikoh, N., Koga, R., Meng, X-Y., Tago, K., Hori, T., Hayatsu, M., Asano, K., *et al.*, «Insect's intestinal organ for symbiont sorting», *Proc. Natl. Acad. Sci.*, 112 (2015), E5179-E5188.

OLIVER, K.M., Moran, N.A., y Hunter, M.S., «Variation in resistance to parasitism in aphids is due to symbionts not host genotype», *Proc. Natl. Acad. Sci. U.S.A.*, 102 (2005), pp. 12.795-12.800.

OLIVER, K.M., Campos, J., Moran, N.A., y Hunter, M.S., «Population dynamics of defensive symbionts in aphids», *Proc. R. Soc. B Biol. Sci.*, 275 (2008), pp. 293-299.

OLLE, B. «Medicines from microbiota», *Nat. Biotechnol.*, 31 (2013), pp. 309-315.

OLSZAK, T., An, D., Zeissig, S., Vera, M.P., Richter, J., Franke, A., Glickman, J.N., Siebert, R., Baron, R.M., Kasper, D.L., *et al.*, «Microbial exposure during early life has persistent effects on natural killer T cell function», *Science*, 336 (2012), pp. 489-493.

O'MALLEY, M.A., «What did Darwin say about microbes, and how did microbiology respond?», *Trends Microbiol.*, 17 (2009), pp. 341-347.

OSAWA, R., Blanshard, W., y Ocallaghan, P., «Microbiological studies of the intestinal microflora of the Koala, *Phascolarctos-Cinereus* .2. Pap, a special maternal feces consumed by juvenile koalas», *Aust. J. Zool.*, 41 (1993), pp. 611-620.

OTT, S.J., Musfeldt, M., Wenderoth, D.F., Hampe, J., Brant, O., Fölsch, U.R., Timmis, K.N., y Schreiber, S., «Reduction in diversity of the colonic mucosa associated bacterial microflora in patients with active inflammatory bowel disease», *Gut*, 53 (2004), pp. 685-693.

OTT, B.M., Rickards, A., Gehrke, L., y Rio, R.V.M., «Characterization of shed medicinal leech mucus reveals a diverse microbiota», *Front. Microbiol.*, 5 (2015), doi: 10.3389/fmicb.2014.00757.

PACE, N.R., Stahl, D.A., Lane, D.J., y Olsen, G.J., «The analysis of natural microbial populations by ribosomal RNA Sequences», en *Advances in Microbial Ecology*, K.C. Marshall, ed., Nueva York, Springer US, 1986, pp. 1-55.

PAINE, R.T., Tegner, M.J., y Johnson, E.A., «Compounded perturbations yield ecological surprises», *Ecosystems*, 1 (1998), pp. 535-545.

PAIS, R., Lohs, C., Wu, Y., Wang, J., y Aksoy, S., «The obligate mutualist *Wigglesworthia glossinidia* influences reproduction, digestion, and immunity processes of its host, the tsetse fly», *Appl. Environ. Microbiol.*, 74 (2008), pp. 5.965-5.974.

PANNEBAKKER, B.A., Loppin, B., Elemans, C.P., Humblot, L., y Vavre, F., «Parasitic inhibition of cell death facilitates symbiosis», *Proc. Natl. Acad. Sci.*, 104 (2007), pp. 213-215.

PAYNE, A.S., *The Cleere Observer. A Biography of Antoni Van Leeuwenhoek*, Londres, Macmillan, 1970.

PETROF, E.O., y Khoruts, A., «From stool transplants to next-generation microbiota therapeutics», *Gastroenterology*, 146 (2014), pp. 1.573-1.582.

PETROF, E., Gloor, G., Vanner, S., Weese, S., Carter, D., Daigneault, M., Brown, E., Schroeter, K., y Allen-Vercoe, E., «Stool substitute transplant therapy for the eradication of *Clostridium difficile* infection: "Re-POOPulating" the gut», *Microbiome*, 1 (2013), p. 3.

PETSCHOW, B., Doré, J., Hibberd, P., Dinan, T., Reid, G., Blaser, M., Cani, P.D., Degnan, F.H., Foster, J., Gibson, G., *et al.*, «Probiotics, prebiotics, and the host microbiome: the science of translation», *Ann. N. Y. Acad. Sci.*, 1306 (2013), pp. 1-17.

PICKARD, J.M., Maurice, C.F., Kinnebrew, M.A., Abt, M.C., Schenten, D., Golovkina, T.V., Bogatyrev, S.R., Ismagilov, R.F., Pamer, E.G., Turnbaugh, P.J., *et al.*, «Rapid fucosylation of intestinal epithelium sustains host-commensal symbiosis in sickness», *Nature*, 514 (2014), pp. 638-641.

POULSEN, M., Hu, H., Li, C., Chen, Z., Xu, L., Otani, S., Nygaard, S., Nobre, T., Klaubauf, S., Schindler, P.M., *et al.*, «Complementary symbiont contributions to plant decomposition in a fungus-farming termite», *Proc. Natl. Acad. Sci.*, 111 (2014), pp. 14.500-14.505.

QIAN, J., Hospodsky, D., Yamamoto, N., Nazaroff, W.W., y Peccia, J., «Size-resolved emission rates of airborne bacteria and fungi in an occupied classroom: size-resolved bioaerosol emission rates», *Indoor Air*, 22 (2012), pp. 339-351.

QUAMMEN, D., *The Song of the Dodo: Island Biogeography in an Age of Extinction*, Nueva York, Scribner, 1997.

RAWLS, J.F., Samuel, B.S., y Gordon, J.I., «Gnotobiotic zebrafish reveal evolutionarily conserved responses to the gut microbiota», *Proc. Natl. Acad. Sci. U.S.A.*, 101 (2004), pp. 4.596-4.601.

RAWLS, J.F., Mahowald, M.A., Ley, R.E., y Gordon, J.I., «Reciprocal gut microbiota transplants from zebrafish and mice to germ-free recipients reveal host habitat selection», *Cell*, 127 (2006), pp. 423-433.

REDFORD, K.H., Segre, J.A., Salafsky, N., del Río, C.M., y McAloose, D., «Conservation and the Microbiome: Editorial», *Conserv. Biol.*, 26 (2012), pp. 195-197.

REID, G., «Opinion paper: Quo vadis - EFSA?», *Benef. Microbes*, 2 (2011)), pp. 177-181.

RELMAN, D.A. (2008), «"Til death do us part": coming to terms with symbiotic relationships», Foreword., *Nat. Rev. Microbiol.*, 6 (2008), pp. 721-724.

RELMAN, D.A., «The human microbiome: ecosystem resilience and health», *Nutr. Rev.*, 70 (2012), S2-S9.

RIDAURA, V.K., Faith, J.J., Rey, F.E., Cheng, J., Duncan, A.E., Kau, A.L., Griffin, N.W., Lombard, V., Henrissat, B., Bain, J.R., *et al.*, «Gut microbiota from twins discordant for obesity modulate metabolism in mice», *Science*, 341 (2013), 1241214.

RIGAUD, T., y Juchault, P. Heredity - Abstract of article: «Genetic control of the vertical transmission of a cytoplasmic sex factor in *Armadillidium vulgare Latr.* (Crustacea, Oniscidea)», *Heredity*, 68 (1992), pp. 47-52.

RILEY, D.R., Sieber, K.B., Robinson, K.M., White, J.R., Ganesan, A., Nourbakhsh, S., y Dunning Hotopp, J.C., «Bacteria-human somatic cell lateral gene transfer is enriched in cancer samples», *PLoS Comput. Biol.*, 9 (2013), e1003107.

ROBERTS, C.S., «William Beaumont, the man and the opportunity», en *Clinical Methods: The History, Physical, and Laboratory Examinations*, H.K. Walker, W.D. Hall, y J.W. Hurst, eds., Boston, Butterworths, 1990.

ROBERTS, S.C., Gosling, L.M., Spector, T.D., Miller, P., Penn, D.J., y Petrie, M., «Body Odor Similarity in Noncohabiting Twins», *Chem. Senses*, 30 (2005), pp. 651-656.

ROGIER, E.W., Frantz, A.L., Bruno, M.E., Wedlund, L., Cohen, D.A., Stromberg, A.J., y Kaetzel, C.S., «Secretory antibodies in breast milk promote longterm intestinal homeostasis by regulating the gut microbiota and host gene expression», *Proc. Natl. Acad. Sci.*, 111 (2014), pp. 3.074-3.079.

ROHWER, F., y Youle, M., *Coral Reefs in the Microbial Seas*, Estados Unidos, Plaid Press, 2010.

ROOK, G.A.W., Lowry, C.A., y Raison, C.L., «Microbial "Old Friends", immunoregulation and stress resilience», *Evol. Med. Public Health*, 2013 (2013), pp. 46-64.

ROSEBURY, T., *Microorganisms Indigenous to Man*, Nueva York, McGraw-Hill, 1962.

—, *Life on Man*, Nueva York, Viking Press, 1969.

ROSENBERG, E., Sharon, G., y Zilber-Rosenberg, I., «The hologenome theory of evolution contains Lamarckian aspects within a Darwinian framework», *Environ. Microbiol.*, 11 (2009), pp. 2.959-2.962.

ROSNER, J., «Ten times more microbial cells than body cells in humans?», *Microbe*, 9 (2014), p. 47.

ROUND, J.L., y Mazmanian, S.K., «The gut microbiota shapes intestinal immune responses during health and disease», *Nat. Rev. Immunol.*, 9 (2009), pp. 313-323.

—, «Inducible Foxp3+ regulatory T-cell development by a commensal bacterium of the intestinal microbiota», *Proc. Natl. Acad. Sci. U.S.A.*, 107 (2010), pp. 12.204-12.209.

RUSSELL, C.W., Bouvaine, S., Newell, P.D., y Douglas, A.E., «Shared metabolic pathways in a coevolved insect-bacterial symbiosis», *Appl. Environ. Microbiol.*, 79 (2013), pp. 6.117-6.123.

RUSSELL, J.A., Funaro, C.F., Giraldo, Y.M., Goldman-Huertas, B., Suh, D., Kronauer, D.J.C., Moreau, C.S., y Pierce, N.E., «A veritable menagerie of heritable bacteria from ants, butterflies, and beyond: broad molecular surveys and a systematic review», *PLoS ONE*, 7 (2012), e51027.

RUSSELL, J.A., Weldon, S., Smith, A.H., Kim, K.L., Hu, Y., Łukasik, P., Doll, S., Anastopoulos, I., Novin, M., y Oliver, K.M., «Uncovering symbiontdriven genetic diversity across North American pea aphids», *Mol. Ecol.*, 22 (2013), pp. 2.045-2.059.

RUTHERFORD, A., *Creation: The Origin of Life / The Future of Life*, Londres, Penguin, 2013.

SACHS, J.L., Skophammer, R.G., y Regus, J.U., «Evolutionary transitions in bacterial symbiosis», *Proc. Natl. Acad. Sci.*, 108 (2011), pp. 10.800-10.807.

SACKS, O., «A General Feeling of Disorder»., *N. Y. Rev. Books* (23 de abril de 2015).

SAEIDI, N., Wong, C.K., Lo, T-M., Nguyen, H.X., Ling, H., Leong, S.S.J., Poh, C.L., y Chang, M.W., «Engineering microbes to sense and eradicate *Pseudomonas aeruginosa*, a human pathogen», *Mol. Syst. Biol.*, 7 (2011), p. 521.

SAGAN, L., «On the origin of mitosing cells», *J. Theor. Biol.*, 14 (1967), pp. 255-274.

SALTER, S.J., Cox, M.J., Turek, E.M., Calus, S.T., Cookson, W.O., Moffatt, M.F., Turner, P., Parkhill, J., Loman, N.J., y Walker, A.W. (2014), «Reagent and laboratory contamination can critically impact sequence-based microbiome analyses», *BMC Biol.*, 12 (2014), p. 87.

SALZBERG, S.L., «Microbial genes in the human genome: lateral transfer or gene loss?», *Science*, 292 (2001), pp. 1.903-1.906.

SALZBERG, S.L., Hotopp, J.C., Delcher, A.L., Pop, M., Smith, D.R., Eisen, M.B., y Nelson, W.C., «Serendipitous discovery of *Wolbachia* genomes in multiple *Drosophila* species», *Genome Biol.*, 6 (2005), R23.

SANDERS, J.G., Beichman, A.C., Roman, J., Scott, J.J., Emerson, D., McCarthy, J.J., y Girguis, P.R., «Baleen whales host a unique gut microbiome with similarities to both carnivores and herbivores», *Nat. Commun.*, 6 (2015), p. 8.285.

SANGODEYI, F.I., «The Making of the Microbial Body, 1900s-2012», Harvard University, 2014.

SAPP, J., *Evolution by Association: A History of Symbiosis*, Nueva York, Oxford University Press, 1994.

—, «Paul Buchner (1886-1978) and hereditary symbiosis in insects», *Int. Microbiol.*, 5 (2002), pp. 145-150.

— *The New Foundations of Evolution: On the Tree of Life*, Oxford y Nueva York, Oxford University Press, 2009.

SAVAGE, D.C., «Microbial biota of the human intestine: a tribute to some pioneering scientists», *Curr. Issues Intest. Microbiol.*, 2 (2001), pp. 1-15.

SCHILTHUIZEN, M.O., y Stouthamer, R., «Horizontal transmission of parthenogenesis-inducing microbes in *Trichogramma* wasps», *Proc. R. Soc. Lond. B Biol. Sci.*, 264 (1997), pp. 361-366.

SCHLUTER, J., y Foster, K.R., «The evolution of mutualism in gut microbiota via host epithelial selection», *PLoS Biol.*, 10 (2012), e1001424.

SCHMIDT, C., «The startup bugs», *Nat. Biotechnol.*, 31 (2013), pp. 279-281.

SCHMIDT, T.M., DeLong, E.F., y Pace, N.R., «Analysis of a marine picoplankton community by 16S rRNA gene cloning and sequencing», *J. Bacteriol.*, 173 (1991), pp. 4.371-4.378.

SCHNORR, S.L., Candela, M., Rampelli, S., Centanni, M., Consolandi, C., Basaglia, G., Turroni, S., Biagi, E., Peano, C., Severgnini, M., *et al.*, «Gut microbiome of the Hadza hunter-gatherers», *Nat. Commun.*, 5 (2014), p. 3.654.

SCHUBERT, A.M., Sinani, H., y Schloss, P.D., «Antibiotic-induced alterations of the murine gut microbiota and subsequent effects on colonization resistance against *Clostridium difficile*», *mBio*, 6 (2015), e00974-15.

SELA, D.A., y Mills, D.A., «The marriage of nutrigenomics with the microbiome: the case of infant-associated bifidobacteria and milk», *Am. J. Clin. Nutr.*, 99 (2014), pp. 697S-703S.

SELA, D.A., Chapman, J., Adeuya, A., Kim, J.H., Chen, F., Whitehead, T.R., Lapidus, A., Rokhsar, D.S., Lebrilla, C.B., y German, J.B., «The genome sequence of *Bifidobacterium longum subsp. infantis* reveals adaptations for milk utilization within the infant microbiome», *Proc. Natl. Acad. Sci.*, 105 (2008), pp. 18.964-18.969.

SELOSSE, M-A., Bessis, A., y Pozo, M.J., «Microbial priming of plant and animal immunity: symbionts as developmental signals», *Trends Microbiol.*, 22 (2014), pp. 607-613.

SHANAHAN, F., «Probiotics in perspective», *Gastroenterology*, 139 (2010), pp. 1.808-1.812.

—, «The microbiota in inflammatory bowel disease: friend, bystander, and sometime-villain», *Nutr. Rev.*, 70 (2012), S31-S37.

SHANAHAN, F., y Quigley, E.M.M., «Manipulation of the microbiota for treatment of IBS and IBD - challenges and controversies», *Gastroenterology*, 146 (2014), pp. 1.554-1.563.

SHARON, G., Segal, D., Ringo, J.M., Hefetz, A., Zilber-Rosenberg, I., y Rosenberg, E., «Commensal bacteria play a role in mating preference of *Drosophila melanogaster*», *Proc. Natl. Acad. Sci.*, 107 (2010), pp. 20.051-20.056.

SHARON, G., Garg, N., Debelius, J., Knight, R., Dorrestein, P.C., y Mazmanian, S.K., «Specialized metabolites from the microbiome in health and disease». *Cell Metab.*, 20 (2014), pp. 719-730.

SHIKUMA, N.J., Pilhofer, M., Weiss, G.L., Hadfield, M.G., Jensen, G.J., y Newman, D.K., «Marine tubeworm metamorphosis induced by arrays of bacterial phage tail-Like structures», *Science*, 343 (2014), pp. 529-533.

SIX, D.L., «The Bark Beetle holobiont: why microbes matter», *J. Chem. Ecol.*, 39 (2013), pp. 989-1.002.

SJÖGREN, K., Engdahl, C., Henning, P., Lerner, U.H., Tremaroli, V., Lagerquist, M.K., Bäckhed, F., y Ohlsson, C., «The gut microbiota regulates bone mass in mice», *J. Bone Miner. Res. Off. J. Am. Soc. Bone Miner. Res.*, 27 (2012), pp. 1.357-1.367.

SLASHINSKI, M.J., McCurdy, S.A., Achenbaum, L.S., Whitney, S.N., y McGuire, A.L., «"Snake-oil", "quack medicine", and "industrially cultured organisms:" biovalue and the commercialization of human microbiome research», *BMC Med. Ethics*, 13 (2012), p. 28.

SLATKO, B.E., Taylor, M.J., y Foster, J.M., «The *Wolbachia* endosymbiont as an antifilarial nematode target», *Symbiosis*, 51 (2010), pp. 55-65.

SMILLIE, C.S., Smith, M.B., Friedman, J., Cordero, O.X., David, L.A., y Alm, E.J., «Ecology drives a global network of gene exchange connecting the human microbiome», *Nature*, 480 (2011), pp. 241-244.

SMITH, C.C., Snowberg, L.K., Gregory Caporaso, J., Knight, R., y Bolnick, D.I., «Dietary input of microbes and host genetic variation shape amongpopulation differences in stickleback gut microbiota», *ISME J.*, 9 (2015), pp. 2.515-2.526.

SMITH, J.E., Shaw, M., Edwards, R.A., Obura, D., Pantos, O., Sala, E., Sandin, S.A., Smriga, S., Hatay, M., y Rohwer, F.L., «Indirect effects of algae on coral: algae-mediated, microbe-induced coral mortality», *Ecol. Lett.*, 9 (2006), pp. 835-845.

SMITH, M., Kelly, C., y Alm, E., «How to regulate faecal transplants», *Nature*, 506 (2014), pp. 290-291.

SMITH, M.I., Yatsunenko, T., Manary, M.J., Trehan, I., Mkakosya, R., Cheng, J., Kau, A.L., Rich, S.S., Concannon, P., Mychaleckyj, J.C., *et al.*, «Gut microbiomes of Malawian twin pairs discordant for kwashiorkor», *Science*, 339 (2013), pp. 548-554.

SMITH, P.M., Howitt, M.R., Panikov, N., Michaud, M., Gallini, C.A., Bohlooly-Y, M., Glickman, J.N., y Garrett, W.S., «The microbial metabolites, short-chain fatty acids, regulate colonic Treg cell homeostasis», *Science*, 341 (2013), pp. 569-573.

SMITHSONIAN National Museum of Natural History, «Giant Tube Worm: *Riftia pachyptila*», <http://www.mnh.si.edu/onehundredyears/featured-objects/Riftia.html>, 2010.

SNEED, J.M., Sharp, K.H., Ritchie, K.B., y Paul, V.J., «The chemical cue tetrabromopyrrole from a biofilm bacterium induces settlement of multiple Caribbean corals», *Proc. R. Soc. B Biol. Sci.*, 281 (2014), 20133086.

SOKOL, H., Pigneur, B., Watterlot, L., Lakhdari, O., Bermúdez-Humarán, L.G., Gratadoux, J-J., Blugeon, S., Bridonneau, C., Furet, J-P., Corthier, G., *et al.*, «*Faecalibacterium prausnitzii* is an anti-inflammatory commensal bacterium identified by gut microbiota analysis of Crohn disease patients», *Proc. Natl. Acad. Sci*, 105 (2008).

SOLER, J.J., Martín-Vivaldi, M., Ruiz-Rodríguez, M., Valdivia, E., Martín-Platero, A.M., Martínez-Bueno, M., Peralta-Sánchez, J.M., y Méndez, M., «Symbiotic association between hoopoes and antibiotic-producing bacteria that live in their uropygial gland», *Funct. Ecol.*, 22 (2008), pp. 864-871.

SOMMER, F., y Bäckhed, F., «The gut microbiota—masters of host development and physiology», *Nat. Rev. Microbiol.*, 11 (2013), pp. 227-238.

SONNENBURG, E.D., y Sonnenburg, J.L., «Starving our microbial self: the deleterious consequences of a diet deficient in microbiota-accessible carbohydrates», *Cell Metab.l*, 20 (2014), pp. 779-786.

SONNENBURG, E.D., Smits, S.A., Tikhonov, M., Higginbottom, S.K., Wingreen, N.S., y Sonnenburg, J.L., «Diet-induced extinctions in the gut microbiota compound over generations», *Nature*, 529 (2016), pp. 212-215.

SONNENBURG, J.L., y Fischbach, M.A., «Community health care: therapeutic opportunities in the human microbiome», *Sci. Transl. Med.*, 3 (2011), 78ps12.

SONNENBURG, J., y Sonnenburg, E., *The Good Gut: Taking Control of Your Weight, Your Mood, and Your Long-Term Health*, Nueva York, The Penguin Press, 2015.

SPOR, A., Koren, O., y Ley, R., «Unravelling the effects of the environment and host genotype on the gut microbiome», *Nat. Rev. Microbiol.*, 9 (2011), pp. 279-290.

STAHL, D.A., Lane, D.J., Olsen, G.J., y Pace, N.R., «Characterization of a Yellowstone hot spring microbial community by 5S rRNA sequences», *Appl. Environ. Microbiol.*, 49 (1985), pp. 1.379-1.384.

STAPPENBECK, T.S., Hooper, L.V., y Gordon, J.I., «Developmental regulation of intestinal angiogenesis by indigenous microbes via Paneth cells», *Proc. Natl. Acad. Sci. U.S.A.*, 99 (2002), pp. 15.451-15.455.

STEFKA, A.T., Feehley, T., Tripathi, P., Qiu, J., McCoy, K., Mazmanian, S.K., Tjota, M.Y., Seo, G-Y., Cao, S., Theriault, B.R., *et al.*, «Commensal bacteria protect against food allergen sensitization», *Proc. Natl. Acad. Sci.*, 111 (2014), pp. 13.145-13.150.

STEVENS, C.E., y Hume, I.D., «Contributions of microbes in vertebrate gastrointestinal tract to production and conservation of nutrients», *Physiol. Rev.*, 78 (1998), pp. 393-427.

STEWART, F.J., y Cavanaugh, C.M., «Symbiosis of thioautotrophic bacteria with *Riftia pachyptila*», *Prog. Mol. Subcell. Biol.*, 41 (2006), pp. 197-225.

STILLING, R.M., Dinan, T.G., y Cryan, J.F., «The brain's Geppetto-microbes as puppeteers of neural function and behaviour?», *J. Neurovirol.*, 1 (2016), doi: 10.3389/fcimb.2014.00147.

STOLL, S., Feldhaar, H., Fraunholz, M.J., y Gross, R., «Bacteriocyte dynamics during development of a holometabolous insect, the carpenter ant *Camponotus floridanus*», *BMC Microbiol.*, 10 (2010), p. 308.

STRACHAN, D.P., «Hay fever, hygiene, and household size», *BMJ*, 299 (1989), pp. 1.259-1.260.

—, Re: «The "hygiene hypothesis" for allergic disease is a misnomer», *BMJ*, 349 (2015), g5267.

STRAND, M.R., y Burke, G.R., «Polydnaviruses as symbionts and gene delivery systems», *PLoS Pathog.*, 8 (2012), e1002757.

SUBRAMANIAN, S., Huq, S., Yatsunenko, T., Haque, R., Mahfuz, M., Alam, M.A., Benezra, A., DeStefano, J., Meier, M.F., Muegge, B.D., *et al.*, «Persistent gut microbiota immaturity in malnourished Bangladeshi children», *Nature*, 510 (2014), pp. 417-421.

SUDO, N., Chida, Y., Aiba, Y., Sonoda, J., Oyama, N., Yu, X-N., Kubo, C., y Koga, Y., «Postnatal microbial colonization programs the hypothalamic-pituitary-adrenal system for stress response in mice», *J. Physiol.*, 558 (2004), pp. 263-275.

SUNDSET, M.A., Barboza, P.S., Green, T.K., Folkow, L.P., Blix, A.S., y Mathiesen, S.D., «Microbial degradation of usnic acid in the reindeer rumen», *Naturwissenschaften*, 97 (2010), pp. 273-278.

SVOBODA, E., «How Soil Microbes Affect the Environment», <http://www.quantamagazine.org/20150616-soil-microbes-bacteria-climate-change/>, 2015.

TANG, W.H.W., y Hazen, S.L., «The contributory role of gut microbiota in cardiovascular disease», *J. Clin. Invest.*, 124 (2014), pp. 4.204-4.211.

TAYLOR, M.J., y Hoerauf, A., «*Wolbachia* bacteria of filarial nematodes», *Parasitol. Today*, 15 (1999), pp. 437-442.

TAYLOR, M.J., Makunde, W.H., McGarry, H.F., Turner, J.D., Mand, S., y Hoerauf, A., «Macrofilaricidal activity after doxycycline treatment of *Wuchereria bancrofti*: a double-blind, randomised placebo-controlled trial», *Lancet*, 365 (2005), pp. 2.116-2.121.

TAYLOR, M.J., Hoerauf, A., y Bockarie, M., «Lymphatic filariasis and onchocerciasis», *Lancet*, 376 (2010), pp. 1.175-1.185.

TAYLOR, M.J., Voronin, D., Johnston, K.L., y Ford, L., «*Wolbachia* filarial interactions: *Wolbachia* filarial cellular and molecular interactions», *Cell. Microbiol.*, 15 (2013), pp. 520-526.

TAYLOR, M.J., Hoerauf, A., Townson, S., Slatko, B.E., y Ward, S.A., «Anti-*Wolbachia* drug discovery and development: safe macrofilaricides for onchocerciasis and lymphatic filariasis», *Parasitology*, 141 (2014), pp. 119-127.

TEIXEIRA, L., Ferreira, Á., y Ashburner, M., «The bacterial symbiont *Wolbachia* induces resistance to RNA viral infections in *Drosophila melanogaster*», *PLoS Biol.*, 6 (2008), e1000002.

THACKER, R.W., y Freeman, C.J., «Sponge-microbe symbioses», en *Advances in Marine Biology*, Filadelfia, Elsevier, 2012, pp. 57-111.

THAISS, C.A., Zeevi, D., Levy, M., Zilberman-Schapira, G., Suez, J., Tengeler, A.C., Abramson, L., Katz, M.N., Korem, T., Zmora, N., *et al.*, «Transkingdom control of microbiota diurnal oscillations promotes metabolic homeostasis», *Cell*, 159 (2014), pp. 514-529.

THEIS, K.R., Venkataraman, A., Dycus, J.A., Koonter, K.D., Schmitt-Matzen, E.N., Wagner, A.P., Holekamp, K.E., y Schmidt, T.M., «Symbiotic bacteria appear to mediate hyena social odors», *Proc. Natl. Acad. Sci.*, 110 (2013), pp. 19.832-19.837.

THURBER, R.L.V., Barott, K.L., Hall, D., Liu, H., Rodríguez-Mueller, B., Desnues, C., Edwards, R.A., Haynes, M., Angly, F.E., Wegley, L., *et al.*, «Metagenomic analysis indicates that stressors induce production of herpeslike viruses in the coral *Porites compressa*», *Proc. Natl. Acad. Sci.*, 105 (2008), pp. 18.413-18.418.

THURBER, R.V., Willner-Hall, D., Rodríguez-Mueller, B., Desnues, C., Edwards, R.A., Angly, F., Dinsdale, E., Kelly, L., y Rohwer, F., «Metagenomic analysis of stressed coral holobionts», *Environ. Microbiol.*, 11 (2009), pp. 2.148-2.163.

TILLISCH, K., Labus, J., Kilpatrick, L., Jiang, Z., Stains, J., Ebrat, B., Guyonnet, D., Legrain-Raspaud, S., Trotin, B., Naliboff, B., *et al.*, «Consumption of fermented milk product with probiotic modulates brain activity», *Gastroenterology*, 144 (2013), pp. 1.394-1.401.e4.

TITO, R.Y., Knights, D., Metcalf, J., Obregon-Tito, A.J., Cleeland, L., Najar, F., Roe, B., Reinhard, K., Sobolik, K., Belknap, S., *et al.*, «Insights from "Characterizing Extinct Human Gut Microbiomes"», *PLoS ONE*, 7 (2012), e51146.

TRASANDE, L., Blustein, J., Liu, M., Corwin, E., Cox, L.M., y Blaser, M.J., «Infant antibiotic exposures and early-life body mass», *Int. J. Obes.*, 37 (2013), pp. 16-23.

TUNG, J., Barreiro, L.B., Burns, M.B., Grenier, J-C., Lynch, J., Grieneisen, L.E., Altmann, J., Alberts, S.C., Blekhman, R., y Archie, E.A., «Social networks predict gut microbiome composition in wild baboons», *eLife*, 4 (2015).

TURNBAUGH, P.J., Ley, R.E., Mahowald, M.A., Magrini, V., Mardis, E.R., y Gordon, J.I., «An obesity-associated gut microbiome with increased capacity for energy harvest», *Nature*, 444 (2006), pp. 1.027-1.131.

UNDERWOOD, M.A., Salzman, N.H., Bennett, S.H., Barman, M., Mills, D.A., Marcobal, A., Tancredi, D.J., Bevins, C.L., y Sherman, M.P., «A randomized placebo-controlled comParíson of 2 prebiotic/probiotic combinations in preterm infants: impact on weight gain, intestinal microbiota, and fecal short-chain fatty acids», *J. Pediatr. Gastroenterol. Nutr.*, 48 (2009), pp. 216-225.

Universidad de Utah., «How Insects Domesticate Bacteria», <http://archive.unews.utah.edu/news-releases/how-insects-domesticate-bacteria/>, 2012.

VAISHNAVA, S., Behrendt, C.L., Ismail, A.S., Eckmann, L., y Hooper, L.V., «Paneth cells directly sense gut commensals and maintain homeostasis at the intestinal host-microbial interface», *Proc. Natl. Acad. Sci.*, 105 (2008), pp. 20.858-20.863.

VAN Bonn, W., LaPointe, A., Gibbons, S.M., Frazier, A., Hampton-Marcell, J., y Gilbert, J., «Aquarium microbiome response to ninety-percent system water change: clues to microbiome management», *Zoo Biol.*, 34 (2015), pp. 360-367.

VAN Leuven, J.T., Meister, R.C., Simon, C., y McCutcheon, J.P., «Sympatric speciation in a bacterial endosymbiont results in two genomes with the functionality of one», *Cell*, 158 (2014), pp. 1.270-1.280.

VAN Nood, E., Vrieze, A., Nieuwdorp, M., Fuentes, S., Zoetendal, E.G., de Vos, W.M., Visser, C.E., Kuijper, E.J., Bartelsman, J.F.W.M., Tijssen, J.G.P., *et al.*, «Duodenal infusion of donor feces for recurrent *Clostridium difficile*», *N. Engl. J. Med.*, 368 (2013), pp. 407-415.

VERHULST, N.O., Qiu, Y.T., Beijleveld, H., Maliepaard, C., Knights, D., Schulz, S., Berg-Lyons, D., Lauber, C.L., Verduijn, W., Haasnoot, G.W., *et al.*, «Composition of human skin microbiota affects attractiveness to malaria mosquitoes», *PLoS ONE*, 6 (2011), e28991.

VÉTIZOU, M., Pitt, J.M., Daillere, R., Lepage, P., Waldschmitt, N., Flament, C., Rusakiewicz, S., Routy, B., Roberti, M.P., Duong, C.P.M., *et al.*, «Anticancer immunotherapy by CTLA-4 blockade relies on the gut microbiota», *Science*, 350 (2015), pp. 1.079-1.084.

VIGNERON, A., Masson, F., Vallier, A., Balmand, S., Rey, M., Vincent-Monégat, C., Aksoy, E., Aubailly-Giraud, E., Zaidman-Rémy, A., y Heddi, A., «Insects recycle endosymbionts when the benefit is over», *Curr. Biol.*, 24 (2014), pp. 2.267-2.273.

VORONIN, D., Cook, D.A.N., Steven, A., y Taylor, M.J., «Autophagy regulates *Wolbachia* populations across diverse symbiotic associations», *Proc. Natl. Acad. Sci.*, 109 (2012), E1638-E1646.

VRIEZE, A., Van Nood, E., Holleman, F., Salojärvi, J., Kootte, R.S., Bartelsman, J.F.W.M., Dallinga-Thie, G.M., Ackermans, M.T., Serlie, M.J., Oozeer, R., *et al.*, «Transfer of intestinal microbiota from lean donors increases insulin sensitivity in individuals with metabolic syndrome», *Gastroenterology*, 143 (2012), pp. 913-916.e7.

WADA-KATSUMATA, A., Zurek, L., Nalyanya, G., Roelofs, W.L., Zhang, A., y Schal, C., «Gut bacteria mediate aggregation in the German cockroach», *Proc. Natl. Acad. Sci*, 112 (2015), doi: 10.1073/pnas.15040 31112.

WAHL, M., Goecke, F., Labes, A., Dobretsov, S., y Weinberger, F., «The second skin: ecological role of epibiotic biofilms on marine organisms», *Front. Microbiol.*, 3 (2012), doi: 10.3389/fmicb.2012.00292.

WALKE, J.B., Becker, M.H., Loftus, S.C., House, L.L., Cormier, G., Jensen, R.V., y Belden, L.K., «Amphibian skin may select for rare environmental microbes», *ISME J.*, 8 (2014), pp. 2.207-2.217.

WALKER, T., Johnson, P.H., Moreira, L.A., Iturbe-Ormaetxe, I., Frentiu, F.D., McMeniman, C.J., Leong, Y.S., Dong, Y., Axford, J., Kriesner, P., *et al.*, «The wMel *Wolbachia* strain blocks dengue and invades caged *Aedes aegypti* populations», *Nature*, 476 (2011), pp. 450-453.

WALLACE, A.R., «On the law which has regulated the introduction of new species», *Ann. Mag. Nat. Hist.*, 16 (1855), pp. 184-196.

WALLIN, I.E., *Symbionticism and the Origin of Species*, Baltimore, Williams & Wilkins Co., 1927.

WALTER, J., y Ley, R., «The human gut microbiome: ecology and recent evolutionary changes», *Annu. Rev. Microbiol.*, 65 (2011), pp. 411-429.

WALTERS, W.A., Xu, Z., y Knight, R., «Meta-analyses of human gut microbes associated with obesity and IBD», *FEBS Lett.*, 588 (2014), pp. 4.223-4.233.

WANG, Z., Roberts, A.B., Buffa, J.A., Levison, B.S., Zhu, W., Org, E., Gu, X., Huang, Y., Zamanian-Daryoush, M., Culley, M.K., *et al.*, «Non-lethal inhibition of gut microbial trimethylamine production for the treatment of atherosclerosis», *Cell*, 163 (2015), pp. 1.585-1.595.

WARD, R.E., Ninonuevo, M., Mills, D.A., Lebrilla, C.B., y German, J.B., «In vitro fermentation of breast milk oligosaccharides by *Bifidobacterium infantis* and *Lactobacillus gasseri*», *Appl. Environ. Microbiol.*, 72 (2006), pp. 4.497-4.499.

WEEKS, P., «Red-billed oxpeckers: vampires or tickbirds?», *Behav. Ecol.*, 11 (2000), pp. 154-160.

WELLS, H.G., Huxley, J., y Wells, G.P., *The Science of Life*, Londres, Cassell, 1930.

WERNEGREEN, J.J., «Endosymbiosis: lessons in conflict resolution», *PLoS Biol.*, 2 (2004), e68.

—, «Mutualism meltdown in insects: bacteria constrain thermal adaptation», *Curr. Opin. Microbiol.*, 15 (2012), pp. 255-262.

WERNEGREEN, J.J., Kauppinen, S.N., Brady, S.G., y Ward, P.S., «One nutritional symbiosis begat another: phylogenetic evidence that the ant tribe *Camponotini* acquired *Blochmannia* by tending sap-feeding insects», *BMC Evol. Biol.*, 9 (2009), p. 292.

WERREN, J.H., Baldo, L., y Clark, M.E., «*Wolbachia*: master manipulators of invertebrate biology», *Nat. Rev. Microbiol.*, 6 (2008), pp. 741-751.

WEST, S.A., Fisher, R.M., Gardner, A., y Kiers, E.T., «Major evolutionary transitions in individuality», *Proc. Natl. Acad. Sci. U.S.A.*, 112 (2015), pp. 10.112-10.119.

WESTWOOD, J., Burnett, M., Spratt, D., Ball, M., Wilson, D.J., Wellsteed, S., Cleary, D., Green, A., Hutley, E., Cichowska, A., *et al.*, «The Hospital Microbiome Project: meeting report for the UK science and innovation network UK-USA workshop "Beating the superbugs: hospital microbiome studies for tackling antimicrobial resistance"», 14 de octubre de 2013, *Stand. Genomic Sci.*, 9 (2014), p. 12.

Wilde Lecture, The, «The Wilde Medal and Lecture of the Manchester Literary and Philosophical Society»., *Br. Med. J.*, 1 (10901), pp. 1.027-1.028.

WILLINGHAM, E., «Autism, immunity, inflammation, and the *New York Times*», <http://www.emilywillinghamphd.com/2012/08/autism-immunity-inflammation-and-new.html>, 2012.

WILSON, A.C.C., Ashton, P.D., Calevro, F., Charles, H., Colella, S., Febvay, G., Jander, G., Kushlan, P.F., Macdonald, S.J., Schwartz, J.F., *et al.*, «Genomic insight into the amino acid relations of the pea aphid, *Acyrthosiphon pisum*, with its symbiotic bacterium *Buchnera aphidicola*, *Insect Mol. Biol.*, 19, supl. 2 (2010), pp. 249-258.

WLODARSKA, M., Kostic, A.D., y Xavier, R.J., «An integrative view of microbiome-host interactions in inflammatory bowel diseases», *Cell Host Microbe*, 17 (2015), pp. 577-591.

Woese, C.R, y Fox, G.E., «Phylogenetic structure of the prokaryotic domain: the primary kingdoms», *Proc. Natl. Acad. Sci. U.S.A.*, 74 (1977), pp. 5.088-5.090.

Woodhams, D.C., Vredenburg, V.T., Simon, M-A., Billheimer, D., Shakhtour, B., Shyr, Y., Briggs, C.J., Rollins-Smith, L.A., y Harris, R.N., «Symbiotic bacteria contribute to innate immune defenses of the threatened mountain yellow-legged frog, *Rana muscosa*», *Biol. Conserv.*, 138 (2007), pp. 390-398.

Woodhams, D.C., Brandt, H., Baumgartner, S., Kielgast, J., Küpfer, E., Tobler, U., Davis, L.R., Schmidt, B.R., Bel, C., Hodel, S., *et al.*, «Interacting symbionts and immunity in the amphibian skin mucosome predict disease risk and probiotic effectiveness», *PLoS ONE*, 9 (2014), e96375.

Wu, H., Tremaroli, V., y Bäckhed, F., «Linking microbiota to human diseases: a systems biology perspective», *Trends Endocrinol. Metab.*, 26 (2015), pp. 758-770.

Wybouw, N., Dermauw, W., Tirry, L., Stevens, C., Grbić, M., Feyereisen, R., y Van Leeuwen, T., «A gene horizontally transferred from bacteria protects arthropods from host plant cyanide poisoning», *eLife*, 3 (2014).

Yatsunenko, T., Rey, F.E., Manary, M.J., Trehan, I., Domínguez-Bello, M.G., Contreras, M., Magris, M., Hidalgo, G., Baldassano, R.N., Anokhin, A.P., *et al.*, «Human gut microbiome viewed across age and geography», *Nature*, 486 (7402, 2012), pp. 222-227.

Yong, E., «The Unique Merger That Made You (and Ewe, and Yew)», <http://nautil.us/issue/10/mergers-acquisitions/the-unique-merger-that-made-youand-ewe-and-yew>, 2014.

Yong, E., «Zombie roaches and other parasite tales», <https://www.ted.com/talks/ed_yong_suicidal_wasps_zombie_roaches_and_other_tales_of_parasites?language=en>, 2014.

Yong, E., «There is no "healthy" microbiome», *New York Times*, 2014

—, «A visit to Amsterdam's Microbe Museum», *New Yorker*, 2015

—, «Microbiology: here's looking at you, squid», *Nature*, 517 (2015), pp. 262-264.

—, «Bugs on patrol», *New Sci.*, 226 (2015), pp. 40-43.

Yoshida, N., Oeda, K., Watanabe, E., Mikami, T., Fukita, Y., Nishimura, K., Komai, K., y Matsuda, K., «Protein function: chaperonin turned insect toxin», *Nature*, 411 (2001), pp. 44-44.

Youngster, I., Russell, G.H., Pindar, C., Ziv-Baran, T., Sauk, J., y Hohmann, E.L., «Oral, capsulized, frozen fecal microbiota transplantation for relapsing *Clostridium difficile* infection», *JAMA*, 312 (2014), p. 1.772.

ZHANG, F., Luo, W., Shi, Y., Fan, Z., y Ji, G., «Should we standardize the 1,700-year-old fecal microbiota transplantation?», *Am. J. Gastroenterol.*, 107 (2012), pp. 1.755-1.755.

ZHANG, Q., Raoof, M., Chen, Y., Sumi, Y., Sursal, T., Junger, W., Brohi, K., Itagaki, K., y Hauser, C.J., «Circulating mitochondrial DAMPs cause inflammatory responses to injury», *Nature*, 464 (2010), pp. 104-107.

ZHAO, L., «The gut microbiota and obesity: from correlation to causality», *Nat. Rev. Microbiol.*, 11 (2013), pp. 639-647.

ZILBER-ROSENBERG, I., y Rosenberg, E., «Role of microorganisms in the evolution of animals and plants: the hologenome theory of evolution», *FEMS Microbiol. Rev.*, 32 (2008), pp. 723-735.

ZIMMER, C., *Microcosm: E-coli and The New Science of Life*, Londres, William Heinemann, 2008.

ZUG, R., y Hammerstein, P., «Still a host of hosts for *Wolbachia*: analysis of recent data suggests that 40% of terrestrial arthropod species are infected», *PLoS ONE*, 7 (2012), e38544.

Agradecimientos

Esta no es la parte donde doy las gracias a mis microbios. En esta parte ignoraremos por un momento a estas minúsculas criaturas y nos centramos en los anfitriones.

Todo libro es producto de más de una mente, y un libro sobre la simbiosis y las asociaciones ha de serlo de modo especial. Las primeras entre esas mentes son las de Stuart Williams, de Bodley Head, y Hilary Redmon, antes en Ecco. Los llamaría editores, pero se sienten más bien coconspiradores. Desde el principio, ambos captaron inmediatamente la idea del libro que me proponía escribir: una historia del microbioma que abarcaría todo el reino animal, sin limitarse a los seres humanos, la salud o la dieta. Ellos alimentaron esa idea, a menudo entendiéndola mejor que yo. Ellos la defendieron sin descanso e hicieron sugerencias siempre incisivas, perspicaces e inestimables, y trabajar con ellos no me deparó más que grandes alegrías. Doy las gracias también a PJ Mark, que escoltó el libro hasta las costas americanas, y a Denise Oswald, quien tomó la batuta editorial de Hilary en Ecco.

David Quammen fue la primera persona a quien le hablé de la idea de este libro, y me ha alentado de una manera asombrosamente desinteresada desde el principio. Su obra maestra, *Song of the Dodo*, me ayudó a superar mi bloqueo inicial a la hora de escribir, como en varios momentos hicieron también el libro de Helen Macdonald *H de halcón*, el de David George Haskell *The Forest Unseen* y el de Kathryn Schulz *En defensa del error*. Estas obras se encuentran en mi estantería como recordatorios de la calidad que yo aspiraba a alcanzar.

Otras personas modelaron el entorno en el que fue posible escribir este libro. Alice Trouncer me dio una docena de años de amor y aventura, y me mantuvo a flote mientras me hacía una carrera como escritor; esposa, amiga, confidente, compañera de baile y toda ella maravillosamente humana, siempre le estaré agradecido. Alice See, mi madre, nunca flaqueó en su fe en mí ni en su apoyo; es como una roca. Carl Zimmer ha sido amigo, mentor e inspiración, tanto por su capacidad como escritor como por su generosidad como persona. Virginia Hughes leyó el primer capítulo y me proporcionó valiosa información. Meehan Crist, David Dobbs, Nadia Drake, Rosa Eveleth, Nikki Greenwood, Sara Hiom, Alok Jha, Maria Konnikova, Ben Lillie, Kim Macdonald, Maryn McKenna, Hazel Nunn, Helen Pearson, Adam Rutherford, Kathryn Schulz y Beck Smith me ayudaron a superar un año turbulento., y Liz Neeley, un infatigable torbellino de alegría, ingenio y optimismo, ha transformado y enriquecido mi vida de maneras que me siguen sorprendiendo; ella hace una breve aparición secreta en uno de los primeros capítulos.

Para escribir este libro, y para informar sobre los microbios durante una década, he entrevistado a cientos de investigadores, que han sido incansablemente generosos con su tiempo y sus conocimientos. Esta es una cualidad que de manera habitual encuentro entre los científicos, pero sobre todo entre aquellos que estudian las simbiosis, las asociaciones y la cooperación, parece que ellos mismos sean lo que investigan. Son demasiados para enumerarlos aquí, pero quiero distinguir especialmente a Jonathan Eisen, Jack Gilbert, Rob Caballero, John McCutcheon y Margaret McFall-Ngai por su apoyo al proyecto, por hacer de cajas de resonancia intelectual y por manifestar sus opiniones sobre el manuscrito concluido. Eisen, en particular, siempre ha mantenido una actitud de moderación y crítica en relación con la ciencia del microbioma que ha influido en mi escritura durante años; no espero ganar un premio a la Promoción del Microbioma con este libro. Asimismo estoy agradecido a Knight por organizar el viaje al zoológico que aparece en las páginas iniciales, y a Gilbert por llevarme a su frenético tour por Chicago.

Gracias también a Martin Blaser, Seth Bordenstein, Thomas Bosch, John Cryan, Angela Douglas, Jeff Gordon, Greg Hurst, Nicole King, Nick Lane, Ruth Ley, David Mills, Nancy Moran, Forest Rohwer, Mark Taylor y Mark Underwood por mostrarme sus laboratorios y hacerme comentarios particularmente detallados y esclarecedores; a Nell Bekiares por presentarme a un calamar; a Dave O'Donnell, Maria Karlsson y Justin Serugo por permitirme sostener algunos ratones libres de gérmenes; a Bill Van Bonn por mostrarme el Acuario Shedd; a Elizabeth Bik, cuyo boletín *Microbiome Digest* fue la mejor forma de mantenerme al día con una literatura siempre tan proliferante; a los historiadores Jan Sapp y Funke Sangodeyi, cuyos libros y tesis me proporcionaron ideas críticas sobre la rica historia de este campo; a la animada comunidad de genetistas y microbiólogos de Twitter, cuyos ojos críticos y debates abiertos han influido en mis opiniones y me han permitido mantener la honestidad; y a Nicole Dubilier y Ned Ruby por dejar que un periodista —abucheos, silbidos— se colara en la apreciada Conferencia Gordon de Investigación sobre Simbiosis entre animales y microbios, una semana brillante y vibrante de ciencia, excursionismo y, lamentablemente, juego de *cornhole*.

También hablé con muchas personas cuyo trabajo o cuyos nombres desgraciadamente no han podido aparecer en estas páginas; el campo es inmenso, y un libro no puede contener un inventario exhaustivo del mismo. También me doy cuenta de que muchos estudiantes, investigadores posdoctorales y colaboradores que contribuyeron a los estudios descritos en estas páginas quedaron, por pura necesidad, simplemente asociados a solo uno o dos nombres clave. He intentado subsanar estas ausencias en las notas finales, pero en todo caso les doy mis más sinceras gracias, sintiendo no haber podido mencionarlos, y asegurándoles que esto no ocurrirá la próxima vez que escriba sobre estos temas.

Para terminar he de dar mis más sinceras gracias a mi agente, Will Francis. Inicialmente, un amigo mío me dijo que un buen agente puede ayudar a dar forma a las ideas de un autor, conseguir que su libro se venda en grandes tiradas o colaborar de forma eficaz en la promoción y la publicidad de ese libro, pero que ningún agente es fuerte en las tres cosas. Will lo fue. Él me aguijoneó durante años para que escribiera un libro; ignoró olímpicamente el correo electrónico que le escribí en enero de 2014 diciéndole que no tenía ningún plan al respecto y que dejara de molestarme, luego aceptó cortésmente el correo electrónico que le envié tres semanas más tarde desdiciéndome de lo que le comuniqué en el anterior, y me ayudó a dar forma a mi nebulosa idea hasta convertirla en una sólida propuesta. Es un amigo —un simbionte, tal vez— y en estas páginas hay vetas de su influencia.

Lista de ilustraciones

El pangolín Baba: Ed Yong.

Calamar hawaiano: reproducido con permiso de Margaret McFall-Ngai.

Microscopio de Antony van Leeuwenhoek: Getty images.

Rosetas de coano: reproducido con permiso de Kayley Hake.

Rana de ancas amarillas: <https://www.flickr.com/photos/usfws_pa cificsw/23612024656/>, Isaac Chellman/NPS, Recovered Mountain yellow-legged frog 4. Esta imagen se ha reproducido con una licencia de Creative Commons: <https://creativecommons.org/licenses/by/2.0/>.

Cicada: <https://www.flickr.com/photos/patchattack/5768897575/>, patchattack, cicada. Esta imagen se ha reproducido con una licencia de Creative Commons: <https://creativecommons.org/licenses/by-sa/2.0/>.

Hydroides elegans: reproducido con permiso de Brian Nedved, Universidad de Hawái.

Ratón libre de gérmenes: Ed Yong.

Rata cambalachera del desierto: <https://en.wikipedia.org/wiki/Fi le:Desert_Packrat_(Neotoma_lepida)_eating_a_peanu_01.JPG>, Desert Packrat (Neotoma lepida), comiendo un cacahuete en Joshua Tree, California, Estados Unidos, abril de 2015, fotografía de Jules Jardinier, Desert Packrat (Neotoma lepida) eating a peanut 01.JPG. Esta imagen se ha reproducido con una licencia de Creative Commons: <https://creativecommons.org/licenses/by-sa/4.0/deed.en>.

Avispa lobo: <https://www.flickr.com/photos/usgsbiml/7690497994/ in/photostream/>, Philanthus gibbosus, female, Anne Arundel County, Patuxent Wildlife Research Refuge, Maryland, julio de 2012, Determination by Matthias Buck, Philanthus gibbosus, female, face_2012-07-31-20.20.35-ZSPMax. Esta imagen se ha reproducido con una licencia de Creative Commons: <https://creativecommons. org/publicdomain/mark/1.0/>.

Arrecifes de coral con tiburón: reproducido con permiso de Brian Zgliczynski.

Gusanos tubulares gigantes: <https://www.flickr.com/photos/noaaphotolib/9660806745/in/photolist-fHGagx-fHYPh7>, NOAA Okeanos Explorer Program, Galapagos Rift Expedition 2011, expl6589, Voyage To Inner Space - Exploring the Seas With NOAA Collect. Esta imagen se ha reproducido con una licencia de Creative Commons: <http://creativecommons.org/licenses/by/4.0/>.

Alga *Porphyra*: <https://commons.wikimedia.org/wiki/Category:Porphyra_umbilicalis#/media/File:Porphyra_umbilicalis_Helgoland. JPG>, Porphyra umbilicalis (L.) J.Ag., herbarium sheet. Collected 1989-08-08, Heligoland (Germany), upper litoral, fotografía de Gabriele Kothe-Heinrich, Porphyra umbilicalis Helgoland. JPG. Esta imagen se ha reproducido con una licencia de Creative Commons: <http://creativecommons.org/licenses/by-sa/3.0/>.

Ed Yong y el Captitán Beau Diggley: reproducido con permiso de Jack Gilbert.

Citrus mealybug: Alex Wild.

Bosque infestado de escarabajos, <https://www.flickr.com/photos/sfu-pamr/8621706469>, Simon Fraser University, foto tomada por Dezene Huber, Pine beetle infested forest. Esta imagen se ha reproducido con una licencia de Creative Commons: <http://creativecommons. org/licenses/by/4.0/>.

Scott O'Neill con los mosquitos: reproducido con permiso de Eliminate Dengue.

Avispa bracónida: Alex Wild.

Índice alfabético